新型冷弯型钢结构抗震性能与设计方法

张文莹　赵　岩　余少乐　著

中国建筑工业出版社

图书在版编目（CIP）数据

新型冷弯型钢结构抗震性能与设计方法 / 张文莹，赵岩，余少乐著 . -- 北京：中国建筑工业出版社，2025. 3. -- ISBN 978-7-112-30758-6

Ⅰ. TU392.5

中国国家版本馆 CIP 数据核字第 20254UR355 号

本书是作者团队多年研究成果的总结，共6章，包括：绪论、自攻螺钉连接性能研究、波纹钢板覆面冷弯型钢剪力墙抗剪性能研究、新型冷弯型钢整体结构抗震性能研究、冷弯型钢结构基于性能的抗震设计方法研究以及展望。本书内容全面，具有较强的可操作性，可供土木工程相关专业高校师生参考。

责任编辑：王砾瑶　张　磊
责任校对：赵　力

新型冷弯型钢结构抗震性能与设计方法
张文莹　赵　岩　余少乐　著
*
中国建筑工业出版社出版、发行（北京海淀三里河路 9 号）
各地新华书店、建筑书店经销
北京点击世代文化传媒有限公司制版
建工社（河北）印刷有限公司印刷
*
开本：787 毫米 ×1092 毫米　1/16　印张：16¼　字数：362 千字
2025 年 4 月第一版　2025 年 4 月第一次印刷
定价：**78.00** 元
ISBN 978-7-112-30758-6
（44500）

前言

随着建筑行业的发展和绿色建筑理念的普及，轻型钢结构因其优异的性能逐渐成为现代建筑的重要组成部分。其中，冷弯型钢结构作为一种高效、环保的结构形式，在住宅、工业厂房及公共建筑中得到了广泛应用。然而，由于其材料特性和构造形式的独特性，冷弯型钢结构在抗震设计方面仍面临诸多挑战。本书《新型冷弯型钢结构抗震性能与设计方法》旨在系统研究冷弯型钢结构的抗震性能，并提出科学合理的抗震设计方法，为推动该领域技术进步提供理论支持和实践指导。

本书从冷弯型钢结构的基本特性出发，深入探讨了自攻螺钉连接性能、墙体单元抗剪性能以及整体结构抗震性能等方面的关键问题。全书共分为六章，内容涵盖试验研究、数值模拟、恢复力模型建立以及基于性能的抗震设计方法等多个方面。通过试验研究揭示了冷弯型钢结构中自攻螺钉连接的破坏模式及其力学特性，并建立了适用于冷弯型钢结构自攻螺钉连接的恢复力模型；通过一系列试验和数值模拟，分析了不同类型波纹钢板覆面剪力墙的受力机理，并提出了相应的抗剪承载力设计方法和墙体恢复力模型；通过振动台试验对新型冷弯型钢结构在地震作用下的动力响应进行分析，并通过非线性静力推覆分析和动力时程分析对多层冷弯型钢结构的抗震性能进行评估；以位移控制为核心，建立了明确的抗震性能水准和量化指标，提出了基于性能的冷弯型钢结构抗震设计方法，并通过算例分析验证了该方法的有效性和实用性，为冷弯型钢结构的抗震设计提供了系统化的解决方案。

本书是作者团队近几年研究进展的汇总，希望能够为从事冷弯型钢结构研究与设计的工程师、研究人员及相关专业学生提供有益的参考和启发。同时，也期待本书能为推动冷弯型钢结构技术的发展贡献一份力量。

目录

第1章 绪 论

1.1 概述

冷弯型钢结构体系始于20世纪90年代，是由传统木结构体系发展而来的一种新型结构体系，目前在北美以及澳大利亚等发达国家被大量用于低层私人住宅和特色酒店等民用建筑，如图1-1所示。随着人类环保意识的逐渐增强和森林资源的减少，我国出台了一系列促进建筑工业化和可持续发展的相关政策，来促进绿色、装配式建筑的发展。在此背景下冷弯型钢结构在我国建筑领域被迅速推广，目前已经应用于别墅、新农村建设以及灾区重建中，如图1-1所示。与传统结构体系相比，冷弯型钢结构具有轻质高强、施工速度快、工业化程度高、绿色环保、抗震性能好等显著优势，非常有利于推动我国建筑产业化、标准化和装配化发展。

到21世纪，我国才开始引进冷弯型钢结构体系，导致其研究起步较晚。最初针对低层冷弯型钢结构制定了《冷弯薄壁型钢结构技术规范》GB 50018—2002和《低层冷弯薄壁型钢房屋建筑技术规程》JGJ 227—2011（以下简称《低层规程》）。在未来相当长的时间里，我国人口众多、土地资源紧张的基本国情不会改变，多层建筑在城镇建设中仍占主导地位，因此发展多层冷弯型房屋建筑不仅满足现代建筑工程对于高效、环保、经济的需求，而且紧贴我国当前国情和城市发展趋势。2018年，参考国外相关规范和标准，我国住房和城乡建设部编制了《冷弯薄壁型钢多层住宅技术标准》JGJ/T 421—2018（以下简称《多层标准》），其中包括多层冷弯型钢结构住宅体系的设计、制作、安装以及验收等多个方面，这也进一步推动多层冷弯型钢结构在我国建筑领域的应用。

冷弯型钢结构房屋属于墙板体系，其中冷弯型钢龙骨式剪力墙是抵抗侧向荷载（包括地震作用和风荷载）的关键结构部件，如图1-2所示。2015年，美国钢铁协会制定了两个有关冷弯型钢结构的主要技术标准AISI S240和AISI S400（详见参考文献[12]、[13]），其中主要包含胶合板、欧松板（OSB板）和平钢板三种传统覆面板类型。前两种传统覆面板均为人工合成木板，具有可燃性，防火能力较差；后者在抵抗剪切荷载时其平面内变形大且抗侧能力差，这极大地限制了该面板在多层民用建筑中的推广。《低层规程》除了给出OSB板、石膏板、水泥纤维板外，还推荐了LQ550波纹钢板。波纹钢板作为新型覆面板，由于其截面褶皱的存在，使之具有较高的刚度和抗剪强度。同时采用波纹钢板作为覆面板的冷弯型钢结构体系具有不可燃性，因此该新型覆面板可以作为冷弯型钢结构在多层民用建筑推广的首选方案。

（a）低层私人住宅

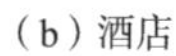

（b）酒店

（c）北京密云石城镇绿色小镇

（d）都江堰抗震节能房屋

图 1–1　国内外冷弯型钢结构的应用

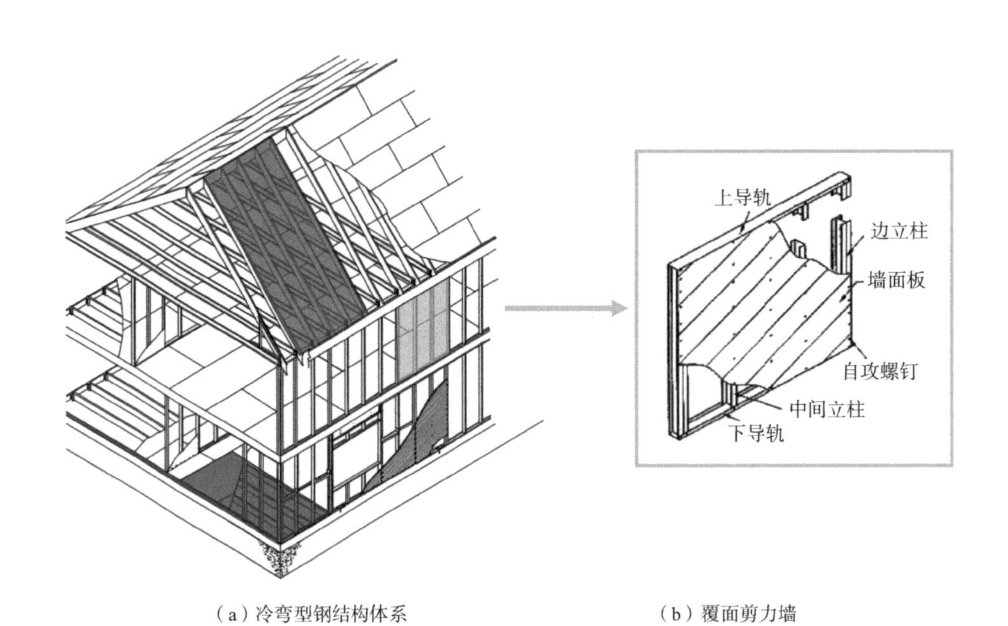

（a）冷弯型钢结构体系　　（b）覆面剪力墙

图 1–2　冷弯型钢结构各个组成部分

我国地处欧亚地震带和环太平洋地震带，由于太平洋板块、欧亚以及印度洋板块对我国不断挤压造成我国地质活动频发，这使我国已经成为地震风险和灾害最为严重的国家之一。我国曾发生过3次大地震，分别是1556年的陕西华县地震、1976年的唐山地震以及1920年的海源地震，对应死亡人数分别为83万人、24万人、20万人。

目前，国内外学者针对冷弯型钢房屋结构体系的材料、连接、墙体构件进行了大量的试验和理论研究，但关于整体房屋抗震性能方面的研究资料较少。因此，为快速推进多层冷弯型钢结构体系在我国的应用，对波纹钢板覆面冷弯型钢整体结构的抗震性能和设计理论进行研究势在必行。

1.2 结构体系介绍

1.2.1 常见建筑结构体系

在建筑设计与施工中，结构体系是确保建筑物安全、稳定和功能实现的基础，建筑结构体系的选择直接关系到建筑物的安全性、经济性和适用性。按照承重结构所用的材料不同，建筑结构可分为混凝土结构、砌体结构、钢结构、木结构和混合结构五种类型。

1. 混凝土结构

混凝土结构是钢筋混凝土结构、预应力混凝土结构和素混凝土结构的总称。钢筋混凝土结构是指由配置受力的普通钢筋、钢筋网或钢筋骨架的混凝土制成的结构。在混凝土内配置受力钢筋，能明显提高结构或构件的承载能力和变形性能。由于混凝土的抗拉强度和抗拉极限应变很小，钢筋混凝土结构在正常使用荷载下一般是带裂缝工作的，这是钢筋混凝土结构最主要的缺点。为了克服这一缺点，可在结构承受荷载之前，在使用荷载作用下可能开裂的部位，预先人为地施加压应力，以抵消或减少外荷载产生的拉应力，从而达到使构件在正常的使用荷载下不开裂，或者延迟开裂、减小裂缝宽度的目的，这种结构称为预应力混凝土结构。素混凝土结构是指由无筋或不配置受力钢筋的混凝土制成的结构，在建筑工程中一般只用作基础垫层或室外地坪。

钢筋混凝土结构是混凝土结构中应用最多的一种，也是应用最广泛的建筑结构形式之一。它不但被广泛应用于多层与高层住宅、宾馆、写字楼以及单层与多层工业厂房等工业与民用建筑中，而且水塔、烟囱、核反应堆等特种结构也多采用钢筋混凝土结构。钢筋混凝土结构之所以应用如此广泛，主要是因为它具有如下优点：

（1）就地取材。钢筋混凝土的主要材料是砂、石，水泥和钢筋所占比例较小。主要材料一般都可由建筑工地附近提供，水泥和钢材的产地在我国分布也较广。

（2）耐久性好。钢筋混凝土结构中，钢筋被混凝土紧紧包裹而不致锈蚀，即使在侵蚀性介质条件下，也可采用特殊工艺制成耐腐蚀的混凝土，从而保证了结构的耐久性。

（3）整体性好。钢筋混凝土结构特别是现浇结构有很好的整体性，这对于地震区的建筑物有重要意义，另外对抵抗暴风及爆炸和冲击荷载也有较强的能力。

（4）可模性好。混凝土可根据工程需要制成各种形状的构件，这给合理选择结构形式及构件断面提供了方便。

（5）耐火性好。混凝土是不良传热体，钢筋又有足够的保护层，火灾发生时钢筋不致很快达到软化温度而造成结构瞬间破坏。

钢筋混凝土也有一些缺点，主要是自重大，抗裂性能差，现浇结构模板用量大、工期长等。但随着科学技术的不断发展，这些缺点可以逐渐被克服。例如采用轻质、高强的混凝土，可克服自重大的缺点；采用预应力混凝土，可克服容易开裂的缺点；掺入纤维做成纤维混凝土可克服混凝土的脆性；采用预制构件，可减小模板用量，缩短工期。

2. 砌体结构

由块体和砂浆砌筑而成的墙、柱作为建筑物主要受力构件的结构称为砌体结构。它是砖砌体结构、石砌体结构和砌块砌体结构的统称。

砌体结构主要有以下优点：

（1）取材方便，造价低廉。砌体结构所需用的原材料如黏土、砂子、天然石材等几乎到处都有，因而比钢筋混凝土结构更为经济，并能节约水泥、钢材和木材。砌块砌体还可节约土地，使建筑向绿色建筑、环保建筑方向发展。

（2）具有良好的耐火性及耐久性。一般情况下，砌体能耐受400℃的高温。砌体耐腐蚀性能良好，完全能满足预期的耐久年限要求。

（3）具有良好的保温、隔热、隔声性能，节能效果好。

（4）施工简单，技术容易掌握和普及，也不需要特殊的设备。

砌体结构的主要缺点是自重大，强度低，整体性差，砌筑劳动强度大。

砌体结构在多层建筑中应用非常广泛，特别是在多层民用建筑中，砌体结构占绝大多数。目前高层砌体结构也开始应用，最大建筑高度已达10余层。

3. 钢结构

钢结构是由钢制材料组成的结构，其主要由型钢和钢板等制成的钢梁、钢柱、钢桁架等构件组成，并采用硅烷化、纯锰磷化、水洗烘干、镀锌等除锈防锈工艺。各构件或部件之间通常采用自攻螺钉、焊缝、螺栓或铆钉连接。

钢结构主要有以下优点：

（1）材料强度高，自身重量轻。与混凝土和木材相比，其密度与屈服强度的比值相对较低，因而在同样受力条件下钢结构的构件截面小，自重轻，便于运输和安装，适于跨度大、高度高、承载重的结构。

（2）钢材韧性、塑性好，材质均匀，结构可靠性高。适于承受冲击和动力荷载，具有良好的抗震性能。钢材内部组织结构均匀，近于各向同性匀质体。钢结构的实际工作性能比较符合计算理论，所以钢结构可靠性高。

（3）钢结构制造安装机械化程度高。钢结构构件便于在工厂制造、工地拼装。工厂机械化制造钢结构构件成品精度高、生产效率高、工地拼装速度快、工期短。钢结构是工业化程度最高的一种结构。

（4）钢结构密封性能好。由于焊接结构可以做到完全密封，可以做成气密性、水密性均很好的高压容器、大型油池、压力管道等。

（5）低碳、节能、绿色环保，可重复利用。钢结构建筑拆除几乎不会产生建筑垃圾，钢材可以回收再利用。

除上述优点外，钢结构还存在耐腐蚀性差、耐火性差等缺点，在建筑工程中需要采用特殊措施予以防护。钢结构的应用正日益增多，尤其是在高层建筑及大跨度结构（如屋架、网架、悬索等结构）中。

4. 木结构

木结构是指全部或大部分用木材制作的结构。这种结构易于就地取材，制作简单，但易燃、易腐蚀、变形大，并且木材使用受到国家严格限制，因此国内已很少采用。

5. 混合结构

由两种及两种以上材料作为主要承重结构的房屋称为混合结构。多层混合结构一般以砌体结构为竖向承重构件（如墙、柱等），而水平承重构件（如梁、板等）多采用钢筋混凝土结构，有时采用钢木结构。其中以砖砌体为竖向承重构件，以钢筋混凝土结构为水平承重构件的结构体系称为砖混结构。高层混合结构一般是钢—混凝土混合结构，即由钢框架或型钢混凝土框架与钢筋混凝土筒体所组成的共同承受竖向和水平作用的结构。钢—混凝土混合结构体系是近年来在我国迅速发展的一种结构体系。它不仅具有钢结构建筑自重轻、截面尺寸小、施工进度快、抗震性能好的特点，还兼有钢筋混凝土结构刚度大、防火性能好、成本低的优点，因而被认为是一种符合我国国情的较好的高层建筑结构形式。

1.2.2 冷弯型钢结构体系

冷弯型钢结构是采用冷弯成型技术加工的钢结构体系，具有轻质、高强度和施工便捷等特点，广泛应用于建筑工程中。冷弯型钢是指以热轧或冷轧带钢为原料，在常温状态下经压力加工制成的各种复杂断面型材。冷弯型钢具有热轧所不能生产的各种特薄、形状合理而复杂的截面。与热轧型钢相比较，在相同截面面积的情况下，回转半径可增大 50%～60%，截面惯性矩可增大 50%～300%，因而能较合理地利用材料强度；与普通钢结构相比较，可节约钢材 30%～50%。以下是冷弯型钢结构的主要优点：

（1）轻质高强。冷弯型钢通过冷弯加工成型，具有较高的强度和承载力，但重量轻。与传统钢结构相比，冷弯型钢构件的断面形状可以根据需要设计，更有效利用材料，提高承载效率。

（2）抗震性能好。由于其重量轻，冷弯型钢结构在地震中产生的惯性力较小，因此具有较好的抗震性能，适合于抗震要求较高的建筑。

（3）耐久性强。冷弯型钢结构通常采用镀锌等防腐工艺,能够有效提高其耐腐蚀性能，延长使用寿命。

（4）灵活性强。冷弯型钢的截面形式多样，设计自由度大，适用于各种建筑形状和功能要求。同时，钢材的可回收性使其具有较好的可持续性。

（5）施工速度快。由于冷弯型钢结构的构件重量轻，且可以在工厂预制，施工现场只需简单拼装，大大提高了施工效率，缩短了工期。

（6）绿色环保。冷弯型钢结构可以减少现场施工中的噪声和废料，属于一种绿色、环保的建筑材料。

冷弯型钢广泛用于轻钢结构住宅中，特别是低层或中层住宅建筑，具有快速建造、节能环保的优势。冷弯型钢结构还特别适合大空间需求的工业建筑，例如工业厂房、仓库、物流中心等建筑。冷弯型钢结构在屋面桁架、檩条、墙体龙骨等结构中得到广泛应用，能够有效降低建筑自重，减少基础施工成本。在农业建筑，例如温室、畜棚等，也经常采用冷弯型钢结构，具有建造快捷、成本低廉的优点。由于其轻便和可移动性，冷弯型钢结构常用于搭建临时建筑、活动房屋和展览结构等。

1.3 材料特点

冷弯型钢通常由低碳钢或低合金高强度钢制造，材料性能根据具体的应用场景和工程需求进行选择。低碳钢的屈服强度较低，但其具有良好的延展性和冷加工性能。低合金高强度钢的屈服强度较高，能够承受更大的荷载，特别适用于需要减轻结构自重的工程中，相比于碳素钢具有更高的强度和较好的韧性。

在冷弯型钢表面镀上锌层，能够有效防止钢材在潮湿环境中的腐蚀。在常温条件下，钢板或钢带通过一系列的弯曲设备将其冷弯成型（冷弯轧制和冷弯折弯），根据具体需求将钢板卷曲为各种截面形状。冷弯型钢品种很多，按截面分为开口、半闭口、闭口；按形状分为冷弯槽钢、角钢、Z 形钢、帽形钢、圆管、矩形管等，常见的冷弯型钢截面如图 1-3 所示。

在冷弯型钢结构中，为克服冷弯型钢的局部屈曲和整体稳定性不足的缺陷，常常采用组合截面类型的构件。通过将多根冷弯构件拼合，可以显著提升截面的强度、刚度和抗弯性能。组合截面在冷弯型钢建筑系统中应用广泛，如工业厂房、仓库、住宅建筑以及集成式模块化建筑中。常见的组合截面主要包括组合工字形截面、组合箱形截面以及抱合箱形截面，如图 1-4 所示。

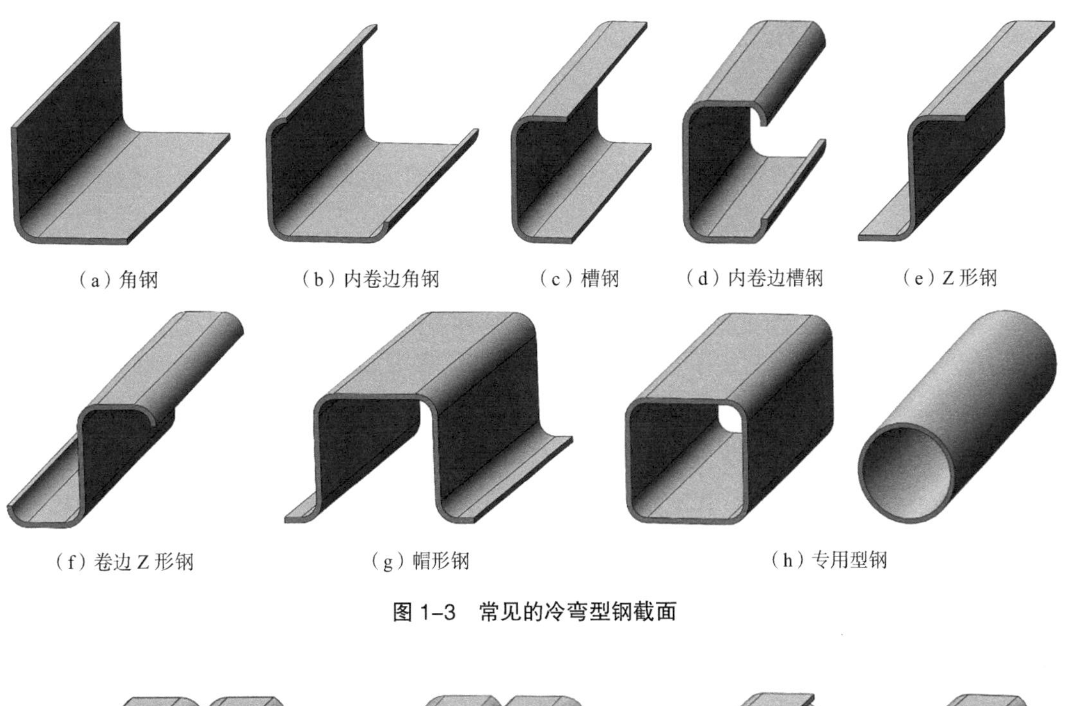

图 1-3 常见的冷弯型钢截面

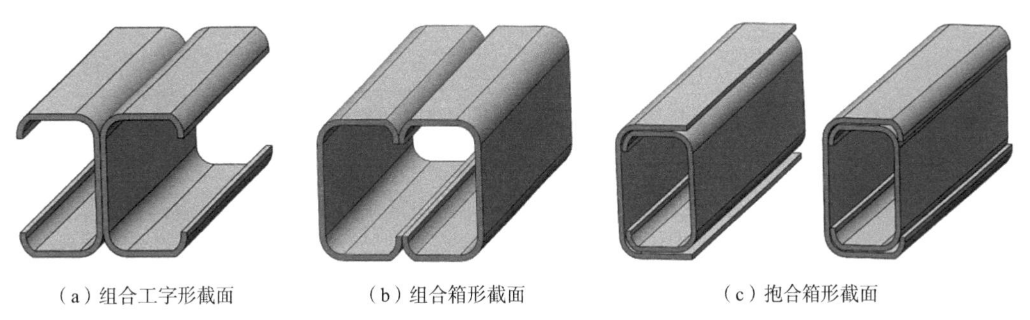

图 1-4 冷弯型钢构件的组合截面类型

1.4 现有规范介绍

随着装配式建筑的发展，冷弯型钢结构在住宅、工业厂房和公共建筑中的应用越来越广泛。为规范和指导设计、施工及验收，各国和地区都制定了相应的技术标准和规范。

中国的主要规范包括《冷弯薄壁型钢结构技术规范》GB 50018—2002、《低层冷弯薄壁型钢房屋建筑技术规程》JGJ 227—2011 和《冷弯薄壁型钢多层住宅技术标准》JGJ/T 421—2018；北美地区由美国钢铁协会 AISI 主导制定规范体系，主要包括 AISI S100、AISI S240 和 AISI S400；英国和欧洲采用 Eurocode 3 的第 1 ~ 3 部分作为冷弯型钢的标准；澳大利亚和新西兰均采用规范 AS/NZS 4600，从而来指导冷弯型钢结构构件的设计和施工。

《冷弯薄壁型钢结构技术规范》GB 50018—2002 是中国针对冷弯型钢结构设计与施工的主要技术标准，涵盖了多个方面的内容。规范特别强调了局部屈曲、整体屈曲及畸变屈曲等问题，并详细规定了抗震设计、风荷载作用下的稳定性设计以及节点的连接方式。

设计时须综合考虑屈曲特性和构件的材料特性，采用拼合截面、加强筋等措施来提高构件的刚度。此外，规范明确了螺栓、自攻螺钉、铆钉和焊接节点的设计要求，并提供了关于施工与验收的具体标准，以确保结构安全可靠。《低层冷弯薄壁型钢房屋建筑技术规程》JGJ 227—2011 主要内容涵盖了低层冷弯型钢房屋的设计与施工，强调了构件的强度和稳定性，特别是在风荷载和地震作用下的表现。规程还提供了材料的防腐处理和防火措施，确保建筑在使用过程中的安全性。《冷弯薄壁型钢多层住宅技术标准》JGJ/T 421—2018 针对冷弯型钢多层住宅的设计要求，特别强调抗震性能和构件的受力分析。该标准详细说明了建筑构件的构造细节，以确保在多层住宅中使用时的结构安全；同时，还提供了施工技术规范，包括工艺流程、质量控制和检验标准，确保施工的有效性和安全性。此外，标准结合了建筑的节能与环保要求，推动绿色建筑的发展，以适应现代建筑的需要。

北美规范 AISI S100、AISI S240、AISI S400 是现行美国、加拿大和墨西哥通用的主要技术标准，由美国钢铁协会制定。AISI S100 是针对冷弯型钢结构构件的设计规范，主要涵盖冷弯型钢的材料性能、荷载计算、构件强度和稳定性分析等方面。该标准为工程师提供了一整套全面的设计原则和方法，强调冷弯型钢在不同荷载条件下（如恒载、活载、风荷载等）的安全性和可靠性。该规范特别关注于构件的屈曲分析、连接设计以及整体稳定性，以确保在极端条件下结构的稳固性。此外，标准中还包括了材料的屈服强度、抗拉强度和延展性等性能指标，确保构件满足不同的工程需求。AISI S240 专注于冷弯型钢在建筑框架结构中的具体应用，该规范涵盖了住宅、商业和公共建筑中墙体、楼板、屋顶等构件的设计与安装要求，旨在确保结构在使用寿命内的安全性、耐久性和适用性。AISI S240 还针对冷弯型钢框架的防腐、热桥控制等提出了详细的技术要求，以满足现代建筑对节能与环保的需求。相比之下，AISI S400 聚焦于冷弯型钢结构系统的抗震设计，提供了在地震作用下的特定设计指导。该标准详细列出了地震作用的计算方法，包括基本地震作用的确定和荷载组合要求。AISI S400 要求设计时考虑结构的整体表现以及构件之间的连接强度和刚度。标准还涵盖了构造细节，如节点设计和局部屈曲分析，以确保在地震作用下结构的稳定性和安全性。

规范 EN 1993-1-3 作为欧洲规范 Eurocode 3 的章节，专门针对冷弯型钢构件的设计提供技术支持，适用于屋面、墙体围护系统以及冷弯型钢结构等应用。该规范采用极限状态设计方法，重点关注薄壁构件的局部屈曲、整体屈曲和畸变屈曲行为，并通过有效宽度概念来处理局部屈曲对承载力的影响。除规定了连接设计的准则，涵盖螺钉、铆钉和焊接连接的强度和耐久性，还要求根据不同环境条件采取适当的防腐措施。该规范的附录中还提供了设计示例和公式，帮助工程师在项目中高效应用。

规范 AS/NZS 4600 是由澳大利亚和新西兰联合发布的冷弯型钢结构设计标准，该标准包括强度、稳定性、连接设计和耐久性要求，涵盖了单一构件和组合系统的设计，适用于冷弯型钢房屋结构、屋面系统、钢框架以及其他轻型工业建筑。采用极限状态设计方法，确保在不同荷载组合下的结构安全性和经济性，并通过局部屈曲、扭转屈曲、畸变屈曲和整体屈曲分析来保证构件的稳定性。标准引入有效宽度法应对屈曲影响，同时规定了螺栓、铆钉和焊接连接的强度和耐久性要求。此外，AS/NZS 4600还强调冷弯型钢的防腐措施和定期维护，以延长结构使用寿命。

综上所述，各国的冷弯型钢结构设计规范虽然根据地域特点和工程需求有所侧重，但都体现了对轻质、高效结构体系的追求。在当今绿色低碳和可持续发展的背景下，冷弯型钢结构因其轻质高强、施工便捷和节能环保的优势，正逐步成为现代建筑的重要组成部分。这些规范不仅为工程实践提供了科学依据，也促进了国际的技术交流与标准化发展，为冷弯型钢结构在全球范围内的推广和应用奠定了坚实的基础。未来，随着新材料与数字化设计技术的进步，各国规范将进一步完善，以应对更复杂的工程挑战和更高的建筑性能要求。

第 2 章　自攻螺钉连接性能研究

波纹钢板作为一种新型覆面板，近些年已被陆续地应用到建筑工程领域中。该面板因独特的截面形状，其刚度和抗剪承载力得到明显提高。冷弯型钢墙体的抗剪性能试验主要与框架和覆面板间自攻螺钉连接性能有关。目前在自攻螺钉连接的性能研究中，重点考虑了传统覆面板类型，而波纹钢板作为覆面板的自攻螺钉连接试件的抗震性能方面研究尚比较缺乏。在冷弯型钢龙骨体系结构抗震性能数值分析中，自攻螺钉连接的恢复力特性是墙体和整体房屋有限元模拟的基础。自攻螺钉连接的恢复力模型能否有效反映出自攻螺钉的真实受力情况，将最大限度地决定着数值模拟结果的准确性。现有自攻螺钉连接恢复力模型主要是针对传统覆面板而建立的，波纹钢板和龙骨框架间连接的恢复力特性的相关研究还未开展。

本章针对波纹钢板与冷弯型钢立柱间自攻螺钉在面内和面外的连接性能开展试验研究，重点考察覆面板厚度及其类型、螺钉间距及其端距等因素对自攻螺钉连接性能的影响，为后续自攻螺钉连接的恢复力模型研究提供试验数据依据。在试验结果的基础上，利用 pinching4 捏缩材料建立波纹钢板—框架间自攻螺钉连接的恢复力模型，为后续波纹钢板覆面墙体的精细化数值模拟研究提供支撑。

2.1　自攻螺钉连接性能试验

在波纹钢板覆面墙体的抗剪性能试验中发现试件承载力下降主要是由面板屈曲和连接破坏引起，而龙骨框架的破坏程度小，因此结构的抗震性能与框架和覆面板间自攻螺钉连接性能有密切关联。在波纹钢板覆面剪力墙中自攻螺钉连接受力主要体现在面内的受剪作用，以及面外的受拉作用，各方向的连接性能如图 2-1 所示。

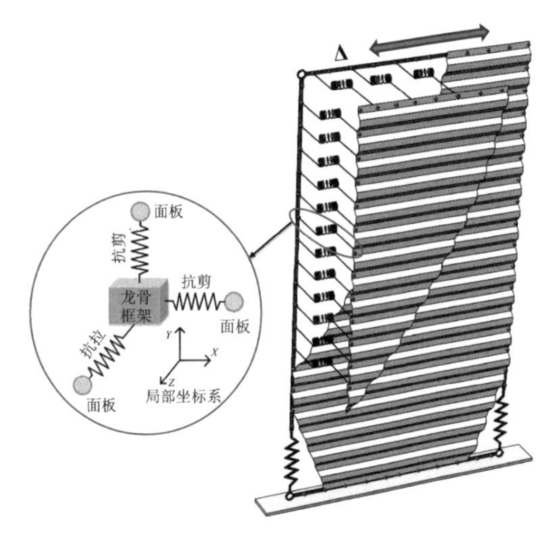

图 2-1　自攻螺钉连接性能示意图

2.1.1　试验概况

1. 试验装置

为研究自攻螺钉连接试件在单调荷载和

循环往复荷载作用下的抗剪性能和抗拉性能，本试验中设计了抗剪试验加载装置和抗拉试验加载装置。抗剪试验加载装置采用两侧抗剪的对称构造形式。在抗剪试件中，覆面板纵向布置的试件为第Ⅰ类抗剪试件，覆面板横向布置的试件为第Ⅱ类抗剪试件，这导致抗剪试验中两类连接试件的加载装置略有差异，具体构造如图 2-2 和图 2-3 所示。在面板上部布置单排螺钉，下部布置两排螺钉，从而造成“上弱下强”的连接形式以保证试件的破坏发生在面板的上部螺钉位置。每个试件包括两个立柱和两个波纹钢板以及不同数量的自攻螺钉。在立柱腹板布置三块钢板，并通过四颗 M12 和四颗 M16 高强螺栓固定在厚钢板上，从而防止立柱的腹板在受力作用下出现局部屈曲变形。在立柱端部的卷边位置使用两个夹子和角钢固定起来，从而使立柱形成局部的闭合四边形，这样做是为了防止在加载过程中立柱的翼缘和卷边出现扭转变形。厚钢板通过四颗 M16 高强螺栓与带卡扣的销栓固定，最终与试验机连接到一起实现正负两个方向加载。抗拉试验加载装置采用单侧抗拉的构造形式，具体如图 2-4 所示。每个试件包括单个立柱和单个波纹钢板以及单颗自攻螺钉。立柱通过四颗 M12 高强螺钉和四个钢板与下侧的销栓相连，而波纹钢板通过四颗 M8 高强螺栓与厚钢板相连。两个厚钢板再通过四颗 M16 高强螺栓、钢垫块

（a）现场图

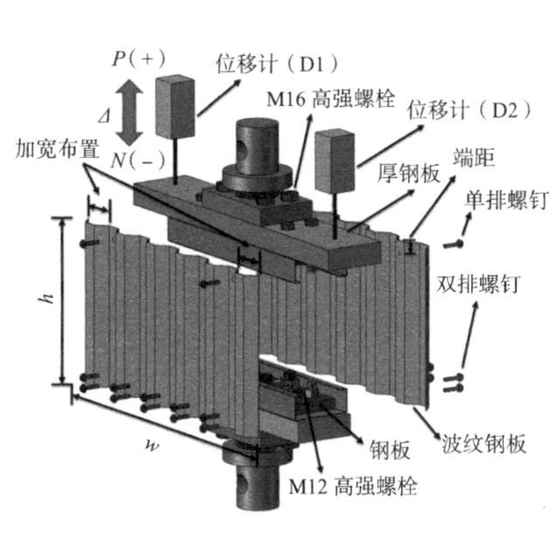

（b）分解图

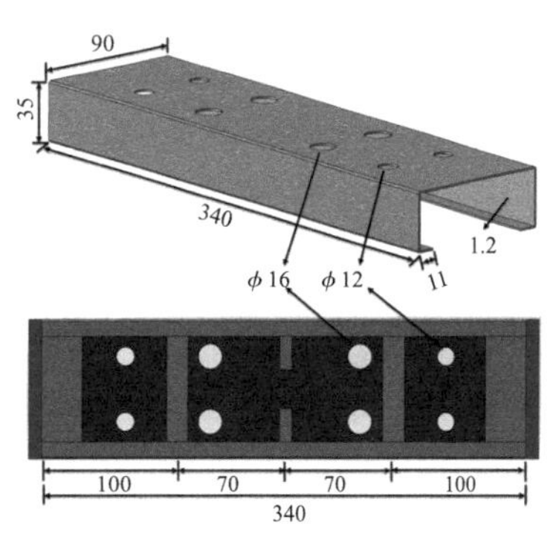

（c）立柱尺寸及内视图

图 2–2　第Ⅰ类抗剪试件的试验加载装置

（a）现场图

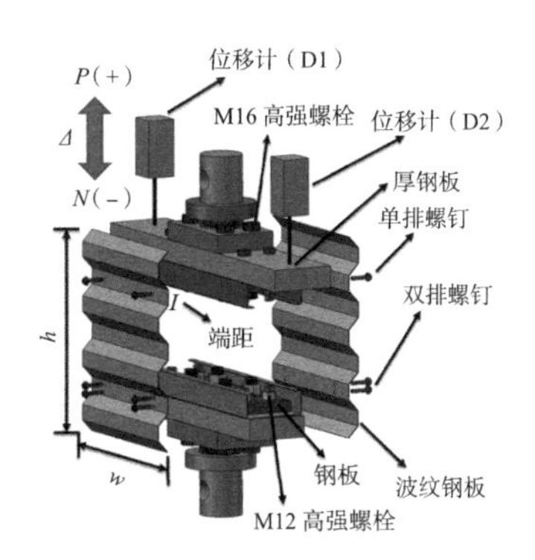

（b）分解图

图 2–3　第Ⅱ类抗剪试件的试验加载装置

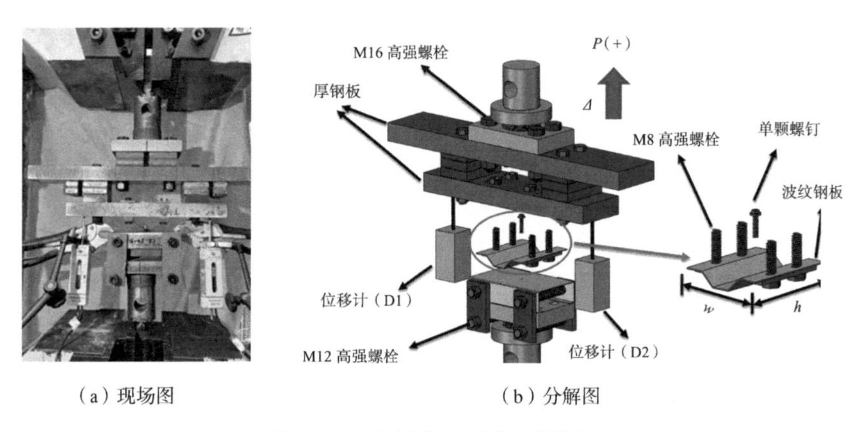

（a）现场图　　（b）分解图

图 2-4　抗拉试件的试验加载装置

与上侧的销栓连接。无论是抗剪试验还是抗拉试验，在试件的厚钢板的两端均对称布置两个位移计 D1 和 D2，这是为了消除在加载过程中试件两侧出现不同步的变形而带来的误差。

2. 试件设计

（1）抗剪试件

抗剪试件是由冷弯型钢立柱和波纹钢板以及两者间的自攻螺钉组成的，两种抗剪试件的结构布置如图 2-2（b）和图 2-3（b）所示。波纹钢板采用 Q915 型、V76 型以及 TB36 型，厚度有 0.6mm、0.8mm、1.0mm 以及 1.2mm 四种，详细截面尺寸如图 2-5 所示。立柱为 C 形截面，型号为 C9012，厚度为 1.2mm，其横截面尺寸如图 2-2（c）所示。第Ⅰ类抗剪试件中覆面板高度均为 230mm，宽度与波纹钢板型号有关，Q915 型、V76 型和 TB36 型波纹钢板的宽度分别为 401mm、434mm 和 557mm。试件底部两侧各布置两排螺钉，每侧各 10 个，间距均为 75mm；顶部的螺钉数量根据螺钉间距确定，螺钉间距为 75mm、150mm、300mm 时对应的螺钉数量分布为 10 个、6 个、4 个。为了研究端距对自攻螺钉连接抗剪性能的影响，在本试验中采用的端距有 $2d$、$3d$、$4d$、$6d$（d 为自攻螺钉的直径）四种。第Ⅱ类抗剪试件中覆面板的宽度均为 230mm，高度与波纹钢板型号有关，Q915 型、V76 型和 TB36 型波纹钢板的高度分别为 260mm、282mm 和 203mm。试件底部两侧布置两排螺钉，每侧各 6 个，间距均为 75mm；顶部的螺钉数量根据螺钉间距确定，螺钉间距为 75mm、150mm 时对应的螺钉数量分布为 6 个、4 个。由于第Ⅱ类抗剪试件中螺钉只能布置在波谷位置，因此螺钉距面板端部的端距仅有一种。抗剪性能试验采用单调加载和低周循环加载两种方式，分别考察覆面板类型和自攻螺钉布置方式等多个特性参数对自攻螺钉连接试件抗剪性能的影响。第Ⅰ类抗剪试件有 20 组，共计 44 个；第Ⅱ类抗剪试件有 14 组，共计 61 个。试件分组、编号及加载方式见表 2-1。试验编号规则如下，以 V76-0.6-3d-75-VM 为例，V76 表示覆面板类型，0.6 表示覆面板厚度，3d 表示螺钉的端距，75 表示螺钉间距，VM 表示覆面板的布置方向和加载方式。在抗剪试件中，使用 P 或 N 表示试件处于正向荷载或负向荷载。第Ⅱ类抗剪试件中由于自攻螺钉均布置在波纹钢板的波谷中间位置，因此使用 M 统一表示螺钉的端距。

（2）抗拉试件

抗拉试件同样是由冷弯型钢立柱和波纹钢板以及两者间自攻螺钉组成的，试件的结构布置如图 2-4 所示。波纹钢板采用 Q915、V76、TB36 三种类型，其厚度有 0.6mm、0.8mm、1.0mm 以及 1.2mm，详细截面尺寸如图 2-5 所示。立柱为 C 形截面，型号为 C9012，厚度为 1.2mm，其横截面的尺寸如图 2-2 所示。试件覆面板的高度均为 90mm；Q915、V76 和 TB36 型波纹钢板的宽度分别为 72mm、98mm 和 100mm。参照第 3 章中波纹钢板覆面墙体抗剪性能试验，自攻螺钉均布置在波纹钢板的波谷中间。所有抗拉试件均通过单颗自攻螺钉将立柱和波纹钢板连接到一起。抗拉性能试验采用单调加载方式，分别考察面板类型和面板厚度对自攻螺钉连接试件抗拉性能的影响。该类试件有 6 组，共计 14 个。试件分组、编号及加载方式见表 2-1。试验编号规则如下，以 V76-0.6-M 为例，V76 表示覆面板类型，0.6 表示覆面板厚度，M 表示加载方式。

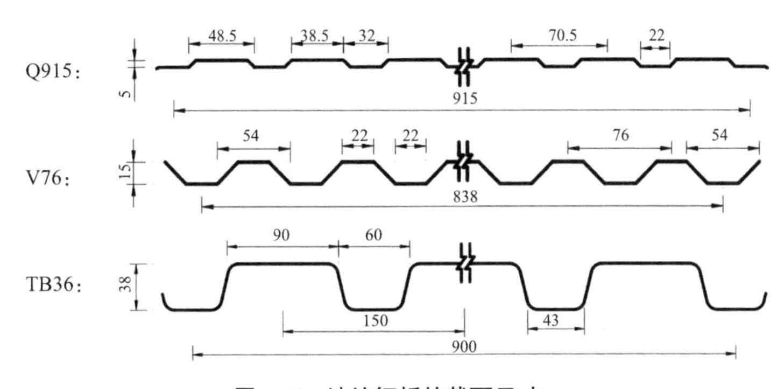

图 2-5　波纹钢板的截面尺寸

测试试件的详细信息　　表 2-1

试件类型	试件编号	立柱厚度（mm）	面板类型	面板厚度（mm）	端距	螺钉间距（mm）	面板布置方向	加载方式	试件数量
第 I 类抗剪试件	V76-0.6-3d-75-VM-P	1.2	V76	0.6	3*d*	75	V	M	2
	V76-0.6-3d-75-VM-N	1.2	V76	0.6	3*d*	75	V	M	2
	V76-0.6-3d-75-VC	1.2	V76	0.6	3*d*	75	V	C	2
	V76-0.8-3d-75-VM	1.2	V76	0.8	3*d*	75	V	M	3
	V76-0.8-3d-75-VC	1.2	V76	0.8	3*d*	75	V	C	3
	V76-1.0-3d-75-VM	1.2	V76	1.0	3*d*	75	V	M	2
	V76-1.0-3d-75-VC	1.2	V76	1.0	3*d*	75	V	C	2
	V76-1.2-3d-75-VM	1.2	V76	1.2	3*d*	75	V	M	2
	V76-1.2-3d-75-VC	1.2	V76	1.2	3*d*	75	V	C	2
	V76-0.6-3d-150-VM	1.2	V76	0.6	3*d*	150	V	M	2
	V76-0.6-3d-150-VC	1.2	V76	0.6	3*d*	150	V	C	2
	V76-0.6-3d-300-VM	1.2	V76	0.6	3*d*	300	V	M	2

续表

试件类型	试件编号	立柱厚度（mm）	面板类型	面板厚度（mm）	端距	螺钉间距（mm）	面板布置方向	加载方式	试件数量
第Ⅰ类抗剪试件	V76-0.6-3d-300-VC	1.2	V76	0.6	3*d*	300	V	C	3
	V76-0.6-2d-75-VM	1.2	V76	0.6	2*d*	75	V	M	2
	V76-0.6-4d-75-VM	1.2	V76	0.6	4*d*	75	V	M	2
	V76-0.6-6d-75-VM	1.2	V76	0.6	6*d*	75	V	M	2
	Q915-0.6-3d-75-VM	1.2	Q915	0.6	3*d*	75	V	M	2
	Q915-0.6-3d-75-VC	1.2	Q915	0.6	3*d*	75	V	C	3
	TB36-0.6-3d-75-VM	1.2	TB36	0.6	3*d*	75	V	M	2
	TB36-0.6-3d-75-VC	1.2	TB36	0.6	3*d*	75	V	C	2
第Ⅱ类抗剪试件	V76-0.6-M-75-HM	1.2	V76	0.6	*M*	75	H	M	4
	V76-0.6-M-75-HC	1.2	V76	0.6	*M*	75	H	C	4
	V76-0.8-M-75-HM	1.2	V76	0.8	*M*	75	H	M	4
	V76-0.8-M-75-HC	1.2	V76	0.8	*M*	75	H	C	4
	V76-1.0-M-75-HM	1.2	V76	1.0	*M*	75	H	M	5
	V76-1.0-M-75-HC	1.2	V76	1.0	*M*	75	H	C	5
	V76-1.2-M-75-HM	1.2	V76	1.2	*M*	75	H	M	4
	V76-1.2-M-75-HC	1.2	V76	1.2	*M*	75	H	C	6
	V76-0.6-M-150-HM	1.2	V76	0.6	*M*	150	H	M	4
	V76-0.6-M-150-HC	1.2	V76	0.6	*M*	150	H	C	4
	Q915-0.6-M-75-HM	1.2	Q915	0.6	*M*	75	H	M	4
	Q915-0.6-M-75-HC	1.2	Q915	0.6	*M*	75	H	C	4
	TB36-0.6-M-75-HM	1.2	TB36	0.6	*M*	75	H	M	4
	TB36-0.6-M-75-HC	1.2	TB36	0.6	*M*	75	H	C	5
抗拉试件	V76-0.6-M	0.6	V76	—	—	—	—	M	2
	V76-0.8-M	0.8	V76	—	—	—	—	M	3
	V76-1.0-M	1.0	V76	—	—	—	—	M	2
	V76-1.2-M	1.2	V76	—	—	—	—	M	3
	Q915-0.6-M	0.6	Q915	—	—	—	—	M	2
	TB36-0.6-M	0.6	TB36	—	—	—	—	M	2

参照北美规范和欧洲规范，相同类型试件先开展两次加载试验，其结果须确保两次连接试件强度值相差较小，且最大误差在10%内。若误差超过规定值，须补充相同类型试验，所有连接试件误差要保证在15%范围内，否则须进行第四次试验。

3. 材料性能

依据中国标准《金属材料 拉伸试验 第1部分：室温试验方法》GB/T 228.1—2021进

行钢材的材料性能拉伸试验，试验装置如图 2-6 所示。采用位移控制加载，以位移速率 5mm/min 匀速拉伸材料试件。试验中使用的波纹钢板和立柱均来自同一批构件，拉伸试件取自波纹钢板的波谷和立柱的腹板。在材料拉伸试验前先去除铝锌涂层，每种类型的试件各测试三个，取其平均值作为最终结果。表 2-2 给出了对钢材实测得到的材料性能，主要包括屈服强度 f_y、抗拉强度 f_u、弹性模量 E 以及伸长率。最终得到的冷弯型钢拉伸试件的应力—应变曲线如图 2-7 所示。

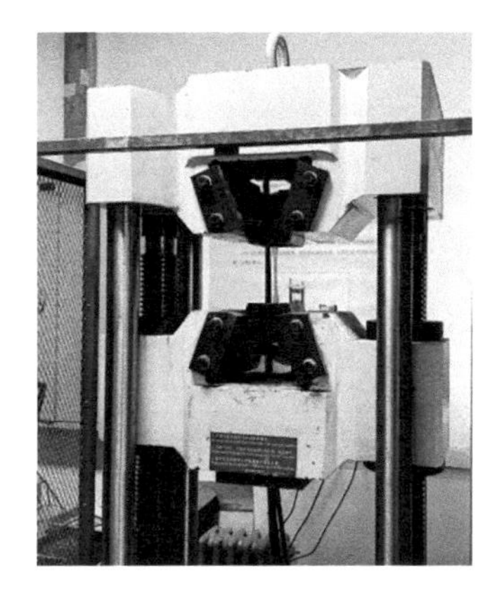

图 2-6　材料性能拉伸试验装置

冷弯型钢的材料性能　　表 2-2

构件	钢材厚度 t（mm）	屈服强度 f_y（MPa）	抗拉强度 f_u（MPa）	弹性模量 E（GPa）	伸长率（%）
波纹钢板	0.6	388.60	515.73	217.73	20.88
	0.8	363.04	485.81	209.57	23.21
	1.0	350.84	475.46	198.36	24.31
	1.2	330.30	465.02	212.05	22.82
立柱	1.2	347.55	472.23	241.44	24.32

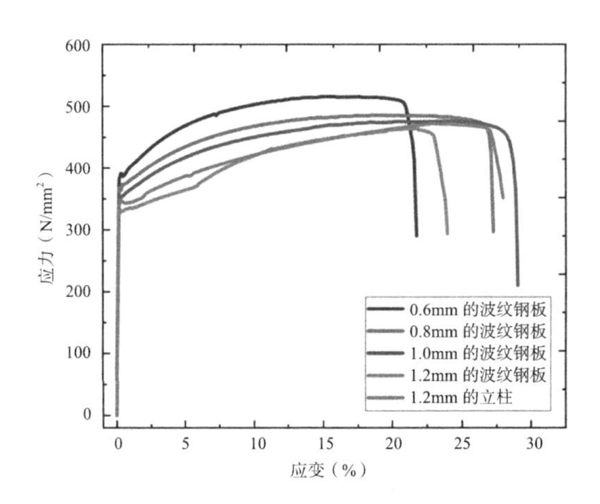

图 2-7　冷弯型钢拉伸试件应力—应变曲线

4. 加载制度

抗剪试验中包括单调加载试验和循环往复加载试验，而抗拉试验中仅开展了单调加载试验，全部试验均采用位移控制的匀速率进行加载。单调加载根据 ASTM E564 的规定，在试件上端以位移速率 0.19mm/s 施加位移，位移加载至试件承载力出现较大的下降趋势，其承载力至少下降到峰值荷载的 80%。

参照 ICC-ES AC130 中的 CUREE 加载制度，进行循环往复加载试验，其中屈服位移取为单调加载试验中试件的承载力下降至峰值的 80% 对应的位移的 60%。在单调试验中，在正向和负向方向加载作用下第Ⅰ类抗剪试件的力学性能基本一致，因此其试件的正、负方向上的加载制度相同，其循环加载制度如图 2-8 所示。

由于波纹钢板的独特截面构造，导致在本试验中第Ⅱ类抗剪试件在正、负方向上的力学性能相差较大，因此其采用的循环加载制度与第Ⅰ类抗剪试件是不同的。第Ⅱ类抗剪试件循环加载制度如图 2-9 所示。第Ⅱ类抗剪试件承受向上的荷载进入弹塑性阶段时，

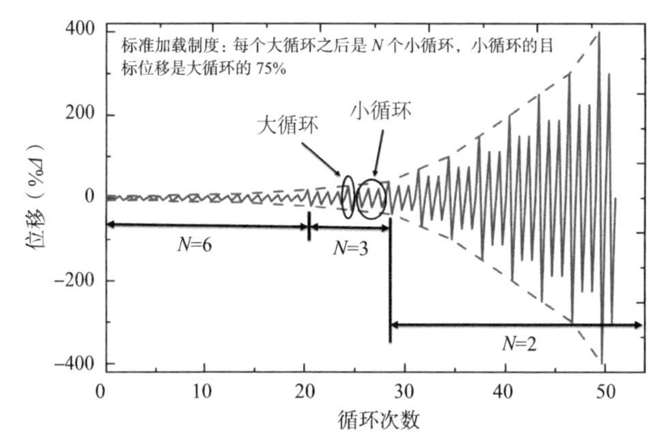

图 2-8 第Ⅰ类抗剪试件的循环加载制度

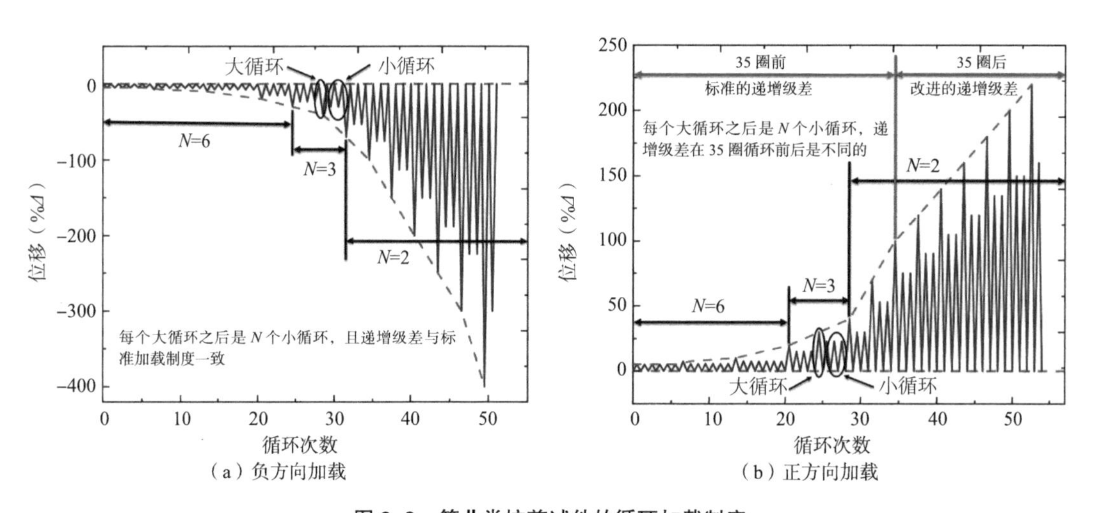

图 2-9 第Ⅱ类抗剪试件的循环加载制度

波纹钢板会出现不能恢复的拉平现象，因此其循环加载制度的两个方向是分开的。负方向上加载制度中的递增级差与标准加载制度一致；正方向上加载制度中递增级差在 35 圈循环前与标准加载制度一致，35 圈循环后采用改进的加载制度。需要说明的是，第Ⅱ类抗剪试件在两个方向的屈服位移是不同的，因此须根据正向和负向的单调抗拉试验来确定。

2.1.2　试验现象及破坏模式

本节分别对第Ⅰ类抗剪试件、第Ⅱ类抗剪试件以及抗拉试件的试验现象和破坏模式进行描述。

1. 试验现象

（1）第Ⅰ类抗剪试件

第Ⅰ类抗剪试件在单调荷载和循环荷载作用下的试验现象主要受覆面板厚度和螺钉端距的影响，其试件的试验现象如下：

对于波纹钢板厚度为 0.6mm 的试件，破坏主要发生在螺钉连接位置。在初始加载阶段，螺钉开始出现轻微的倾斜 [图 2-10（a）]，连接处的波纹钢板出现轻微损坏，导致立柱和面板发生相对滑移。在此阶段，螺钉对相邻面板和立柱产生挤压作用，导致试件发出摩擦声。随着荷载的增加，试件的变形逐渐增大。当达到峰值荷载时，螺钉的倾斜程度没有明显的增加，连接处的波纹钢板开始出现承压破坏 [图 2-10（b）]。最后，在不断重复的相互挤压下，端距为 2*d* 的试件的面板端部被撕裂 [图 2-10（c）]。端距为 3*d*、4*d* 和 6*d* 的试件，其面板的承压破坏程度增大 [图 2-10（d）]，导致试件的承载力急剧下降。0.6mm 试件的试验现象如图 2-10 所示。

（a）螺钉倾斜　（b）面板承压破坏　（c）面板端部撕裂

（d）面板承压破坏程度加重

图 2-10　0.6mm 厚覆面板的试件的试验现象

波纹钢板厚度为 0.8mm 和 1.0mm 的试件破坏模式基本相同，但最终的破坏程度有所差异。当开始施加荷载时，试件中螺钉开始出现倾斜 [图 2-11（a）]，其倾斜程度随着荷载增大而加重 [图 2-11（b）]。在位移值达到 2 ~ 4mm 时，试件达到其峰值承载力，面板和立柱均出现承压破坏 [图 2-11（c）]。随着荷载进一步增大，试件的承压破坏 [图 2-11（d）] 和螺钉的倾斜程度加重 [图 2-11（e）]。当波纹钢板的承压破坏达到极限时，螺钉从面板中拔出 [图 2-11（f）]，从而导致试件的变形进一步增加。0.8mm 试件和 1.0mm 试件的试验现象如图 2-11 所示。

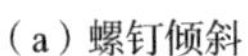
（a）螺钉倾斜

（b）螺钉倾斜程度加重

（c）立柱和面板承压破坏

（d）立柱和面板承压破坏程度加重

（e）螺钉倾斜程度进一步加重

（f）螺钉被拔出

图 2-11　0.8mm 和 1.0mm 厚覆面板的试件的试验现象

对于波纹钢板厚度为 1.2mm 的试件，当位移达到 1 ~ 2mm 时，螺钉出现轻微的倾斜并挤压周围的面板，导致波纹钢板出现承压破坏 [图 2-12（a）]。随着位移的增加，螺钉的倾斜程度也有所加重 [图 2-12（b）]。当位移达到 4mm 时，立柱出现承压破坏 [图 2-12（c）]。当变形进一步增加后，试件立柱的翼缘在负方向荷载作用下发生局部屈曲 [图 2-12（d）]。在此过程中，连接位置的立柱和面板的承压破坏程度越来越严重 [图 2-12（e）]。在循环荷载作用下，螺钉倾斜程度进一步增大，最终螺钉与面板从立柱上拔出并脱离了加载装置 [图 2-12（f）]。与循环加载试验现象不同的是，单调荷载作用下其试件的立柱和波纹钢板间发生相对位移，最终在两者的挤压作用下螺钉被剪断 [图 2-12（g）]。1.2mm 试件的试验现象如图 2-12 所示。

图 2-13 比较了不同参数下第 I 类抗剪试件的破坏现象。如图 2-13（a）所示，波纹钢板的破坏程度随着厚度的增加而减弱，而立柱的破坏程度逐渐加重。图 2-13（b）为不同

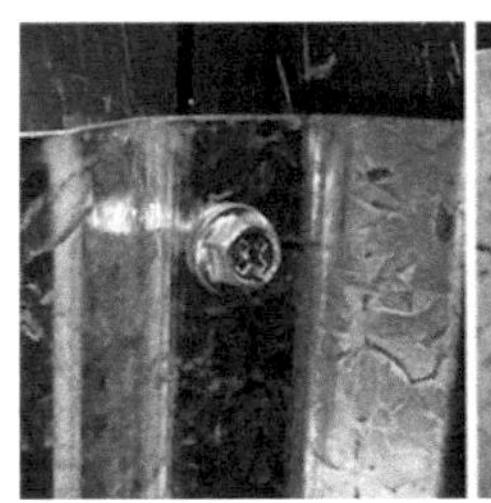

（a）螺钉倾斜和面板承压破坏

（b）螺钉倾斜程度加重

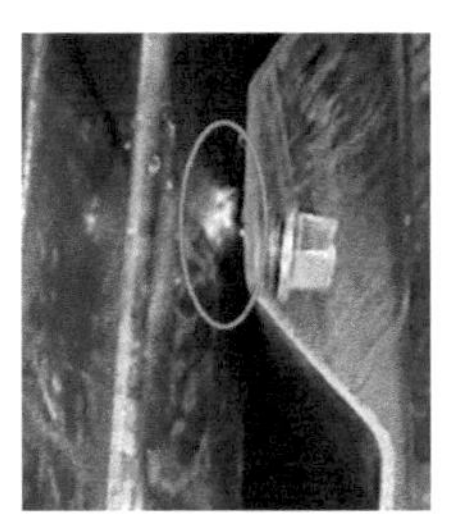

（c）立柱承压破坏

（d）立柱翼缘局部屈曲

（e）立柱和面板承压破坏加重

（f）螺钉被拔出

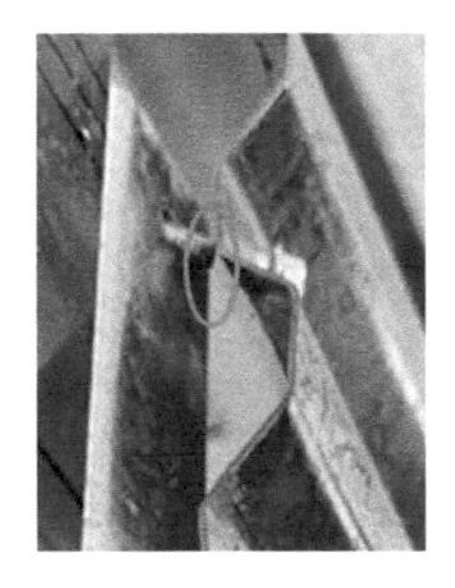

（g）螺钉被剪断

图 2–12　1.2mm 厚覆面板的试件的试验现象

（a）覆面板厚度

（b）不同端距

（c）不同螺钉间距

（d）覆面板类型

图 2–13　第Ⅰ类抗剪试件的破坏现象对比

端距的试件的破坏现象。端距为 2*d* 的试件的面板出现端部撕裂，而其他端距的面板仅表现出严重的承压破坏。图 2-13（c）和图 2-13（d）为不同螺钉间距和三种类型波纹钢板的试件的试验现象。可以看出，不同螺钉间距和不同覆面板类型的试件的试验现象和失效模式基本一致。立柱的破坏程度相对较小，而波纹钢板的边缘承压破坏程度较为严重。

（2）第Ⅱ类抗剪试件

在第Ⅱ类抗剪试件的连接性能试验中，正向和负向加载是单独开展的，因此试件的试验现象须分开描述。在单调荷载和循环荷载作用下该类试件的试验现象主要受覆面板厚度的影响较大。相对于循环往复试验，单调试验中的破坏程度表现更为严重，试件的试验现象如下：

在负方向加载初期，对于面板厚度为 0.6mm 和 0.8mm 的试件，三种类型的波纹钢板的中部均开始出现向内或者向外的弯曲变形。对于面板厚度为 1.0mm 和 1.2mm 的试件，靠近立柱的波纹钢板开始出现向外侧的弯曲变形。当变形值达到 5～8mm 时，试件的承载力达到峰值。随着变形进一步增大，试件弯曲程度加重，其承载力出现缓慢下降的趋势，直至试验结束。在负向荷载作用下第Ⅱ类抗剪试件的试验现象如图 2-14 所示。

（a）0.6mm-Q915

（b）0.6mm-TB36

（c）0.6mm-V76

（d）0.8mm-V76

（e）1.0mm-V76

（f）1.2mm-V76

图 2–14　在负向荷载作用下第Ⅱ类抗剪试件的试验现象

在正方向加载初期，面板的波纹被缓慢地拉平，该过程中试件的变形较大，但承载力增长幅度很小。不同厚度的试件波纹被拉平的程度是有所差异的。其中，0.6mm 厚度的波纹钢板最后几乎像平钢板一样平整，0.8mm 厚度的波纹钢板略有褶皱，而波纹钢板厚度为 1.0mm 的试件承载力出现下降后，其面板仍能看出波纹的形状，1.2mm 试件的波形被拉平的程度最轻。在正向荷载作用下第Ⅱ类抗剪试件的拉平变形如图 2-15 所示。

此后，随着荷载的增加，不同厚度的试件表现出不同的变形特征。波纹钢板厚度为 0.6mm 和 0.8mm 的试件破坏模式基本相同。当波纹钢板被拉平后，随着变形的增大，螺钉出现倾斜 [图 2-16（a）]。连接处面板受到螺钉挤压后开始出现了轻微的承压破坏 [图 2-16（b）]。当试件荷载达到峰值时，面板承压破坏程度加重 [图 2-16（c）]。随着变形进一步增大，螺钉倾斜程度增大。当试件达到破坏荷载时，面板的承压破坏发展到波谷边缘后，最后转变为撕裂破坏 [图 2-16（d）]。

（a）0.6mm-V76

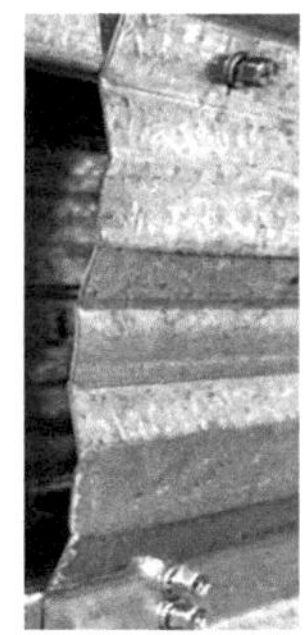
（b）0.8mm-V76

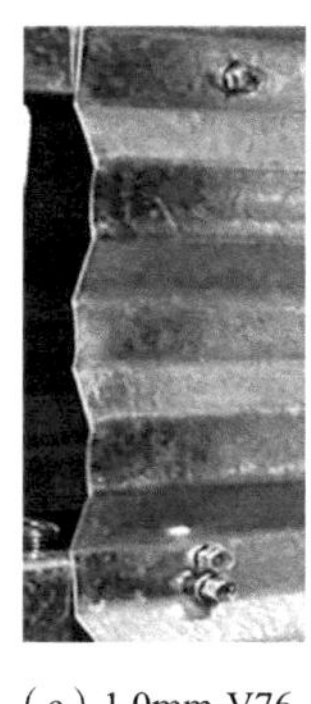
（c）1.0mm-V76

（d）1.2mm-V76

（e）0.6mm-Q915

（f）0.6mm-TB36

图 2-15　在正向荷载作用下第 Ⅱ 类抗剪试件的拉平变形

（a）螺钉倾斜

（b）面板承压破坏

（c）面板承压破坏程度加重

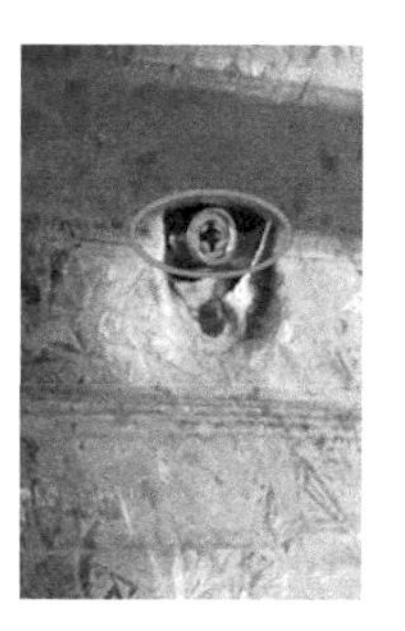
（d）面板端部撕裂

图 2-16　0.6mm 和 0.8mm 厚覆面板的试件的试验现象

波纹钢板厚度为 1.0mm 和 1.2mm 的试件破坏模式基本相同。在试件的面板被拉平后，螺钉出现倾斜 [图 2-17（a）]。当试件达到峰值荷载时，螺钉倾斜程度加重，同时连接处的立柱受到挤压后出现了承压破坏 [图 2-17（b）]。随着变形的增大，立柱翼缘处的承压破坏程度加重 [图 2-17（c）]。最后，由于螺钉的倾斜角度过大，从而导致螺钉从立柱上拔出 [图 2-17（d）]。在整个加载过程中，因波纹钢板的厚度较大，试件连接处面板始终没有出现承压破坏 [图 2-17（e）]。

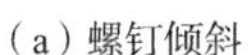
（a）螺钉倾斜

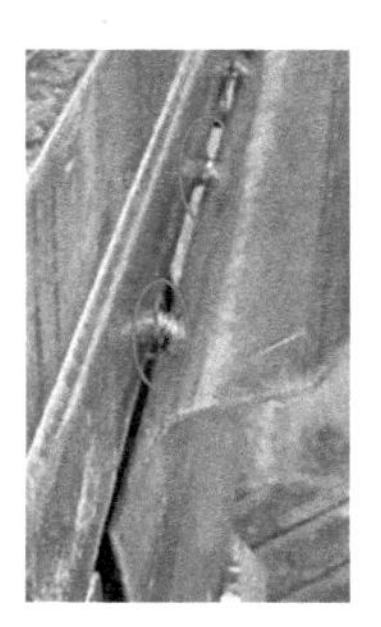
（b）立柱承压破坏

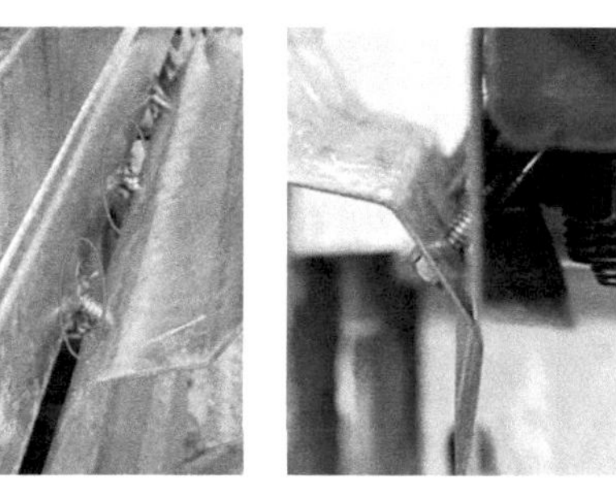
（c）立柱承压破坏程度加重

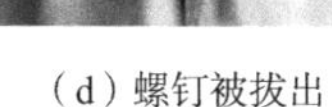
（d）螺钉被拔出

（e）面板完好

图 2-17　1.0mm 和 1.2mm 厚覆面板的试件的试验现象

图 2-18 为不同参数的试件的破坏现象对比。从图 2-18（a）可知，随着厚度的增大，立柱的破坏程度加重，而波纹钢板的破坏程度减弱。同时也观察到，与循环往复加载试验相比，单调加载作用下试件的面板和立柱的破坏程度较大。图 2-18（b）为不同波纹类型和螺钉间距的试件破坏现象。螺钉间距和波纹类型对试件的破坏现象影响较小，所有试件的破坏程度相差不大，具体表现为波纹钢板在波谷边缘位置出现端部撕裂，而立柱几乎没有出现明显的破坏。

（a）厚度及加载方式对比

（b）波纹类型及间距对比

图 2-18　第 Ⅱ 类抗剪试件破坏现象对比

（3）抗拉试件

在单调荷载作用下抗拉试件的破坏模式基本相同，全部表现为拉拔破坏。在整个加载过程中试件的试验现象略有差异，试件的试验现象如下：

在加载初期，对于波纹钢板厚度为 0.6mm 和 0.8mm 的试件，波谷出现弯曲变形，尤其是 TB36 波纹钢板的变形最为明显。随着荷载增大，TB36 试件的弯曲程度加重，最后波谷的弯曲角度接近 60°，其弯曲变形程度如图 2-19 所示。相对于其他试件，波纹钢板厚度为 1.0mm 和 1.2mm 的试件出现较轻的弯曲变形，且变形程度随着厚度的增大而减弱。图 2-20 为在单调荷载作用下抗拉试件的破坏过程。在出现弯曲变形后，所有抗拉试件的试验现象基本类似。开始施加荷载后，立柱的腹板在螺钉带动下鼓起。当鼓起程度达到最大值后，试件达到峰值荷载，其螺钉从立柱中开始被缓慢拔出。当变形值进一步增大后，螺钉会突然大幅度地被拔离立柱，然后试验结束。图 2-21 为抗拉试件的立柱和面板的拉拔破坏现象。所有试件的立柱均发生明显的拉拔破坏，而面板的破坏程度随着厚度增大而减轻。

2. 破坏模式

由上述试验现象发现，冷弯型钢立柱和三种类型波纹钢板间自攻螺钉连接在剪力作用下的破坏形式有五种：

（1）螺钉倾斜（Tilting of screws — T）；

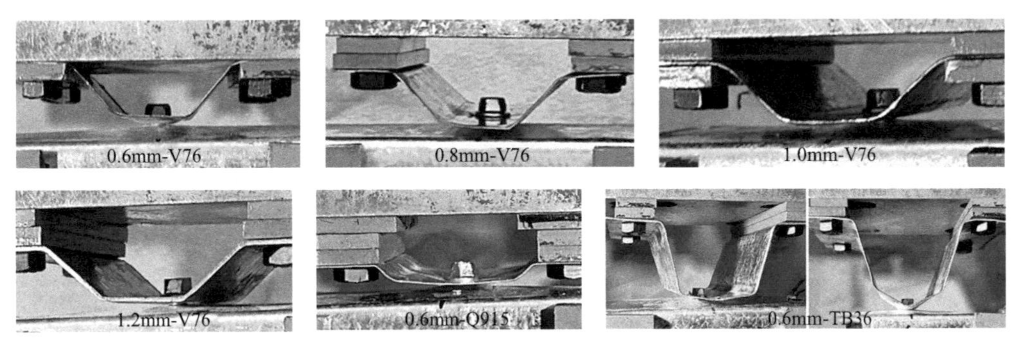

图 2–19　抗拉试件的弯曲变形

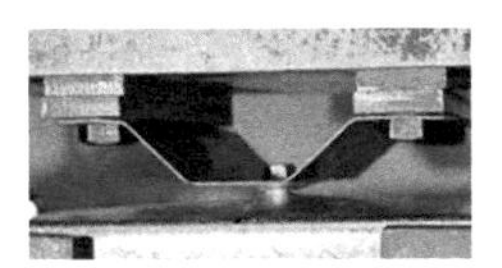

图 2–20　抗拉试件的破坏过程

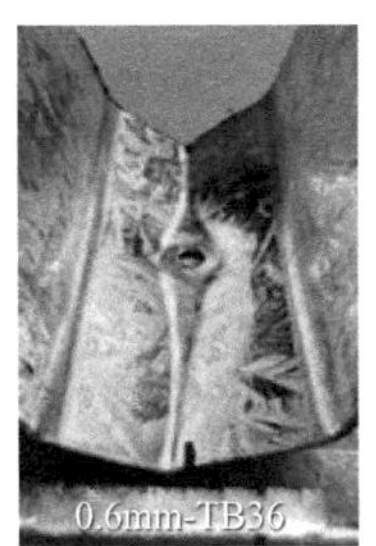

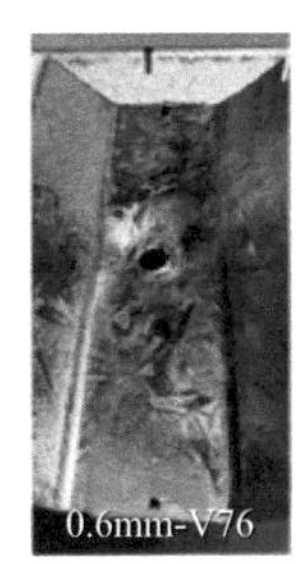

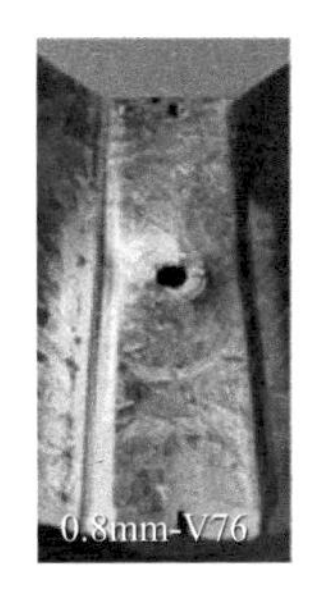

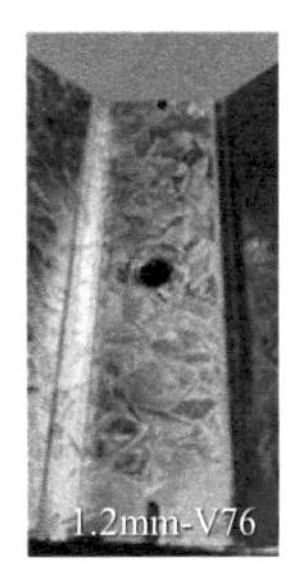

图 2–21　抗拉试件的拉拔破坏现象

（2）连接单元的承压破坏（Bearing in the connected elements — B）;

（3）覆面板端部被撕裂（Edge tearing/ fracture of the sheathing panels — E）;

（4）螺钉被剪断破坏（Shear failure of screws — S）;

（5）螺钉被拔出（Pulling out of screws — P）。

第 I 类抗剪试件的试验现象见表 2-3，其试验现象主要与加载模式、端距和面板厚度有关，通常表现为几种破坏模式的组合。

第 I 类抗剪试件的试验现象　　表 2–3

<table>
<tr><th rowspan="3">加载方式</th><th colspan="5">面板厚度（mm）</th></tr>
<tr><th colspan="2">0.6</th><th rowspan="2">0.8</th><th rowspan="2">1.0</th><th rowspan="2">1.2</th></tr>
<tr><th>端距=2d</th><th>端距=3d/4d/6d</th></tr>
<tr><td>M</td><td>T+B+E</td><td>T+B</td><td>T+B+P</td><td>T+B+P</td><td>T+B+S</td></tr>
<tr><td>C</td><td>T+B+E</td><td>T+B</td><td>T+B+P</td><td>T+B+P</td><td>T+B+P*</td></tr>
</table>

注：*该组试件的立柱的翼缘出现了局部屈曲。

第Ⅱ类抗剪试件的试验现象见表 2-4，主要与面板厚度有关，通常表现为几种破坏模式的组合。

第Ⅱ类抗剪试件的试验现象 **表 2-4**

试件类型	面板厚度（mm）			
	0.6	0.8	1.0	1.2
第Ⅱ类试件	T+B+E	T+B+E	T+B+P	T+B+P

注：连接单元承压破坏的对象为波纹钢板和立柱；端部撕裂指的是在波纹钢板波谷的边缘位置出现板材撕裂，并且该组试件的波纹钢板还出现弯曲变形和拉平变形。

在冷弯型钢结构中自攻螺钉连接在拉力作用下通常会出现三种破坏：

（1）拉拔破坏（Pull out — O）；

（2）拉脱破坏（Pull through — T）；

（3）螺钉拉断破坏（Pulling out of screws — P）。

在我国标准《冷弯薄壁型钢结构技术规范》GB 50018—2002 中未考虑螺钉拉断破坏，而北美 AISI S100 和澳大利亚 AS/NZS 4600 更加全面地考虑了三种破坏模式。因本书中自攻螺钉连接试验的波纹钢板和立柱的厚度是根据墙体的抗剪性能试验所选取的，导致板材的厚度比有所限制，这使所有抗拉试件仅出现拉拔破坏。如果立柱厚度加大或者波纹钢板的厚度减小，其试件则可以出现拉脱破坏和螺钉拉断破坏，其考虑因素会在将来的相关研究中开展，这里便不再赘述。

2.1.3 试验结果

1. 多颗螺钉连接向单颗螺钉连接的转换原理

（1）抗剪试件

本研究的主要目的是得到单个螺钉连接的滞回特性，故需将整个试件的加载曲线转换为单个螺钉连接的荷载—位移曲线。因试件顶部仅布置一排螺钉，底部布置两排螺钉，从而造成试件的顶部连接形式较弱，底部连接形式较强。这种特殊的连接形式导致试件的破坏仅出现在顶部连接位置。图 2-22（a）分别为两类抗剪试件加载装置示意图。两类抗剪试件采用相同的转换原理，两个位移计测得变形值分别为 Δ_1 和 Δ_2，整个试件变形取 $\Delta=(\Delta_1+\Delta_2)/2$。如图 2-22 所示，单个螺钉连接的变形值 Δ_i 等于试件的变形 Δ。每个螺钉受到的作用力 $P_i=P/4$，其中 P 是对整个试件施加的全部荷载。根据转换得到单个螺钉的力 P_i 和变形 Δ_i，单个螺钉的刚度 K_i 由整体试件的刚度 K 来确定，即 $K_i=K/4$。

（2）抗拉试件

对于抗拉荷载作用下的自攻螺钉连接试件，其试件仅布置了单颗螺钉，故试验所测的承载力和位移即为单颗螺钉连接的抗拉承载力和变形。

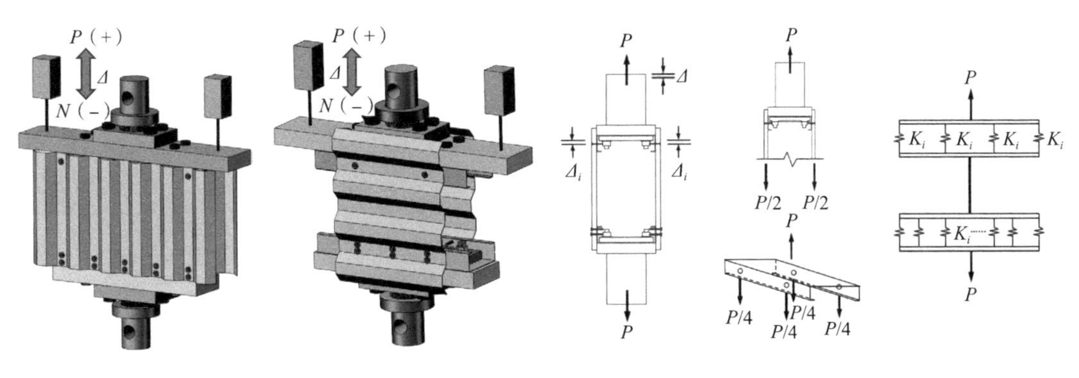

（a）试验加载装置（第Ⅰ类试件和第Ⅱ类试件）　（b）变形分配　（c）力分配　（d）平行弹簧模型

图 2-22　抗剪荷载作用下单个连接试件的力学参数

2. 荷载—位移曲线

（1）第Ⅰ类抗剪试件

第Ⅰ类抗剪试件的波纹钢板最外侧额外增加一个周期的波形长度，该加宽布置是为了防止最外侧的面板因螺钉的挤压而发生局部屈曲，加载布置如图 2-2（b）所示。为验证第Ⅰ类抗剪试件在正负加载方向的力学参数的对称性，本研究开展了不同加载方向的抗剪性能试验。V76 试件在正负方向荷载作用下的破坏现象，如图 2-23 所示。由图可知，波纹钢板能够有效地抵抗施加在试件上的作用力，从而防止试件发生中间弯曲和端部局部屈曲。V76 试件在两个荷载方向上的荷载—位移曲线如图 2-24 所示，可以看到试件在两个荷载方向上的初始刚度和峰值荷载没有明显的差异，这也表明了覆面板的加宽布置的必要性。在正向和负向加载作用下，试件的力学性能相似，因此在第Ⅰ类抗剪试件的后续试验研究中，单调加载方向仅考虑正向施加荷载。在本研究中对于每种相同类型的试件会选择两个有效的试验数据，并使用简化符号 R1 或 R2 表示重复试件。

（a）正向加载

（b）负向加载

图 2-23　第Ⅰ类剪切试件的破坏现象

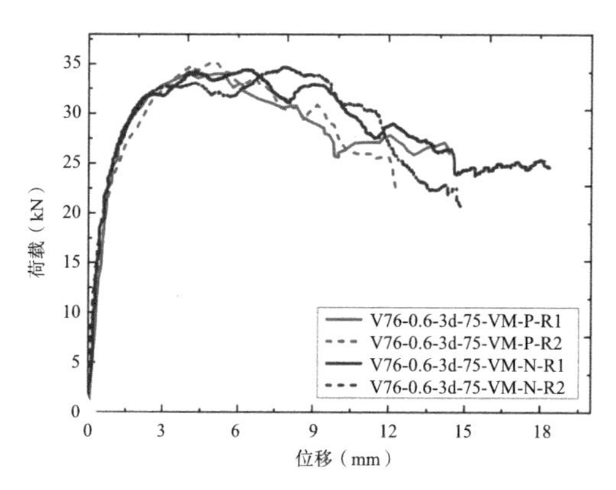

图 2-24　加载方向对 V76 试件的荷载—位移曲线的影响

在单调加载试验中所有试件的荷载—位移曲线的变化趋势基本相同，故选择了具有代表性的试件来描述自攻螺钉连接的剪切响应。第 I 类抗剪试件在单调荷载作用下的荷载—位移曲线如图 2-25 所示。可以观察到，当试件处于弹性阶段时，曲线基本为直线。随着位移的增加，荷载的增长率逐渐减小。直至试件达到峰值荷载后，试件进入弹塑性阶段；之后随着位移进一步增加，试件的荷载—位移曲线出现下降趋势，直至试件破坏。

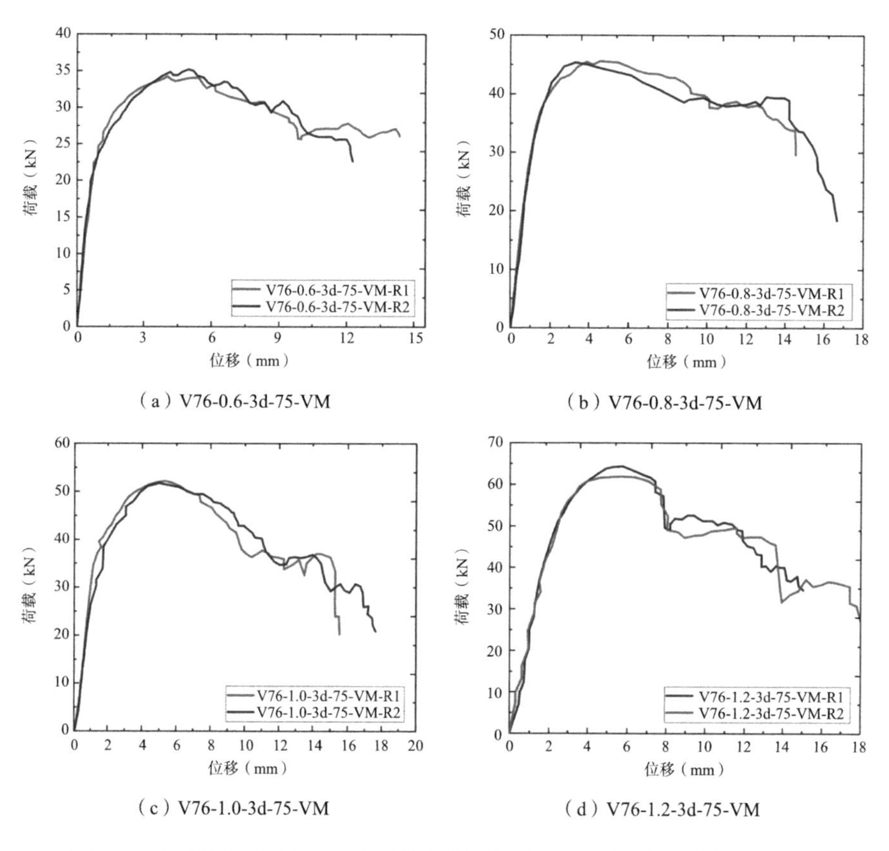

（a）V76-0.6-3d-75-VM　　（b）V76-0.8-3d-75-VM

（c）V76-1.0-3d-75-VM　　（d）V76-1.2-3d-75-VM

图 2-25　单调荷载下第 I 类抗剪试件在单调荷载作用下的荷载—位移曲线（一）

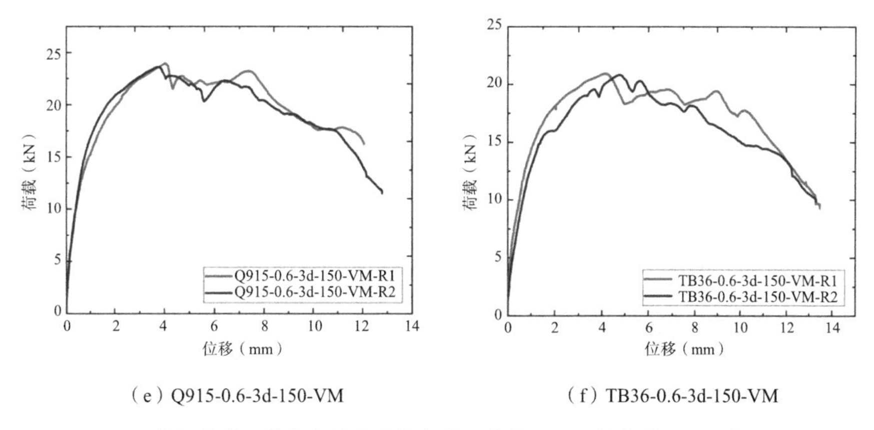

（e）Q915-0.6-3d-150-VM　　（f）TB36-0.6-3d-150-VM

图 2–25　单调荷载下第Ⅰ类抗剪试件在单调荷载作用下的荷载—位移曲线（二）

第Ⅰ类抗剪试件在循环荷载作用下的荷载—位移曲线如图 2-26 所示，所有类型试件的滞回曲线变化趋势相似，试件的滞回环形状随着循环次数的变化而变化。在初始阶段滞回曲线基本上为直线，且正方向和负方向上初始刚度是一致的。当试件进入弹塑性阶段后，滞回曲线形状呈弓形，滞回环面积显著地增加。当卸载为零时，试件会出现残余变形。随着位移的进一步增加，滞回曲线的形状逐渐地变为反 S 形，荷载—位移曲线出现捏拢现象。这是因为试件连接处的面板和螺钉相互挤压，导致两者之间的孔隙张合引起的。当孔隙打开时，试件的刚度降低；当孔隙闭合后，试件刚度迅速地增加。当试件进入破坏阶段后，连接处的孔隙会进一步加大，试件的强度和刚度表现出明显的退化，捏拢现象越发明显，其滞回曲线的形状从反 S 形向 Z 形转变。循环加载试验中试件在正向荷载和负向荷载作用下的滞回曲线和骨架曲线没有明显的差异，整体上呈对称性。图 2-26 中还包括了试件的骨架曲线，曲线取自每级循环中第一个循环的峰值点所连成的包络线。骨架曲线对于后续试验结果分析中比较不同类型试件的力学性能指标是非常重要的。

（2）第Ⅱ类抗剪试件

图 2-27 和图 2-28 为单调荷载下第Ⅱ类抗剪试件的荷载—位移曲线。由图可知，因波纹钢板的独特截面构造，试件在两个方向上的刚度和承载能力相差较大，其加载曲线的变化趋势是不同的。当负方向加载时，波纹钢板受到向下荷载作用后开始出现弯曲变形，承载力缓慢地增长。试件达到峰值承载力后，随着变形增大其承载力出现下降趋势。当正方向加载时，试件进入曲线的第一阶段后，V76 型和 TB36 型试件的波纹被逐渐拉平，其承载力和刚度增长缓慢。当施加荷载超过螺钉连接处出现承压破坏的荷载时，试件进入曲线的第二阶段。试件变形开始由面板的波纹被拉平变形向连接处承压破坏转变，此阶段试件的承载力和刚度均快速增长。当变形值进一步增大后，连接处出现撕裂破坏或螺钉被拔出，试件的承载力迅速降低。与其他类型试件不同，在正向荷载作用下 Q915 型试件的波纹较小并未出现明显的拉平现象，其曲线的两阶段刚度相差不大。其加载曲线整体上变化趋势与其他类型试件的波纹被拉平后的荷载—位移曲线相似。

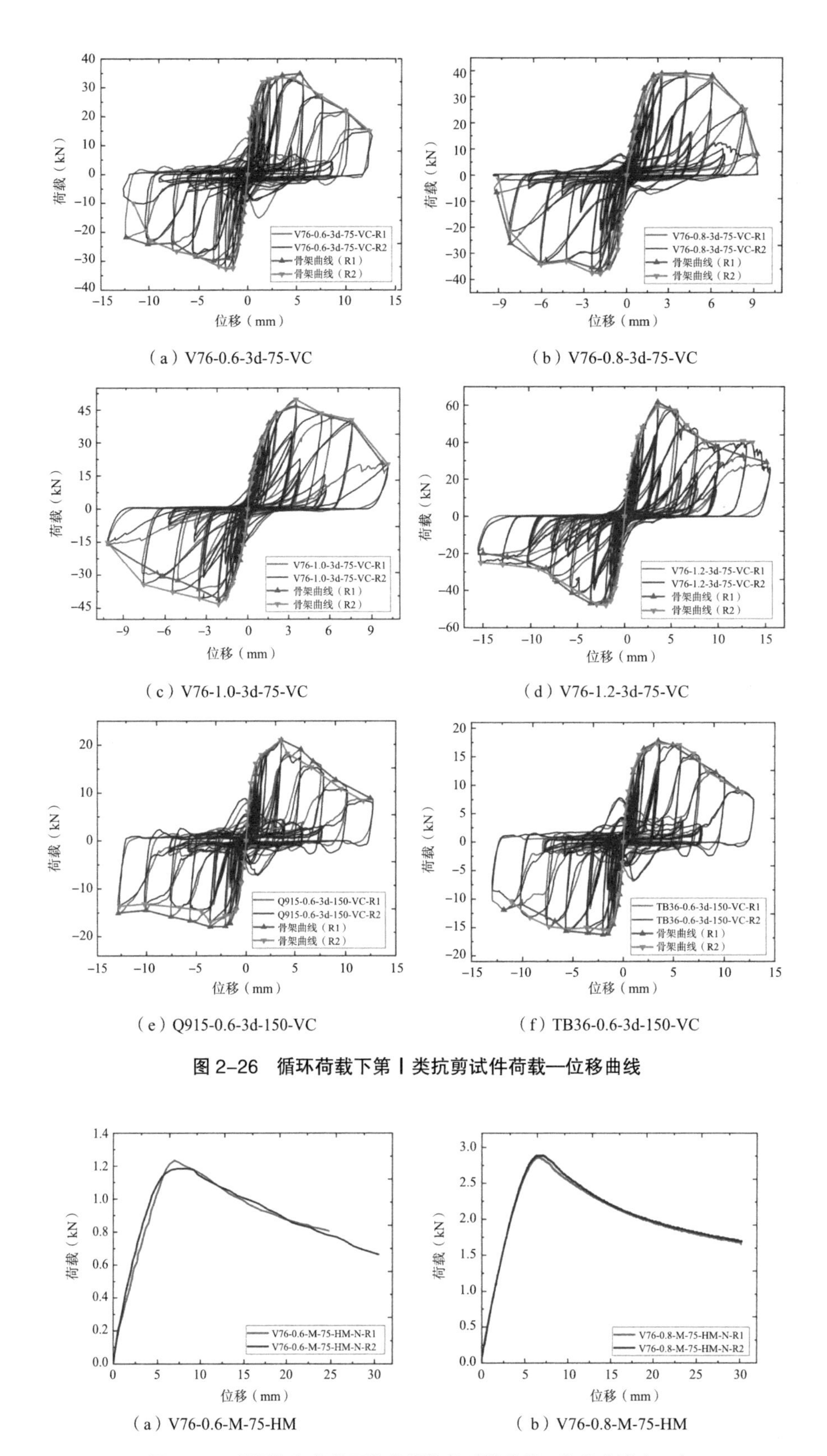

（a）V76-0.6-3d-75-VC　　（b）V76-0.8-3d-75-VC

（c）V76-1.0-3d-75-VC　　（d）V76-1.2-3d-75-VC

（e）Q915-0.6-3d-150-VC　　（f）TB36-0.6-3d-150-VC

图 2-26　循环荷载下第Ⅰ类抗剪试件荷载—位移曲线

（a）V76-0.6-M-75-HM　　（b）V76-0.8-M-75-HM

图 2-27　单调负向荷载下第Ⅱ类抗剪试件荷载—位移曲线（一）

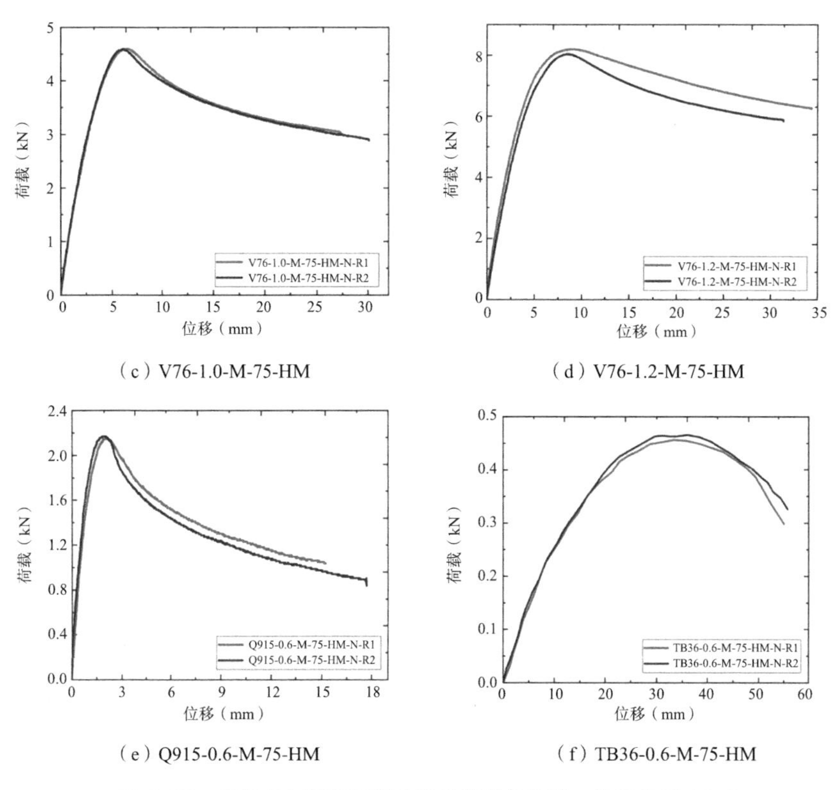

（c）V76-1.0-M-75-HM　（d）V76-1.2-M-75-HM

（e）Q915-0.6-M-75-HM　（f）TB36-0.6-M-75-HM

图 2-27　单调负向荷载下第Ⅱ类抗剪试件荷载—位移曲线（二）

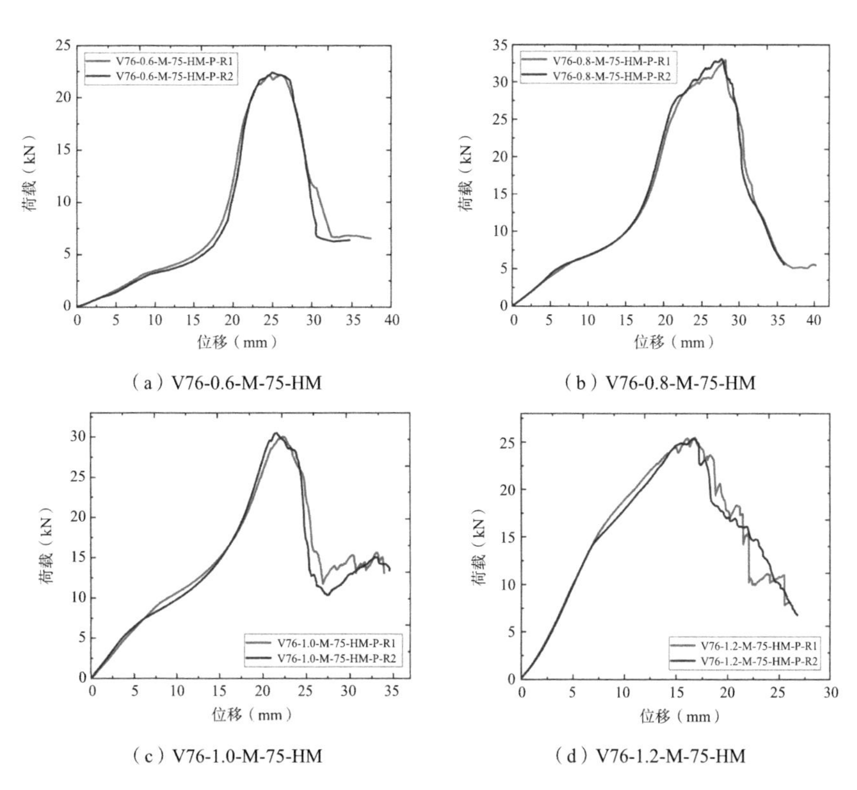

（a）V76-0.6-M-75-HM　（b）V76-0.8-M-75-HM

（c）V76-1.0-M-75-HM　（d）V76-1.2-M-75-HM

图 2-28　单调正向荷载下第Ⅱ类抗剪试件荷载—位移曲线（一）

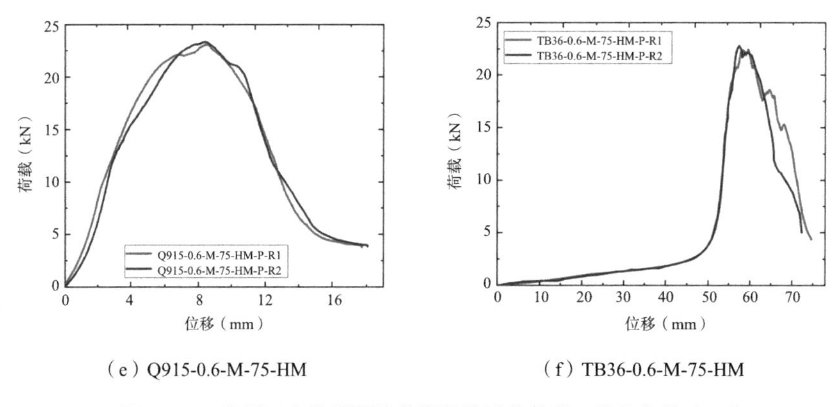

（e）Q915-0.6-M-75-HM （f）TB36-0.6-M-75-HM

图 2–28　单调正向荷载下第Ⅱ类抗剪试件荷载—位移曲线（二）

图 2-29 和图 2-30 为循环荷载下第Ⅱ类抗剪试件的荷载—位移曲线。由图可知，在弹性阶段试件承受负向荷载时，其滞回曲线基本为直线。随着荷载的增大，面板出现弯曲变形。当变形值恢复到最初点时，其试件存在残余应力，而且该残余应力随着变形值的增大而增大。当施加荷载使弯曲的波纹钢板出现失稳时，试件达到峰值荷载，随之承载力开始下降。在曲线下降段，其试件的残余应力会进一步增大，直至试验结束。同样，在正向循环荷载作用下试件也存在残余应力，但比负向荷载作用下产生的残余应力较小。当试件进入曲线的第二阶段后，滞回曲线开始出现捏拢现象。此刻螺钉开始出现倾斜变形挤压面板，导致连接处产生孔隙。试件出现承压破坏后，其承载力达到峰值。当变形进一步增大，试件的承压破坏程度的加重，其承载力出现下降趋势。当面板出现大面积撕裂或螺钉被拔出后，试件的刚度和强度出现明显的退化现象。最后，第Ⅱ类抗剪试件的加载曲线的捏拢现象越加明显。

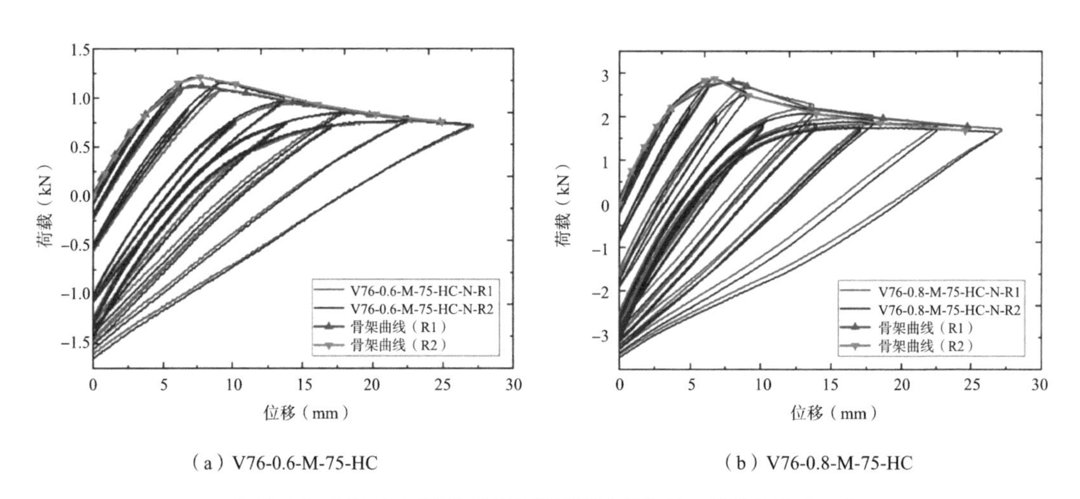

（a）V76-0.6-M-75-HC （b）V76-0.8-M-75-HC

图 2–29　循环负向荷载下第Ⅱ类抗剪试件荷载—位移曲线（一）

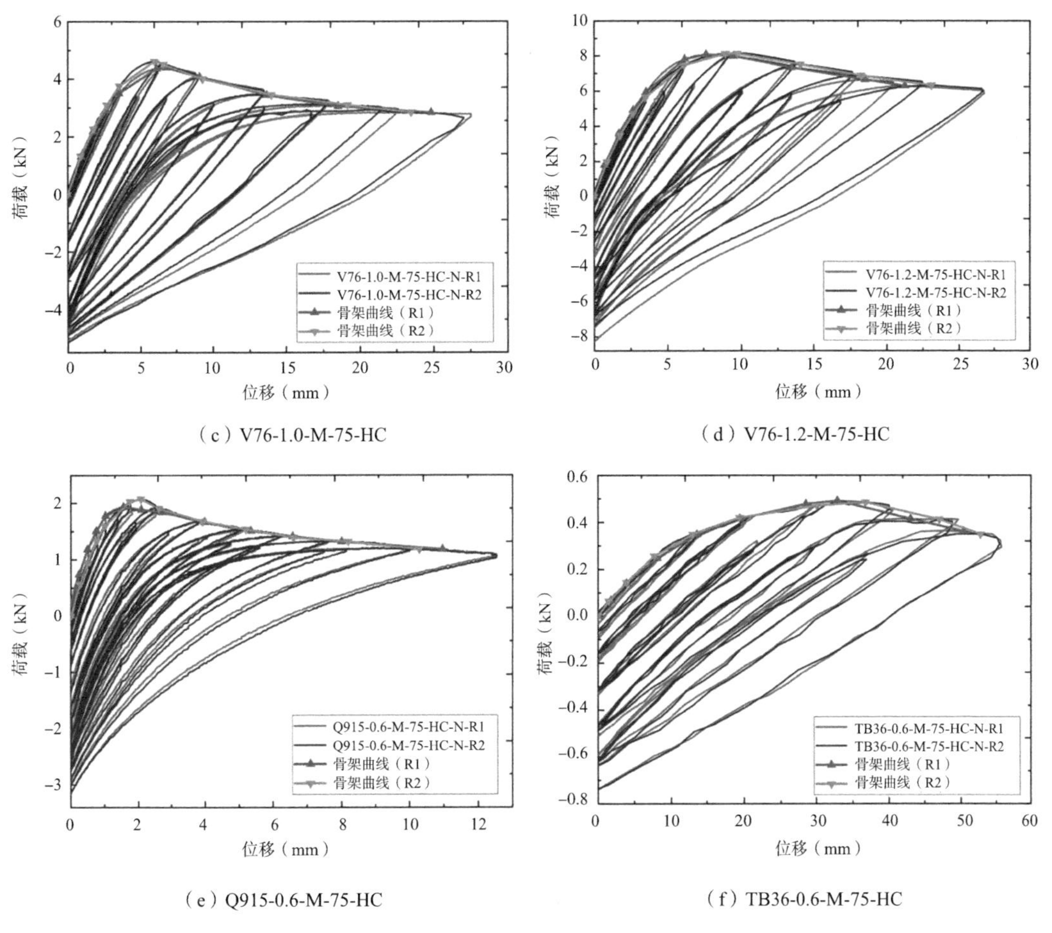

（c）V76-1.0-M-75-HC　（d）V76-1.2-M-75-HC

（e）Q915-0.6-M-75-HC　（f）TB36-0.6-M-75-HC

图 2-29　循环负向荷载下第 Ⅱ 类抗剪试件荷载—位移曲线（二）

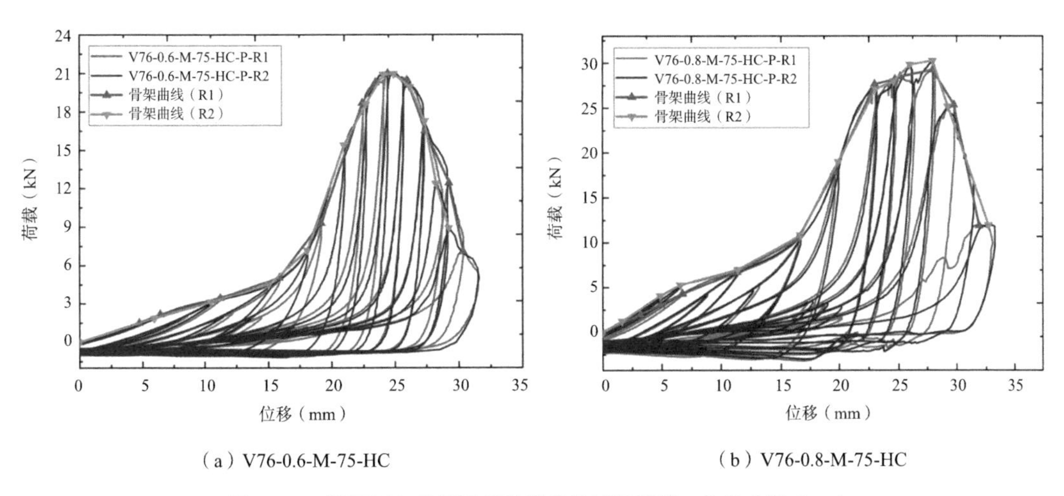

（a）V76-0.6-M-75-HC　（b）V76-0.8-M-75-HC

图 2-30　循环正向荷载下第 Ⅱ 类抗剪试件荷载—位移曲线（一）

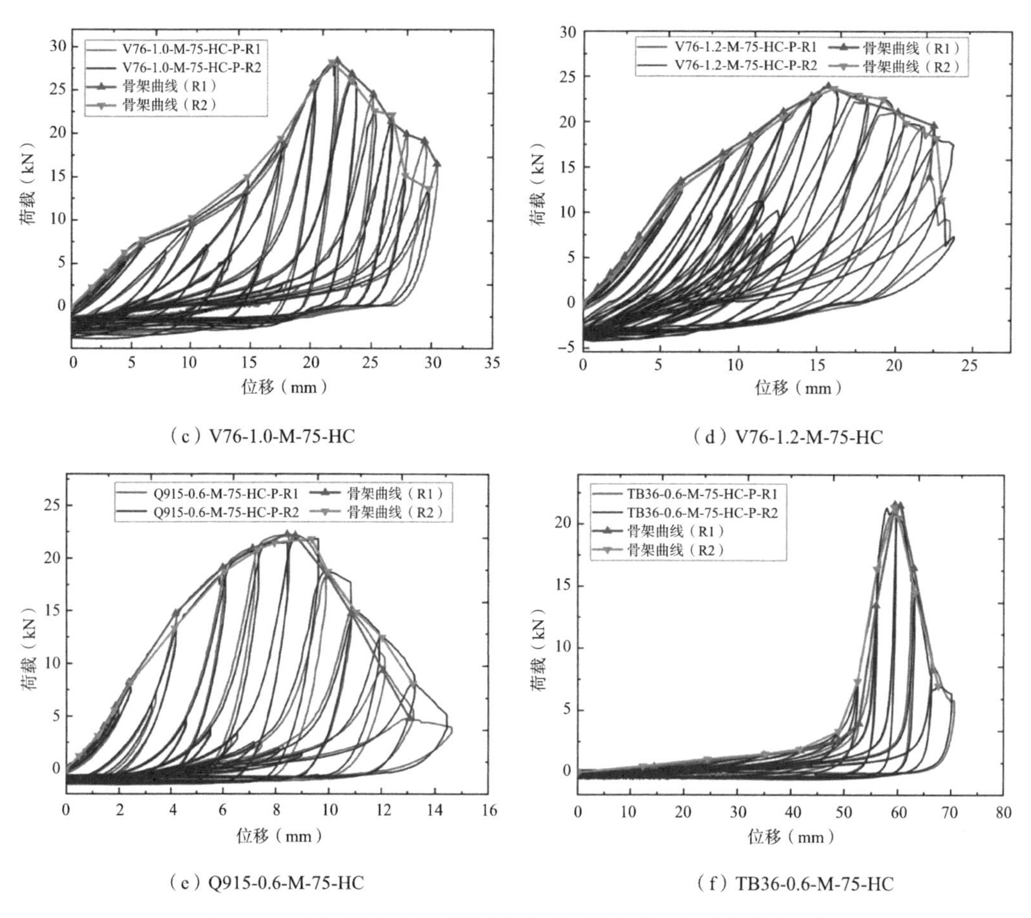

（c）V76-1.0-M-75-HC

（d）V76-1.2-M-75-HC

（e）Q915-0.6-M-75-HC

（f）TB36-0.6-M-75-HC

图 2–30　循环正向荷载下第Ⅱ类抗剪试件荷载—位移曲线（二）

（3）抗拉试件

图 2-31 为单调荷载作用下抗拉试件的荷载—位移曲线。由图可知，所有试件的加载曲线的变化趋势基本相似。在加载初期，试件处于弹性阶段，曲线基本为直线，且荷载的增长速率较快。随变形值继续增大后，试件进入弹塑性阶段，荷载的增长率减弱。直至达到试件的峰值荷载后，因螺钉迅速从立柱中拔出，导致试件的荷载也出现断崖式下降，试验加载结束。

2.1.4　试验数据结果

根据上述试验结果和 2.1.3 节的转换原理得到每颗螺钉连接试件的力学参数，见表 2-5 和表 2-6。表中包括单颗螺钉连接的刚度 K_i、峰值荷载 P_i 以及峰值点位移 Δ_i。试件的峰值荷载 P_i 和位移 Δ_i 应取为试件承受荷载最大值时对应的荷载和变形值。对于刚度的定义，不同类型试件是不同的：在第Ⅰ类抗剪试件和抗拉试件中，刚度 K_i 取为 $0.4P_i$ 点的割线刚度；在第Ⅱ类抗剪试件中，正向加载曲线有两个阶段（即第一阶段和第二阶段），其对应刚度分别为第一刚度 K_1 和第二刚度 K_2，其中第一刚度 K_1 同样为割线刚度，而第二刚度

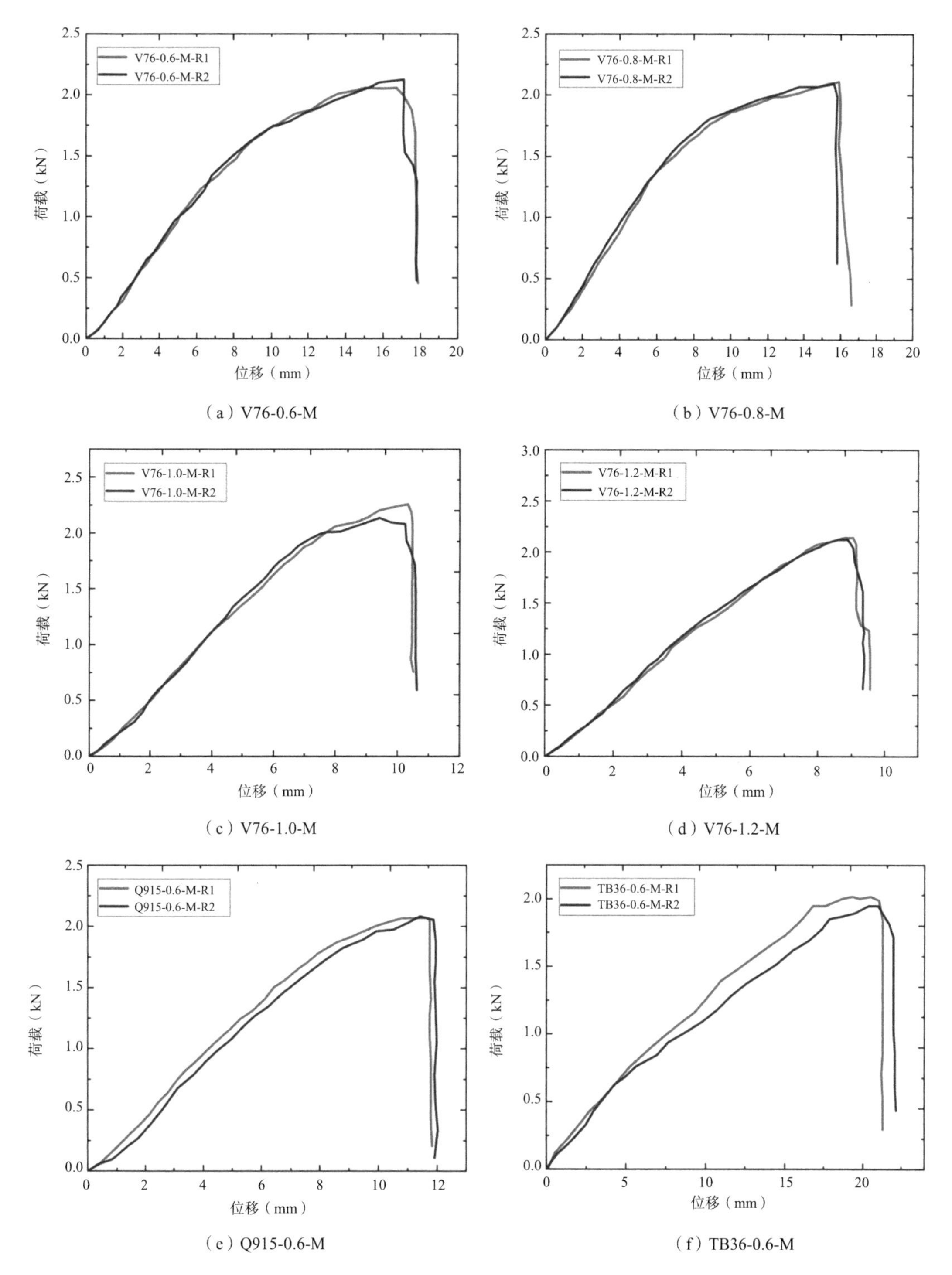

（a）V76-0.6-M　（b）V76-0.8-M

（c）V76-1.0-M　（d）V76-1.2-M

（e）Q915-0.6-M　（f）TB36-0.6-M

图 2–31　单调荷载作用下抗拉试件荷载—位移曲线

K_2 为 $0.7P_i$ 点附近的切线刚度。图 2-32 描述了正向加载曲线在 $0.50P_i \sim 0.90P_i$ 的刚度变化趋势。在 $0.65P_i \sim 0.75P_i$ 范围内随着位移增大，其间曲线的切线刚度变化幅度不大，且为 $0.50P_i \sim 0.90P_i$ 范围内的最大值，这可初步作为第二刚度取值的依据。

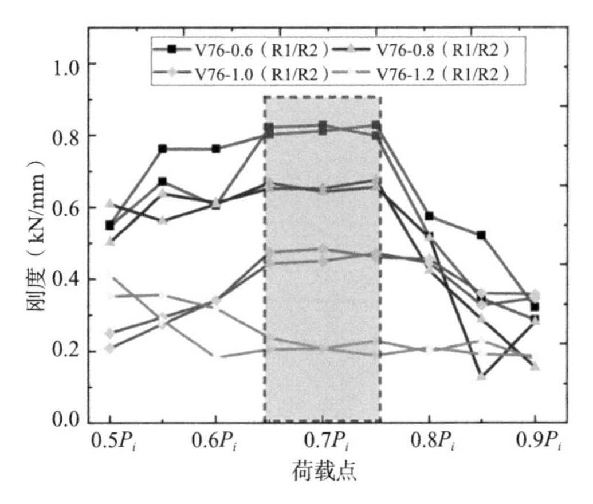

图 2-32 第Ⅱ类抗剪试件的刚度 K_2 变化趋势

单调荷载下所有试件主要力学参数 表 2-5

试件类型	试件编号		峰值荷载P_i（kN）	刚度K_i（kN/mm）		峰值点位移Δ_i（mm）
				K_1	K_2	
抗剪试件 I	V76-0.6-3d-75-VM	P-R1	3.421	—	3.361	4.050
		P-R2	3.520	—	3.614	4.960
		N-R1	3.918	—	4.230	6.236
		N-R2	3.953	—	4.251	7.855
	V76-0.8-3d-75-VM	R1	4.560	—	3.186	4.544
		R2	4.536	—	3.061	3.612
	V76-1.0-3d-75-VM	R1	5.217	—	2.975	5.337
		R2	5.205	—	2.799	5.021
	V76-1.2-3d-75-VM	R1	6.455	—	2.330	5.541
		R2	6.244	—	2.394	5.543
	V76-0.6-2d-75-VM	R1	2.947	—	2.117	4.531
		R2	2.900	—	2.013	4.460
	V76-0.6-4d-75-VM	R1	3.612	—	2.837	7.193
		R2	3.789	—	3.137	4.569
	V76-0.6-6d-75-VM	R1	3.531	—	3.239	8.581
		R2	3.705	—	2.965	5.130
	V76-0.6-3d-150-VM	R1	3.442	—	4.114	3.806
		R2	3.481	—	4.006	3.469
	V76-0.6-3d-300-VM	R1	3.352	—	2.067	4.129
		R2	3.484	—	3.967	4.484
	TB36-0.6-3d-150-VM	R1	3.384	—	4.111	4.098
		R2	3.344	—	2.874	4.797
	Q915-0.6-3d-150-VM	R1	3.477	—	4.389	3.912
		R2	3.465	—	4.633	3.806

续表

试件类型	试件编号		峰值荷载P_i（kN）	刚度K_i（kN/mm）		峰值点位移Δ_i（mm）
				K_1	K_2	
抗剪试件Ⅱ	V76-0.6-M-75-HM	P-R1	3.697	0.062	0.828	26.106
		P-R2	3.734	0.054	0.812	24.923
		N-R1	0.206	—	0.040	6.927
		N-R2	0.197	—	0.049	7.292
	V76-0.8-M-75-HM	P-R1	5.488	0.132	0.633	28.148
		P-R2	5.507	0.139	0.637	27.609
		N-R1	0.480	—	0.121	6.462
		N-R2	0.483	—	0.115	6.836
	V76-1.0-M-75-HM	P-R1	5.009	0.203	0.450	22.358
		P-R2	5.085	0.228	0.484	21.598
		N-R1	0.769	—	0.207	6.376
		N-R2	0.766	—	0.214	6.092
	V76-1.2-M-75-HM	P-R1	4.245	0.333	0.217	16.797
		P-R2	4.231	0.281	0.205	16.643
		N-R1	1.367	—	0.379	9.194
		N-R2	1.342	—	0.321	8.468
	Q915-0.6-M-75-HM	P-R1	3.854	0.620	0.473	8.435
		P-R2	3.893	0.621	0.461	8.391
		N-R1	0.360	—	0.400	1.991
		N-R2	0.361	—	0.496	1.924
	Q915-0.6-M-150-HM	P-R1	3.786	0.565	0.405	8.352
		P-R2	3.820	0.601	0.423	8.404
		N-R1	0.521	—	0.512	1.821
		N-R2	0.508	—	0.677	1.912
	TB36-0.6-M-75-HM	P-R1	3.741	0.008	0.890	59.572
		P-R2	3.794	0.007	0.776	57.413
		N-R1	0.076	—	0.005	33.225
		N-R2	0.078	—	0.005	36.135
抗拉试件	V76-0.6-M	R1	2.056	—	0.222	16.728
		R2	2.125	—	0.233	17.111
	V76-0.8-M	R1	2.108	—	0.295	15.904
		R2	2.093	—	0.272	15.620
	V76-1.0-M	R1	2.257	—	0.242	10.329
		R2	2.135	—	0.281	9.410
	V76-1.2-M	R1	2.138	—	0.272	8.786
		R2	2.120	—	0.225	8.596
	TB36-0.6-M	R1	2.014	—	0.137	19.323
		R2	1.946	—	0.122	20.353
	Q915-0.6-M	R1	2.068	—	0.239	11.614
		R2	2.081	—	0.219	11.413

循环荷载下所有试件主要力学参数　表 2–6

试件编号		峰值荷载P_i（kN）		刚度K_i（kN/mm）			峰值点位移Δ_i（mm）	
		P_i^+	P_i^-	K_1^+	K_2^+	K_i^-	Δ_i^+	Δ_i^-
V76-0.6-3d-75-VC	R1	3.490	–2.988	—	4.250	3.96	3.335	–3.475
	R2	3.355	–3.271	—	3.148	4.107	2.914	–2.189
V76-0.8-3d-75-VC	R1	3.898	–3.624	—	3.911	4.226	2.485	–1.852
	R2	3.840	–3.774	—	2.749	5.045	2.405	–1.847
V76-1.0-3d-75-VC	R1	4.677	–4.082	—	5.145	5.094	3.545	–2.109
	R2	4.978	–4.323	—	3.583	4.546	3.551	–2.086
V76-1.2-3d-75-VC	R1	6.170	–4.697	—	3.780	4.950	3.566	–3.575
	R2	5.941	–4.797	—	4.108	3.948	3.511	–1.997
V76-0.6-3d-150-VC	R1	3.551	–2.755	—	4.392	3.833	3.055	–1.969
	R2	3.468	–2.609	—	2.907	4.994	3.468	–1.512
V76-0.6-3d-300-VC	R1	3.555	–3.425	—	4.629	4.270	3.324	–2.031
	R2	3.616	–3.586	—	3.149	4.016	3.167	–1.505
TB36-0.6-3d-150-VC	R1	3.437	–2.990	—	3.089	2.775	3.478	–2.043
	R2	3.355	–2.821	—	4.134	2.993	3.359	–2.035
Q915-0.6-3d-150-VC	R1	3.511	–2.708	—	2.768	3.505	3.598	–3.564
	R2	3.502	–2.561	—	3.691	3.726	3.536	–3.557
V76-0.6-M-75-HC	P/N-R1	3.496	–0.187	0.057	0.486	0.046	24.430	7.837
	P/N-R2	3.492	–0.202	0.050	0.410	0.044	24.913	7.688
V76-0.8-M-75-HC	P/N-R1	4.875	–0.467	0.107	0.482	0.119	27.965	8.039
	P/N-R2	5.044	–0.478	0.139	0.433	0.147	27.965	6.715
V76-1.0-M-75-HC	P/N-R1	4.729	–0.732	0.210	0.378	0.208	22.168	6.822
	P/N-R2	4.700	–0.770	0.229	0.356	0.251	21.736	6.029
V76-1.2-M-75-HC	P/N-R1	3.929	–1.345	0.342	0.216	0.347	15.701	7.659
	P/N-R2	3.945	–1.354	0.276	0.205	0.372	16.066	8.934
Q915-0.6-M-75-HC	P/N-R1	3.711	–0.322	0.589	0.401	0.398	8.449	1.549
	P/N-R2	3.639	–0.346	0.538	0.467	0.293	9.376	2.078
Q915-0.6-M-150-HC	P/N-R1	3.556	–0.527	0.663	0.495	0.510	7.682	2.133
	P/N-R2	3.481	–0.521	0.632	0.519	0.516	7.136	2.089
TB36-0.6-M-75-HC	P/N-R1	3.596	–0.082	0.007	0.482	0.004	59.357	32.904
	P/N-R2	3.562	–0.081	0.007	0.561	0.006	59.152	36.735

2.1.5 试验结果分析

本节从覆面板厚度和类型、螺钉间距、螺钉端距以及加载方式等方面对试验结果进行对比分析，以了解冷弯型钢自攻螺钉连接的抗剪性能和抗拉性能。

1. 第Ⅰ类抗剪试件

（1）覆面板厚度影响

不同厚度覆面板试件的荷载—位移曲线对比如图 2-33 所示。表 2-7 列出了不同覆面

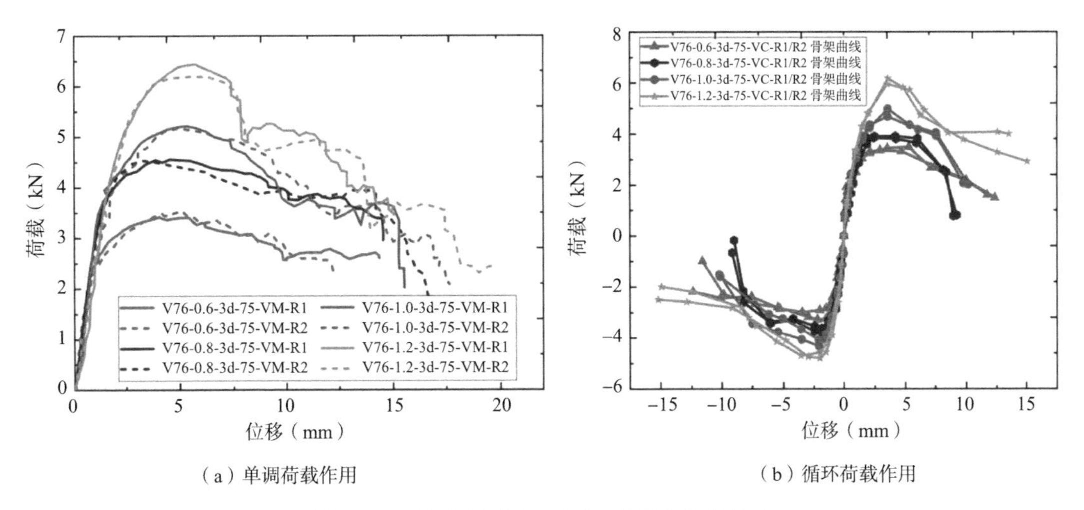

（a）单调荷载作用　　　（b）循环荷载作用

图 2–33　覆面板厚度对荷载—位移曲线的影响

不同覆面板厚度试件的峰值荷载和初始刚度　　　表 2–7

加载方式	覆面板厚度（mm）	峰值荷载（kN）			初始刚度（kN/mm）		
		测试值	平均值	增长率	测试值	平均值	增长率
M	0.6	3.42	3.47	—	3.36	3.49	—
		3.52			3.61		
	0.8	4.56	4.55	31%	3.19	3.13	–10%
		4.54			3.06		
	1.0	5.22	5.22	50%	2.98	2.89	–17%
		5.21			2.80		
	1.2	6.46	6.35	83%	2.33	2.36	–32%
		6.24			2.39		
C（+）	0.6	3.49	3.43	—	4.25	3.70	—
		3.36			3.15		
	0.8	3.90	3.87	13%	3.91	3.33	–10%
		3.84			2.75		
	1.0	4.68	4.83	41%	5.15	4.37	18%
		4.98			3.58		
	1.2	6.17	6.06	77%	3.78	3.95	7%
		5.94			4.11		
C（–）	0.6	2.99	3.13	—	3.96	4.04	—
		3.27			4.11		
	0.8	3.62	3.70	18%	4.23	4.64	15%
		3.77			5.05		
	1.0	4.08	4.20	34%	5.09	4.82	20%
		4.32			4.55		
	1.2	4.70	4.75	52%	4.95	4.45	10%
		4.80			3.95		

板厚度试件的峰值荷载和初始刚度，图 2-34 给出了峰值荷载和初始刚度随着覆面板厚度的变化情况。所有试件的荷载—位移曲线在弹性阶段基本重合，但在弹塑性阶段相差较大。在单调荷载作用下，除 1.2mm 试件外，三种覆面板厚度试件的初始刚度较为接近，且与 0.6mm 试件相比，最大相差为 17%。1.2mm 试件的初始刚度较小，这是因为在单调加载试验中该试件更早出现自攻螺钉倾斜。随着覆面板厚度的增大，试件的峰值荷载呈线性增加。在单调荷载作用下，0.8mm 试件、1.0mm 试件和 1.2mm 试件的峰值荷载分别比 0.6mm 试件增长了约 31%、50% 和 83%。单调加载试验中试件的峰值荷载增长率比循环加载试验中试件要高，循环荷载下峰值荷载增长率分别约为 16%、38% 和 65%。在循环加载试验中正向的峰值荷载增长率要高于负向的峰值荷载增长率。这是因为随着变形值的增大，试件接近峰值荷载，其自攻螺钉倾斜程度加重。试件首先承受正向荷载后，再经历卸载后反向加载时，螺钉会被拔出立柱，从而导致在负向加载过程中试件的峰值荷载降低。0.6mm 试件、0.8mm 试件和 1.0mm 试件在峰值荷载过后下降趋势比较缓慢，而 1.2mm 试件的下降速率较大。这是因为 1.2mm 试件的波纹钢板承压破坏较小，而立柱的承压破坏较大。当试件达到峰值荷载时，自攻螺钉发生严重的倾斜后更容易从立柱中拔出。

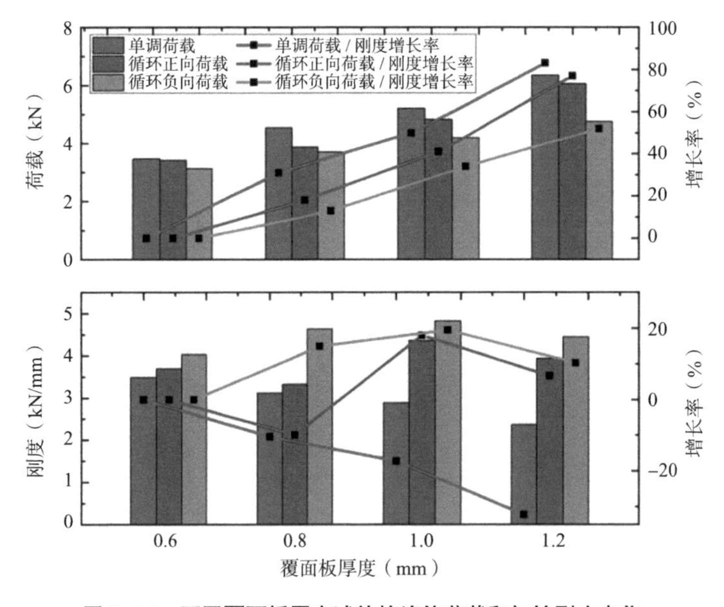

图 2–34　不同覆面板厚度试件的峰值荷载和初始刚度变化

（2）螺钉端距影响

为研究螺钉端距对自攻螺钉连接性能的影响规律，本试验选取 2*d*、3*d*、4*d* 以及 6*d* 四种螺钉端距，其中 *d* 为自攻螺钉的直径。图 2-35 为单调荷载作用下不同端距试件的荷载—位移曲线对比。由图可知，所有试件的加载曲线的变化趋势基本类似，其中端距为

2*d* 试件的刚度和荷载更早地出现减弱趋势。表 2-8 列出了不同端距试件的峰值荷载和初始刚度。图 2-36 为试件的峰值荷载和初始刚度随螺钉端距的变化趋势。与端距为 3*d* 试件相比，端距为 2*d* 试件的峰值荷载和初始刚度相差较大，差值分别为 -15.8% 和 -40.8%。而其他试件的峰值荷载和初始刚度较为接近，差值分别为 6.63% 和 -14.4%、4.25% 和 -11.1%。根据 2.1.2 节的试验现象描述，端距为 2*d* 试件的面板会出现端部撕裂。这是因为当端距较小时，面板不能承受自攻螺钉挤压而带来的集中应力。当试件的端距增大至 3*d* 及以上时，其面板的力学性能相对稳定，仅仅会出现严重的承压破坏。因此，本研究建议在实际工程中冷弯型钢结构的螺钉端距至少取其直径的 3 倍，这与 AISI S100 和《低层冷弯薄壁型钢房屋建筑技术规程》JGJ 227—2011 的相关规定一致。

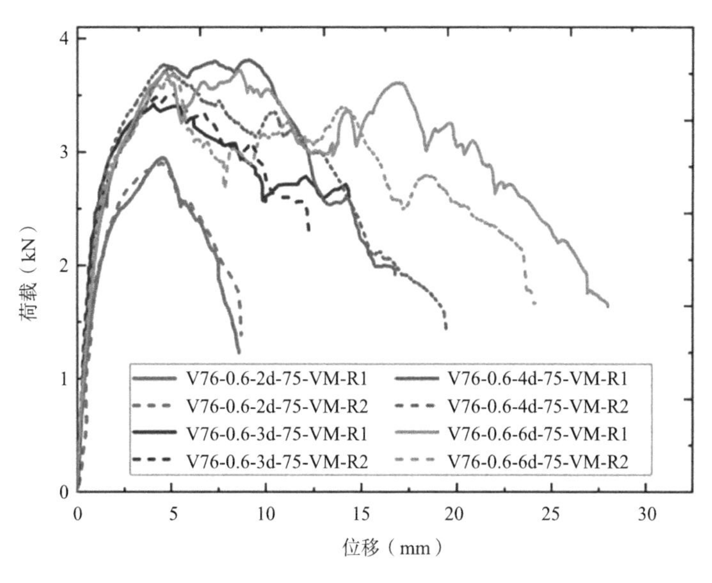

图 2-35　端距对荷载—位移曲线的影响

不同端距试件的峰值荷载和初始刚度　　表 2-8

加载方式	螺钉端距	峰值荷载（kN）			初始刚度（kN/mm）		
		测试值	平均值	增长率	测试值	平均值	增长率
M	2*d*	2.95	2.93	−15.8%	2.12	2.07	−40.7%
		2.9			2.01		
	3*d*	3.42	3.47	—	3.36	3.49	—
		3.52			3.61		
	4*d*	3.61	3.70	6.7%	2.84	2.99	−14.3%
		3.79			3.14		
	6*d*	3.53	3.62	4.3%	3.24	3.10	−11.2%
		3.71			2.97		

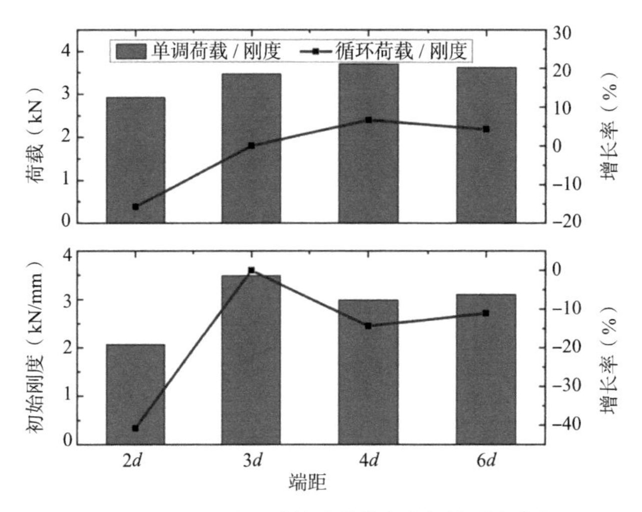

图 2-36 不同端距试件峰值荷载和初始刚度变化

（3）加载方式影响

在不同加载方式下试件的荷载—位移曲线对比如图 2-37 所示，可以看出，在峰值荷载前，单调加载试验的荷载—位移曲线与循环加载试验的骨架曲线基本重合。图 2-38 为单调和循环荷载作用下试件峰值荷载对比。由图可知，在不同加载方式下覆面板厚度为 0.6mm 试件的峰值荷载相差不大。当覆面板厚度大于 0.6mm 时，不同加载方式下试件的峰值承载力略有差异，且单调荷载作用下的峰值荷载高于循环加载下的峰值荷载。这是因为 0.6mm 试件的主要破坏发生在连接处的面板，而螺钉的倾斜程度和立柱的承压破坏均非常小。在整个加载过程中，0.6mm 试件的自攻螺钉始终连接在立柱上。当覆面板的厚度为 0.8mm 及以上时，试件在循环往复荷载作用下，其连接处的损伤不断积累，螺钉倾斜程度加重，从而出现脱离立柱的趋势，这导致试件的承载力较早出现下降。

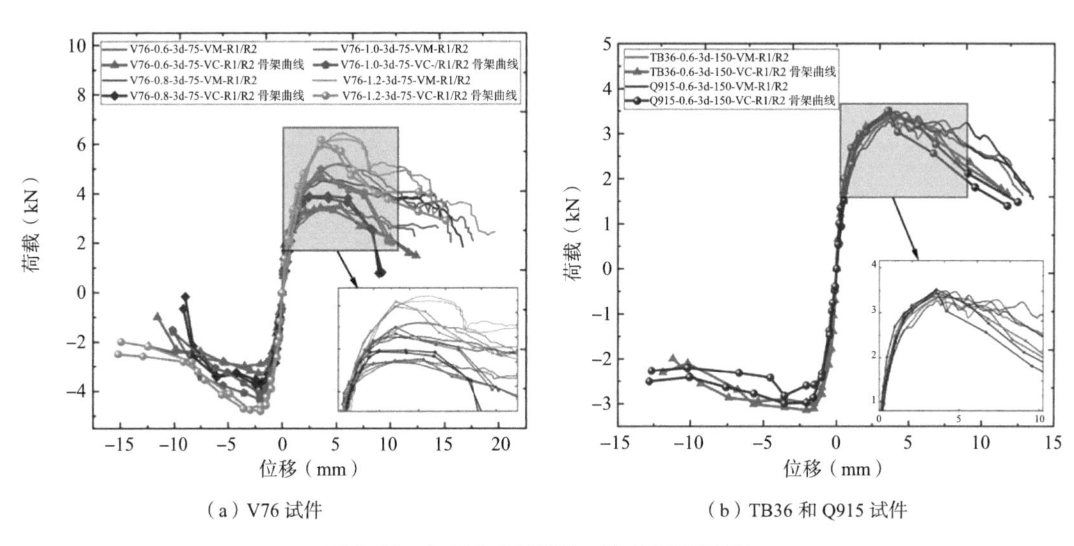

（a）V76 试件　　（b）TB36 和 Q915 试件

图 2-37 加载方式对荷载—位移曲线的影响

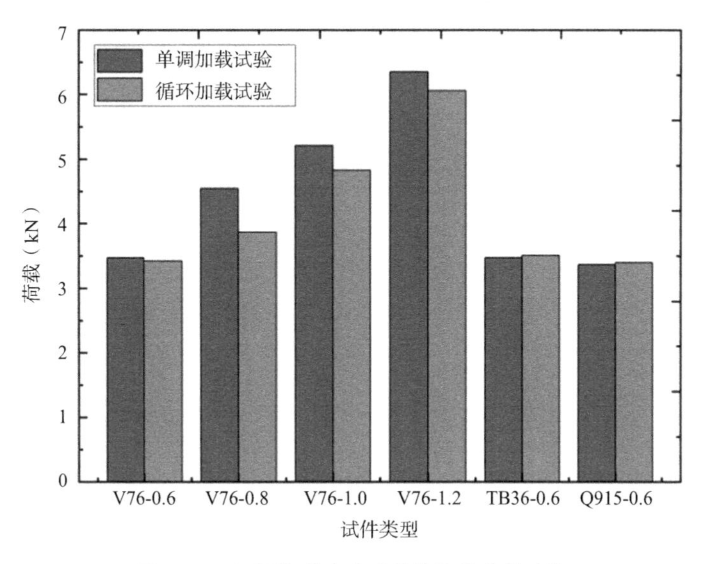

图 2-38　不同加载方式试件的峰值荷载对比

（4）螺钉间距和覆面板类型影响

不同螺钉间距和覆面板类型试件的荷载—位移曲线对比分别如图 2-39 和图 2-40 所示。可以看出，所有试件的荷载—位移曲线的变化趋势类似，其峰值荷载和初始刚度相差较小。在整个加载过程中，通过角钢将立柱的端部固定住，使试件在剪力作用下没有出现面外变形。因此在正向和负向荷载作用下不同螺钉间距试件均表现出较为稳定的力学性能。由于 V76 型、TB36 型以及 Q915 型覆面板波肋的存在，可使试件能够有效地抵抗试验机传递的荷载，从而避免发生中部弯曲变形和局部屈曲变形。综上所述，螺钉间距和覆面板类型对自攻螺钉连接试件的抗剪性能影响较小。

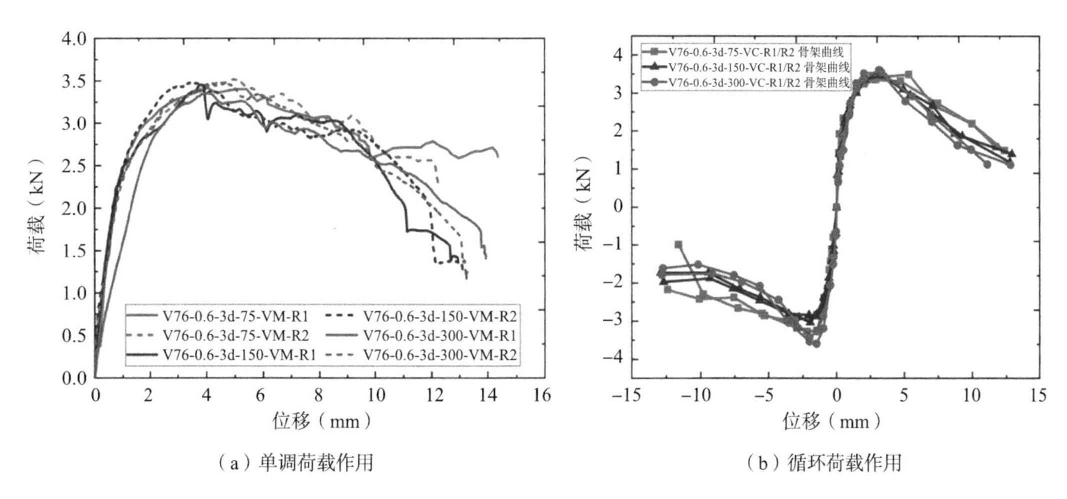

图 2-39　螺钉间距对荷载—位移曲线的影响

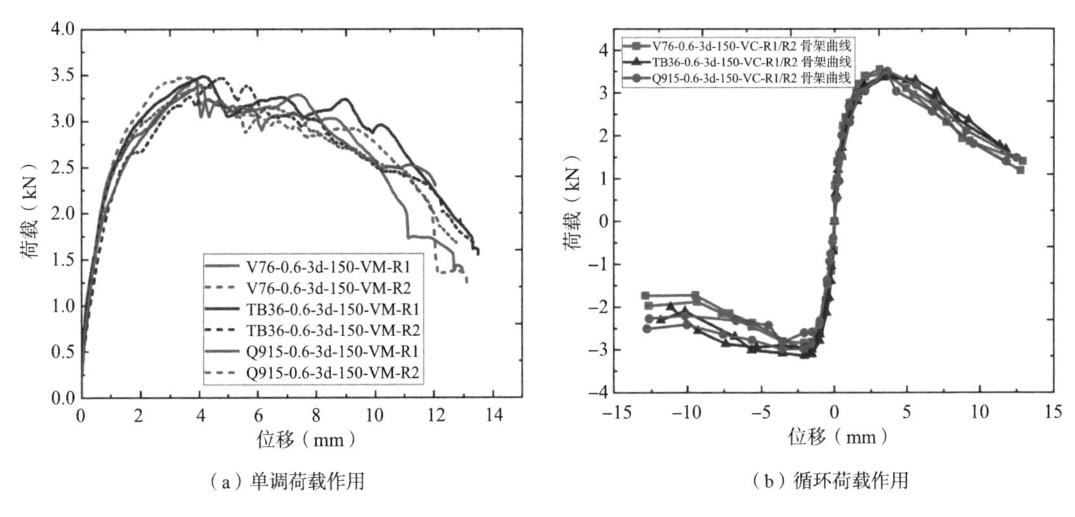

（a）单调荷载作用　　（b）循环荷载作用

图 2-40　覆面板类型对荷载—位移曲线的影响

2. 第Ⅱ类抗剪试件

在正向荷载作用下试件进入弹塑性阶段，覆面板的波纹会逐渐地被拉平，其变形是不可恢复的。当进行反方向加载后，连接试件的受力情况与墙体试验中面板的破坏现象相差较大。故在单调加载试验和循环往复加载试验中，第Ⅱ类抗剪试件在正、负两个方向加载是分开的。为更直观地分析试验结果，本节将两个方向的荷载—位移曲线叠加到一起，来了解自攻螺钉连接试件的抗剪性能。

（1）覆面板厚度影响

四种 V76 型波纹钢板厚度试件的荷载—位移曲线对比如图 2-41 所示。表 2-9 给出了 0.6mm 试件、0.8mm 试件、1.0mm 试件以及 1.2mm 试件的峰值荷载和刚度。图 2-42 为试件的峰值荷载和刚度随着覆面板厚度的变化趋势。当承受负向荷载时，所有试件的荷载—位移曲线变化趋势基本一致。由图可知，随着厚度增大，其初始刚度和峰值荷载几乎呈线性增加。相对于 0.6mm 试件，0.8mm 试件、1.0mm 试件、1.2mm 试件的峰值承载力和初始刚度分别约增长了 139% 和 165%、281% 和 373%、572% 和 687%。造成这种增长趋势的原因是波纹钢板的厚度增大会直接导致面板的抗弯刚度和屈曲强度显著性的增强。

当承受正向荷载时，1.2mm 试件与其他厚度试件的荷载—位移曲线整体上变化趋势是不相同的。0.6mm、0.8mm、1.0mm 试件的两个刚度相差较大，其加载曲线会表现出明显的面板拉平阶段和连接单元破坏阶段。由于 1.2mm 试件加载曲线在两个阶段的刚度较为接近，导致曲线上升阶段基本为直线。所有厚度试件的峰值荷载相差较小，并未因覆面板的厚度变化而出现明显的差异。与 0.6mm 试件相比，0.8mm 试件的峰值荷载相差最大，其差值为 48%。这是因为 0.6mm 试件、0.8mm 试件破坏模式基本一致，当覆面板厚度增大后会直接导致面板在连接处抵抗承压破坏的能力增强。当覆面板厚度接近立柱的厚度时，1.0mm 试件、1.2mm 试件厚度增大使连接处面板的承压破坏较小，而立柱的承压破坏较大。这会导致螺钉倾斜程度更加严重，螺钉较早从立柱中拔出。在正向加载曲线中第一刚度变化趋势与试件负向加载时类似，均会随着覆面板厚度增大整体上呈线性增加。相对于 0.6mm 试件，0.8mm 试件、1.0mm 试件、1.2mm 试件的第一刚度分别约增长了 132%、291%、454%。第二刚度整体上呈递减趋势，与 0.6mm 试件相比，1.2mm 试件的刚度相差最大，其差值为 64%。

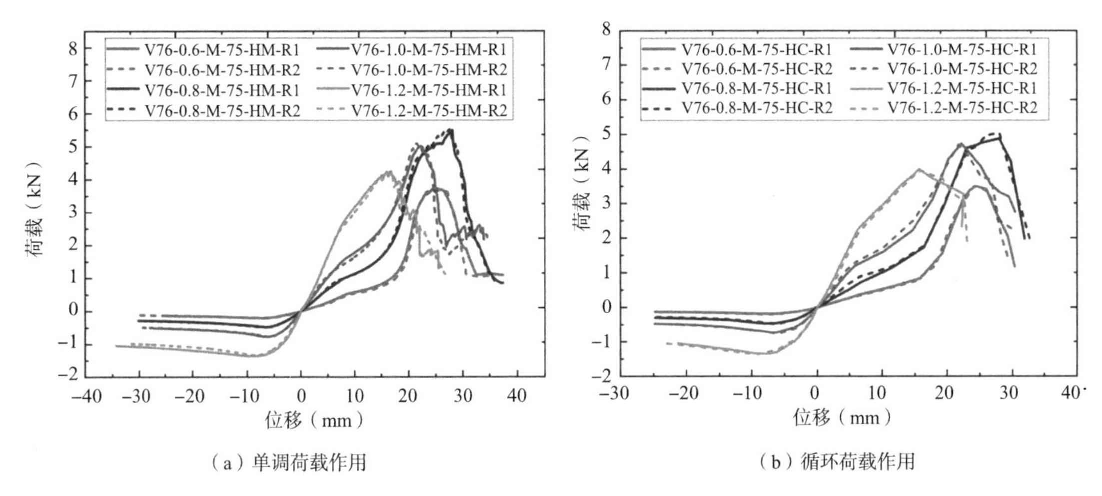

图 2–41　覆面板厚度对荷载—位移曲线的影响

不同覆面板厚度试件的峰值荷载和初始刚度　　表 2–9

加载方式	覆面板厚度（mm）	峰值荷载（kN）			刚度K_1（kN/mm）			刚度K_2（kN/mm）		
		测试值	平均值	增长率	测试值	平均值	增长率	测试值	平均值	增长率
M（+）	0.6	3.70	3.72	—	0.06	0.06	—	0.83	0.82	—
		3.73			0.05			0.81		
	0.8	5.49	5.50	48%	0.13	0.14	134%	0.63	0.64	–23%
		5.51			0.14			0.64		
	1.0	5.01	5.05	36%	0.20	0.22	272%	0.45	0.47	–43%
		5.09			0.23			0.48		
	1.2	4.25	4.24	14%	0.33	0.31	429%	0.22	0.22	–74%
		4.23			0.28			0.21		
M（–）	0.6	0.21	0.21	—	—	—	—	0.04	0.05	—
		0.20			—			0.05		
	0.8	0.48	0.48	139%	—	—	—	0.12	0.12	165%
		0.48			—			0.12		
	1.0	0.77	0.77	281%	—	—	—	0.21	0.21	373%
		0.77			—			0.21		
	1.2	1.37	1.36	572%	—	—	—	0.38	0.35	687%
		1.34			—			0.32		

续表

加载方式	覆面板厚度（mm）	峰值荷载（kN）			刚度K_1（kN/mm）			刚度K_2（kN/mm）		
		测试值	平均值	增长率	测试值	平均值	增长率	测试值	平均值	增长率
C（+）	0.6	3.50	3.50	—	0.06	0.06	—	0.49	0.45	—
		3.49			0.05			0.41		
	0.8	4.88	4.96	42%	0.11	0.13	129%	0.48	0.46	2%
		5.04			0.14			0.43		
	1.0	4.73	4.72	35%	0.21	0.22	310%	0.38	0.37	−18%
		4.70			0.23			0.36		
	1.2	3.93	3.94	13%	0.34	0.31	478%	0.22	0.22	−53%
		3.95			0.28			0.21		
C（−）	0.6	0.19	0.20	—	—	—	—	0.05	0.05	—
		0.20			—			0.04		
	0.8	0.47	0.48	143%	—	—	—	0.12	0.14	197%
		0.48			—			0.15		
	1.0	0.73	0.75	286%	—	—	—	0.21	0.23	413%
		0.77			—			0.25		
	1.2	1.35	1.35	594%	—	—	—	0.35	0.36	704%
		1.35			—			0.37		

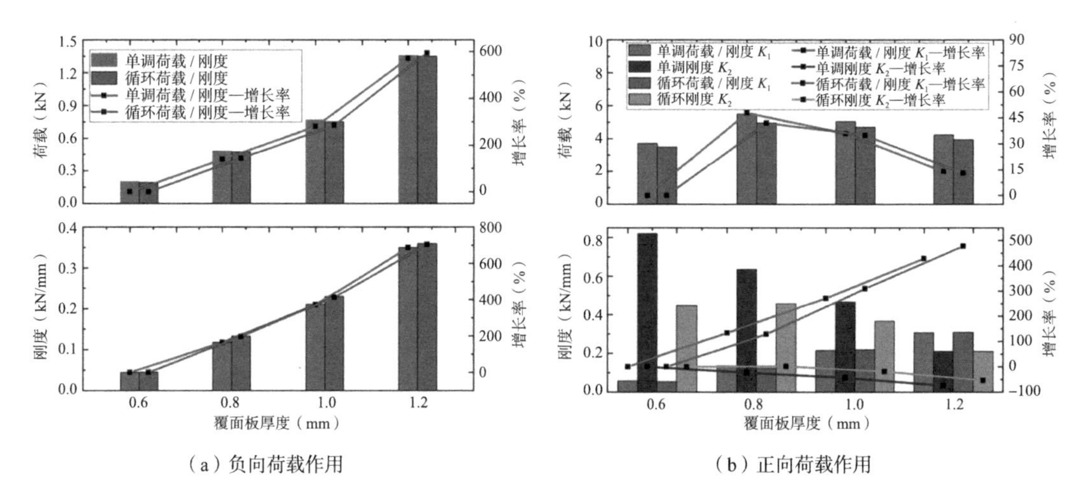

图 2-42　不同覆面板厚度试件的峰值荷载和刚度变化

（2）覆面板类型影响

不同类型覆面板试件的荷载—位移曲线对比如图 2-43 所示。表 2-10 给出了 Q915 型、V76 型、TB36 型试件的峰值荷载和刚度。图 2-44 为试件的峰值荷载和刚度随着覆面板类型的变化趋势。在正向荷载作用和负向荷载作用下三种覆面板类型试件的荷载—位移

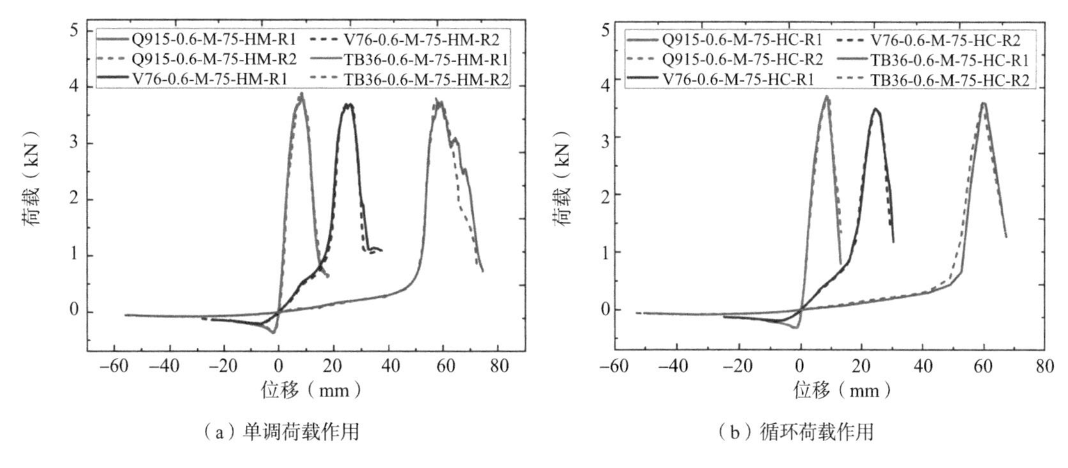

（a）单调荷载作用　　　　（b）循环荷载作用

图 2-43　覆面板类型对荷载—位移曲线的影响

不同覆面板类型试件的峰值荷载和初始刚度　　　　**表 2-10**

加载方式	覆面板类型	峰值荷载（kN）			刚度K_1（kN/mm）			刚度K_2（kN/mm）		
		测试值	平均值	增长率	测试值	平均值	增长率	测试值	平均值	增长率
M（+）	Q915	3.85	3.87	—	0.62	0.62	—	0.47	0.47	—
		3.89			0.62			0.46		
	V76	3.70	3.72	-4%	0.06	0.06	-91%	0.83	0.82	76%
		3.73			0.05			0.81		
	TB36	3.74	3.77	-3%	0.01	0.01	-99%	0.89	0.84	78%
		3.79			0.01			0.78		
M（-）	Q915	0.36	0.36	—	—	—	—	0.40	0.45	—
		0.36			—			0.50		
	V76	0.21	0.21	-44%	—	—	—	0.04	0.05	-90%
		0.20			—			0.05		
	TB36	0.08	0.08	-79%	—	—	—	0.01	0.01	-99%
		0.08			—			0.01		
C（+）	Q915	3.71	3.68	—	0.59	0.57	—	0.40	0.44	—
		3.64			0.54			0.47		
	V76	3.50	3.50	-5%	0.06	0.06	-91%	0.49	0.45	3%
		3.49			0.05			0.41		
	TB36	3.60	3.58	-3%	0.01	0.01	-99%	0.48	0.52	21%
		3.56			0.01			0.56		
C（-）	Q915	0.32	0.34	—	—	—	—	0.40	0.35	—
		0.35			—			0.29		
	V76	0.19	0.20	-42%	—	—	—	0.05	0.05	-87%
		0.20			—			0.04		
	TB36	0.08	0.08	-76%	—	—	—	0.01	0.01	-99%
		0.08			—			0.01		

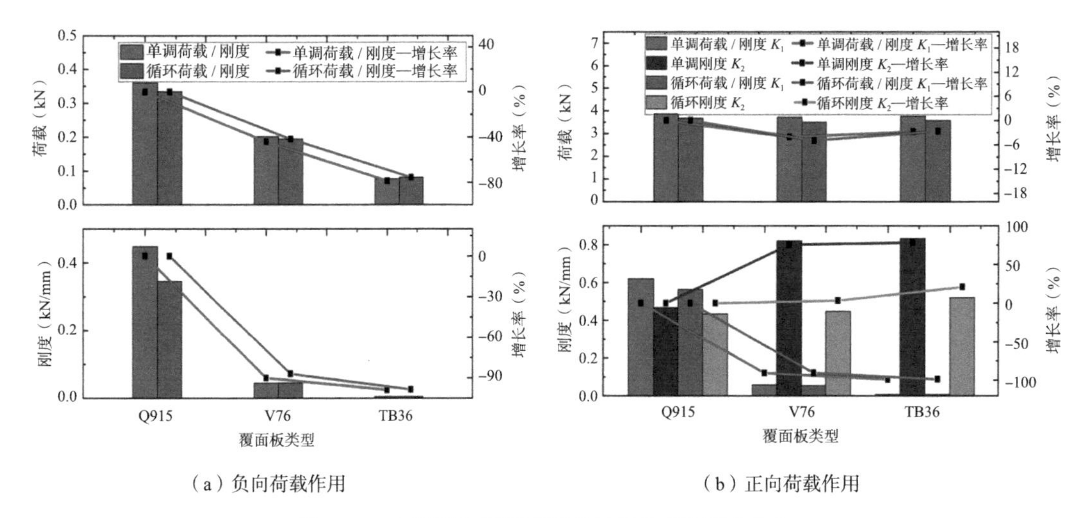

（a）负向荷载作用　　（b）正向荷载作用

图 2-44　不同覆面板类型试件峰值荷载和刚度变化

曲线的变化趋势各不相同。当负向加载时，随着覆面板波肋的高度增大，试件的波纹钢板出现弯曲变形值增大。试件峰值荷载和刚度均随着覆面板波肋的高度增大而变化，两者整体上呈递减趋势。相对于 Q915 型试件，V76 型、TB36 型试件的峰值荷载和初始刚度分别降低了 42% 和 87%、76% 和 99%，其中 V76 型试件的两个力学参数下降幅度比 TB36 试件要低。这是由于波纹钢板的肋高尺寸较大时，试件的抗弯刚度更弱，在负向荷载作用下其更容易出现失稳现象。在正向荷载作用下，三种覆面板类型试件的峰值荷载相差不大，其差值最大为 5%。Q915 型试件的第一刚度 K_1 高于 V76 型、TB36 型试件，而第二刚度 K_2 的变化规律与第一刚度 K_1 是不同的。V76 型、TB36 型试件的第二刚度 K_2 差异较小，但均比 Q915 型试件高，其值最大相差 78%。这是因为在正向加载初期，面板处于被逐渐拉平过程。波纹钢板的肋高越小，试件变形程度越弱，从而快速进入下一阶段，致使其第一刚度较大。这也导致试验前期 Q915 型试件的连接处的损伤开始不断积累，而 V76 型、TB36 型试件的连接处损伤较小。当试件进入第二阶段后，V76 型、TB36 型试件的刚度迅速增大，而 Q915 试件的刚度相对变化较小。但三种类型试件的覆面板厚度和破坏模式相同，导致其峰值荷载较为接近。

（3）加载方式影响

不同加载方式下试件的荷载—位移曲线对比如图 2-45 所示。图 2-46 为单调荷载和循环荷载作用下试件的峰值荷载和刚度的对比。在负向加载阶段和正向加载第一阶段中，在不同加载方式下所有试件的荷载和刚度差异较小。在这两个加载阶段中，试件的变形基本上来源于波纹钢板的弯曲变形和拉平变形，而连接处的损伤和残余变形较小，从而导致不同加载方式下试件的荷载和刚度均较为接近。在正向加载第二阶段中，相对于单调加载，循环荷载作用下试件的峰值荷载和刚度要略低。不同加载方式下覆面板厚度为 0.6mm 试件和 0.8mm 试件的峰值荷载和初始刚度相差最大。这是因为在循环往复荷载试验中，当波纹钢板的拉平程度达到极限后，试件连接处的损伤积累和残余变形越发明显。

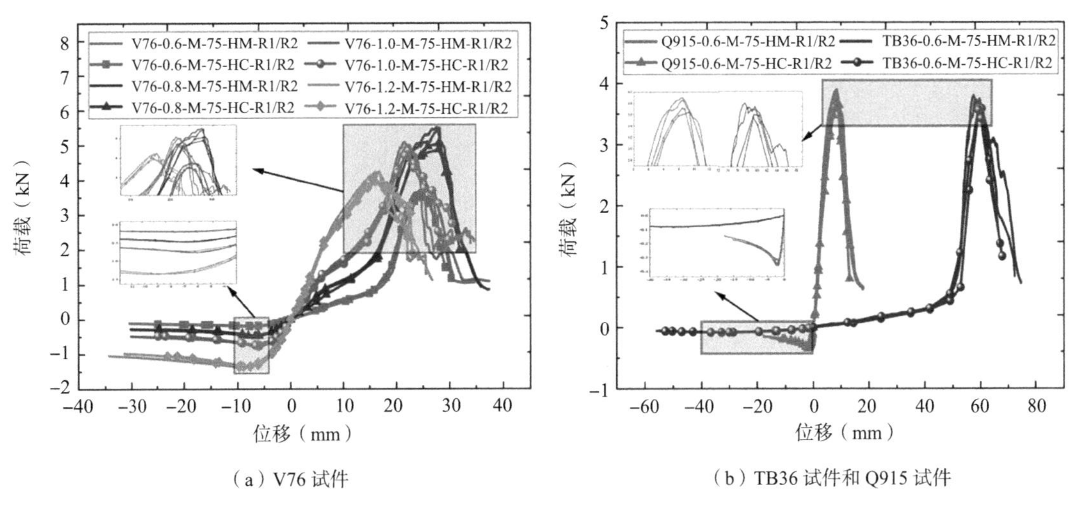

（a）V76 试件　　（b）TB36 试件和 Q915 试件

图 2-45　加载方式对荷载—位移曲线的影响

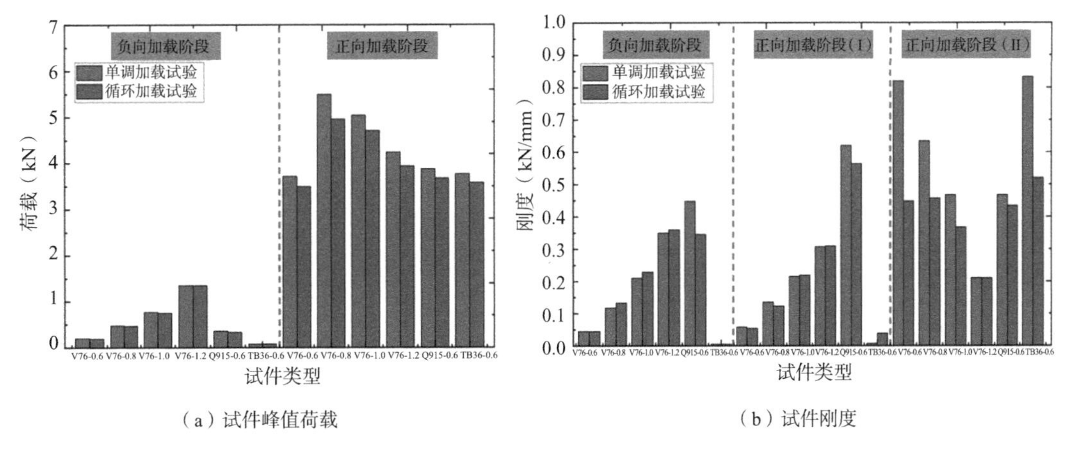

（a）试件峰值荷载　　（b）试件刚度

图 2-46　不同加载方式试件的峰值荷载和刚度对比

（4）螺钉间距影响

两种螺钉间距试件的荷载—位移曲线对比如图 2-47 所示。图 2-48 为螺钉间距为 75mm、150mm 试件的峰值荷载和刚度的对比。对于 Q915 型波纹钢板，两种不同螺钉间距试件的荷载—位移曲线的变化趋势基本重合。在负向荷载作用下，螺钉间距为 75mm 试件的刚度和峰值荷载比螺钉间距为 150mm 的试件低。这是因为在受压过程中，试件传递到螺钉上的剪力主要来自波纹钢板的弯曲，而所有试件的波纹钢板宽度统一，由于面板发生弯曲传递到螺钉的总剪力相同，因此导致螺钉数量多的试件中每颗螺钉受到的剪力越小。在正向荷载作用下，两种螺钉间距试件的峰值荷载和初始刚度均比较接近，且螺钉间距为 75mm 的试件要略高一点。两种螺钉间距试件的峰值荷载最大相差 0.16kN，刚度基本上在 0.4 ~ 0.6kN/mm 范围内变化。这是由于在正向荷载作用下，螺钉间距较小的试件具有较好的整体性能，导致其峰值荷载和刚度更高。

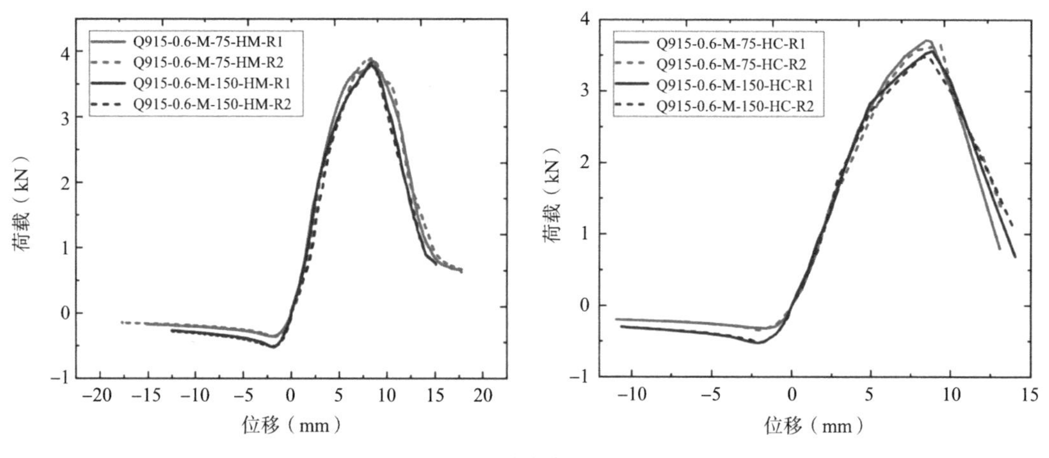

图 2-47 螺钉间距对荷载—位移曲线的影响

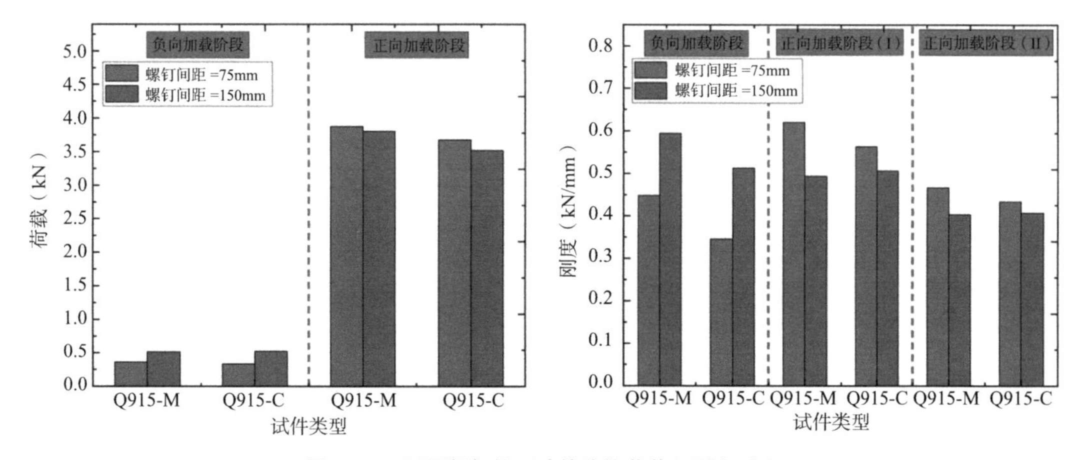

图 2-48 不同螺钉间距试件峰值荷载和刚度对比

3. 抗拉试件

（1）覆面板厚度影响

在单调荷载作用下四种覆面板厚度试件的荷载—位移曲线对比如图 2-49 所示。可以看出，所有试件的加载曲线的变化趋势基本类似，其峰值荷载基本一致。抗拉试件的破坏模式只有拉拔破坏，最终都是自攻螺钉从立柱拔出，从而导致相近的峰值荷载和初始刚度。峰值点位移随着厚度增加而降低，且厚度接近的两组试件的变形差异较小。试件的初始刚度相差较多，其随着厚度增加而增大。这是因为试件中面板受到螺钉传递来的拉力作用会首先出现弯曲变形后再出现拉拔破坏。而当覆面板厚度增大后，波纹钢板的波谷抵抗弯曲变形的能力增强，从而导致试件的初始刚度增大和变形值减小。

（2）覆面板类型影响

在单调荷载作用下三种覆面板类型试件的荷载—位移曲线对比如图 2-50 所示。可以看出，所有试件的加载曲线的变化趋势基本类似，其峰值荷载基本一致。而峰值位移和初始刚度相差较大，两者随着覆面板类型不同呈相反的变化趋势。Q915 型试件的峰值位移最小，但其初始刚度最大。与 Q915 型试件相比，TB36 型试件两个力学参数的变化趋势正好相反。这是因为面板波肋高度越大，试件的波谷抵抗弯曲变形的能力越弱。

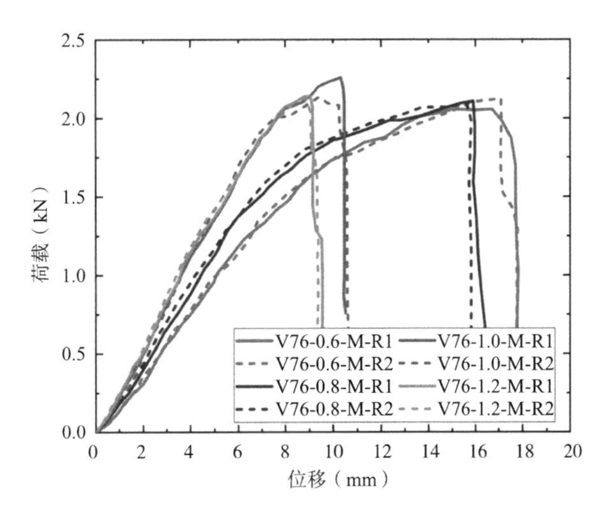

图 2–49　覆面板厚度对荷载—位移曲线的影响

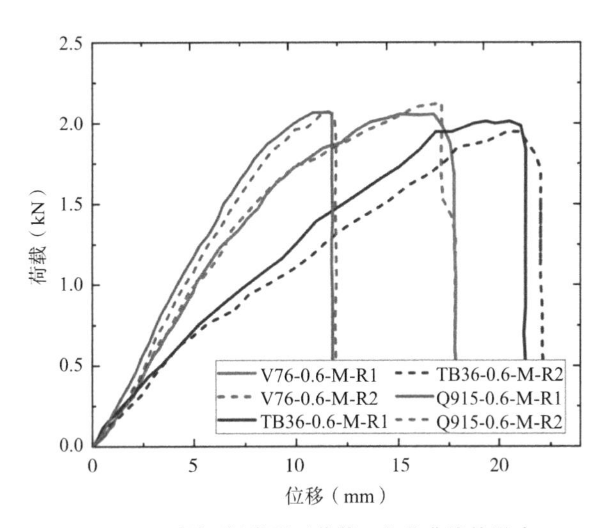

图 2–50　覆面板类型对荷载—位移曲线的影响

2.2　常见代表性的恢复力模型简介

恢复力模型是基于循环荷载试验中获得的荷载—位移关系曲线，对其进行适当的简化处理和施加相应的规则后而得到的一种数学模型。恢复力模型依据研究对象不同，可划分为材料和构件两大类别。在材料层面，恢复力模型主要关注的是材料微观的应力和应变的关系，通过此模型可更深入掌握材料在受力过程中的力学行为。而在构件层面，恢复力模型主要聚焦在构件截面的弯矩和转角的关系或者构件整体上宏观的荷载和位移关系，通过此模型可更加准确地预测和分析构件在荷载作用下的性能变形。结构的反应与其恢复力特性密切相关，在非线性地震反应分析中，恢复力模型是否能准确反映结构的实际情况，对计算结果有关键性的影响。有效的结构恢复力模型应当满足两大核心要求。首先，模型需具备足够的精确度，能够真实反映实际结构的滞回特性，并能在误差可控的范围内精准重现试验结果。其次，模型需兼具简便性与实用性，避免因复杂构造组成导致在结构非线性有限元分析中的应用受阻。

冷弯型钢房屋结构体系最早是由传统木结构房屋经过40余年发展而来，同时自攻螺钉在木结构体系中应用非常广泛。对于木结构体系的抗震性能方面研究起步比较早，其自攻螺钉连接的恢复力模型的研究也比较完善。在木结构体系中自攻螺钉连接的恢复力模型基本上都是以试件数据为基础得到的，常用的恢复力模型有Foschi指数型骨架曲线模型、Dolan模型、Stewart模型、Johnn模型及CASHEW模型等。其中Dolan模型是以Foschi指数型骨架曲线模型为基础建立的，而Johnn模型及CASHEW模型是以Stewart模型为基础建立的。除了这些在木结构体系中应用较多的恢复力模型外，还有几种用于钢筋混凝土构件恢复力模型，也可用于研究和分析连接的恢复力特性，例如修正的Takeda模型、Pivot模型。而冷弯型钢结构体系发展较晚，目前应用比较广泛的恢复力模型是从其他结构形式借鉴而来的，其中包括木结构体系发展而来的BMBN恢复力模型和钢筋混凝土结构发展而来的Pinching4材料模型。在本节中，分别对上述恢复力模型进行简单介绍。

2.2.1 木结构体系恢复力模型

1.Foschi指数型骨架曲线模型

在20世纪70年代，Foschi首次提出了指数型骨架曲线模型，用来描述木结构体系中自攻螺钉连接恢复力模型。后来该模型被Folz、Filiatrault和Dolan相继进行改进，在其中加入线性下降段和破坏变形等参数后，其改进后的恢复力模型能够准确地反映自攻螺钉连接的骨架曲线特征。图2-51为Foschi指数型骨架曲线模型，公式（2-1）是对其模型中的骨架曲线的描述。

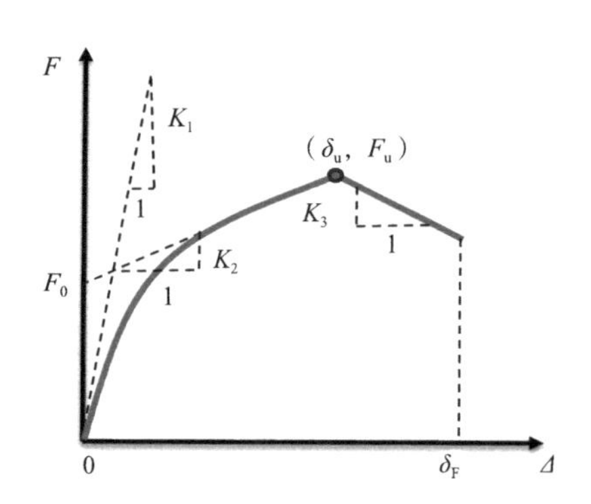

图2-51 Foschi指数型骨架曲线模型

$$F=\begin{cases}\operatorname{sgn}(\delta)\cdot(F_0+r_1K_0|\delta|)\cdot[1-\exp(-K_0|\delta|/F_0)] & |\delta|\leqslant|\delta_u| \\ \operatorname{sgn}(\delta)\cdot F_u+r_2K_0[\delta-\operatorname{sgn}(\delta)\cdot\delta_u] & |\delta_u|<|\delta|\leqslant|\delta_F| \\ 0 & |\delta_F|<|\delta|\end{cases} \tag{2-1}$$

式中：F 和 δ 分别为自攻螺钉连接的承载力与位移，整个骨架曲线的确定需要 6 个参数。其中，δ_u 是试件达到峰值荷载时的变形；δ_F 是峰值荷载过后试件出现破坏时对应的变形；K_0、r_1K_0、r_2K_0 依次是曲线的初始刚度、强化段刚度以及下降段刚度；F_0 是在曲线强化段作切线后与坐标轴的交点。

2.Dolan 恢复力模型

Dolan 恢复力模型是以 Foschi 模型为基础并采用四段指数曲线建立的自攻螺钉连接恢复力模型。Dolan 的滞回曲线模型如图 2-52 所示，公式（2-2）~式（2-5）是对其恢复力模型每个阶段路径的描述。其中的 Δ 和 F_{iu} 为当前自攻螺钉连接试件的变形和承载力，P_1 是试件为零变形时相对应的承载力，K_4 是试件为零变形时相应的切线斜率，u_1、u_2 分别为滞回曲线在正负向上的最大变形，F_1、F_2 为 u_1、u_2 相对应的承载力，上述所涉及的参数均是通过自攻螺钉连接性能试验数据拟合而得到的。

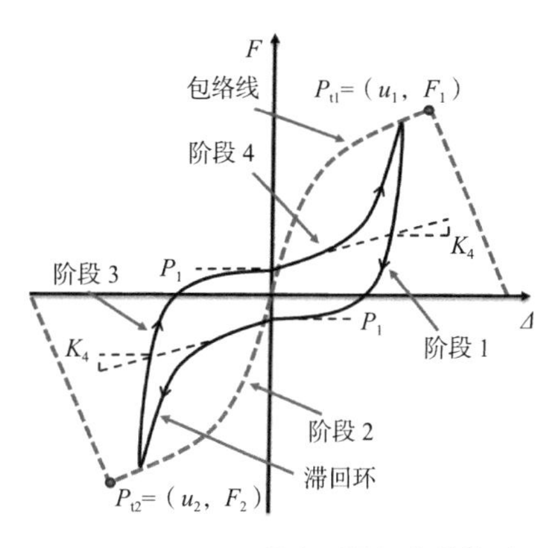

图 2-52　Dolan 指数型骨架曲线模型

$$\left.\begin{aligned}F_{1u}&=-P_1+K_4\Delta+\left(e^{\alpha_1\Delta}-1\right)\\ \alpha_1&=\frac{\ln\left(F_1+P_1-K_4u_1+1\right)}{u_1}\end{aligned}\right\}\text{路径 1} \tag{2-2}$$

$$\left.\begin{aligned}F_{2u}&=-P_1+K_4\Delta+\left(e^{\alpha_2\Delta}-1\right)\\ \alpha_2&=\frac{\ln\left(-F_2-P_2-K_4u_2+1\right)}{|u_2|}\end{aligned}\right\}\text{路径 2} \tag{2-3}$$

$$\left.\begin{aligned}F_{3u}&=P_1+K_4\Delta-\left(e^{\alpha_3\Delta}-1\right)\\ \alpha_3&=\frac{\ln\left(P_1-F_2+K_4u_2+1\right)}{|u_2|}\end{aligned}\right\}\text{路径 3} \tag{2-4}$$

$$\left.\begin{aligned}F_{4u}&=P_1+K_4\Delta+\left(e^{\alpha_4\Delta}-1\right)\\ \alpha_4&=\frac{\ln\left(F_1-P_1-K_4u_2+1\right)}{|u_1|}\end{aligned}\right\}\text{路径 4} \tag{2-5}$$

3.Stewart 恢复力模型

在 20 世纪 80 年代，Stewart 以自攻螺钉连接试验数据为基础，综合考虑捏缩规则、强度和刚度退化响应后建立新的恢复力模型。其模型中的骨架曲线和滞回曲线均由数学表达式相对简单的直线段组成的，因此其受到广大学者的采纳和应用。其恢复力模型如图 2-53 所示，可以看出整个恢复力模型的确定需要 9 个参数，分别是初始刚度 K_0、屈服荷载 F_y、极限荷载 F_u 以及试件零变形时对应的荷载 F_1，滞回曲线在强化段刚度系数 R_f、下降段刚度系数 P_{TRI}、卸载刚度系数 P_{UNL} 以及重新加载刚度系数 α_1、软化系数 β_1。

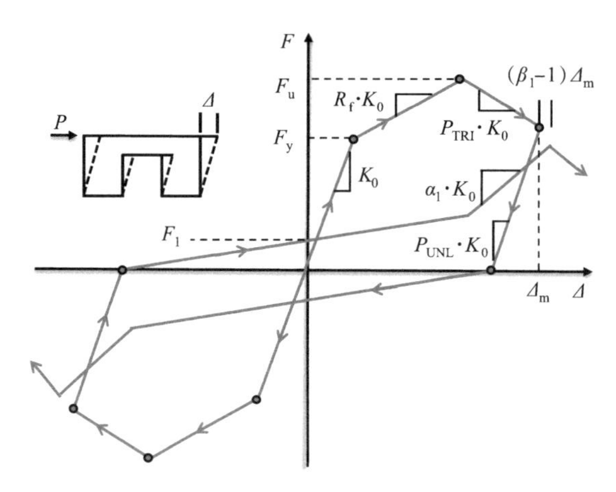

图 2–53 Stewart 恢复力模型

4.Johnn 恢复力模型

Johnn 恢复力模型根据结构实际的变形程度分为小位移和大位移两种情况，两种变形情况下 Johnn 恢复力模型如图 2-54 所示。可以看出，小变形时，Johnn 恢复力模型根据 Q-Hyst 模型建立，该模型最早用于钢筋混凝土结构中，在加载与卸载过程中，主要聚焦于刚度退化效应的方面，而对于更为复杂的捏缩规则，并未纳入其考虑范围之内；大变形时，Johnn 恢复力模型根据 Stewart 恢复力模型建立，不同的是，Stewart 模型中卸载刚

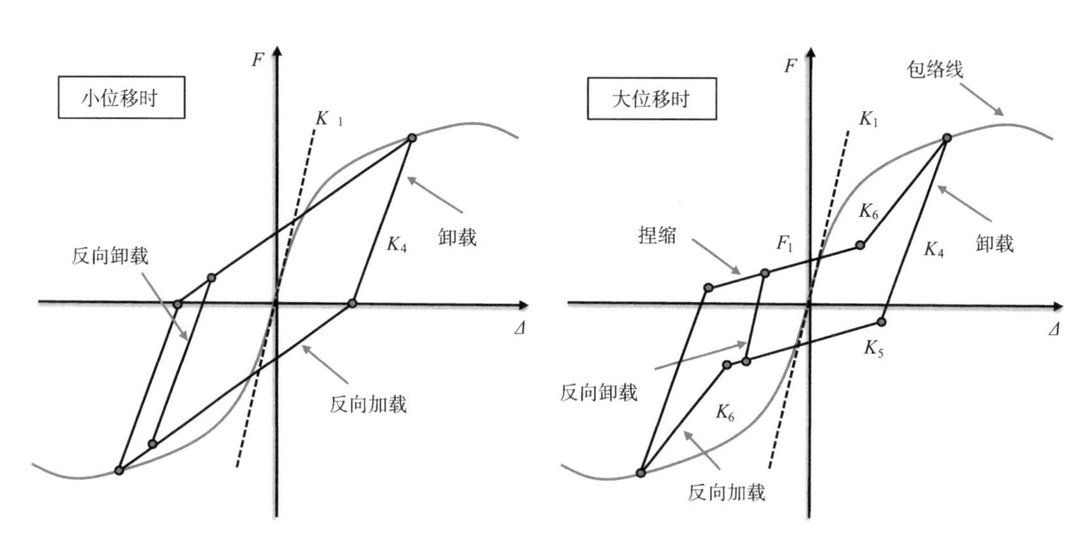

图 2–54 Johnn 恢复力模型

度 K_4 为固定值，而 Johnn 模型增加了卸载—再加载的刚度 K_6。改进的卸载刚度 K_4 按公式（2-6）进行计算，其值随着卸载变形值的增大而减小。卸载—再加载的刚度 K_6 按公式（2-7）进行计算，在 Johnn 恢复力模型中若不考虑骨架曲线，其确定只需 F_1、δ_{yield}、K_4、K_5、α、β 等参数即可。该模型最大特点就是区分变形程度来选择不同阶段下恢复力模型，与其他恢复力模型相比，Johnn 恢复力模型能够准确地模拟出自攻螺钉的强度和刚度退化过程。

$$K_4^{NEW} = K_4\left(\frac{\delta_{yield}}{\delta_{LD}}\right)^{\alpha} \quad K_4 \geqslant P_{UN}\delta_{UN} \quad \delta_{LD} = \beta\delta_{UN} \tag{2-6}$$

$$K_6 = K_1\left(\frac{\delta_{yield}}{\delta_{LD}}\right)^{\alpha_{LD}} \qquad K_1 \geqslant K_6 \geqslant \frac{P_{LD}}{\delta_{LD}} \tag{2-7}$$

式中：α 和 β 分别代表滞回曲线中卸载和卸载—再加载后刚度折减系数；δ_{UN} 和 δ_{LD} 分别代表未折减和折减后的卸载变形值。

5.CASHEW 恢复力模型

CASHEW 是 CUREE 组织基于改进的 Stewart 模型开发出来专门用于研究木结构体系的软件，与其他软件相比，其以木结构材料属性和连接的本构关系更精细化的角度来模拟出木结构体系的静力和动力响应。CASHEW 恢复力模型如图 2-55 所示。CASHEW 为提高软件的计算效率，简化了 Stewart 模型的滞回规则和路径，并采用了折线形的滞回曲线。除了滞回曲线外，其骨架曲线采用的是 Foschi 指数型曲线，整个恢复力模型的确定共需要 11 个参数。在这些参数中 K_4 和 K_5 反映了自攻螺钉连接的捏缩规则，卸载再加载的刚度为 K_p，其按下式进行计算。

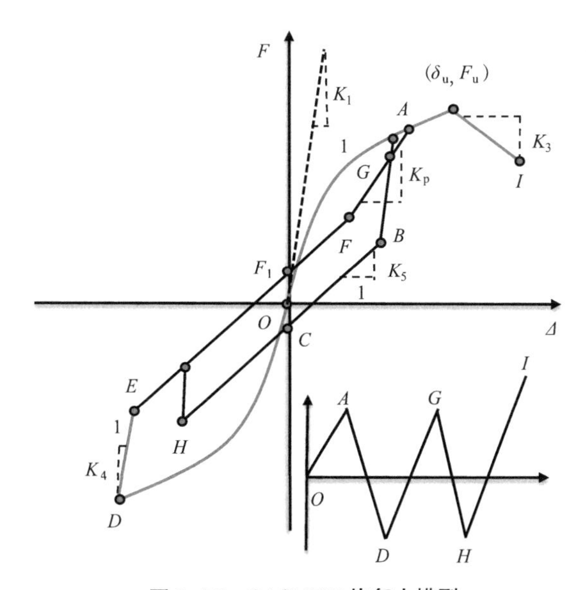

图 2–55　CASHEW 恢复力模型

$$K_p=K_0\left(\frac{\delta_0}{\delta_{max}}\right)^{\alpha} \quad \delta_0=\frac{F_0}{K_0} \quad \delta_{max}=\beta\delta_{un} \tag{2-8}$$

式中：K_p 为考虑了强度折减后卸载—再加载的刚度；F_0 为骨架曲线参数；δ_0 为试件屈服时对应的变形；α 和 β 分别为滞回曲线的刚度和强度折减系数，两个折减系数均是通过试验数据拟合得到的；δ_{un} 和 δ_{max} 为试件卸载时对应变形和极限变形；K_0 为包络线的初始刚度。

2.2.2 钢筋混凝土结构恢复力模型

1. 修正 Takeda 恢复力模型

Takeda 恢复力模型主要用于钢筋混凝土构件的三线型恢复力模型，其中考虑了低周往复加载过程中刚度退化，全面考虑了加载路径的多样性，并规定了弹塑性阶段达到最大变形前加卸载规则。Takeda 恢复力模型如图 2-56 所示。Takeda 恢复力模型是在修正 Clough 恢复力模型的基础上，并以构件不同状态来选择不同阶段，其最初状态是线弹性阶段，其次是混凝土受拉开裂阶段，最后是纵向钢筋屈服阶段。其模型是弯曲型滞回模型，卸载刚度退化与 Clough 模型类似，并采用主、次滞回规律，其主滞回规律以构件开裂和屈服状态为准，而次滞回规律中反向加载指向骨架曲线的峰值点，但在该模型中很难反映出在整个加载过程中结构出现的捏缩效应。Takeda 恢复力模型中卸载刚度 K_r 为关键参数，其参数按下式进行计算。

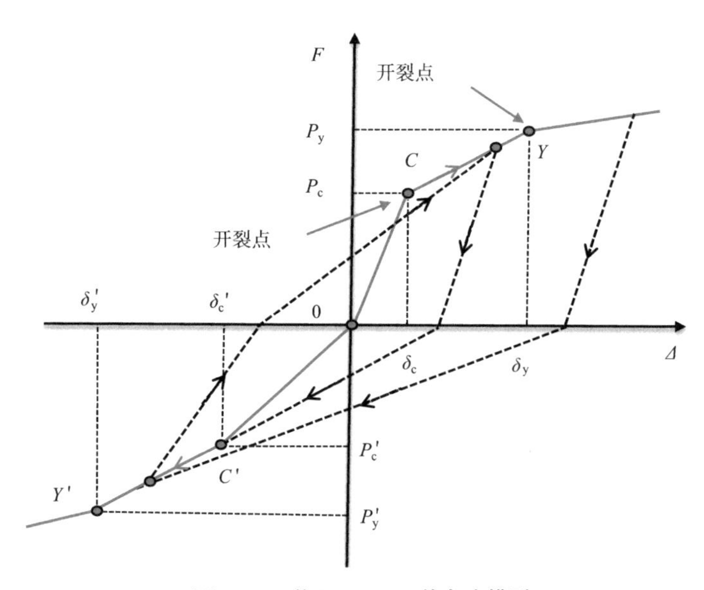

图 2-56 修正 Takeda 恢复力模型

$$K_r=\frac{P_c+P_y}{\delta_c+\delta_y}\left(\frac{\delta_m}{\delta_y}\right)^{-\alpha} \tag{2-9}$$

式中：δ_c 和 δ_y 分别为开裂点和屈服点的变形值；P_c 和 P_y 分别为开裂点和屈服点的荷载值，δ_m 为构件达到屈服后的最大变形值。

2.Pivot 恢复力模型

Pivot 恢复力模型是由 Dowell 等在 1998 年提出的定点指向型滞回模型，其滞回曲线在加卸载过程中会趋于 P_1、P_2、P_3、P_4 四个固定的 Pivot 点。Pivot 恢复力模型如图 2-57 所示。其中 P_1、P_2 为捏缩点，当试件反向加载后期其曲线会指向骨架曲线上目标点的对应的位置，以实现模型的捏缩效应。P_3、P_4 为卸载及反向卸载刚度延长线交点，当试件在卸载过程中，每级加载的刚度的延长线均会汇集到一定点上，来实现模型的卸载刚度退化。这四个 Pivot 点由参数 α_1、α_2、β_1、β_2 以及骨架曲线第一个拐点的荷载值 F_{y1}、F_{y2} 控制。这些参数均可通过自攻螺钉连接试验数据得到，当试验的滞回曲线与坐标原点呈中心对称分布后，涉及参数可得到简化，即 $\alpha_1=\alpha_2=\alpha$，$\beta_1=\beta_2=\beta$，$F_{y1}=F_{y2}=F_y$。

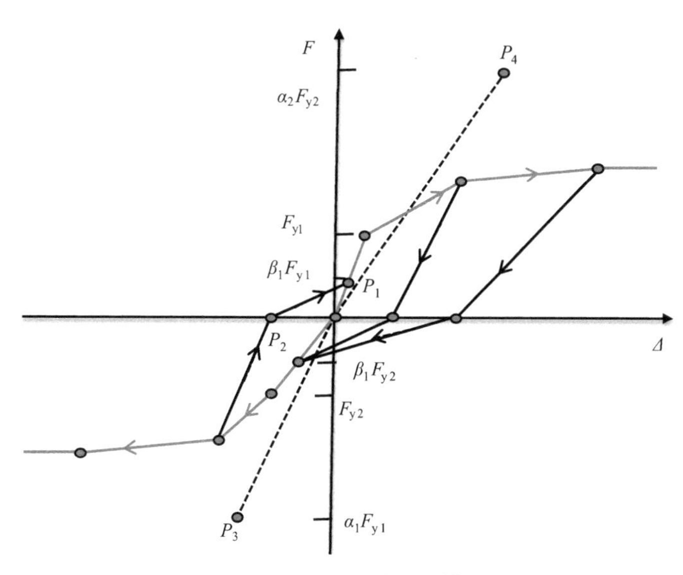

图 2–57　Pivot 恢复力模型

2.2.3　冷弯型钢结构恢复力模型

1.BMBN 恢复力模型

BMBN 恢复力模型是由 Bouc 在 1967 年针对强迫振动下的单自由度结构体系所提出的一种通用的滞回模型，其恢复力模型如图 2-58 所示。随后被 Wen 和 Baber 为其模型增加强度和刚度退化作为滞回耗能的函数，并将其应用于多自由结构体系中。在 1986 年，Baber 和 Noori 在模型中加入捏缩规则，并兼容了统计线性化方案。在 1993 年，BMBN 模型被 Foliente 用于研究木结构体系的动力响应，后被 Nithyadharan 和 Kalyanaraman 加以改进和简化用于研究冷弯型钢剪力墙的抗剪性能。BMBN 模型包含 14 个参数，包括滞回形状参数（n、A、β、γ、α），强度和刚度退化参数（δ_ν、δ_η），捏缩参数（ζ_s、p、q、

ψ_0、δ_ψ、λ）以及刚度系数 K，V 为当前位移对于时间的导数，上述参数均可通过试验数据确定。

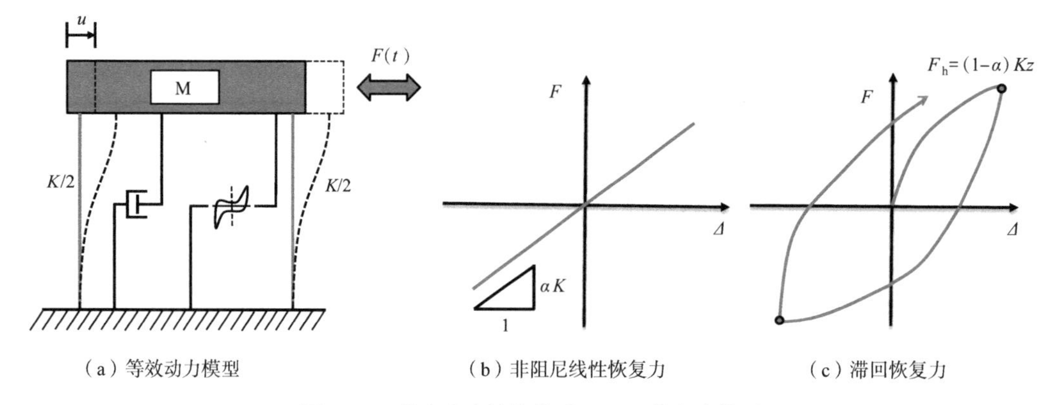

（a）等效动力模型　（b）非阻尼线性恢复力　（c）滞回恢复力

图 2-58　单自由度结构体系 BMBN 恢复力模型

$$y=\begin{Bmatrix} y_1 \\ y_2 \\ y_3 \end{Bmatrix}=\begin{Bmatrix} u \\ z \\ \varepsilon \end{Bmatrix} \tag{2-10}$$

$$y_1'=V \tag{2-11}$$

$$y_2'=h(z)\left\{\frac{AV-(1+\delta_v y_3)(\beta|V||y_2|^{n-1}y_2+\gamma\cdot V|y_2|^n)}{1+\delta_\eta y_3}\right\} \tag{2-12}$$

$$y_3'=(1-\alpha)Ky_2V \tag{2-13}$$

$$h(z)=1-\zeta_1 e^{-(z\mathrm{sgn}(\dot{u})-qZ_u)^2/\zeta_2^2} \tag{2-14}$$

$$Z_u=\pm\left[\frac{A}{\upsilon(\beta+\gamma)}\right]^{1/n}\quad \zeta_1(\varepsilon)=\zeta_s\left(1-e^{-p\varepsilon}\right)\quad \zeta_2(\varepsilon)=(\psi_0+\delta_\psi\varepsilon)(\lambda+\zeta_1) \tag{2-15}$$

2.Pinching4 材料模型

Pinching4 材料模型为非线性有限元软件 OpenSees 提供的一维损伤滞回材料模型，该模型最早被用于模拟混凝土梁柱节点，其参数最初由 Lowes 和 Altoontash 开发。因 Pinching4 恢复力模型能够很好地模拟滞回曲线的捏缩效应以及强度和刚度退化规则，从而导致该模型在冷弯型钢结构的抗震性能研究中被广泛地应用。Pinching4 材料模型如图 2-59 所示。其模型主要包括骨架曲线、卸载再加载曲线以及损伤规则。本节采用 Pinching4 材料模型来模拟冷弯型钢自攻螺钉连接性能，详细介绍见 2.3 节。Smail Kechidi 和 Nouredine Bourahla 以 Pinching4 材料模型为基础，根据试验数据给出了固定的捏缩参数。其研究方法具有局限性，在本书中不进行过多介绍。

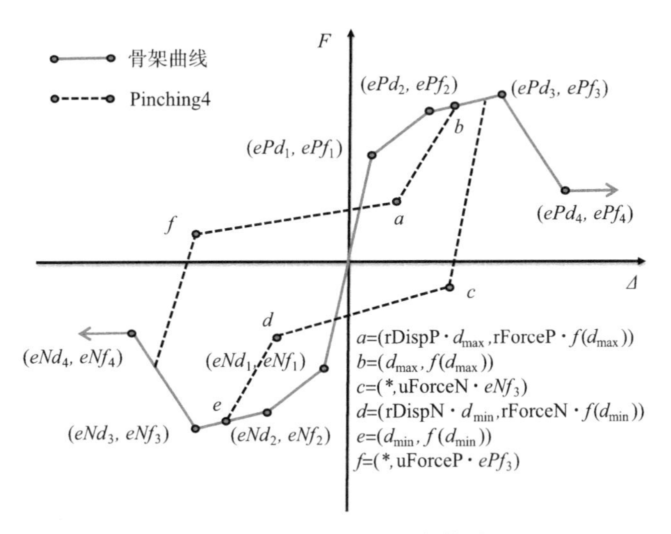

图 2-59 Pinching4 材料模型

2.3 波纹钢板—冷弯型钢间自攻螺钉连接的恢复力模型

恢复力模型是由骨架曲线、滞回特性、刚度退化规律三部分组成。骨架曲线主要分为折线形和曲线形两种，其中折线形有双线型、三线型、四线型、剪切滑移型。恢复力模型是在骨架曲线基础上，综合考虑了加卸载过程中滞回路径以及强度、刚度退化等因素，而有效的结构恢复力模型是非线性静力和动力数值模拟中的基础。结构恢复力模型的确定可以采用多种办法，其主要包括试验拟合法、系统识别法、理论计算法，第一种确定方法根据试验数据得到骨架曲线和各个加载等级下的标准滞回环，将两者组合起来构成完整的恢复力模型，将其模型与标准滞回环进行比较以此确定加卸载时的强度和刚度退化规则。本节以 Pinching4 材料模型为基础，结合 2.1 节的试验数据建立自攻螺钉连接恢复力模型，可用于后续的波纹钢板覆面冷弯型钢墙体的精细化数值模拟中。

2.3.1 骨架曲线

在本研究中所有试件所选取的四线型的骨架曲线，其曲线分为正和负两部分，且每个部分包括四个点和八个参数，如图 2-60 所示。各部分的骨架曲线可分为弹性阶段（0—1）、屈服前阶段（1—2）、屈服后阶段（2—3）和破坏阶段（3—4），每个阶段相对应于自攻连接试件的弹性点、屈服点、峰值点和破坏点。

由 2.1.3 节可知，第Ⅱ类抗剪试件在正向荷载作用下会存在波纹拉平阶段和连接破坏阶段，这使其加载曲线与第Ⅰ类抗剪试件的荷载—位移曲线变化相差较大，从而导致第Ⅱ类抗剪试件的骨架曲线是不对称的，因此对于两种类型抗剪试件的弹性点定义有所不同。根据自攻螺钉连接试件的荷载—位移曲线，第Ⅱ类抗剪试件在正向上弹性点为曲线的第一阶段和第二阶段的交界点；第Ⅱ类抗剪试件在负向上及第Ⅰ类抗剪试件、抗拉试件的弹性点的荷载值均为峰值荷载的 40%。所有试件的屈服点均根据 AISI S400 的 EEEP 方法确定。破坏点取最大荷载出现后，随着试件位移的增加，荷载值下降到峰值荷载的 80% 时相应的点。抗拉试件没有开展循环往复试验，其骨架曲线的正负两部分均根据单调荷载下的荷载—位移曲线确定，其与第 I 类抗剪试件的骨架曲线一致。

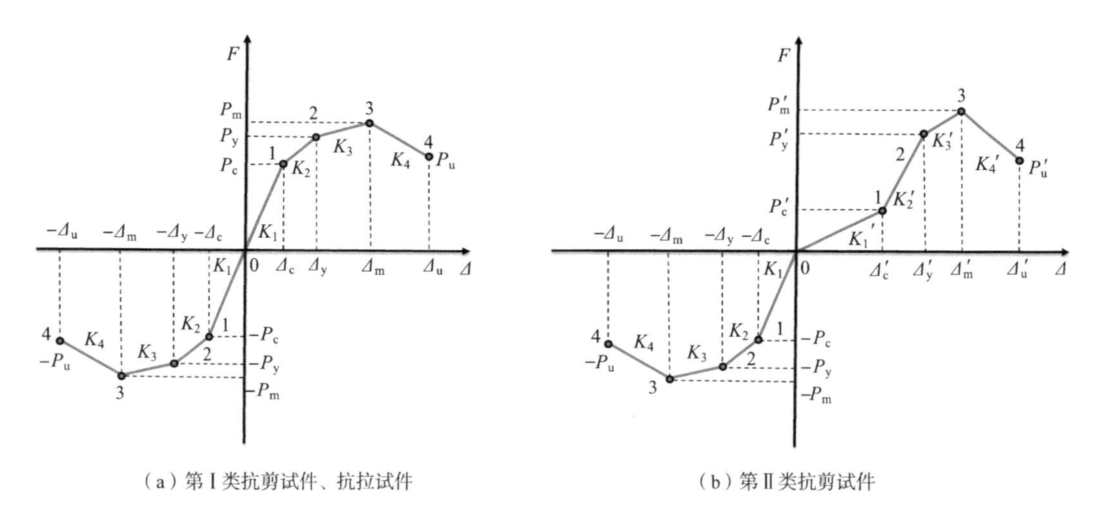

（a）第 I 类抗剪试件、抗拉试件　　（b）第 II 类抗剪试件

图 2-60　四线型骨架曲线

在自攻螺钉连接试验中，第 I 类抗剪试件在正荷载和负荷载作用下的剪切性能表现出明显的对称性。四个阶段试件刚度 K_1、K_2、K_3 和 K_4 的计算公式如下：

$$K_1=\frac{|+P_c|+|-P_c|}{|+\Delta_c|+|-\Delta_c|} \tag{2-16}$$

$$K_2=\frac{|+P_y|+|-P_y|-|+P_c|-|-P_c|}{|+\Delta_y|+|-\Delta_y|-|+\Delta_c|-|-\Delta_c|} \tag{2-17}$$

$$K_3=\frac{|+P_m|+|-P_m|-|+P_y|-|-P_y|}{|+\Delta_m|+|-\Delta_m|-|+\Delta_y|-|-\Delta_y|} \tag{2-18}$$

$$K_4=\frac{|+P_u|+|-P_u|-|+P_m|-|-P_m|}{|+\Delta_u|+|-\Delta_u|-|+\Delta_m|-|-\Delta_m|} \tag{2-19}$$

式中：Δ_c、Δ_y、Δ_m、Δ_u 分别表示弹性点、屈服点、峰值点和破坏点的位移；P_c、P_y、P_m、P_u 分别表示弹性点、屈服点、峰值点和破坏点的荷载。

第 II 类抗剪试件的骨架曲线不考虑对称性，正方向和负方向的四个阶段试件刚度的计算公式如下：

$$K_1'=\frac{|+P_c|}{|+\Delta_c|} \text{ 或 } K_1=\frac{|-P_c|}{|-\Delta_c|} \tag{2-20}$$

$$K_2'=\frac{\left|+P_y\right|-\left|+P_c\right|}{\left|+\varDelta_y\right|-\left|+\varDelta_c\right|} \text{ 或 } K_2=\frac{\left|-P_y\right|-\left|-P_c\right|}{\left|-\varDelta_y\right|-\left|-\varDelta_c\right|} \tag{2-21}$$

$$K_3'=\frac{\left|+P_m\right|-\left|+P_y\right|}{\left|+\varDelta_m\right|-\left|+\varDelta_y\right|} \text{ 或 } K_3=\frac{\left|-P_m\right|-\left|-P_y\right|}{\left|-\varDelta_m\right|-\left|-\varDelta_y\right|} \tag{2-22}$$

$$K_4'=\frac{\left|+P_u\right|-\left|+P_m\right|}{\left|+\varDelta_u\right|-\left|+\varDelta_m\right|} \text{ 或 } K_4=\frac{\left|-P_u\right|-\left|-P_m\right|}{\left|-\varDelta_u\right|-\left|-\varDelta_m\right|} \tag{2-23}$$

抗拉试件的骨架曲线不考虑对称性，四个阶段试件刚度的计算公式如下：

$$K_1=\frac{\left|+P_c\right|}{\left|+\varDelta_c\right|} \tag{2-24}$$

$$K_2=\frac{\left|+P_y\right|-\left|+P_c\right|}{\left|+\varDelta_y\right|-\left|+\varDelta_c\right|} \tag{2-25}$$

$$K_3=\frac{\left|+P_m\right|-\left|+P_y\right|}{\left|+\varDelta_m\right|-\left|+\varDelta_y\right|} \tag{2-26}$$

$$K_4=\frac{\left|+P_u\right|-\left|+P_m\right|}{\left|+\varDelta_u\right|-\left|+\varDelta_m\right|} \tag{2-27}$$

由四线型骨架曲线如下所示：

弹性阶段（0—1）：$P=K_1\times\varDelta$ 或 $P=K_1'\times\varDelta$　　$0\leqslant\varDelta\leqslant\varDelta_c$　（2-28）

屈服前阶段（1—2）：$P=P_c+K_2\times(\varDelta-\varDelta_c)$ 或 $P=P_c+K_2'\times(\varDelta-\varDelta_c)$　$\varDelta_c<\varDelta\leqslant\varDelta_y$（2-29）

屈服后阶段（2—3）：$P=P_y+K_3\times(\varDelta-\varDelta_y)$ 或 $P=P_y+K_3'\times(\varDelta-\varDelta_y)$　$\varDelta_y<\varDelta\leqslant\varDelta_m$（2-30）

破坏阶段（3—4）：$P=P_m+K_4\times(\varDelta-\varDelta_m)$ 或 $P=P_m+K_4'\times(\varDelta-\varDelta_m)$　$\varDelta_m<\varDelta\leqslant\varDelta_u$（2-31）

根据试件荷载—位移曲线，可以得到完整的试件骨架曲线，循环荷载下所有试件的骨架曲线上不同阶段的力学性能参数见表 2-11。第Ⅰ类抗剪试件的骨架曲线参数值为其试件在正向和负向上的平均值，而第Ⅱ类抗剪试件和抗拉试件的骨架曲线参数为相应连接试件在单方向上的试验值。从表 2-11 可知，三种类型连接试件骨架曲线涉及试件类型较多，这对于墙体结构精细化模型来说过于复杂。因此，根据试件设计参数对连接性能的影响程度大小来简化连接试件的恢复力模型的骨架曲线，建议骨架曲线的关键点参数见表 2-12 ~ 表 2-14。

根据 2.1.5 节对试验结果的分析，覆面板厚度对第Ⅰ类抗剪试件的连接性能的影响较大，而螺钉间距和面板类型的影响可以忽略，故在表 2-12 中的关键点参数仅考虑了覆面板厚度，其变异系数主要在 0% ~ 13.4% 的范围内；覆面板类型和厚度均对第Ⅱ类抗剪试件的连接性能影响较大，而螺钉间距的影响可以忽略，故在表 2-13 中的关键点参数考虑了覆面板类型和厚度，其变异系数主要在 0% ~ 17.4% 的范围内；覆面板类型和厚度均对抗拉试件的连接性能影响较大，但覆面板厚度相差较小试件的抗拉性能参数几乎一致，故在表 2-14 中骨架曲线关键参数仅包含三种不同类型试件，其变异系数主要在 0% ~ 13.5% 的范围内。综上所述，所有连接试件的建议骨架曲线关键参数的变异系数整体上在 0% ~ 17.4% 的范围内，表明本书所提出的骨架曲线参数具有良好的稳定性，可作为冷弯型钢剪力墙精细化有限元分析的基础。

自攻螺钉力学性能特征参数 　　表 2–11

试件编号		弹性点		屈服点		峰值点		破坏点	
		Δ_c（mm）	P_c（kN）	Δ_y（mm）	P_y（kN）	Δ_m（mm）	P_m（kN）	Δ_u（mm）	P_u（kN）
V76-0.6-3d-75-VC	R1	0.33	1.30	0.75	2.96	2.91	3.24	7.25	2.59
	R2	0.29	1.33	0.75	3.01	2.55	3.31	7.42	2.65
V76-0.8-3d-75-VC	R1	0.37	1.50	0.87	3.52	2.17	3.76	6.83	3.01
	R2	0.43	1.52	1.00	3.53	2.13	3.81	6.22	3.04
V76-1.0-3d-75-VC	R1	0.34	1.75	0.99	3.90	2.83	4.38	6.39	3.51
	R2	0.37	1.86	1.03	4.10	2.82	4.65	7.48	3.72
V76-1.2-3d-75-VC	R1	0.47	2.17	1.15	4.85	3.07	5.43	6.31	4.30
	R2	0.43	2.15	0.96	4.78	2.75	5.37	6.81	4.30
V76-0.6-3d-150-VC	R1	0.31	1.26	0.64	2.65	2.51	3.15	6.27	2.39
	R2	0.26	1.22	0.61	2.60	2.49	3.04	6.34	2.31
V76-0.6-3d-300-VC	R1	0.27	1.40	0.62	3.12	2.68	3.49	6.89	2.79
	R2	0.30	1.44	0.79	3.22	2.34	3.60	6.76	2.88
Q915-0.6-3d-150-VC	R1	0.38	1.24	0.74	2.92	3.08	3.11	6.71	2.60
	R2	0.34	1.21	0.70	2.71	3.05	3.03	6.45	2.53
TB36-0.6-3d-150-VC	R1	0.37	1.29	0.73	2.57	2.76	3.21	7.33	2.27
	R2	0.34	1.24	0.69	2.55	2.70	3.09	7.46	2.19
V76-0.6-M-75-HC	P-R1	16.70	1.02	22.41	3.11	24.43	3.50	27.30	2.80
	P-R2	18.14	1.20	22.68	3.09	24.91	3.49	27.45	2.79
V76-0.8-M-75-HC	P-R1	16.39	1.73	22.98	4.61	27.97	4.88	30.07	3.90
	P-R2	16.65	1.80	23.05	4.52	27.97	5.04	29.48	4.04
V76-1.0-M-75-HC	P-R1	14.63	2.22	20.21	4.28	22.17	4.73	26.00	3.78
	P-R2	14.73	2.50	20.24	4.21	21.74	4.70	25.28	3.76
V76-1.2-M-75-HC	P-R1	6.26	2.24	12.78	3.52	15.70	3.93	22.44	3.14
	P-R2	6.26	2.12	12.72	3.40	16.07	3.95	21.77	3.16

续表

试件编号		弹性点		屈服点		峰值点		破坏点	
		Δ_c（mm）	P_c（kN）	Δ_y（mm）	P_y（kN）	Δ_m（mm）	P_m（kN）	Δ_u（mm）	P_u（kN）
Q915-0.6-M-75-HC	P-R1	2.55	1.48	6.00	3.19	8.45	3.71	10.09	2.97
	P-R2	2.59	1.46	6.07	3.13	9.38	3.64	10.33	2.91
Q915-0.6-M-150-HC	P-R1	2.58	1.42	5.46	2.90	7.68	3.56	10.48	2.84
	P-R2	2.43	1.39	5.79	2.92	7.14	3.48	10.48	2.78
TB36-0.6-M-75-HC	P-R1	52.71	0.66	56.37	2.45	59.36	3.60	62.59	2.88
	P-R2	48.93	0.55	55.97	2.73	59.15	3.56	61.90	2.85
V76-0.6-M-75-HC	N-R1	1.66	0.07	3.72	0.14	7.84	0.19	16.78	0.15
	N-R2	1.92	0.08	4.31	0.15	7.69	0.20	15.06	0.16
V76-0.8-M-75-HC	N-R1	1.54	0.19	3.45	0.35	8.04	0.47	13.00	0.37
	N-R2	1.49	0.19	3.25	0.34	6.72	0.48	11.29	0.38
V76-1.0-M-75-HC	N-R1	1.35	0.29	3.00	0.53	6.82	0.73	13.19	0.59
	N-R2	1.37	0.31	2.99	0.56	6.03	0.77	11.99	0.62
V76-1.2-M-75-HC	N-R1	1.52	0.54	3.41	0.97	7.66	1.35	20.00	1.08
	N-R2	1.65	0.54	3.68	0.96	8.93	1.35	21.54	1.08
Q915-0.6-M-75-HC	N-R1	0.27	0.13	0.60	0.22	1.55	0.32	5.07	0.26
	N-R2	0.43	0.14	0.95	0.26	2.08	0.35	4.11	0.28
Q915-0.6-M-150-HC	N-R1	0.40	0.21	0.88	0.37	2.13	0.53	4.33	0.42
	N-R2	0.35	0.21	0.77	0.34	2.09	0.52	4.21	0.42
TB36-0.6-M-75-HC	N-R1	6.11	0.03	13.39	0.06	32.90	0.08	45.98	0.07
	N-R2	5.64	0.03	12.53	0.06	36.74	0.08	49.20	0.06
V76-0.6-M	R1	4.35	0.82	10.15	1.92	16.72	2.06	17.72	1.65
	R2	4.32	0.85	9.44	1.86	17.11	2.12	17.09	1.70
V76-0.8-M	R1	3.85	0.84	8.85	1.94	15.90	2.11	15.99	1.69
	R2	3.51	0.84	8.01	1.67	15.62	2.09	15.74	1.67
V76-1.0-M	R1	3.30	0.90	7.61	2.08	10.33	2.26	10.47	1.81
	R2	3.22	0.85	7.95	2.11	9.41	2.14	10.55	2.14
V76-1.2-M	R1	3.09	0.86	7.23	2.00	9.04	2.14	9.18	1.71
	R2	2.92	0.85	6.56	1.90	8.88	2.12	9.27	1.70
Q915-0.6-M	R1	3.42	0.83	7.75	1.87	11.61	2.07	11.74	1.65
	R2	3.84	0.83	8.70	1.89	11.41	2.08	11.95	1.66
TB36-0.6-M	R1	5.69	0.81	12.52	1.77	20.50	2.01	21.28	1.61
	R2	5.91	0.78	12.34	1.62	20.99	1.95	22.00	1.56

第Ⅰ类抗剪试件骨架曲线的建议关键点参数　　表 2–12

覆面板厚度（mm）		弹性点		屈服点		峰值点		破坏点	
		Δ_c（mm）	P_c（kN）	Δ_y（mm）	P_y（kN）	Δ_m（mm）	P_m（kN）	Δ_u（mm）	P_u（kN）
0.6	Mean	0.32	1.29	0.70	2.16	2.71	3.23	6.89	2.52
	Cov	2.0%	2.1%	2.4%	9.5%	10.0%	5.1%	13.4%	9.3%
0.8	Mean	0.40	1.51	0.93	2.55	2.15	3.78	6.52	3.03
	Cov	0.2%	0.1%	0.4%	0.0%	0.2%	0.1%	1.4%	0.1%
1.0	Mean	0.36	1.81	1.01	3.09	2.82	4.52	6.93	3.61
	Cov	0.6%	0.2%	0.4%	0.3%	0.0%	0.4%	4.3%	0.3%
1.2	Mean	0.45	2.16	1.05	3.47	2.91	5.40	6.56	4.30
	Cov	0.1%	0.1%	0.9%	0.1%	0.9%	0.1%	0.9%	0.0%

第Ⅱ类抗剪试件骨架曲线的建议关键点参数　　表 2–13

试件类型		弹性点		屈服点		峰值点		破坏点	
		Δ_c（mm）	P_c（kN）	Δ_y（mm）	P_y（kN）	Δ_m（mm）	P_m（kN）	Δ_u（mm）	P_u（kN）
V76-0.6-M-75（+）	Mean	17.42	1.11	22.54	3.10	24.67	3.49	27.38	2.80
	Cov	3.0%	0.7%	0.1%	0.0%	0.3%	0.0%	0.1%	0.0%
V76-0.6-M-75（–）	Mean	1.79	0.08	4.01	0.15	7.76	0.19	15.92	0.16
	Cov	0.9%	0.1%	2.2%	0.1%	0.1%	0.1%	4.7%	0.1%
V76-0.8-M-75（+）	Mean	16.52	1.77	23.02	4.56	27.97	4.96	29.78	3.97
	Cov	0.1%	0.1%	0.0%	0.1%	0.0%	0.2%	0.3%	0.2%
V76-0.8-M-75（–）	Mean	1.51	0.19	3.35	0.34	7.38	0.47	12.15	0.38
	Cov	0.1%	0.0%	0.3%	0.1%	5.9%	0.1%	6.1%	0.1%
V76-1.0-M-75（+）	Mean	14.68	2.36	20.22	4.25	21.95	4.71	25.64	3.77
	Cov	0.1%	0.9%	0.0%	0.1%	0.2%	0.0%	0.5%	0.0%
V76-1.0-M-75（–）	Mean	1.36	0.30	3.00	0.54	6.43	0.75	12.59	0.60
	Cov	0.0%	0.1%	0.0%	0.1%	2.5%	0.1%	2.9%	0.1%
V76-1.2-M-75（+）	Mean	6.26	2.18	12.75	3.46	15.88	3.94	22.10	3.15
	Cov	0.0%	0.2%	0.1%	0.1%	0.2%	0.0%	0.5%	0.0%
V76-1.2-M-75（–）	Mean	1.59	0.54	3.54	0.96	8.30	1.35	20.77	1.08
	Cov	0.3%	0.0%	0.5%	0.0%	4.9%	0.0%	2.9%	0.0%
Q915-0.6-M（+）	Mean	2.54	1.44	5.83	3.03	8.16	3.60	10.34	2.88
	Cov	0.4%	0.2%	1.9%	1.1%	17.4%	0.4%	0.5%	0.3%
Q915-0.6-M（–）	Mean	0.36	0.17	0.80	0.30	1.96	0.43	4.43	0.34
	Cov	2.0%	1.7%	4.3%	2.6%	5.9%	4.2%	6.4%	3.4%
TB36-0.6-M-75（+）	Mean	50.82	0.61	56.17	2.59	59.25	3.58	62.25	2.86
	Cov	7.0%	0.5%	0.1%	0.8%	0.1%	0.1%	0.2%	0.1%
TB36-0.6-M-75（–）	Mean	5.87	0.03	12.96	0.06	34.82	0.08	47.59	0.07
	Cov	1.0%	0.0%	1.4%	0.0%	10.5%	0.0%	5.4%	0.0%

抗拉试件骨架曲线的建议关键点参数　　　　表 2-14

试件编号		弹性点		屈服点		峰值点		破坏点	
		Δ_c（mm）	P_c（kN）	Δ_y（mm）	P_y（kN）	Δ_m（mm）	P_m（kN）	Δ_u（mm）	P_u（kN）
V76-0.6-M/ V76-0.8-M	Mean	4.01	0.84	9.11	1.85	16.34	2.10	16.64	1.68
	Cov	6.1%	0.1%	13.5%	1.2%	4.4%	0.1%	7.8%	0.0%
V76-1.0/-M/ V76-1.2-M	Mean	3.13	0.87	7.34	2.02	9.42	2.17	9.87	1.84
	Cov	1.3%	0.1%	7.3%	0.7%	6.7%	0.3%	8.4%	3.5%
Q915-0.6-M	Mean	3.63	0.83	8.23	1.88	11.51	2.07	11.84	1.66
	Cov	1.2%	0.0%	2.8%	0.0%	0.1%	0.0%	0.1%	0.0%
TB36-0.6-M	Mean	5.80	0.79	12.43	1.70	20.7	1.98	21.64	1.58
	Cov	0.2%	0.1%	0.1%	0.3%	0.3%	0.1%	0.6%	0.1%

2.3.2 滞回曲线

1. 捏缩特征参数

在 Pinching4 材料模型中，采用卸载参数（uForceP、uForceN）和重新加载参数（rDispP、rForceP、rDispN、rForceN）来表示恢复力模型的捏缩特征，如图 2-59 所示。在墙体和结

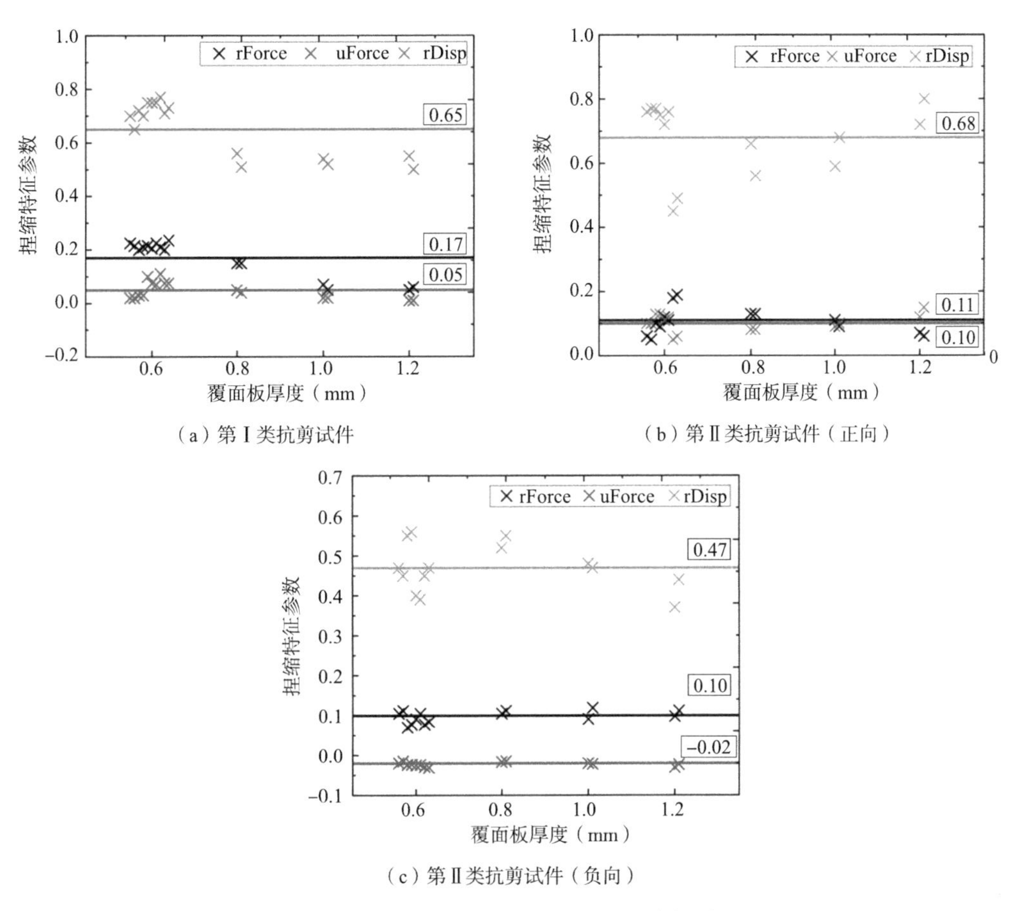

（a）第Ⅰ类抗剪试件

（b）第Ⅱ类抗剪试件（正向）

（c）第Ⅱ类抗剪试件（负向）

图 2-61　自攻螺钉连接试件捏缩特征参数对比

构的有限元非线性分析中，uForce、rDisp、rForce 的取值可直接影响数值模拟的捏缩效果。第Ⅰ类抗剪试件的荷载—位移曲线对称，正方向和负方向上捏缩特征参数是相同的；第Ⅱ类抗剪试件的荷载—位移曲线是不对称的，正方向和负方向上捏缩特征参数差异较大，其捏缩特征参数是分别给出的。在本节中，捏缩特征参数是通过模型产生的滞回耗散能量与试验所获得的能量耗散间的最小误差来确定的。通过这种计算方式，确定了图 2-59 中一组 Pinching4 材料模型的捏缩点 $a \sim f$, 然后使用软件 Matlab 中的“Pattern-search”功能对获得的捏缩特征参数进行优化。所有试件的捏缩参数如图 2-61 所示，所有自攻螺钉连接试件的捏缩特征参数见表 2-15、表 2-16。为使恢复力模型更简单、高效地用于墙体精细化数值模拟中，对同类试件的捏缩特征参数进行了均值简化处理。需要说明的是，因自攻螺钉连接性能试验研究对抗拉试件仅开展了单调加载试验，故抗拉试件的滞回参数无法获取。在下文的 3.5 节墙体精细化数值模拟中，其捏缩特征参数和退化规则初步与第Ⅰ类抗剪试件保持一致。

第Ⅰ类抗剪试件捏缩特征参数　　表 2-15

试件编号		捏缩特征参数		
		rForce	uForce	rDisp
V76-0.6-3d-75-VC	R1	0.23	0.02	0.70
	R2	0.22	0.02	0.65
V76-0.8-3d-75-VC	R1	0.15	0.05	0.56
	R2	0.15	0.04	0.51
V76-1.0-3d-75-VC	R1	0.07	0.02	0.54
	R2	0.05	0.02	0.52
V76-1.2-3d-75-VC	R1	0.05	0.01	0.55
	R2	0.06	0.01	0.50
V76-0.6-3d-150-VC	R1	0.20	0.03	0.72
	R2	0.21	0.03	0.70
V76-0.6-3d-300-VC	R1	0.22	0.10	0.75
	R2	0.21	0.08	0.75
Q915-0.6-3d-150-VC	R1	0.23	0.07	0.75
	R2	0.21	0.11	0.77
TB36-0.6-3d-150-VC	R1	0.20	0.08	0.71
	R2	0.24	0.08	0.73

第Ⅱ类抗剪试件捏缩特征参数　　表 2-16

试件编号		捏缩特征参数（+）			捏缩特征参数（–）		
		rForce	uForce	rDisp	rForce	uForce	rDisp
V76–0.6–M–75–HC	R1	0.10	0.06	0.76	0.11	–0.02	0.47
	R2	0.10	0.05	0.77	0.11	–0.02	0.45

续表

试件编号		捏缩特征参数（+）			捏缩特征参数（–）		
		rForce	uForce	rDisp	rForce	uForce	rDisp
V76–0.8–M–75–HC	R1	0.13	0.10	0.77	0.07	–0.02	0.55
	R2	0.13	0.09	0.75	0.08	–0.02	0.56
V76–1.0–M–75–HC	R1	0.11	0.12	0.72	0.09	–0.03	0.40
	R2	0.12	0.11	0.76	0.11	–0.02	0.39
V76–1.2–M–75–HC	R1	0.05	0.18	0.45	0.08	–0.03	0.45
	R2	0.06	0.19	0.49	0.08	–0.03	0.47
Q915–0.6–M–75–HC	R1	0.08	0.13	0.66	0.11	–0.02	0.52
	R2	0.08	0.13	0.56	0.11	–0.02	0.55
Q915–0.6–M–150–HC	R1	0.09	0.11	0.59	0.09	–0.02	0.48
	R2	0.10	0.09	0.68	0.12	–0.02	0.47
TB36–0.6–M–75–HC	R1	0.12	0.07	0.72	0.10	–0.03	0.37
	R2	0.15	0.06	0.8	0.11	–0.02	0.44

2. 退化规则

在 Pinching4 材料模型中的损伤准则是由 Park 和 Ang 提出的，该损伤规则是关于滞回能量耗散和历史变形需求的函数。该模型采用强度和刚度损伤准则将骨架曲线、卸载以及再加载路径定义为加载历史函数。图 2-62 给出了卸载刚度、再加载刚度和强度退化的三种损伤准则。

$$\delta_i = \alpha_1 \left(\tilde{d}_{\max} \right)^{\alpha_3} + \alpha_2 \left(\frac{E_i}{E_{\mathrm{T}}} \right)^{\alpha_4} \leqslant \mathrm{limit} \tag{2-32}$$

$$\tilde{d}_{\max,i} = \max\left[\frac{d_{\max,i}}{D_{\max}}, \frac{d_{\min,i}}{D_{\min}}\right] \tag{2-33}$$

$$E_i = \int_{\text{load history}} \mathrm{d}E \tag{2-34}$$

式中：i 为加载过程中试件当前状态；δ_i 为损伤指数（根据结构的破坏程度，其变化范围为 0 ~ 1）；α_i 为根据试验数据得到的损伤修正参数；E 为滞回耗能；E_i 为先前加载过程中耗散的累积滞回能量；E_{T} 为总能量耗散能力；$D_{\max}$ 和 $D_{\min}$ 分别代表了单调加载下正负向的变形值；$d_{\max,i}$ 和 $d_{\min,i}$ 分别代表了当前加载的最大和最小变形值。

卸载刚度退化的定义如下：

$$K_i = K_0 \left(1 - \delta K_i\right) \tag{2-35}$$

式中：K_0 和 K_i 分别为滞回曲线中初始卸载刚度和当前卸载刚度；δK_i 为刚度损伤指数的当前值。

再加载刚度退化的定义如下：

$$d_{\max,i} = d_{\max,0}\left(1+\delta d_i\right) \tag{2-36}$$

式中：$d_{\max,i}$ 为滞回曲线中再加载结束时对应的当前最大位移；$d_{\max,0}$ 为不考虑刚度退化下再加载曲线结束时的最大位移；δd_i 为再加载刚度指数的当前值。

强度退化的定义如下：

$$f_{\max,i} = f_{\max,0}\left(1-\delta f_i\right) \tag{2-37}$$

式中：$f_{\max,i}$ 为当前包络线最大强度；$f_{\max,0}$ 为初始包络最大强度；δf_i 为强度损伤指数的当前值。

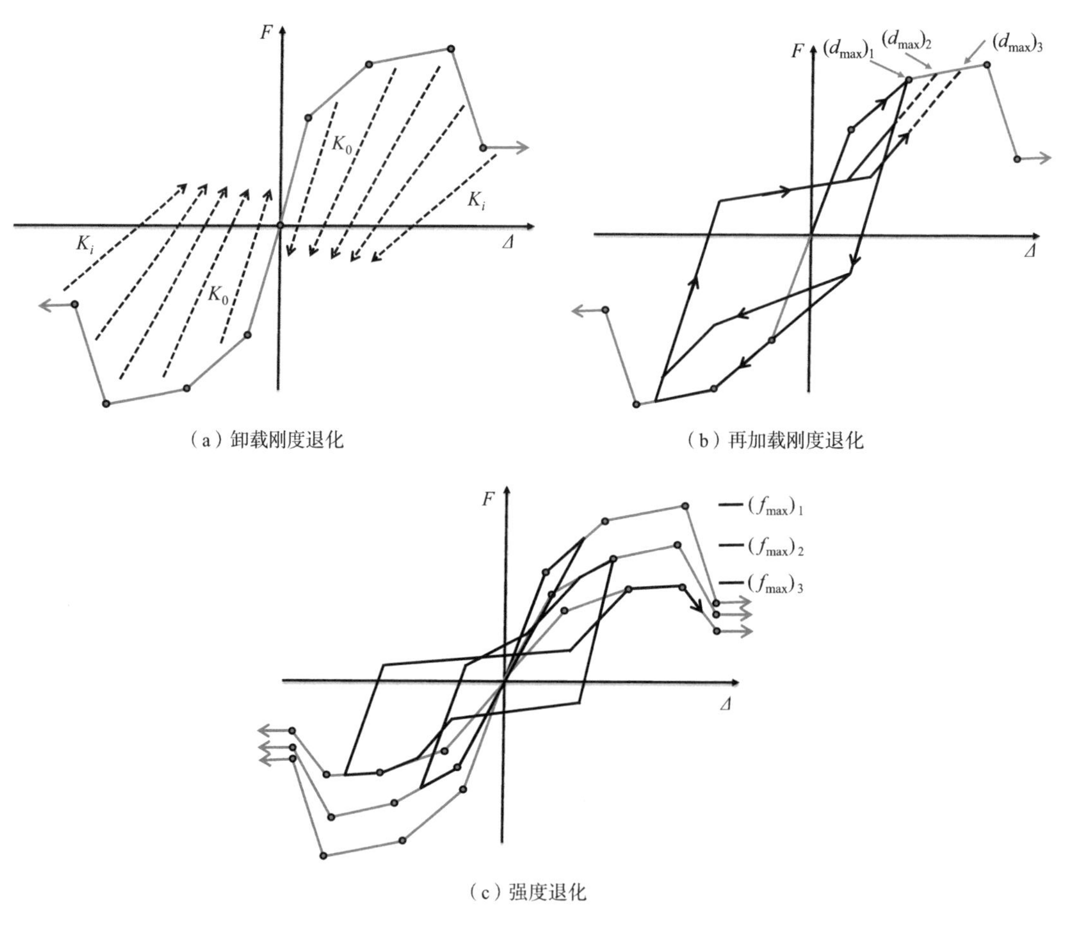

图 2-62　Pinching4 材料模型退化规则

本研究提出的自攻螺钉连接的恢复力模型中损伤指数是与耗散能量有关的而非变形的函数来计算的，因此通过设置 $\alpha_1=\alpha_3=0$ 来去除与变形相关的损伤项。根据 Padilla-Llano 等人的研究，在本节所建立模型中重点考虑了强度和卸载刚度退化，而忽略了再加载刚度退化。图 2-63 和图 2-64 给出了两种抗剪试件的强度退化和刚度退化行为，以及基于试验数据的拟合曲线。在退化规则中，$f_{\max,\ i}/f_{\max,\ 0}$ 是单调荷载—位移曲线与相应的循环骨架曲线之间的强度比；K_i/K_0 是当前卸载刚度与初始卸载刚度之间的比值，其卸载刚度是通过将直线拟合到每级滞回环的卸载路径来获得的。如图 2-63 和图 2-64 所示，在整个加载过程中随着能量耗散比的增加，强度比以均匀的速率下降。在能量耗散比达到 15% 左右前，所有试件的刚度比以较大速率下降。随着能量耗散比进一步增大，刚度比的退化速率减缓。表 2-17 和表 2-18 分别列出了所有试件的拟合损伤修正参数 α_i 值。相同种类试件的损伤参数都表现出相似的特征，且数值差异较小，故对同类型试件数据进行了均值化处理，本书中建议的自攻螺钉连接的滞回特性参数具体取值见表 2-19。所有数据的变异系数大多数处于 30% 以内，表明所确定的恢复力模型中涉及参数具有较近的相似性和高稳定性，故采用此方法得到的自攻螺钉连接的恢复力模型可用于冷弯型钢墙体的精细化数值模拟中。

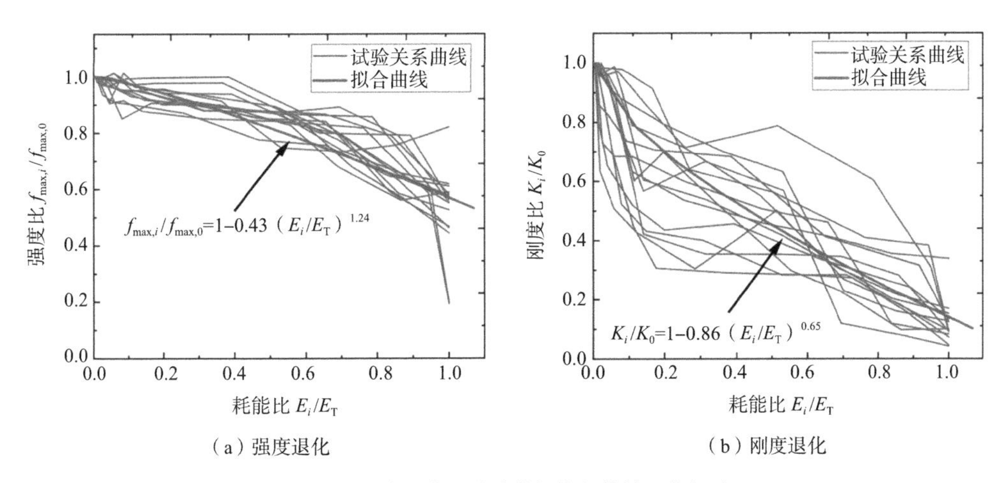

（a）强度退化　　（b）刚度退化

图 2-63　第Ⅰ类抗剪试件损伤规律的退化行为

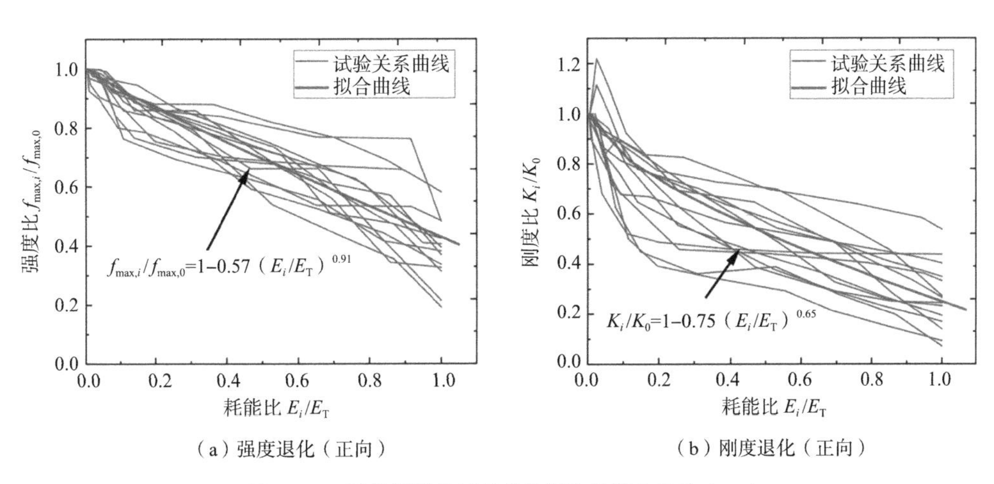

（a）强度退化（正向）　　（b）刚度退化（正向）

图 2-64　第Ⅱ类抗剪试件损伤规律的退化行为（一）

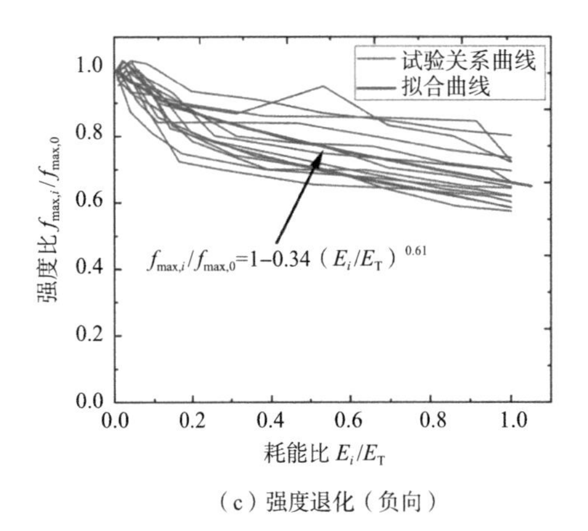

（c）强度退化（负向）

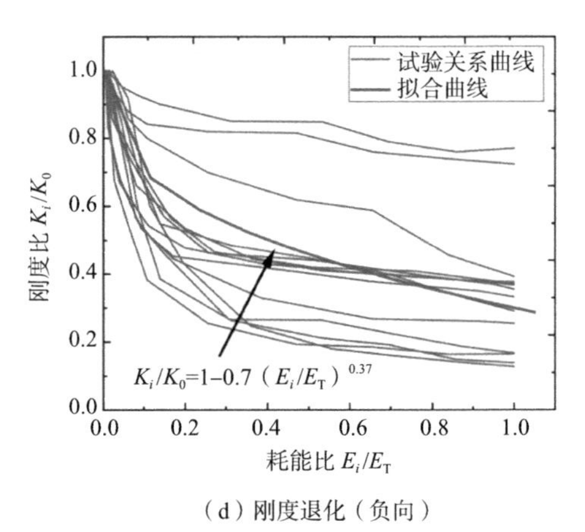

（d）刚度退化（负向）

图 2–64　第Ⅱ类抗剪试件损伤规律的退化行为（二）

第Ⅰ类抗剪试件滞回参数　　表 2–17

试件编号		损伤参数			
		强度退化		刚度退化	
		α_2	α_4	α_2	α_4
V76-0.6-3d-75-VC	R1	0.33	1.06	0.89	0.81
	R2	0.34	1.41	0.92	0.67
V76-0.8-3d-75-VC	R1	0.54	1.38	0.75	0.88
	R2	0.56	1.25	0.78	0.91
V76-1.0-3d-75-VC	R1	0.35	1.14	0.94	0.59
	R2	0.43	1.32	0.78	0.63
V76-1.2-3d-75-VC	R1	0.36	1.40	0.92	0.91
	R2	0.43	1.32	0.78	0.63
V76-0.6-3d-150-VC	R1	0.46	1.27	0.96	0.56
	R2	0.54	1.35	0.91	0.51
V76-0.6-3d-300-VC	R1	0.50	1.23	0.71	0.46
	R2	0.47	1.18	0.86	0.59
Q915-0.6-3d-150-VC	R1	0.38	1.12	0.97	0.57
	R2	0.45	1.16	0.95	0.61
TB36-0.6-3d-150-VC	R1	0.42	1.22	0.84	0.47
	R2	0.38	1.03	0.86	0.43

第Ⅱ类抗剪试件滞回参数　　表 2–18

试件编号		损伤参数							
		强度退化（+）		刚度退化（+）		强度退化（–）		刚度退化（–）	
		α_2	α_4	α_2	α_4	α_2	α_4	α_2	α_4
V76-0.6-M-75-HC	R1	0.66	0.84	0.80	0.51	0.32	0.66	0.59	0.58
	R2	0.59	1.07	0.81	0.84	0.36	0.70	0.68	0.37

续表

试件编号		损伤参数							
		强度退化（+）		刚度退化（+）		强度退化（-）		刚度退化（-）	
		α_2	α_4	α_2	α_4	α_2	α_4	α_2	α_4
V76-0.8-M-75-HC	R1	0.59	1.12	0.69	0.57	0.34	0.68	0.68	0.33
	R2	0.57	1.03	0.58	0.79	0.42	0.42	0.67	0.34
V76-1.0-M-75-HC	R1	0.37	0.58	0.63	0.56	0.38	0.48	0.68	0.27
	R2	0.49	0.54	0.60	0.46	0.39	0.36	0.81	0.30
V76-1.2-M-75-HC	R1	0.39	0.97	0.65	0.86	0.21	0.94	0.73	0.38
	R2	0.39	0.95	0.70	0.62	0.21	0.45	0.71	0.27
Q915-0.6-M-75-HC	R1	0.72	1.06	0.90	0.76	0.40	0.55	0.92	0.28
	R2	0.58	1.02	0.82	0.79	0.43	0.65	0.94	0.37
Q915-0.6-M-150-HC	R1	0.79	1.04	0.89	0.45	0.43	0.60	0.90	0.35
	R2	0.66	1.04	0.93	0.47	0.45	0.69	0.98	0.47
TB36-0.6-M-75-HC	R1	0.60	0.65	0.69	0.95	0.25	0.39	0.28	0.36
	R2	0.66	0.80	0.81	0.49	0.24	0.95	0.24	0.50

建议抗剪试件的滞回特性参数 **表 2-19**

试件类型	统计结果	损伤参数				捏缩参数		
		强度退化		刚度退化				
		α_2	α_4	α_2	α_4	rForce	uForce	rDisp
第 I 类抗剪试件	Mean	0.43	1.24	0.86	0.65	0.17	0.05	0.65
	Cov	9.6%	8.5%	5.9%	24.5%	22.3%	17.5%	11.8%
第 II 类抗剪试件	Mean（+）	0.58	0.91	0.75	0.65	0.11	0.1	0.68
	Cov（+）	18.1%	26.9%	11.6%	29.1%	22.3%	17.5%	11.8%
	Mean（-）	0.34	0.61	0.7	0.37	0.1	-0.02	0.47
	Cov（-）	13.6%	29.6%	45.5%	14.7%	1.6%	-0.8%	4.9%

2.3.3 恢复力模型的验证

采用有限元软件 OpenSees 建立了两节点连接的有限元模型来模拟自攻螺钉连接的滞回性能，其模型为单个桁架单元的一维模型。为验证模型的正确性，对具有代表性的自攻螺钉连接试件进行有限元分析。图 2-65 和图 2-66 为抗剪试件试验的加载曲线和有限元模拟的滞回曲线对比，从图中可以看出，两者的荷载—位移曲线吻合较好。有限元模型能够反映自攻螺钉连接的滞回特性，并能够模拟强度和刚度的退化过程。表 2-20 和表 2-21 对有限元结果和试验结果进行了比较。由表可知，第 I 类抗剪试件的刚度比值范围为 0.913 ~ 1.242，峰值荷载的比值范围为 0.894 ~ 1.105。第 II 类抗剪试件的刚度比值范围为 0.833 ~ 1.250，峰值荷载的比值范围为 0.916 ~ 1.072。这表明有限元结果与试验结果较为接近，本书提出的恢复力模型具有较高的计算精度。

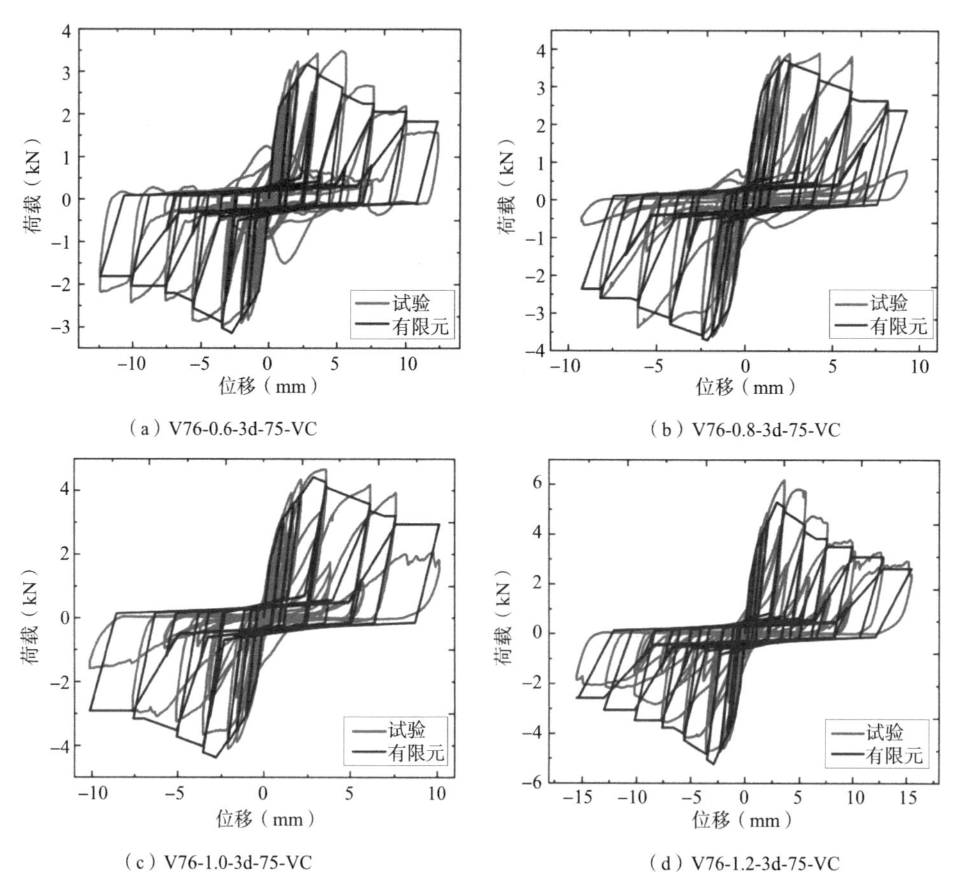

（a）V76-0.6-3d-75-VC　（b）V76-0.8-3d-75-VC
（c）V76-1.0-3d-75-VC　（d）V76-1.2-3d-75-VC

图 2-65　第Ⅰ类抗剪试件加载曲线和有限元模拟的滞回曲线对比

第Ⅰ类抗剪试件的有限元结果与试验结果的比较　　表 2-20

试件编号		初始刚度			峰值荷载		
		测试值	FEM值	比值	测试值	FEM值	比值
V76-0.6-3d-75-VC	R1	4.105	4.030	0.982	3.239	3.166	0.977
	R2	3.628		1.111	3.313		0.956
V76-0.8-3d-75-VC	R1	4.069	3.771	0.927	3.761	3.727	0.991
	R2	3.897		0.968	3.807		0.979
V76-1.0-3d-75-VC	R1	5.120	5.048	0.986	4.380	4.414	1.008
	R2	4.065		1.242	4.651		0.949
V76-1.2-3d-75-VC	R1	4.365	4.820	1.104	5.434	5.270	0.970
	R2	4.028		1.197	5.369		0.982
V76-0.6-3d-150-VC	R1	4.113	3.952	0.961	3.153	3.012	0.955
	R2	3.951		1.000	3.039		0.991
V76-0.6-3d-300-VC	R1	4.450	4.201	0.944	3.490	3.221	0.923
	R2	3.583		1.172	3.601		0.894

续表

试件编号		初始刚度			峰值荷载		
		测试值	FEM值	比值	测试值	FEM值	比值
Q915-0.6-3d-150-VC	R1	3.137	3.425	1.092	3.110	3.100	0.997
	R2	3.709		0.923	3.032		1.022
TB36-0.6-3d-150-VC	R1	2.932	3.254	1.110	3.214	3.411	1.061
	R2	3.564		0.913	3.088		1.105

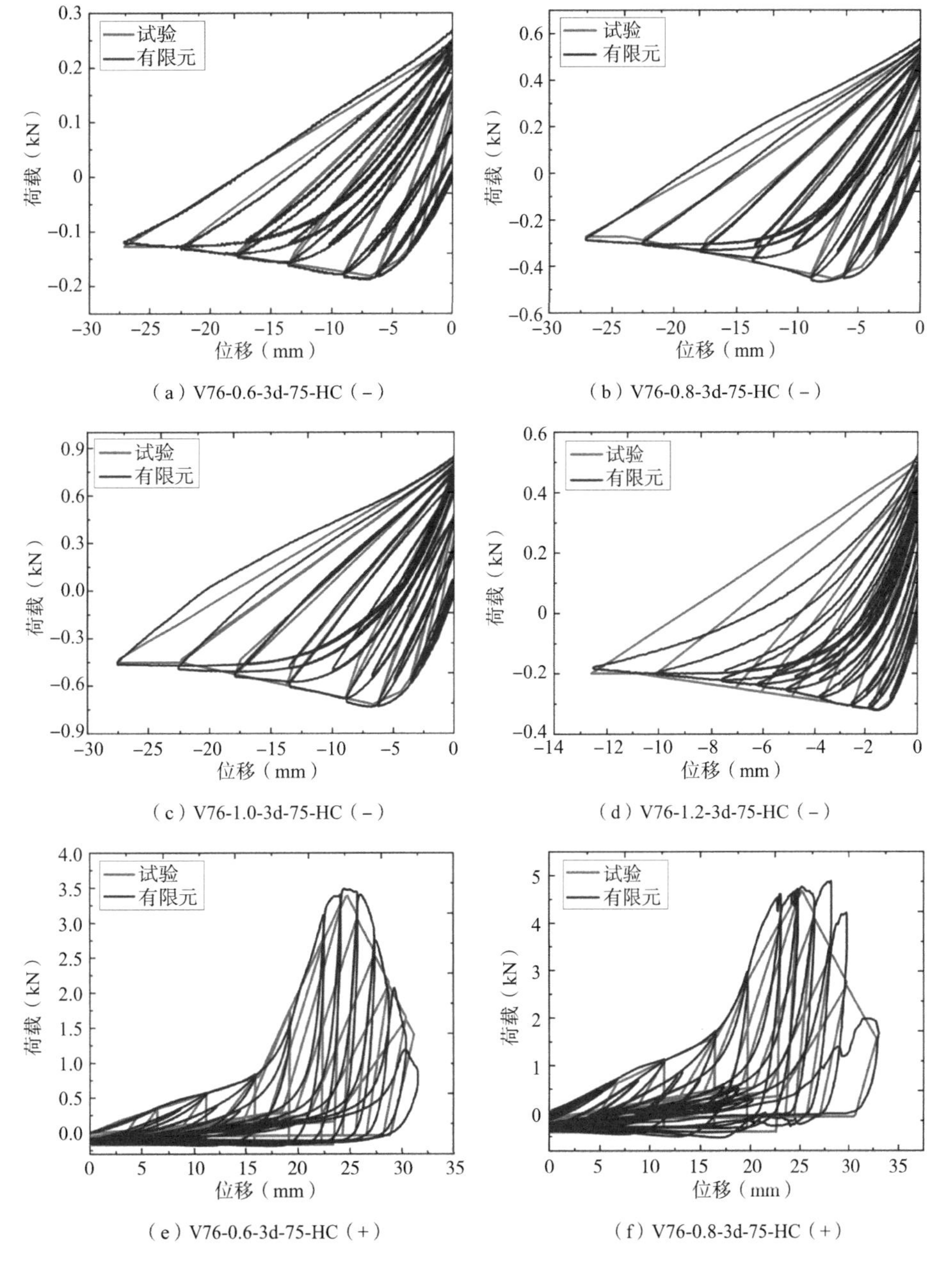

图 2-66 第Ⅱ类抗剪试件加载曲线和有限元模拟的滞回曲线对比（一）

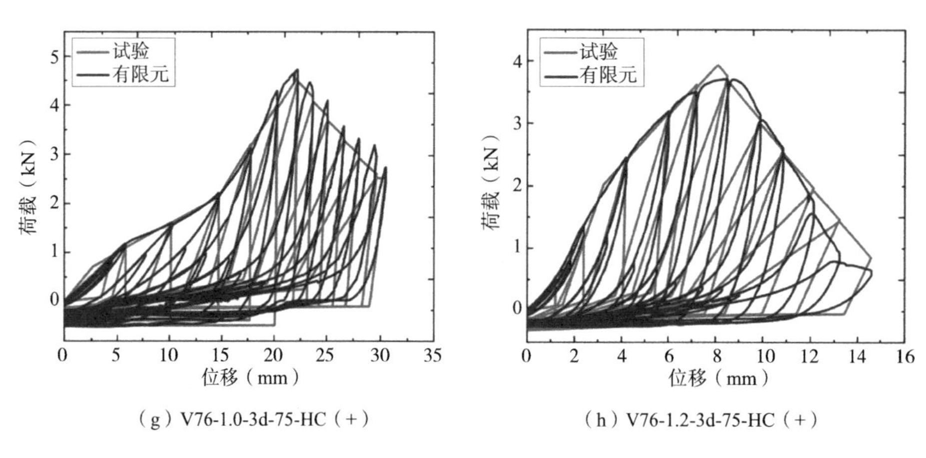

（g）V76-1.0-3d-75-HC（+）　（h）V76-1.2-3d-75-HC（+）

图 2-66　第Ⅱ类抗剪试件加载曲线和有限元模拟的滞回曲线对比（二）

第Ⅱ类抗剪试件的有限元结果与试验结果的比较　表 2-21

试件编号		初始刚度			峰值荷载		
		测试值	FEM值	比值	测试值	FEM值	比值
V76-0.6-3d-75-HC	P-R1	0.057	0.054	0.947	3.496	3.387	0.969
	P-R2	0.050		1.080	3.492		0.970
V76-0.8-3d-75-HC	P-R1	0.107	0.121	1.131	4.875	4.667	0.957
	P-R2	0.139		0.871	5.044		0.925
V76-1.0-3d-75-HC	P-R1	0.210	0.210	1.000	4.729	4.523	0.956
	P-R2	0.229		0.917	4.700		0.962
V76-1.2-3d-75-HC	P-R1	0.342	0.322	0.942	3.929	3.811	0.970
	P-R2	0.276		1.167	3.945		0.966
Q915-0.6-M-75-HC	P-R1	0.589	0.551	0.935	3.711	3.902	1.051
	P-R2	0.538		1.024	3.639		1.072
Q915-0.6-M-150-HC	P-R1	0.663	0.623	0.940	3.556	3.442	0.968
	P-R2	0.632		0.986	3.481		0.989
TB36-0.6-M-75-HC	P-R1	0.007	0.007	1.000	3.596	3.582	0.996
	P-R2	0.007		1.000	3.562		1.006
V76-0.6-3d-75-HC	N-R1	0.046	0.052	1.130	−0.187	−0.185	0.989
	N-R2	0.044		1.182	−0.202		0.916
V76-0.8-3d-75-HC	N-R1	0.119	0.129	1.084	−0.467	−0.449	0.961
	N-R2	0.147		0.878	−0.478		0.939
V76-1.0-3d-75-HC	N-R1	0.208	0.247	1.188	−0.732	−0.711	0.971
	N-R2	0.251		0.984	−0.770		0.923
V76-1.2-3d-75-HC	N-R1	0.347	0.365	1.052	−1.345	−1.285	0.955
	N-R2	0.372		0.981	−1.354		0.949
Q915-0.6-M-75-HC	N-R1	0.398	0.366	0.920	−0.322	−0.323	1.003
	N-R2	0.293		1.249	−0.346		0.934

续表

试件编号		初始刚度			峰值荷载		
		测试值	FEM值	比值	测试值	FEM值	比值
Q915-0.6-M-150-HC	N-R1	0.510	0.506	0.992	−0.527	−0.513	0.973
	N-R2	0.516		0.981	−0.521		0.985
TB36-0.6-M-75-HC	N-R1	0.004	0.005	1.250	−0.082	−0.083	1.012
	N-R2	0.006		0.833	−0.081		1.025

2.4 本章小结

为研究波纹钢板和龙骨框架间自攻螺钉连接的抗剪性能和抗拉性能，对不同构造和加载方式下 119 个连接试件进行试验研究。然后对木结构体系、混凝土结构体系以及冷弯型钢结构体系中几种代表性的恢复力模型进行简单介绍，再采用 Pinching4 捏缩材料来建立自攻螺钉连接的恢复力模型，得到的主要结论如下：

（1）在加载过程中抗剪试件的破坏主要受覆面板厚度、自攻螺钉端距和加载方式等因素的影响。所有抗剪试件在加载前期均出现螺钉倾斜和承压破坏；当试件接近破坏时，覆面板厚度较小的试件的面板端部发生撕裂破坏，而厚度大的试件还会发生螺钉被拔出和被剪断的破坏情况。

（2）第 I 类抗剪试件的峰值荷载随着覆面板厚度的增加而呈线性增大，单调加载试验中试件的峰值荷载和其增长率均比循环加载试验中试件要高，但螺钉间距和覆面板类型对自攻螺钉连接的剪切性能影响较小。根据试验数据和破坏现象，建议在实际工程中冷弯型钢结构的螺钉端距至少取其直径的 3 倍。

（3）第 Ⅱ 类抗剪试件在正向和负向荷载作用下表现出的抗剪性能特征值相差较大。正向荷载：所有试件的峰值荷载相差较小，其第一刚度随着覆面板厚度增大，但第二刚度呈相反的变化趋势。不同覆面板类型试件的峰值荷载的变化幅度不明显，但第一刚度和第二刚度相差较大。负向荷载：试件的峰值荷载和初始刚度随着覆面板厚度增加几乎呈线性增大，但随着覆面板的肋高增大呈递减趋势。单调荷载作用下第 Ⅱ 类抗剪试件的峰值荷载略高于循环荷载作用下的峰值荷载，但螺钉间距对其剪切性能影响较小。

（4）受板材厚度比限值的影响，所有抗拉试件仅出现拉拔破坏。覆面板厚度和类型对试件的初始刚度产生显著性的影响，但所有试件的峰值荷载差异较小。试件的初始刚度随着覆面板厚度和肋高的增大呈相反的变化趋势，且 Q915 型试件的初始刚度最大，V76 型试件次之，TB36 型试件最小。

（5）以自攻螺钉连接试验数据为基础，建立波纹钢板和龙骨框架间自攻螺钉连接的恢复力模型。通过对比试验结果和数值模拟计算结果，表明自攻螺钉连接的恢复力模型能够很好地模拟出自攻螺钉连接的滞回曲线特性。这为波纹钢板覆面墙体的精细化数值模拟奠定了基础，对冷弯型钢结构的抗震性能分析具有重要意义。

第 3 章　波纹钢板覆面冷弯型钢剪力墙抗剪性能研究

目前，覆面冷弯型钢龙骨式复合墙体在国外的研究和应用已比较成熟，其设计方法已写入了北美及欧洲的规范中。覆面材料包括石膏板、OSB 板、水泥纤维板及薄钢板，龙骨骨架的形式主要为墙柱形式布置。国外的一些研究者对其抗剪性能、抗震性能及力学性能进行了大量的试验研究及少许理论研究。该种墙体主要在低层冷弯型钢结构中用作传递竖向力和水平力的受力墙，如住宅及商业建筑。层数限制严重地制约了冷弯型钢龙骨式复合墙体的广泛应用，为了将其应用推广到主流的多层、小高层建筑领域，亟须开发一种抗侧刚度、抗剪强度均较大且延性较好的新型墙体。

本章对开缝和不同类型的波纹钢板覆面冷弯型钢龙骨式复合墙体进行水平抗侧力试验，以了解其受力特性、破坏模式、延性性能和耗能能力。利用 ABAQUS 有限元分析软件对单调加载抗剪墙体进行了数值模拟，并进行补充墙体分析，充分考察自攻螺钉布置方案和高宽比对波纹钢板剪切屈曲性能和墙体抗剪承载力的影响。基于试验数据的回归分析，建立波纹钢板覆面冷弯型钢剪力墙的变形计算公式和抗剪承载力计算方法。最后，通过 OpenSees 有限元分析软件对循环荷载作用下波纹钢板覆面龙骨式剪力墙进行了数值模拟，并对其进行参数分析和试验数据补充，得到了双覆面板墙体的 Pinching4 材料模型。

3.1　开缝波纹钢板覆面冷弯型钢剪力墙

龙骨式复合墙体是冷弯型钢房屋体系中的重要结构单元，用于抵抗结构中的竖向和水平荷载。冷弯型钢龙骨式复合墙体是由冷弯型钢龙骨框架和各类面板组成的，其中龙骨框架是由 C 形（卷边槽形截面）钢立柱和 U 形（普通槽形截面）导轨组成的，而各种覆面板作为围护结构的同时为钢龙骨提供了有效的侧向支撑，同时约束了其扭转，使墙体的稳定承载能力明显提高，具有很好的抗震性能和抵抗水平荷载的能力。本节在已有研究基础上，针对开缝波纹钢板覆面的冷弯型钢龙骨式复合墙体在水平荷载和竖向荷载同时作用下的抗震性能进行研究，以了解其受力特性、破坏模式、延性性能和耗能能力，为后续数值模拟、理论分析和设计建议提供试验数据支撑。

3.1.1　试验概括

1. 试验装置

为研究开缝波纹钢板覆面冷弯型钢剪力墙在水平荷载和竖向荷载同时作用下的抗剪

性能，本试验对所有墙体试件先施加恒定的竖向荷载，然后水平加载。试验装置主要由 T 形加载梁、底梁、侧向支撑、液压伺服作动器及反力架组成。复合墙体试件的上下导轨分别与加载梁及底梁连接，以传递试验装置与试件之间的水平力。作动器头部与加载梁通过自攻螺钉铰接连接，作动器可以施加 156kN 的拉压力及 ±127mm 的位移。作动器头部与加载梁之间放置有量程为 156kN 的力传感器，用以测量所施加的水平力。为了防止试验中复合墙体顶部产生面外位移，在加载梁的两侧布置有侧向滚动支撑。试验加载装置如图 3-1 所示。

竖向荷载是通过两个重力加载箱施加的。两个重力加载箱穿过 T 形钢梁悬挂在墙体试件两侧。为防止在试验过程中重力加载箱与试件发生接触，墙体两侧设置有侧向支承框架。

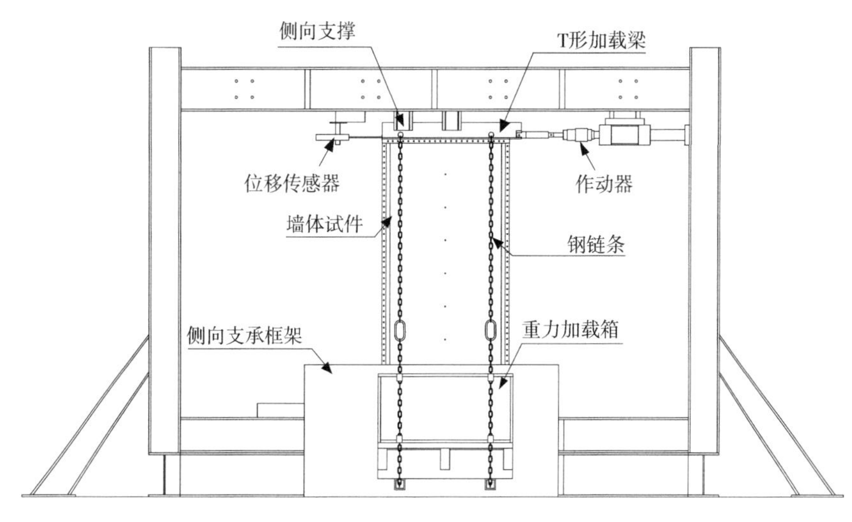

（a）正视图

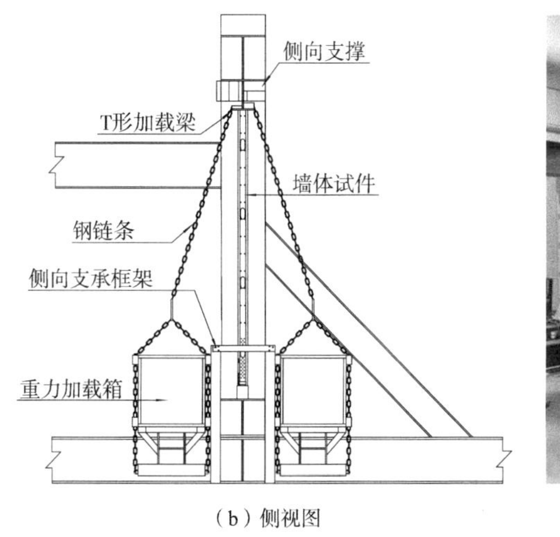

（b）侧视图

（c）现场图

图 3-1　试验装置图

2. 测点布置

为了测试组合墙体在抗剪试验中试件、加载装置等各部位的变形值，并通过这些变形值间的关系换算出组合墙体的净剪切变形值，各试件分别按图 3-2 所示布置了位移计，其中 D1 用于测试试件加载顶梁随作动器变化的位移值，D2、D3 用于测试试件与加载底座间的相对滑动位移值，D4、D5 分别测试试件垂直方向相对地面的位移值。所有的传感器均连接到可以实现自动采集数据的采集设备。侧向力通过作动器与加载梁之间的水平压力传感器采集。

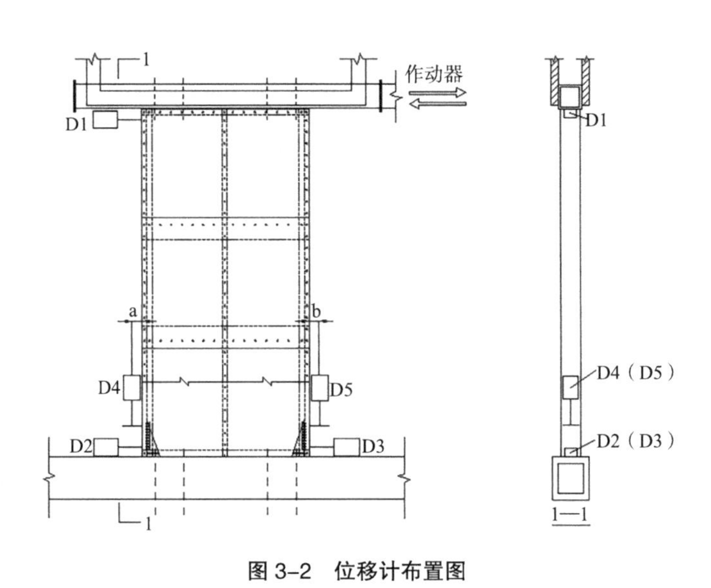

图 3–2　位移计布置图

3. 加载制度

试验中竖向荷载是根据典型的两层办公楼按从属面积计算得到的，包括恒荷载和 25% 的活荷载。试验时首先将竖向荷载一次加载到位，并保持恒定不变，记录此时各位移计的初始读数。

水平荷载的施加采用的是位移控制加载。单调加载依据《建筑框架墙抗剪静荷试验标准实施规程》（*Standard practice for static load test for shear resistance of framed walls for buildings*）ASTM E564 的规定，在复合墙体顶部以位移速率 0.19mm/s 匀速施加面内位移，位移加载直到层间位移角达到 10%（顶部位移 96mm）。单调试验的结果也用于确定往复加载的屈服位移。

循环往复加载采用《预制木面板剪力墙验收标准》（*Acceptance criteria for prefabricated wood shear panels*）ICC-ES AC130 中的 CUREE 加载制度，加载频率为 0.2Hz。标准的 CUREE 草案包含了 40 个循环，为了观察墙体试件的后屈曲特性，此次试验在 40 个标准循环的基础上又增加了 3 个循环，各级循环加载的位移见表 3-1。为了便于试验结果的比较，最大位移幅值对所有试件取同一值，即 Δ=114.3mm。CUREE 加载制度如图 3-3 所示。

CUREE 加载制度 表 3-1

循环圈数	Δ(%)	循环圈数	Δ(%)	循环圈数	Δ(%)	循环圈数	Δ(%)
1	5	12	5.6	23	15	34	53
2	5	13	5.6	24	15	35	100
3	5	14	10	25	30	36	75
4	5	15	7.5	26	23	37	75
5	5	16	7.5	27	23	38	150
6	5	17	7.5	28	23	39	113
7	7.5	18	7.5	29	40	40	113
8	5.6	19	7.5	30	30	41	200
9	5.6	20	7.5	31	30	42	150
10	5.6	21	20	32	70	43	150
11	5.6	22	15	33	53	—	—

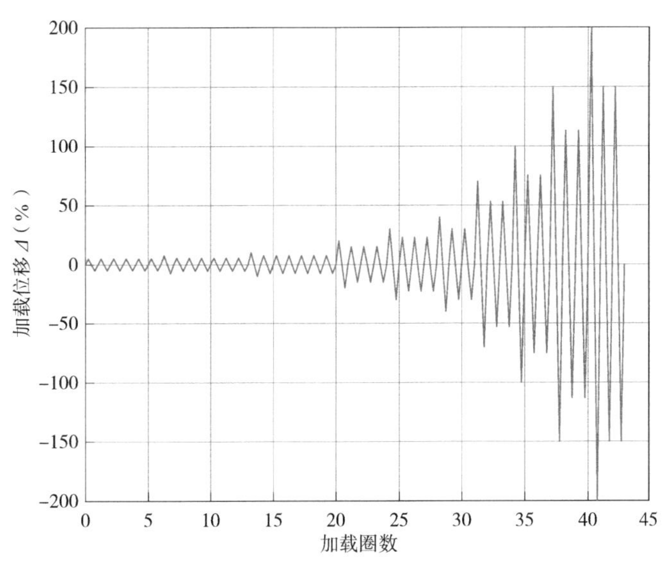

图 3-3 CUREE 加载制度

4. 试件设计

本次试验共包含 15 个足尺墙体试件，主要包括开缝波纹钢板覆面冷弯型钢龙骨式剪力墙、不开缝波纹钢板覆面冷弯型钢龙骨式剪力墙及波纹钢板覆面冷弯型钢龙骨式承重墙三种墙体类型。试验的所有墙体均是在现场组装完成的。试验墙体试件的高度统一为 2.44m。为研究高宽比对剪力墙抗剪性能的影响，试验的剪力墙试件宽度有三种：0.61m、1.22m 和 1.83m，相应的墙体高宽比为 4∶1、2∶1 和 4∶3。同时，为研究竖向荷载对剪力墙抗剪性能的影响，试验对两片不开缝剪力墙进行了无竖向力的循环往复加载试验。墙体试件编号及加载方式、荷载等参数见表 3-2。试验编号规则如下：第一项的 BW 表示墙体类别为承重墙，SW 表示墙体类别为剪力墙，PSW 表示墙体类别为开缝剪力墙；4×8 表示墙体尺寸（宽 × 高）为 1.22m×2.44m，2×8 表示墙体尺寸（宽 × 高）为 0.61m×2.44m，6×8 表示墙体尺寸（宽 × 高）为 1.83m×2.44m；M 代表加载方式为水平单调加载，C 代表加载方式为循环往复加载；以 a 结尾的试件为未施加竖向荷载的试验。

墙体骨架构件采用钢铁制造协会 SSMA（Steel Studs Manufacturers Association）的立柱和导轨。试件的立柱采用 C 形截面，型号为 350S200-68。上下导轨采用 U 形截面，型号为 350T150-68 或 350T125-68。立柱和导轨构件的命名规则如图 3-4 所示。其中，构件代码为字母 S 时代表构件类型为立柱，为字母 T 则代表构件类型为导轨；截面高度和宽度的单位为百分之一英寸，厚度的单位为密尔（mil），即千分之一英寸。需要注意的是，立柱与导轨构件的长宽定义方法并不相同。导轨构件的长宽是从构件外表面到外表面，而立柱构件的长宽是从内表面到内表面。这样的命名方式是为了方便墙体骨架的组装，使用相同高度的构件就能够进行组装。本次试验所用墙体骨架构件的截面形式及尺寸如图 3-5 所示。

墙体试件编号及加载方式、荷载等参数 表 3-2

墙体类别	编号	加载方式	竖向荷载（kN）	墙体尺寸 $w \times h$（m）	立柱	导轨
承重墙	BW4×8-M1	M	24	1.22×2.44	350S200-68	350T150-68
	BW4×8-M2	M	24	1.22×2.44	350S200-68	350T150-68
	BW4×8-C1	C	24	1.22×2.44	350S200-68	350T150-68
	BW4×8-C2	C	24	1.22×2.44	350S200-68	350T150-68
不开缝剪力墙	SW4×8-M1	M	24	1.22×2.44	350S200-68	350T150-68
	SW4×8-M2	M	24	1.22×2.44	350S200-68	350T150-68
	SW4×8-C	C	24	1.22×2.44	350S200-68	350T150-68
	SW2×8-C	C	12	0.61×2.44	350S200-68	350T150-68
	SW6×8-C	C	32	1.83×2.44	350S200-68	350T125-68
	SW4×8-C1a	C	—	1.22×2.44	350S200-68	350T125-68
	SW4×8-C2a	C	—	1.22×2.44	350S200-68	350T125-68
开缝剪力墙	PSW4×8-M	M	24	1.22×2.44	350S200-68	350T150-68
	PSW4×8-C	C	24	1.22×2.44	350S200-68	350T150-68
	PSW2×8-C	C	12	0.61×2.44	350S200-68	350T150-68
	PSW6×8-C	C	32	1.83×2.44	350S200-68	350T125-68

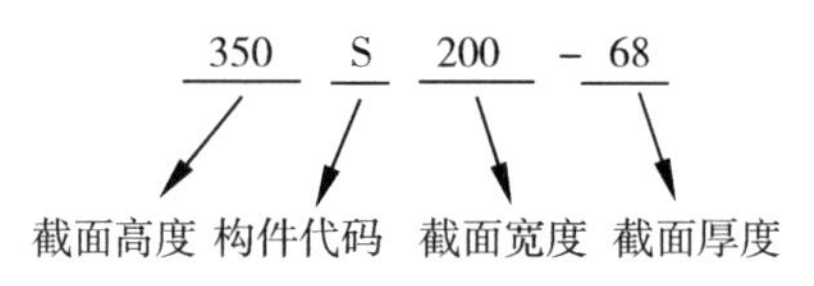

图 3-4 构件型号命名规则

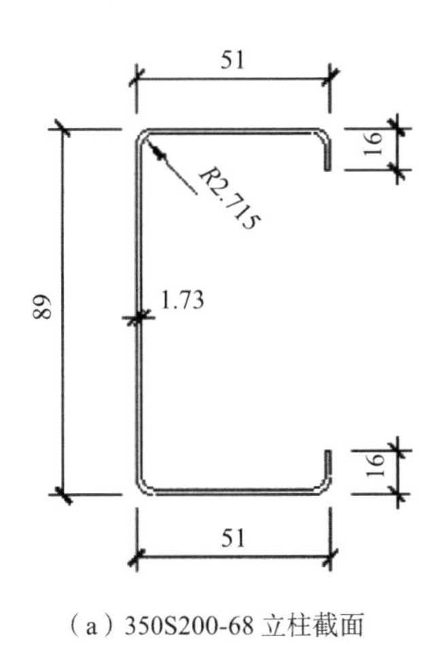

（a）350S200-68 立柱截面

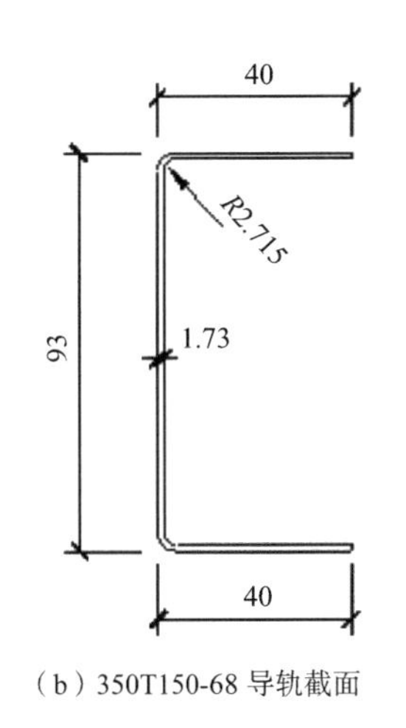

（b）350T150-68 导轨截面

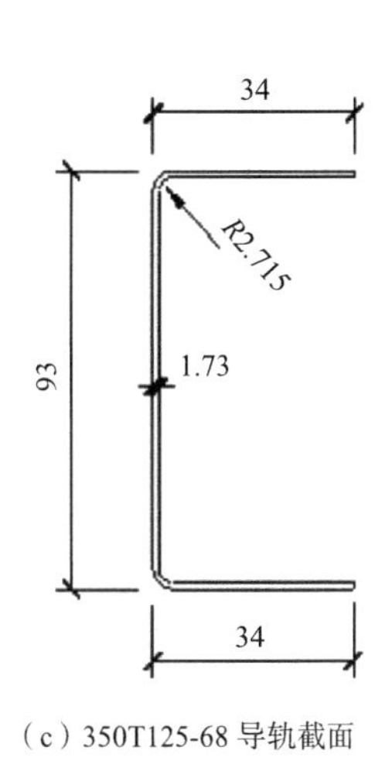

（c）350T125-68 导轨截面

图 3-5　立柱和导轨截面尺寸图

剪力墙试件的边立柱采用双柱截面，两根 C 型钢背靠背放置，并通过双排 No.12 × 31.8mm（5.5mm × 31.8mm）六角头自攻螺钉连接而成（No. 为自攻螺钉的型号），螺钉间距为 152mm。中间立柱为单根 C 形截面。每个剪力墙试件设置有两个 S/HD15S 抗拔件，两侧边立柱各一个。抗拔件一端通过 A307 3/4（M20）螺栓与底梁连接，另一端通过 No.14 × 25.4mm（6.3mm × 25.4mm）六角头自攻螺钉与边立柱腹板连接。为便于水管、电线等公用设施的安装，标准的 SSMA 立柱构件腹板上有管道冲孔，当立柱腹板在与抗拔件连接的地方有冲孔削弱时，另在孔洞处进行了施焊补强。除抗拔件螺栓外，另设置 2 个 A490 5/8（M16）抗剪螺栓将墙体底部导轨固定在导轨上。与剪力墙试件不同，承重墙试件所有立柱均采用单根 C 形截面，且不设置抗拔件，通过 4 个 A490 5/8（M16）螺栓将墙体底部导轨固定在底梁上。

覆面板型号为 Verco Decking SV36，单块波纹钢板尺寸为 914.4mm × 1220mm × 0.69mm（长 × 宽 × 厚），肋高 14.3mm，波纹钢板尺寸如图 3-6 所示。限于波纹钢板的尺寸，0.61m 宽及 1.22m 宽（高宽比为 4 : 1 及 2 : 1）的墙体试件，其覆面板是由 3 块面板组合而成；宽度 1.83m（高宽比为 4 : 3）的墙体试件，其覆面板由 6 块面板组合而成。布置波纹钢板时应使波纹方向呈水平。考虑到波纹钢板的波纹波长为 76mm 及面板螺钉应位于波谷的情况，面板与墙体骨架的连接螺钉间距沿面板四周为 76mm，在面板内部为 152mm。钢面板沿高度方向的接缝区域重叠宽度为 2 个波长的波纹（图 3-7），并通过单排自攻螺钉连接，螺钉间距为 76mm。为满足墙体尺寸要求，需要对顶部及底部波纹钢面板进行切割，切割形式如图 3-8 所示。宽度 1.83m（高宽比为 4 : 3）的墙体试件沿宽度方向的接缝采用搭接的形式，搭接接缝处螺钉间距为 76mm。墙体试件骨架构件之间的连接、面板与钢骨架的连接、面板接缝处的连接全部采用 No.12 × 31.8mm（5.5mm × 31.8mm）六角头自攻螺钉。开缝剪力墙在面板上开有宽 1.1mm、高 51mm 的狭长。各墙体试件的结构布置如图 3-9 所示。

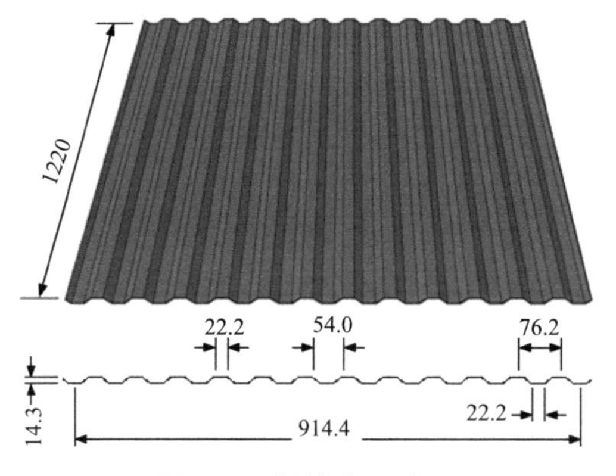

图 3-6　波纹钢板尺寸图

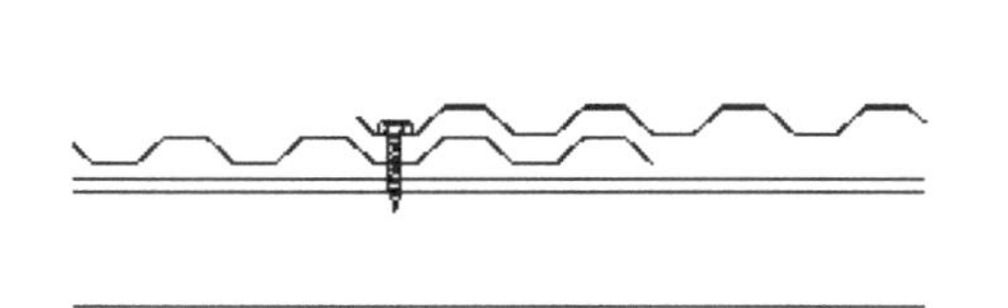

图 3-7　波纹钢板接缝示意图

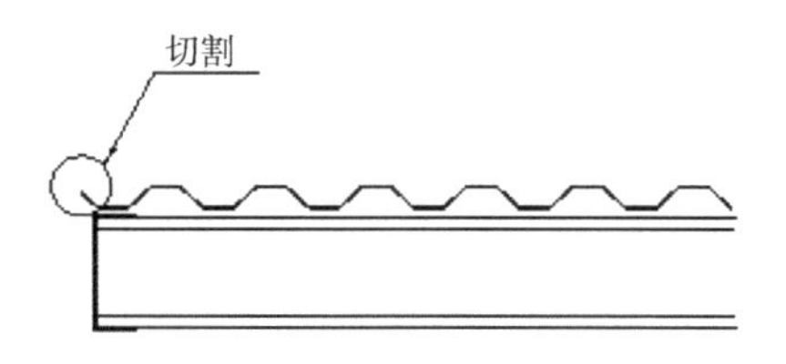

图 3-8　波纹钢板切割示意图

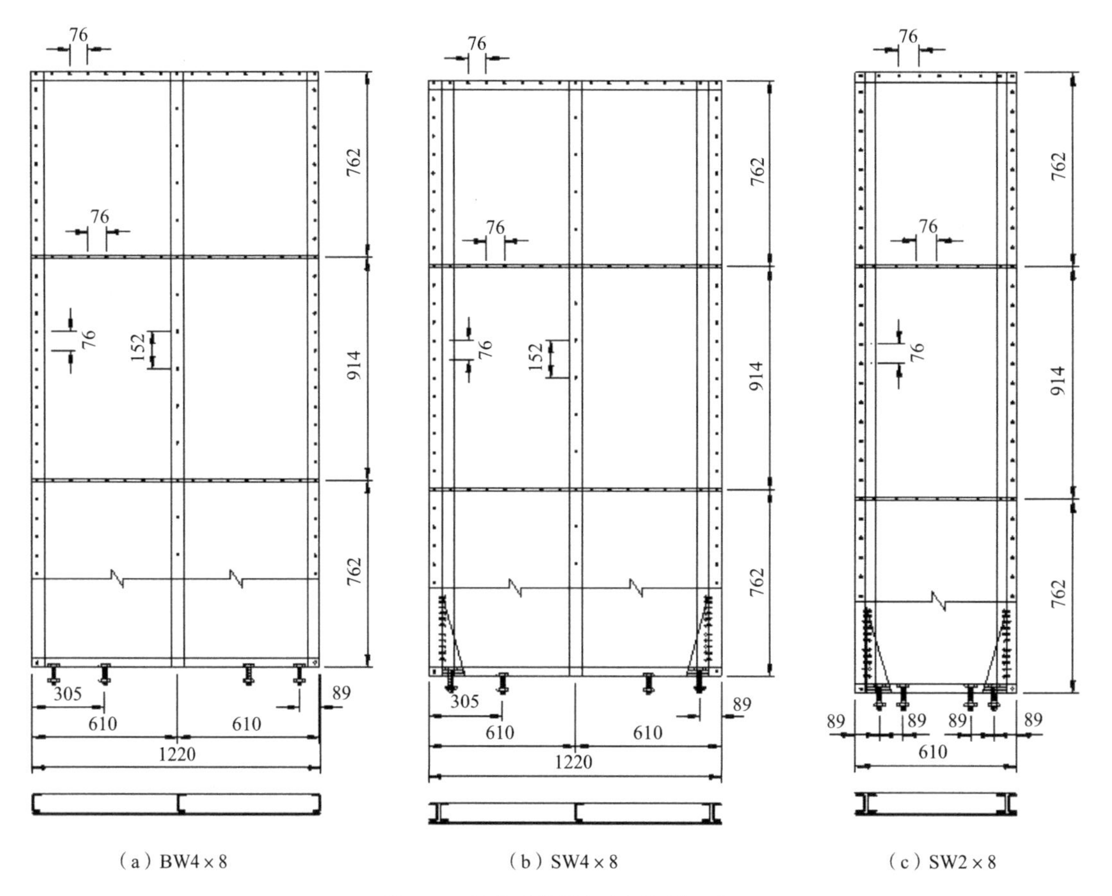

（a）BW4×8　（b）SW4×8　（c）SW2×8

图 3-9　墙体试件结构布置图（一）

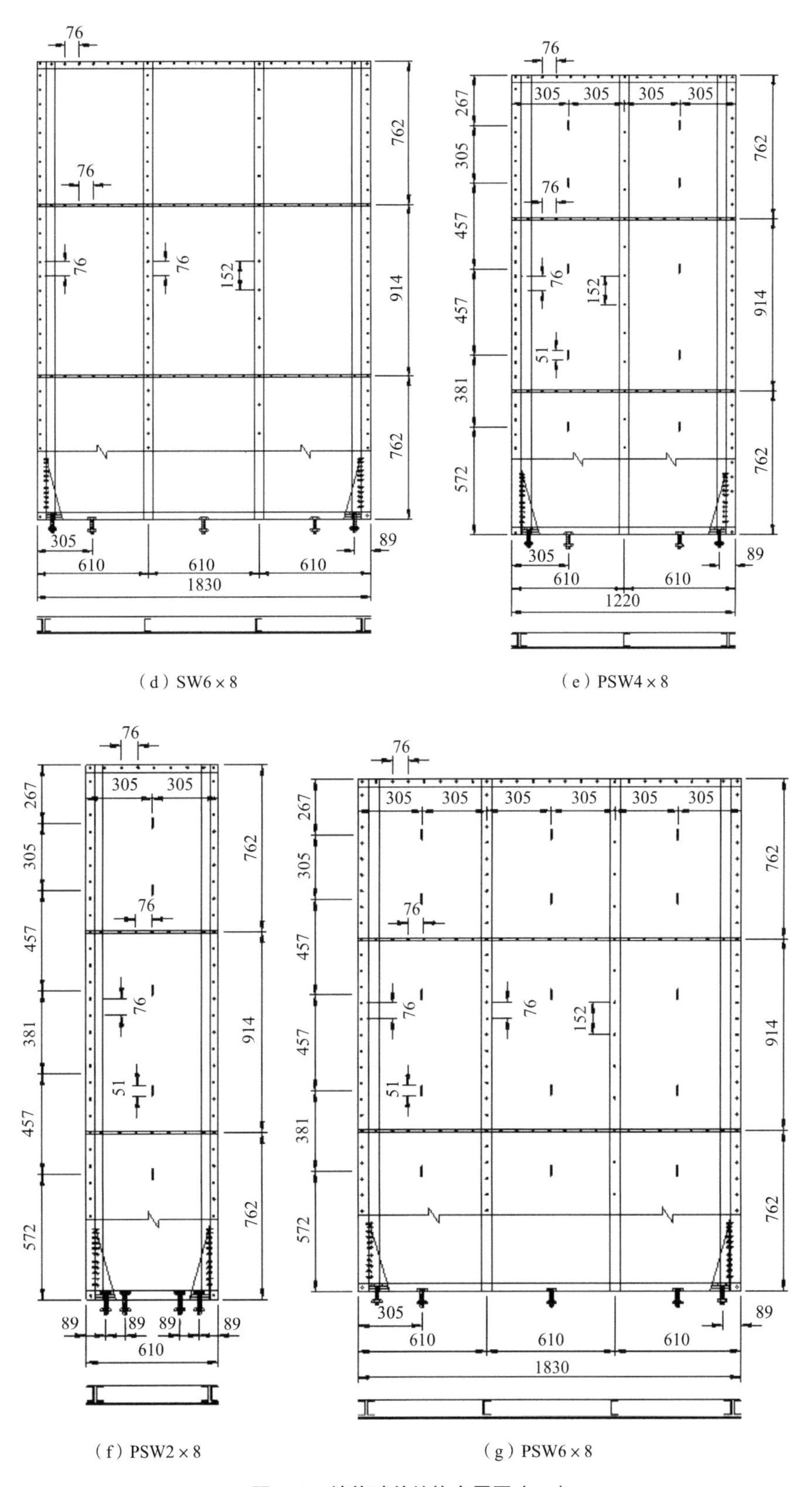

（d）SW6×8　（e）PSW4×8

（f）PSW2×8　（g）PSW6×8

图 3-9　墙体试件结构布置图（二）

5. 材料性能

材性试验依据《钢产品力学性能试验标准试验方法及定义》(*Standard test methods and definitions for mechanical testing of steel products*) ASTM A370 的规定制作标准拉伸试件，每种构件制作试件数量 3 个，试验时先将镀铝锌涂层除去再进行标准拉伸试验。立柱和导轨构件的材性试件取自腹板部分，取样为平行轧制方向。波纹钢板的材性试件取平板部分，取样为平行轧制方向。对三个标准拉伸试样材性结果取平均值，结果见表 3-3。

材性试验结果平均值　　表 3-3

构件	无涂层厚度（mm）	屈服强度 f_y（MPa）	抗拉强度 f_u（MPa）	50.8mm标距伸长率（%）
Verco SV36，22ga	0.737	601.9	634.9	3.0
350S200-68	1.753	387.8	533.5	32.7
350T150-68	1.778	388.7	489.3	13.9
350T125-68	1.803	396.5	513.0	26.1

3.1.2　试验现象及破坏模式

1. 承重墙试件

（1）单调加载试验（BW4 × 8-M1、BW4 × 8-M2）

承重墙不承受水平荷载，因此墙体试件不设置抗拔件。加载初期，受拉侧的立柱便在拉力作用下发生竖向位移，底部导轨变形显著。随着侧向位移的增大，底部导轨变形发展迅速，面板与底部导轨的连接螺钉处有明显的挤压变形。临近峰值荷载时，面板在与底部导轨连接的部位发生边缘撕裂破坏；同时，受拉侧连接立柱与导轨的角部螺钉被剪断。由于没有设置抗拔件，承重墙试件受拉侧出现了很大的竖向位移，导致加载梁发生严重倾斜，试验被迫终止，记录最大层间位移角达 6.8%。整个加载过程中，承重墙试件始终能够承受所有的竖向荷载，没有发生倒塌破坏。承重墙试件在单调加载下的试验过程及破坏模式如图 3-10 所示。

（2）循环加载试验（BW4 × 8-C1、BW4 × 8-C2）

承重墙试件在循环荷载作用下的表现和单调荷载作用下相类似，也出现了底部面板边缘撕裂破坏、角部螺钉被剪断及底部导轨的屈曲破坏。此外，由于该组试件采用的是循环往复加载，在反复推拉的过程中边立柱和底部导轨发生反复冲击挤压，导致边立柱柱脚局部被压溃并且导轨向外扩张。记录试验最大层间位移角达 4.7%。承重墙试件在循环加载下的试验过程及破坏模式如图 3-11 所示。

（a）峰值点墙体变形

（b）最大位移点墙体变形

（c）加载初期边立柱和底部导轨变形

（d）底部面板边缘撕裂破坏

（e）角部螺钉被剪断

（f）底部导轨屈曲变形

图 3-10　承重墙试件在单调加载下的试验过程及破坏模式

（a）边立柱局部压溃破坏及导轨变形

（b）底部面板边缘撕裂破坏

图 3-11　承重墙试件在循环加载下的试验过程及破坏模式（一）

（c）角部螺钉被剪断

（d）底部导轨屈曲变形

图 3-11　承重墙试件在循环加载下的试验过程及破坏模式（二）

2. 不开缝剪力墙试件

（1）单调加载试验（SW4 × 8-M1、SW4 × 8-M2）

剪力墙试件边立柱采用双柱截面且设置有抗拔件，因此可以有效地抵抗水平荷载。加载初期，波纹钢板在水平剪力作用下呈现出斜向剪切屈曲波纹变形。随着位移的进一步增加，斜向剪切屈曲变形越来越明显，尤其是底部面板变形最大，并在底部面板上逐渐出现斜向条状拉力带。侧向位移继续增大，面板面外变形不断增大，拉力带继续发展，方向约呈斜向 45°。临近峰值荷载时，拉力场作用越发明显，位于条状拉力带范围内的螺钉承受很大剪力，螺钉孔迅速扩张，导致钢面板在螺钉处被撕裂并从螺钉头侧拔出，且伴随有波纹钢板的折曲。峰值荷载过后，边立柱在拉力场作用下出现扭转变形，底部接缝处的螺钉也出现了“解扣”现象，螺钉逐个失效，墙体最终破坏。试验记录最大层间位移角达 10%。整个加载过程中，剪力墙试件始终能够承受所有的竖向荷载，没有发生倒塌破坏。剪力墙试件在单调加载下的试验过程及破坏模式如图 3-12 所示。

（2）循环加载试验（SW4 × 8-C、SW2 × 8-C、SW6 × 8-C）

SW4 × 8-C 墙体试件的试验现象类似于单调加载，也出现了底部面板的剪切屈曲和斜向拉力场作用，从而导致边立柱处面板从螺钉头处被撕裂并从螺钉头侧拔出。循环往复加载作用下在推拉过程中波纹钢面板出现很明显的波纹交替现象，试验结束后可以看到底部面板有明显的对角条状拉力带，伴随着边立柱的屈曲变形。除此之外，循环加载的墙体试件底部导轨有明显局部屈曲，并且底部面板接缝处的螺钉从边立柱上被拔出。SW4 × 8-C 墙体试件的试验过程及破坏模式如图 3-13 所示。

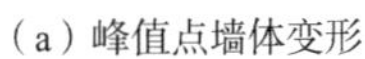

（a）峰值点墙体变形

（b）最大位移点墙体变形

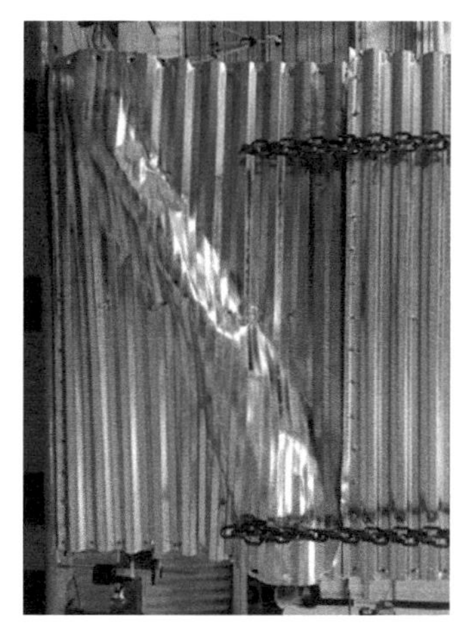

（c）面板屈曲及斜向拉力场作用

（d）钢面板被撕裂并从螺钉头侧拔出

（e）边立柱屈曲

（f）接缝处螺钉破坏

图 3-12 剪力墙试件在单调加载下的试验过程及破坏模式

（a）面板屈曲及对角条状拉力场作用

（b）螺钉连接破坏

图 3-13 SW4×8-C 墙体试件的试验过程及破坏模式（一）

（c）边立柱屈曲

（d）底部导轨屈曲

图 3–13　SW4 × 8–C 墙体试件的试验过程及破坏模式（二）

SW2 × 8-C 墙体试件高宽比为 4 : 1，墙体尺寸为 0.61m × 2.44m，其破坏模式主要表现为底部面板在螺钉头处的撕裂破坏。峰值荷载过后可以看到底部导轨有畸变屈曲变形出现。整个加载过程没有出现明显的面板剪切屈曲现象。SW2 × 8-C 墙体试件的试验过程及破坏模式如图 3-14 所示。

（a）面板变形

（b）螺钉破坏

（c）底部导轨屈曲

图 3–14　SW2 × 8–C 墙体试件的试验过程及破坏模式

SW6 × 8-C 是高宽比为 4 : 3 的墙体，试件尺寸为 1.83m × 2.44m，其破坏模式是底部面板的剪切屈曲变形，从而导致边立柱处面板在螺钉头处被撕裂。加载后期，可以看到底部水平拼缝处有明显的螺钉失效破坏，表现为沿整条拼缝的螺钉被拔出，出现“解扣”现象，导致底部面板与墙体骨架分离。此外，竖向拼缝处的立柱出现畸变屈曲变形。SW6 × 8-C 墙体试件的试验过程及破坏模式如图 3-15 所示。

（a）面板与墙体骨架分离及螺钉连接破坏

（b）拼缝处立柱屈曲

图 3–15　SW6 × 8–C 墙体试件的试验过程及破坏模式

（3）无竖向力的循环往复加载试验（SW4 × 8-C1a、SW4 × 8-C2a）

为研究竖向荷载对剪力墙抗剪承载力的影响，SW4 × 8-C1a、SW4 × 8-C2a 作为对比试验没有施加竖向力，仅施加水平荷载。试验结果发现，无竖向力的剪力墙试件在循环荷载作用下的表现与同时施加水平与竖向荷载的墙体类似，主要破坏模式是底部面板的剪切屈曲及随之发生的面板螺钉失效，具体表现为边立柱处面板在螺钉头处被撕裂并从螺钉头侧拔出。试验结束后可以看到底部面板有明显的对角条状拉力带，伴随着边立柱的屈曲变形。无竖向力的剪力墙试件试验过程及破坏模式如图 3-16 所示。

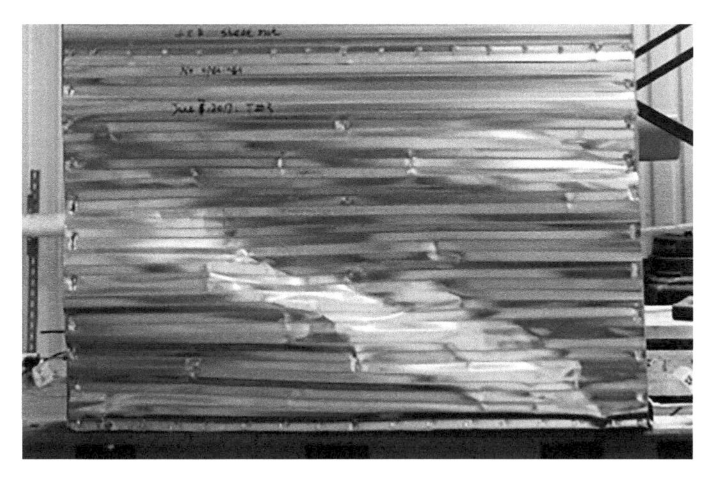

（a）面板变形

（b）立柱屈曲

图 3–16　无竖向力的剪力墙试件试验过程及破坏模式

3. 开缝剪力墙试件

（1）单调加载试验（PSW4 × 8-M）

为提高剪力墙的延性，PSW4 × 8-M 试件在面板上开有狭长缝。加载初期，墙体的主要变形集中在面板开缝处。随着荷载增加，缝隙沿竖向逐步发展。达到峰值荷载时，下部覆面板有出平面变形，墙体骨架和螺钉无破坏。峰值点过后，随着位移进一步增加，覆面板平面外变形严重，面板被撕裂。加载结束后，上下缝隙贯通，且墙体立柱发生严重扭转屈曲及局部屈曲变形。尽管如此，墙体依然没有失去承受竖向荷载的能力。试验所达到的最大位移为 254mm，最大层间位移角为 10%。并且，由于开缝的存在，墙体在峰值荷载之后承载力没有即刻丧失，而是缓慢逐渐降低。也就是说，面板开缝的构想达到了预期的效果，墙体结构的延性得到提高。开缝剪力墙试件在单调加载下的试验过程及破坏模式如图 3-17 所示。

（a）峰值点面板变形

（b）峰值点立柱变形

（c）最大位移点面板变形

（d）最大位移点立柱变形

图 3–17　开缝剪力墙试件在单调加载下的试验过程及破坏模式

（2）循环往复加载试验（PSW4 × 8-C、PSW2 × 8-C、PSW6 × 8-C）

PSW4 × 8-C 是循环荷载试验，墙体的破坏机理与单调加载时类似。加载初期墙体变形主要集中在面板开缝处，随着荷载增加缝隙沿竖向发展，达到峰值荷载时覆面板被撕裂且有出平面变形，峰值点过后，随着缝隙进一步扩大，墙体抗剪承载力逐渐降低。循环加载试验记录的最大层间位移角为 4.7%。整个加载过程中墙体骨架和螺钉无破坏。PSW4 × 8-C 墙体试件的试验过程及破坏模式如图 3-18 所示。

类似的，PSW2 × 8-C 墙体试件在循环荷载作用下的破坏模式主要表现为面板在开缝处的撕裂破坏及平面外变形。峰值荷载过后随着裂缝进一步发展，剪力墙强度和刚度缓慢降低。整个加载过程中没有出现墙体骨架或螺钉的破坏。PSW2 × 8-C 墙体试件的试验过程及破坏模式如图 3-19 所示。

PSW6 × 8-C 是高宽比为 4∶3 的开缝剪力墙试件，墙体的表现与 PSW4 × 8-C 剪力墙相似。观察到的主要破坏模式是覆面板的撕裂破坏及出平面变形，加载结束后，底部面板缝隙上下贯通且平面外变形严重，导致面板竖向拼缝处的连接螺钉松动。同时，边立柱柱脚发生局压破坏，边立柱及中间立柱上有畸变屈曲变形出现。此外，由于组装不当面板边缘螺钉边距过小，边立柱上钢面板因端距太小而发生撕裂破坏。PSW6×8-C 墙体试件的试验过程及破坏模式如图 3-20 所示。

（a）前视图

（b）后视图

图 3-18　PSW4×8-C 墙体试件的试验过程及破坏模式

（a）前视图

（b）后视图

图 3-19　PSW2×8-C 墙体试件的试验过程及破坏模式

（a）面板变形

（b）立柱屈曲

（c）面板变形及拼缝处螺钉连接破坏

（d）面板边缘螺钉连接破坏

图 3-20　PSW6×8-C 墙体试件的试验过程及破坏模式

3.1.3　试验结果

各试件的荷载—位移（$P—\Delta$）曲线及荷载—层间转角（$P—\gamma$）曲线如图 3-21 ~ 图 3-23 所示。层间转角 γ 是用侧向位移 Δ 除以墙体高度 h 计算得到的。其中，承重墙试件 BW4×8-M1 在试验过程中，墙体试件和重力加载箱发生了接触，试验结果不能反映承重墙真实的受力性能。后续的试验对试验装置进行了调整，从而避免类似情况的发生。

1. 荷载—位移曲线

（1）承重墙试件

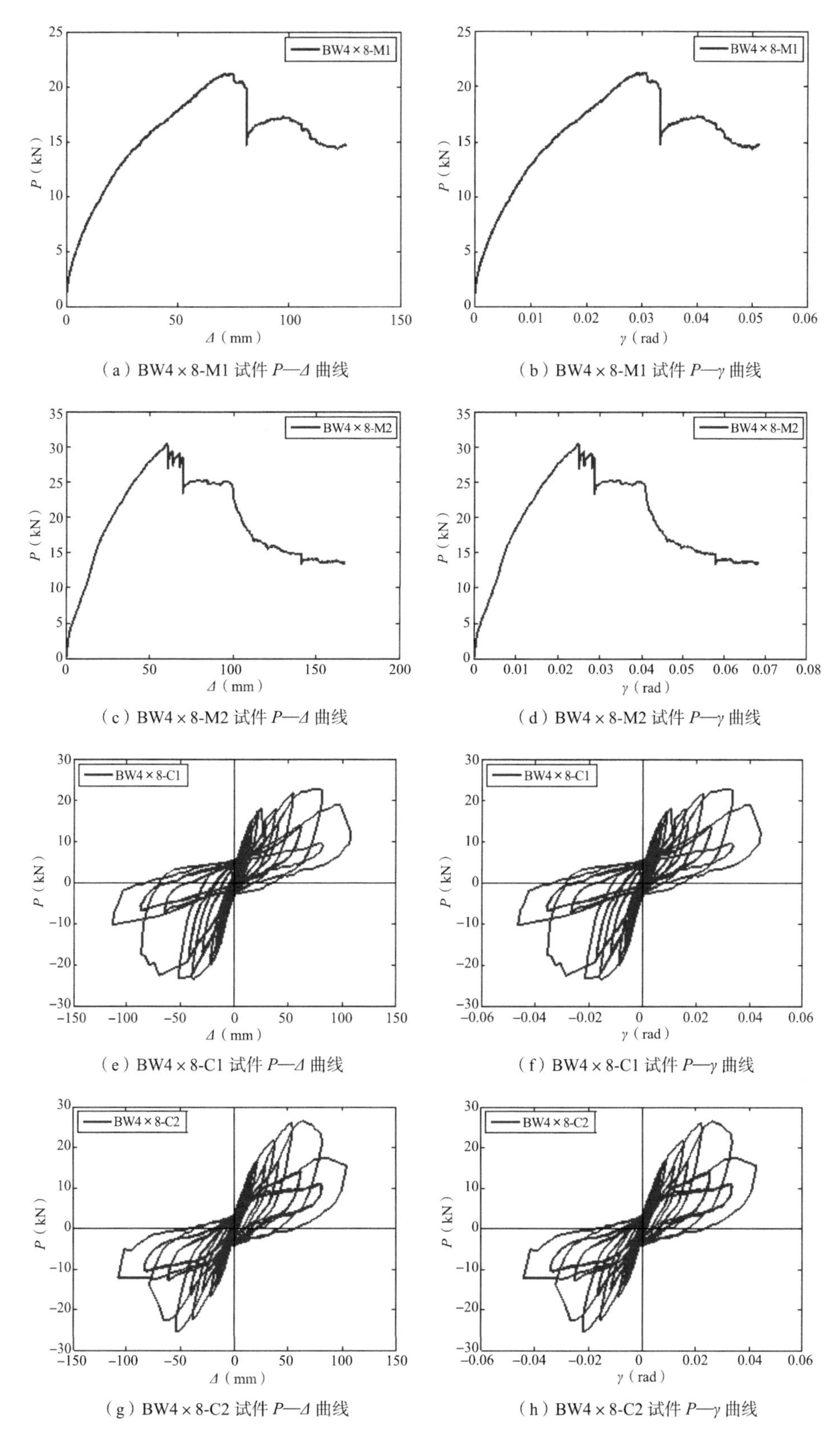

（a）BW4 × 8-M1 试件 P—Δ 曲线　（b）BW4 × 8-M1 试件 P—γ 曲线

（c）BW4 × 8-M2 试件 P—Δ 曲线　（d）BW4 × 8-M2 试件 P—γ 曲线

（e）BW4 × 8-C1 试件 P—Δ 曲线　（f）BW4 × 8-C1 试件 P—γ 曲线

（g）BW4 × 8-C2 试件 P—Δ 曲线　（h）BW4 × 8-C2 试件 P—γ 曲线

图 3-21　承重墙试件的荷载—位移（P-Δ）曲线及荷载—层间转角（P—γ）曲线

（2）不开缝剪力墙试件

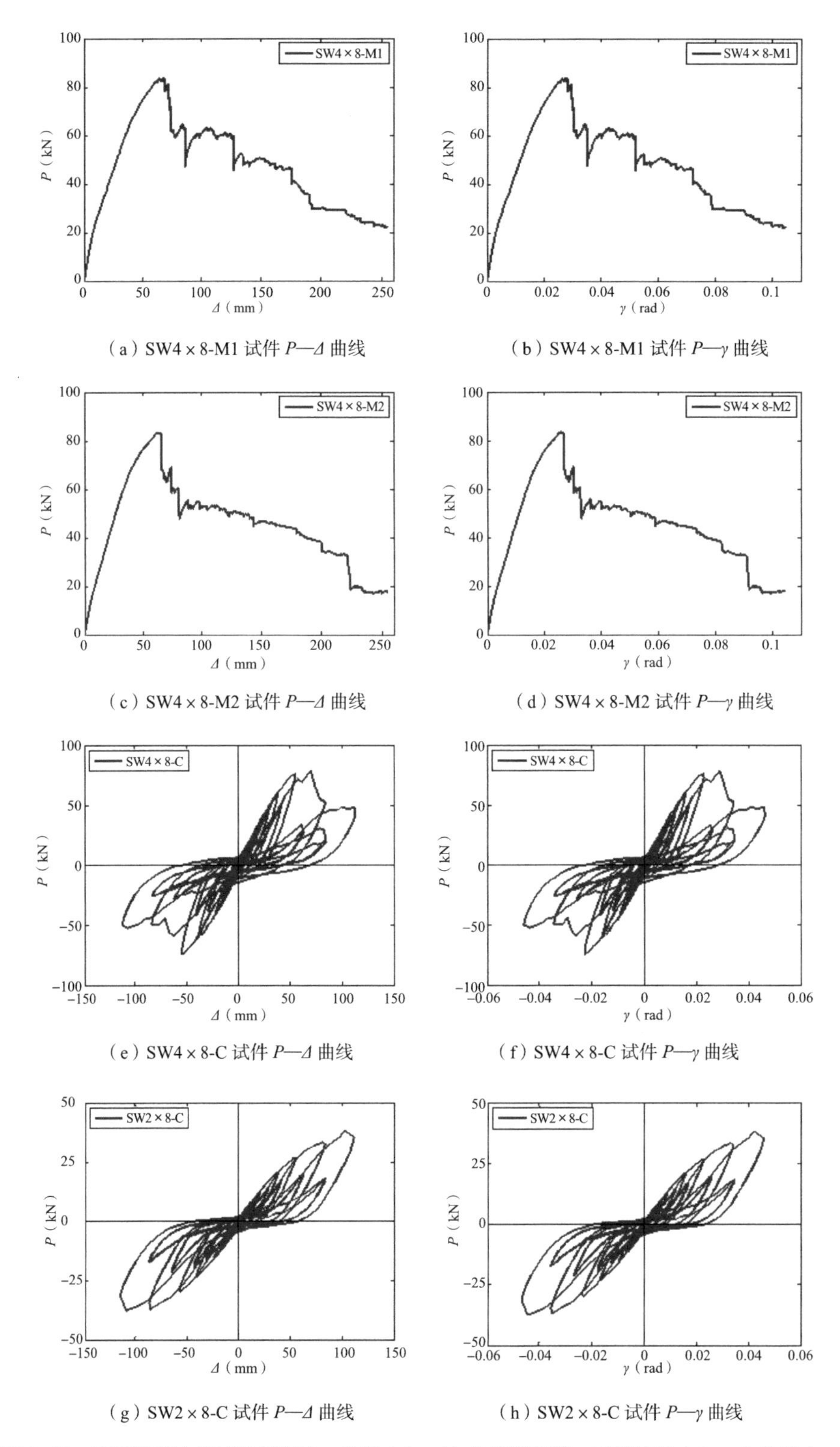

（a）SW4×8-M1 试件 $P—\Delta$ 曲线　（b）SW4×8-M1 试件 $P—\gamma$ 曲线

（c）SW4×8-M2 试件 $P—\Delta$ 曲线　（d）SW4×8-M2 试件 $P—\gamma$ 曲线

（e）SW4×8-C 试件 $P—\Delta$ 曲线　（f）SW4×8-C 试件 $P—\gamma$ 曲线

（g）SW2×8-C 试件 $P—\Delta$ 曲线　（h）SW2×8-C 试件 $P—\gamma$ 曲线

图 3-22　不开缝剪力墙试件的荷载—位移（$P—\Delta$）曲线及荷载—层间转角（$P—\gamma$）曲线（一）

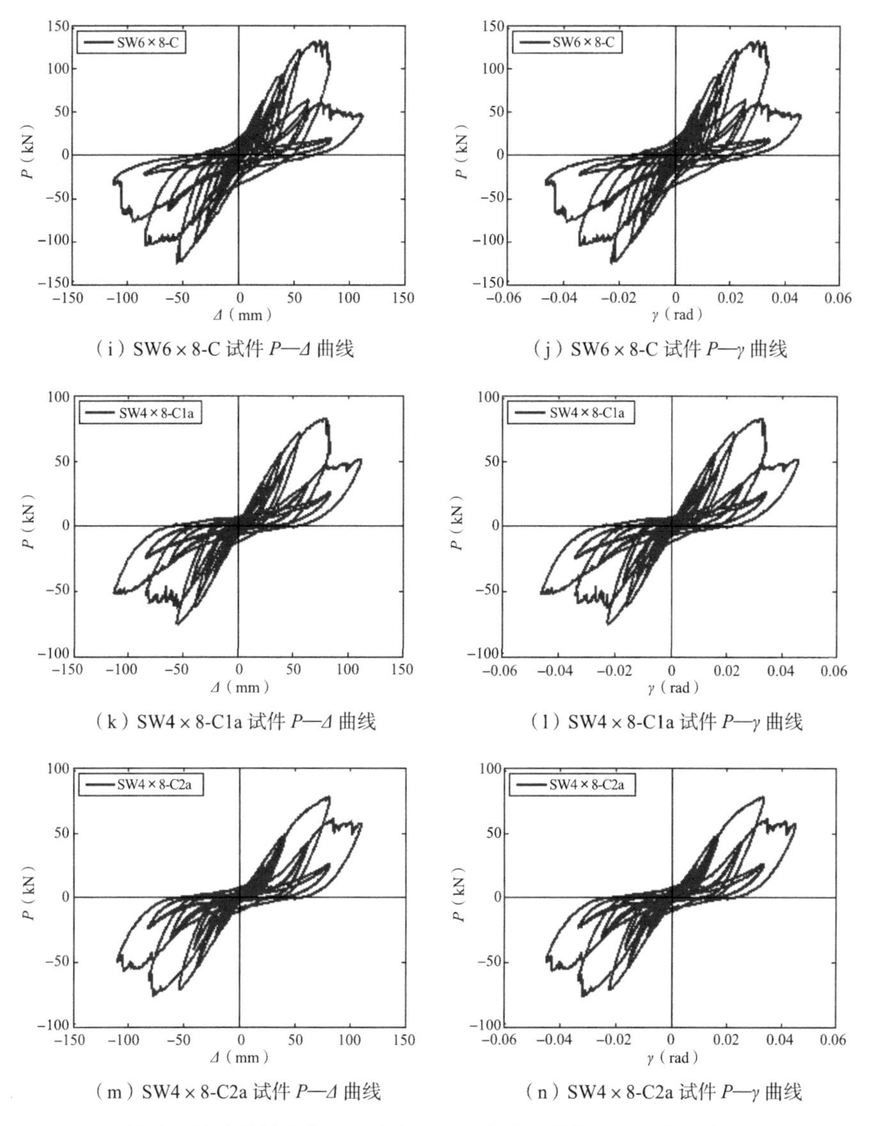

（i）SW6×8-C 试件 P—Δ 曲线　（j）SW6×8-C 试件 P—γ 曲线

（k）SW4×8-C1a 试件 P—Δ 曲线　（l）SW4×8-C1a 试件 P—γ 曲线

（m）SW4×8-C2a 试件 P—Δ 曲线　（n）SW4×8-C2a 试件 P—γ 曲线

图 3-22　不开缝剪力墙试件的荷载—位移（P—Δ）曲线及荷载—层间转角（P—γ）曲线（二）

（3）开缝剪力墙试件

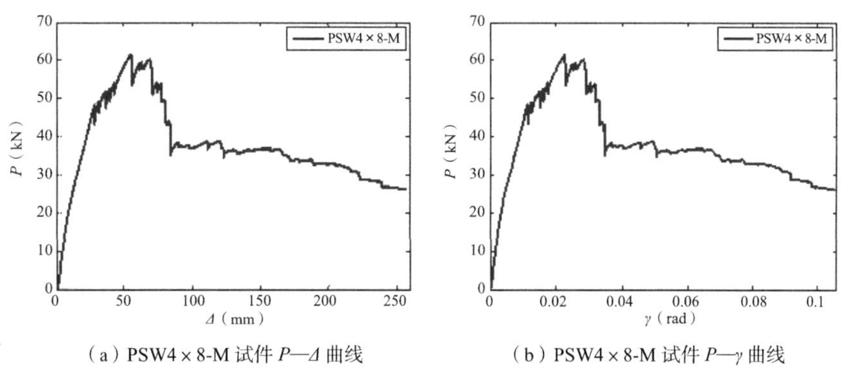

（a）PSW4×8-M 试件 P—Δ 曲线　（b）PSW4×8-M 试件 P—γ 曲线

图 3-23　开缝剪力墙试件的荷载—位移（P—Δ）曲线及荷载—层间转角（P—γ）曲线（一）

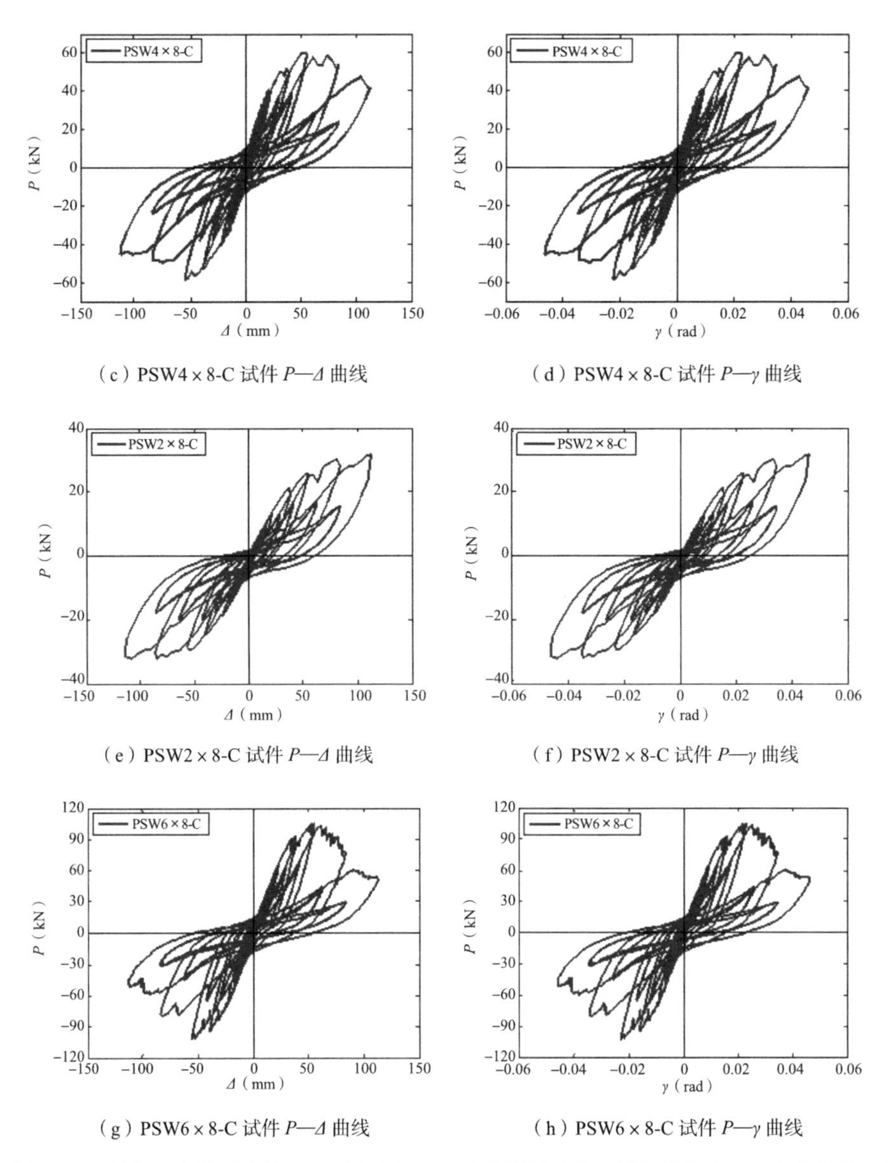

（c）PSW4 × 8-C 试件 P—Δ 曲线

（d）PSW4 × 8-C 试件 P—γ 曲线

（e）PSW2 × 8-C 试件 P—Δ 曲线

（f）PSW2 × 8-C 试件 P—γ 曲线

（g）PSW6 × 8-C 试件 P—Δ 曲线

（h）PSW6 × 8-C 试件 P—γ 曲线

图 3-23　开缝剪力墙试件的荷载—位移（P—Δ）曲线及荷载—层间转角（P—γ）曲线（二）

从单调加载墙体曲线可以看出，承重墙试件和不开缝剪力墙在峰值荷载后承载力迅速降低，开缝剪力墙试件在峰值荷载后曲线下降较为平缓。从各组循环加载墙体曲线可以看出，所有墙体的滞回曲线走向大体相似，试件的滞回环形状随着反复加载循环次数的变化而变化。以 SW4 × 8-C 试件为例，其滞回环发展过程如图 3-24 所示。弹性阶段，试件的整体性能较好，滞回曲线基本为直线，刚度保持不变；随着荷载的增大，试件逐步进入弹塑性阶段，滞回曲线呈弓形，滞回环的面积也明显增大，卸载至零时出现残余变形。荷载继续增加，滞回曲线向反 S 形发展，滞回环面积更大，荷载—位移曲线出现“捏拢”现象，这是由于自攻螺钉挤压墙面板，产生的孔壁张合引起的。在螺钉孔闭合的过程中，试件刚度较小，一旦闭合，刚度立即上升。破坏阶段，试件达到最大荷载后，试件表现出显著的刚度退化和强度退化现象，滑移现象突出，滞回环中部的“捏拢”现象越来越明显，滞回曲线呈明显 Z 形。

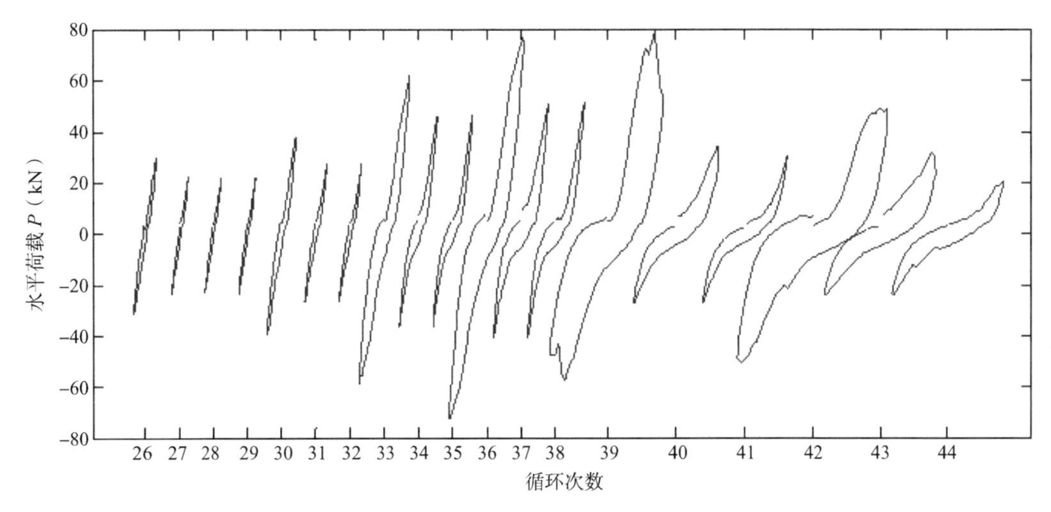

图 3-24　试件 SW4 × 8-C 滞回环发展过程

2. 骨架曲线

各试件的骨架曲线应取荷载变形曲线的各加载级第一循环的峰点所连成的包络线。各试件的骨架曲线如图 3-25 所示。骨架曲线对比较各试件之间的性能、确定各项抗震性能指标是十分必要的。可以看出，所有墙体试件的骨架曲线呈现出明显的对称性，正负向的峰值荷载比较接近。高宽比 4 : 1 的剪力墙试件（SW2 × 8-C、PSW2 × 8-C）尚未达到极限状态，表现为骨架曲线没有下降段。高宽比 4 : 3 的剪力墙试件（SW6 × 8-C、PSW6 × 8-C）峰值荷载后承载力降低最为明显，因此延性性能最差。

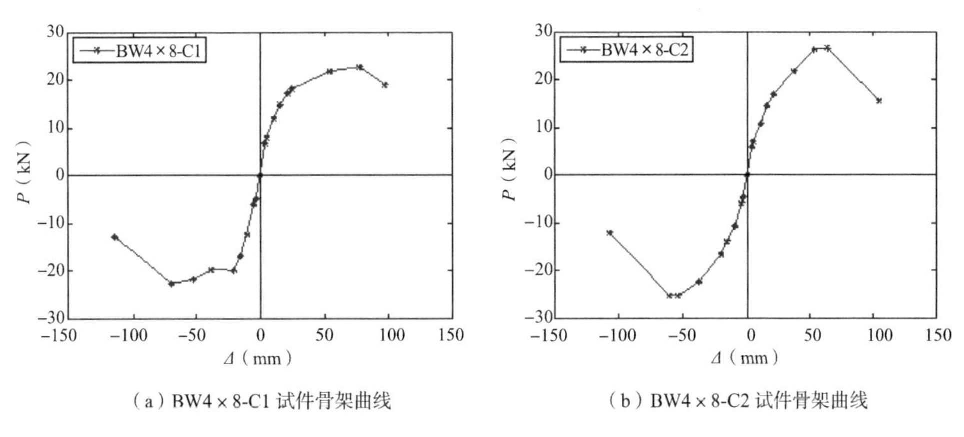

（a）BW4 × 8-C1 试件骨架曲线　　（b）BW4 × 8-C2 试件骨架曲线

图 3-25　各试件的骨架曲线（一）

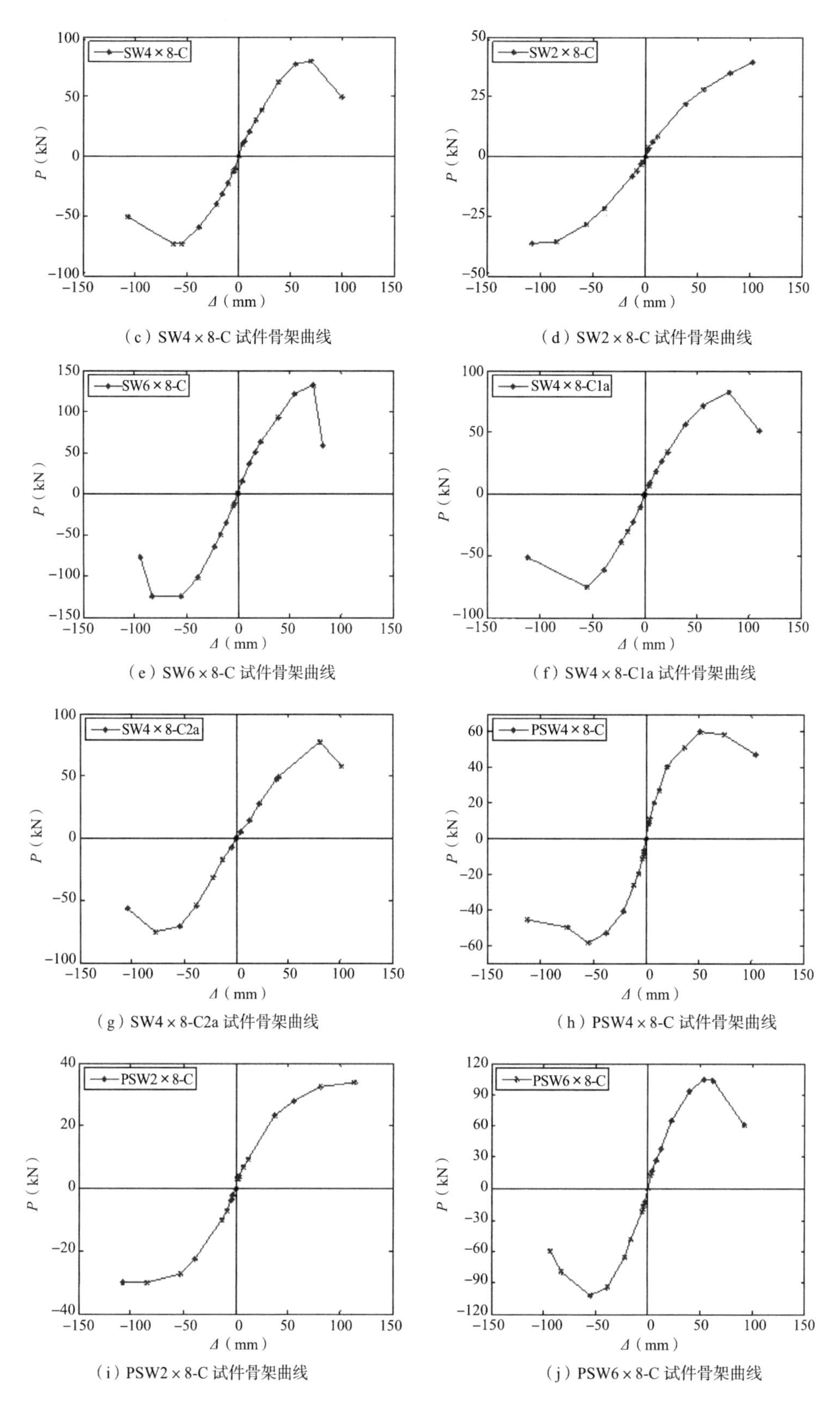

（c）SW4×8-C 试件骨架曲线

（d）SW2×8-C 试件骨架曲线

（e）SW6×8-C 试件骨架曲线

（f）SW4×8-C1a 试件骨架曲线

（g）SW4×8-C2a 试件骨架曲线

（h）PSW4×8-C 试件骨架曲线

（i）PSW2×8-C 试件骨架曲线

（j）PSW6×8-C 试件骨架曲线

图 3–25　各试件的骨架曲线（二）

3.1.4　试验数据结果

分析试验结果得到了每个墙体试件的性能参数，见表 3-4。表中数据包括峰值荷载 P_{max} 和峰值点位移 $\varDelta_{max}$、屈服荷载 P_y 和屈服位移 $\varDelta_y$、初始刚度 K、破坏荷载 P_u 和相应位移 $\varDelta_u$、延性系数 μ 及耗能 E。试件在峰值点的荷载 P_{max} 和变形 $\varDelta_{max}$ 应取试件承受荷载最大时相应的荷载和变形。屈服荷载、初始刚度及延性系数的确定采用北美冷弯型钢规范 AISI S400 中的等效能量法（EEEP），其原理如图 3-26 所示。过坐标原点 O 及荷载—位移曲线上 $0.4P_{max}$ 点（A 点）作斜线，作一水平线与斜线相交使得面积 A_1 与面积 A_2 相等，则交点 B 对应的荷载和位移即为屈服荷载 P_y 和屈服位移 $\varDelta_y$。初始刚度 K 取 $0.4P_{max}$ 点（A 点）的割线刚度，延性系数 $\mu=\varDelta_u/\varDelta_y$。墙体的耗能 E 单调加载时取荷载位移曲线所包围的面积，循环往复加载时取所有滞回环的面积和。循环加载试验先确定试验骨架曲线，再由骨架曲线确定墙体试件的各性能参数，图 3-27 给出了典型的循环加载试验的 EEEP 曲线。有关破坏荷载 P_u 及破坏点位移 $\varDelta_u$，AISI S400 对单调加载和循环往复加载的规定有所不同。对于循环加载试验，破坏荷载 P_u 及相应位移 $\varDelta_u$ 应取试件在最大荷载出现之后随变形增加而荷载下降至最大荷载的 80% 时的相应荷载和变形；对于单调加载试验，破坏荷载 P_u 及相应变形 $\varDelta_u$ 取最后一个数据点的相应荷载和变形，且应满足 $P_u \geqslant 0.8P_{max}$。

各试件主要力学性能参数表　　表 3-4

编号	P_{max}（kN）	$\varDelta_{max}$（mm）	K（kN/m）	$\varDelta_y$（mm）	P_y（kN）	$\varDelta_u$（kN）	P_u（mm）	延性系数 μ	耗能 E（J）
BW4×8-M1	21.2	73.9	732	24.2	17.7	81.3	17.0	3.37	1225
BW4×8-M2	30.5	60.5	841	31.5	26.5	70.1	24.4	2.23	1438
BW4×8-C1	23.2	59.7	1098	19.1	20.9	94.2	18.5	4.98	11942
BW4×8-C2	25.9	59.0	1043	21.6	22.5	77.4	20.8	3.57	11733
SW4×8-M1	83.8	68.6	2065	35.2	72.6	74.5	67.0	2.12	4130
SW4×8-M2	83.3	64.6	1972	37.6	74.2	67.7	66.6	1.80	3629
SW4×8-C	76.1	62.6	1917	35.4	67.7	91.1	60.9	2.61	25354
SW2×8-C	37.9	105.6	620	53.3	33.0	113.0	33.8	2.12	10556
SW6×8-C	128.1	64.8	2983	38.1	113.6	77.1	102.5	2.03	44782
SW4×8-C1a	78.7	68.0	1646	42.5	70.0	93.0	63.0	2.21	21601
SW4×8-C2a	76.4	79.7	1337	52.0	69.7	95.4	61.1	1.84	19065
PSW4×8-M	61.5	55.5	2223	23.8	52.8	77.9	49.2	3.28	3487
PSW4×8-C	59.4	53.2	2518	20.8	52.3	98.3	47.5	4.75	22359
PSW2×8-C	31.9	98.8	764	37.4	28.6	113.0	31.6	3.03	11486
PSW6×8-C	103.2	54.3	3016	31.2	94.2	80.7	82.6	2.59	36235

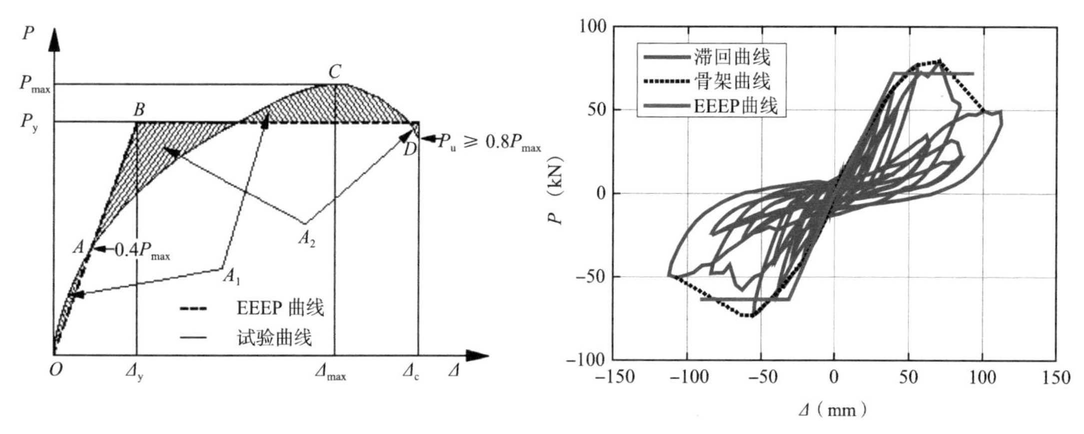

图 3–26　基于能量等效的弹塑性分析模型

图 3–27　循环加载试验的 EEEP 模型

3.1.5　试验结果分析

本节从以下几个方面对试验结果进行对比分析，以了解不同构造墙体的抗震性能。

1. 倒塌位移角限值

单调试验的目的是确定墙体结构的倒塌位移角限值，为后续整体结构分析提供依据。从图 3-21（c）、图 3-21（d），图 3-22（a）~ 图 3-22（d）可以看出，承重墙试件和不开缝剪力墙试件在峰值荷载过后承载力即刻降低，降低幅度分别约为 12% 和 20%。开缝剪力墙试件的抗剪承载力和刚度的退化过程比较平缓，如图 3-23（a）、图 3-23（b）所示。整个加载过程中，墙体试件始终能够承担所有的竖向荷载，承重墙试件记录的最大层间位移角达 6.8%，开缝、不开缝剪力墙试件所达到的最大层间位移角达 10%。FEMA P695 报告中建议对轻型木结构房屋倒塌位移角限值取 7%。由于冷弯型钢剪力墙结构与轻型木结构房屋结构体系相类似，因此建议采用 7% 作为冷弯型钢剪力墙结构的倒塌位移角限值。从试验结果来看，这样的取值是合理且保守的。

2. 承重墙贡献

单调荷载作用下和循环往复荷载作用下承重墙试件与剪力墙试件的荷载—位移曲线对比分别如图 3-28（a）和图 3-28（b）所示。可以看出，弹性范围内开缝剪力墙试件与不开缝剪力墙试件的荷载—位移曲线基本重合，二者的初始刚度明显大于承重墙试件。由表 3-4 可知，单调荷载作用下，承重墙的抗剪强度约为不开缝剪力墙的 36.5%，约为开缝剪力墙的 49.6%；循环荷载作用下，承重墙的抗剪强度约为不开缝剪力墙的 32.4%，约为开缝剪力墙的 41.5%。因此，在冷弯型钢房屋体系中，承重墙对抗剪承载力的贡献不容忽视。以往的设计中通常忽略承重墙的作用，认为所有剪力由剪力墙承担，这种做法过于保守，尤其是在整体结构分析当中，考虑承重墙对抗剪的贡献是非常有必要且有益的。

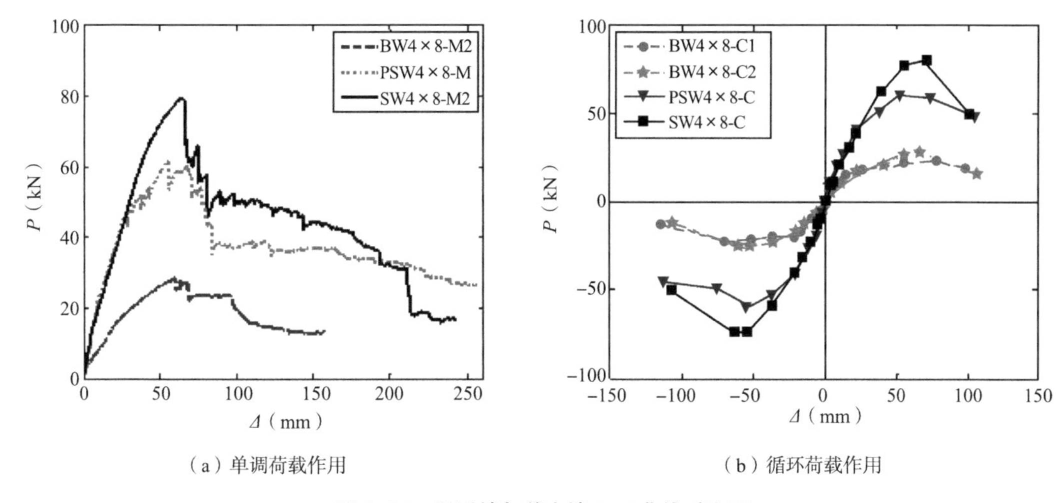

（a）单调荷载作用　　（b）循环荷载作用

图 3-28　承重墙与剪力墙 P–Δ 曲线对比图

3. 加载方式的影响

相同墙体试件在不同加载方式下的对比如图 3-29 所示。可以看出，同种构造的墙体在峰值荷载之前，循环往复加载试验的骨架曲线与单调加载试验的荷载—位移曲线基本重合，但峰值荷载略低一点，这是由于循环加载的累积损伤作用产生的。从表 3-4 可知，对于承重墙试件，循环加载比单调加载抗剪强度降低 19.5%；对于不开缝剪力墙试件，循环加载比单调加载抗剪强度降低 8.9%；对于开缝剪力墙试件，循环加载比单调加载抗剪强度降低 3.4%。

因此，对于波纹钢板覆面的冷弯型钢龙骨式复合墙体，循环荷载作用引起的累积损伤作用不明显，墙体抗剪承载力与单调加载相比下降幅度不大，差别在 20% 以内。总体来说，承重墙承载力降低幅度最大，不开缝剪力墙次之，开缝剪力墙最小。

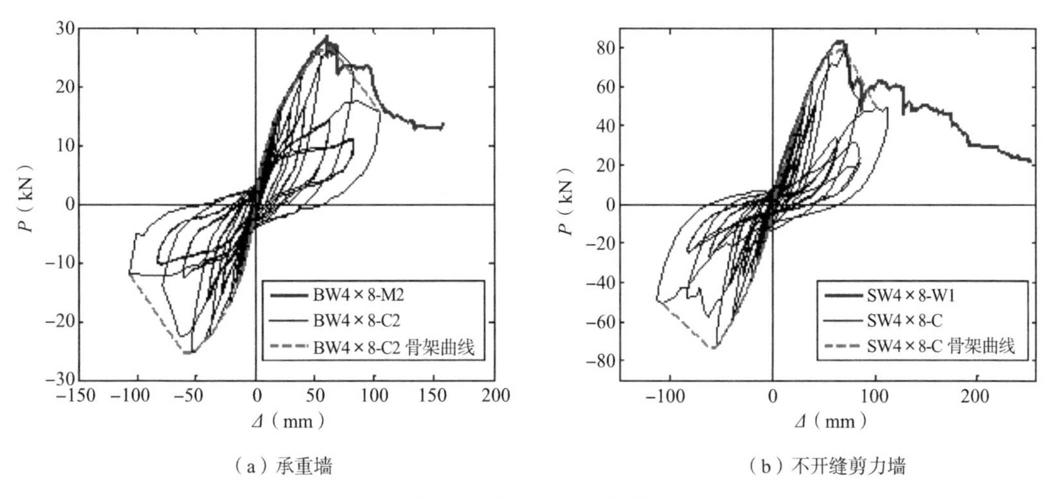

（a）承重墙　　（b）不开缝剪力墙

图 3-29　不同加载方式下 P–Δ 曲线对比图（一）

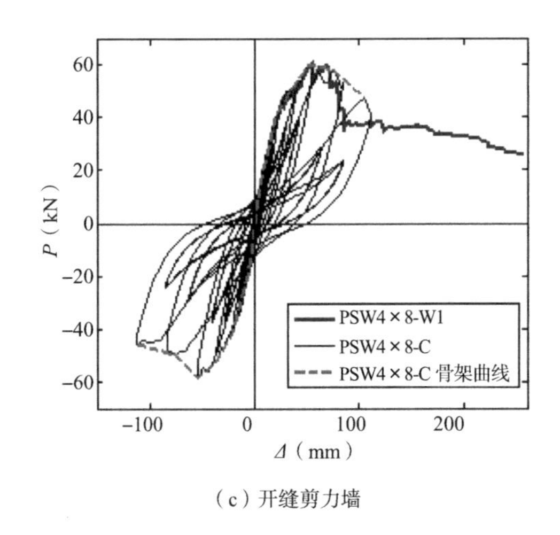

（c）开缝剪力墙

图 3–29　不同加载方式下 P–Δ 曲线对比图（二）

4. 竖向荷载的影响

SW4×8-C1a、SW4×8-C2a 试件的试验是无竖向力的循环往复加载试验。将有竖向力剪力墙试件与无竖向力剪力墙试件的荷载—位移曲线相比较，如图 3-30 所示。可以看出，有竖向力与无竖向力墙体的最大荷载非常接近，但有竖向力的墙体初始刚度比没有竖向荷载的试件要高。从表 3-4 可知，有竖向荷载作用墙体的抗剪承载力比无竖向力墙体低约 1.9%，但初始刚度高 28.5%，因此竖向荷载对墙体抗剪承载力的影响可以忽略不计。

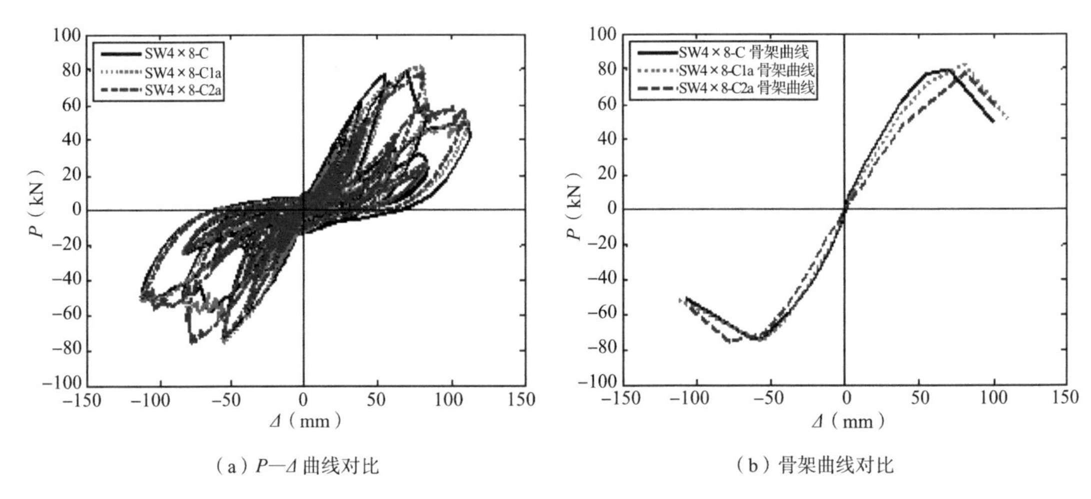

（a）P—Δ 曲线对比　　（b）骨架曲线对比

图 3–30　竖向荷载的影响

5. 开缝的影响

不开缝墙体与开缝墙体的荷载—位移曲线对比如图 3-31 所示。可以看出，弹性阶段内，开缝剪力墙与不开缝剪力墙的荷载—位移曲线基本重合，之后开缝剪力墙率先进入塑性；峰值点过后，1.83m 宽及 1.22m 宽的不开缝剪力墙荷载即刻降低，而同高宽比的开缝剪力墙荷载降低比较缓慢；0.61m 宽的剪力墙破坏不明显，墙体尚未达到极限状态，因此开缝与不开缝差别不明显。从表 3-4 可以看出，单调荷载作用下，与同宽度不开缝剪力墙相比，宽 1.22m 开缝剪力墙的抗剪承载力降低了 26.4%，而延性提高了 67.3%；循环荷载作用下，与同宽度不开缝剪力墙相比，宽 1.83m、1.22m 和 0.61m 的开缝剪力墙的抗剪承载力分别降低了 19.4%、21.9% 和 15.8%，延性分别提高了 27.6%、82.0% 和 42.9%。这是因为开缝使得面板刚度局部被削弱，从而墙体的破坏模式和耗能机制发生改变，从面板屈曲破坏和螺钉连接破坏转为材料屈服和孔洞边缘面板撕裂及出平面变形。因此，面板开缝是一种有效地提高墙体延性的方法。

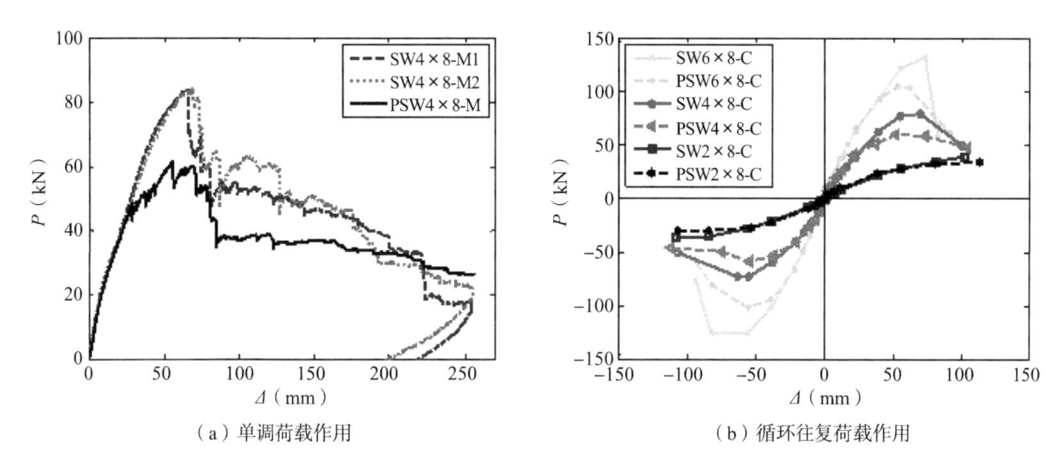

（a）单调荷载作用　（b）循环往复荷载作用

图 3-31　不开缝剪力墙与开缝剪力墙 P—Δ 曲线对比图

6. 高宽比的影响

为研究高宽比对抗剪性能的影响，试验的开缝及不开缝剪力墙试件有三种宽度：0.61m、1.22m 和 1.83m，相应的墙体高宽比为 4∶1、2∶1 和 4∶3。三组试件的荷载位移曲线比较如图 3-32 所示，抗剪承载力的比较见表 3-5。根据《建筑物和其他结构的最小设

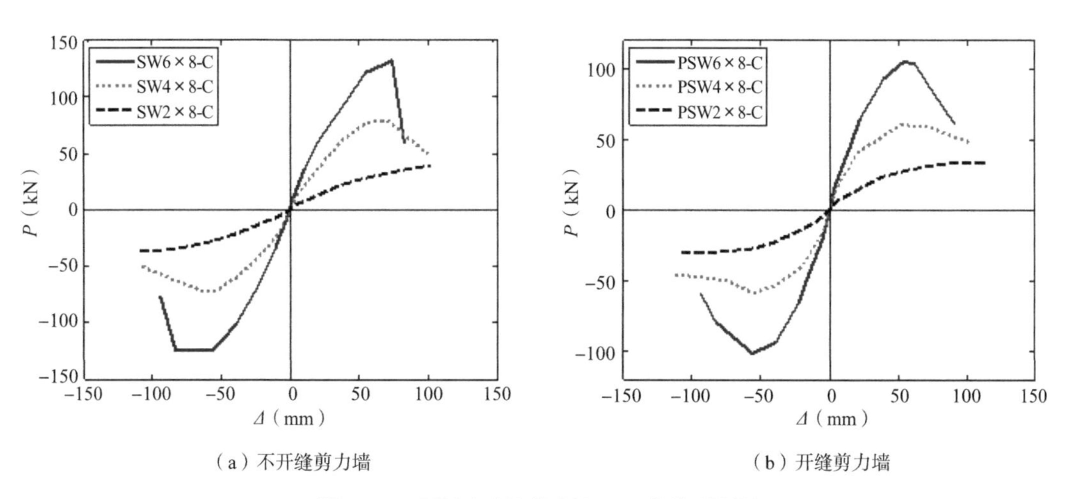

（a）不开缝剪力墙　（b）开缝剪力墙

图 3-32　不同高宽比剪力墙 P–Δ 曲线对比图

计荷载》(Minimum Design for Buildings and Other Structures)和《国际建筑规范》，地震作用下冷弯型钢结构允许的层间位移为层高的1/40。因此，对于峰值点位移超过1/40层高的剪力墙试件，抗剪承载力取位移为61mm处的荷载值。墙体抗剪承载力随高宽比的变化如图3-33所示，可以看出，墙体抗剪承载力随高宽比增大而降低，但降低程度远低于北美规范规定的 $2w/h$。我国规范并未考虑墙体高宽比对抗剪承载力的影响，这样的做法对于大高宽比试件是偏于不安全的。

单位长度不同高宽比剪力墙试件抗剪承载力对比　　表3-5

试件编号	高宽比	抗剪强度(kN/m)	比值	理论值
SW6×8-C	4∶3	68.06	1.00	1
SW4×8-C	2∶1	61.84	0.91	1
SW2×8-C	4∶1	48.33	0.71	0.5
PSW6×8-C	4∶3	56.40	1.00	1
PSW4×8-C	2∶1	48.69	0.86	1
PSW2×8-C	4∶1	46.51	0.82	0.5

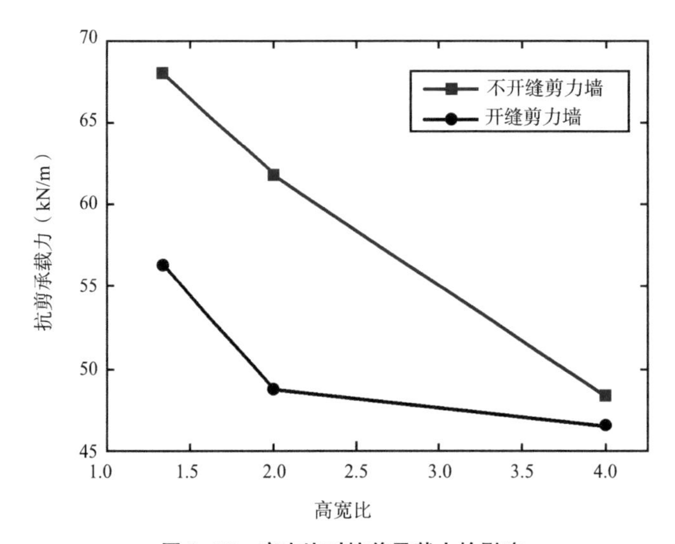

图3-33　高宽比对抗剪承载力的影响

7. 刚度退化过程

试件在反复荷载作用下，随着循环次数和位移的不断增大，在面板变形、螺钉连接破坏、边柱屈曲后，试件的刚度不断退化。为反映构件在循环往复荷载作用下刚度退化的变化情况，本书根据《建筑抗震试验规程》JGJ/T 101—2015规定，计算等效割线刚度 K_i 来反映试件整体抗侧刚度的退化，等效割线刚度 K_i 计算公式如式(3-1)所示。

$$K_i = \frac{\left|+F_i\right| + \left|-F_i\right|}{\left|+X_i\right| + \left|-X_i\right|} \tag{3-1}$$

式中：F_i 为第 i 次峰点荷载值；X_i 为第 i 次峰点位移值。

各个试件的刚度退化曲线如图 3-34 所示，从图中可以看出，总体上随着水平位移的增加，复合墙体试件的割线刚度退化程度增大；对于承重墙试件及高宽比 4 : 3、2 : 1 的剪

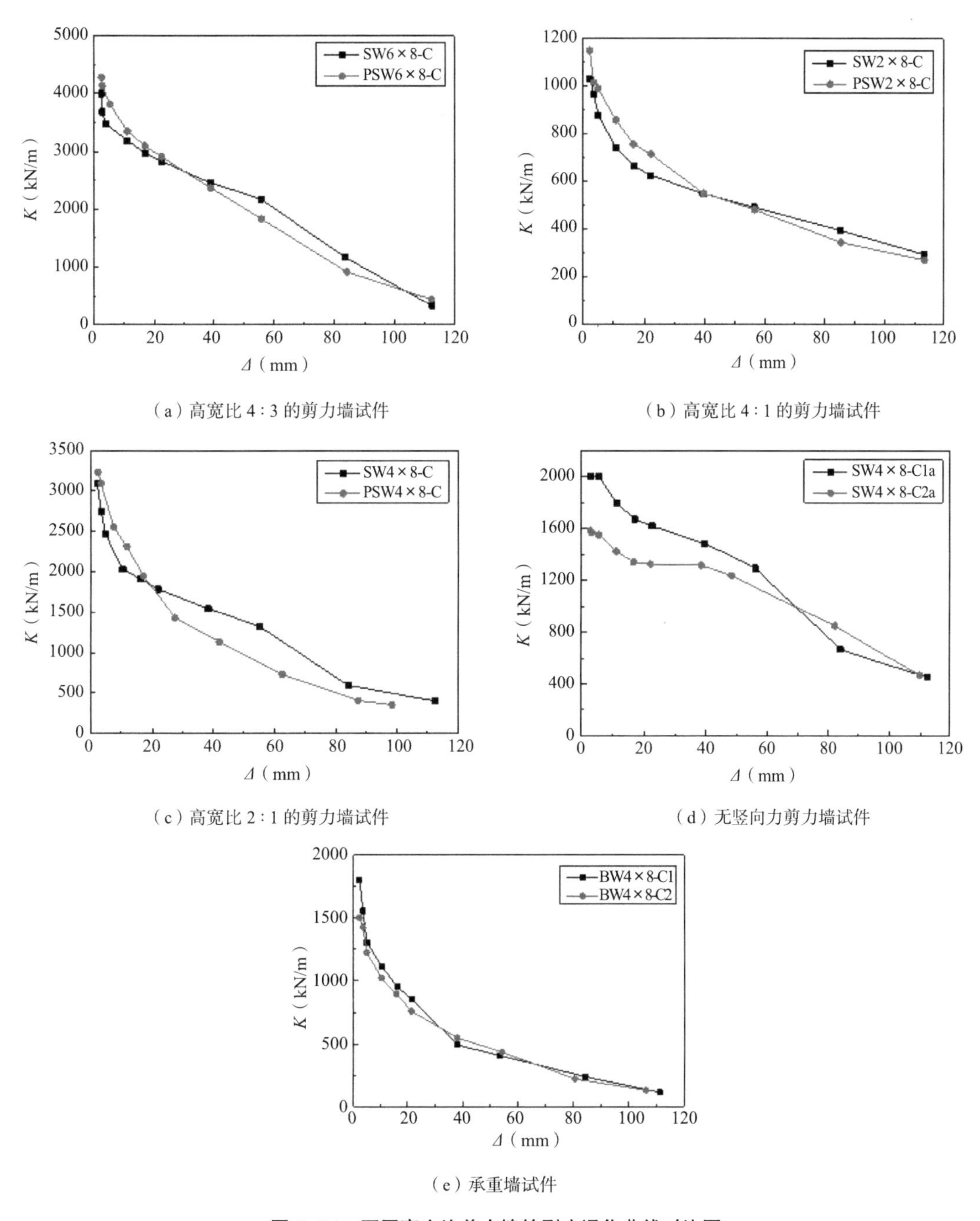

（a）高宽比 4 : 3 的剪力墙试件

（b）高宽比 4 : 1 的剪力墙试件

（c）高宽比 2 : 1 的剪力墙试件

（d）无竖向力剪力墙试件

（e）承重墙试件

图 3–34　不同高宽比剪力墙的刚度退化曲线对比图

力墙试件，试验结束时，割线刚度与初始弹性割线刚度相比，退化程度在90%左右，而高宽比4：1的剪力墙试件及无竖向力的剪力墙试件，退化程度在74%左右；不开缝剪力墙与开缝剪力墙的刚度退化过程基本一致，开缝对于墙体试件的割线刚度退化曲线的变化趋势无明显的影响。

3.2 不同类型波纹钢板覆面冷弯型钢剪力墙

波纹钢板覆面冷弯型钢剪力墙的研究尚处于起步阶段，国内外学者验证了将波纹钢板作为覆面板材的可行性，然而各学者只通过采用某种特定波形的波纹钢板组成各自试验中的墙体蒙皮，这可能导致，试验现象和结果差异较大。本书在已有研究基础上，针对不同波纹钢板覆面的冷弯型钢剪力墙在水平荷载作用下的抗剪性能进行更加系统的研究，以了解其受力特性、破坏模式、延性性能和耗能能力，为后续数值模拟、理论分析和设计建议提供试验数据支撑。

3.2.1 试验概括

1. 试验装置

试验在北京工业大学工程抗震实验室完成。所有试验在跨度为5.5m、高为4.5m的反力架上实施单调加载或循环加载。反力架上安装有水平作动器，水平作动器可施加200kN的拉压力和 ±200mm的水平位移。作动器头部与加载梁之间放置有量程为100kN的力传感器，用以测量所施加的水平力。水平向荷载通过加载顶梁进行施加，加载顶梁与水平作动器间通过铰接连接。加载底梁通过高强螺栓固定于反力架基座上。墙体试件分别通过4个M16螺栓固定于加载顶梁和加载底梁上。由于墙体的平面外刚度较小，为防止试验中复合墙体顶部产生面外位移，在加载顶梁的两侧布置有侧向支撑，作用在试件顶端，试验装置如图3-35所示。

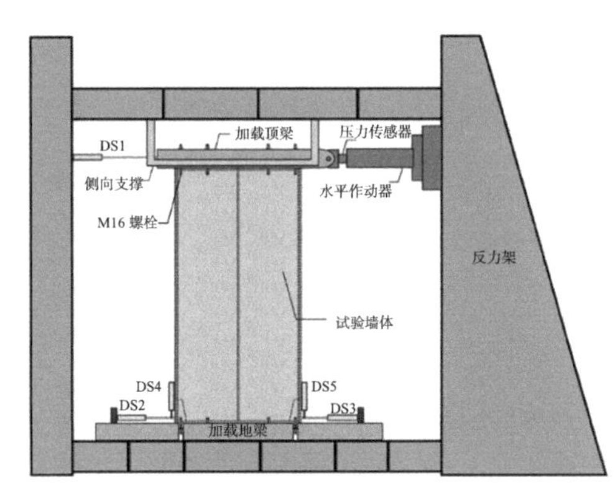

（a）加载装置示意图

（b）加载装置现场图

图3-35 试验装置图

2. 测点布置

试验中共布置有 5 个位移计，分别用以记录墙体试件顶部水平位移和墙体底部两侧的水平和竖向位移，所有的传感器均连接到自动采集数据设备。侧向力通过水平作动器与加载梁之间的力传感器采集，详细的测点布置如图 3-2 所示。

3. 加载制度

试验仅施加水平向力，水平单调加载和循环加载均采用位移控制，两种加载制度与开缝波纹钢板覆面冷弯型钢剪力保持一致，详细的加载制度如图 3-3 所示。

4. 试件设计

本试验共包括 13 个足尺墙体试件，主要包括 Q915 型、V76 型、TB36 型波纹钢板覆面冷弯型钢剪力墙。试验材料由上海钢之杰钢结构建筑系统有限公司提供，墙体委托北京宝和源光电设备有限公司于试验现场加工制作。墙体试件的设计高度为 2.4m，限于波纹钢板尺寸参数，部分墙体高度在 2.4m 左右进行调整。调整的范围相差在 3% 以内，尺寸调整带来的影响可以被忽略。墙体的设计宽度包括 600mm、1200mm 和 2400mm 以满足设计高宽比为 1∶1、2∶1 和 4∶1 的要求。龙骨及波纹钢板钢材等级均为 Q345 级钢材。面板厚度统一为 0.6mm，龙骨厚度统一为 1.2mm。试件的立柱采用 C 形截面，型号为 C9012，上下导轨采用 U 形截面，型号为 P9212。立柱和导轨构件的命名规则如图 3-36 所示。其中构件代码为字母 S，表示构件类型为立柱；构件代码为字母 P，表示构件类型为导轨。

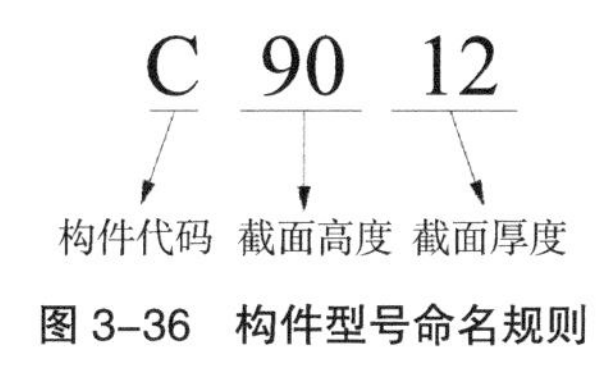

图 3-36　构件型号命名规则

冷弯剪力墙的边立柱采用双柱截面，两根 C 型钢背靠背放置，并通过双排 ST 4.8mm × 16mm 扁平头自攻螺钉连接而成。本次试验所用墙体骨架构件的截面形式及尺寸如图 3-37 所示。中间立柱为单根 C 形截面。每个剪力墙设置有 2 个抗拔件，两侧边立柱各一个，抗拔件一端通过螺栓与底梁连接，另一端通过双排 ST 5.5mm × 38mm 带垫圈六角头自攻螺钉与边立柱腹板连接。除抗拔件螺栓外，另设置两个抗剪螺栓将墙体底部导轨固定在底梁上。

墙体试件的覆面板是由 2 块（面板沿竖向布置）或 3 块（面板沿水平向布置）面板组合而成的单侧蒙皮。面板通过 ST 5.5mm × 25mm 六角头自攻螺钉进行面板间的搭接以及面板和钢框架的连接。自攻螺钉在面板搭接缝的间距统一为 75mm，自攻螺钉在面板中部的间距约为 150mm。当面板与边柱连接时，螺钉与波纹钢板边缘之间的距离保持在 18mm。限于波纹板的波谷宽度，当面板与轨道连接时，边缘距离接近 14mm，超过自攻螺钉名义直径 d 的两倍。上述设置满足《低层冷弯薄壁型钢房屋建筑技术规程》JGJ 227—2011 $\geq 2d$ 的要求以及美国规范 AISI S100 $\geq 1.5d$ 的要求。

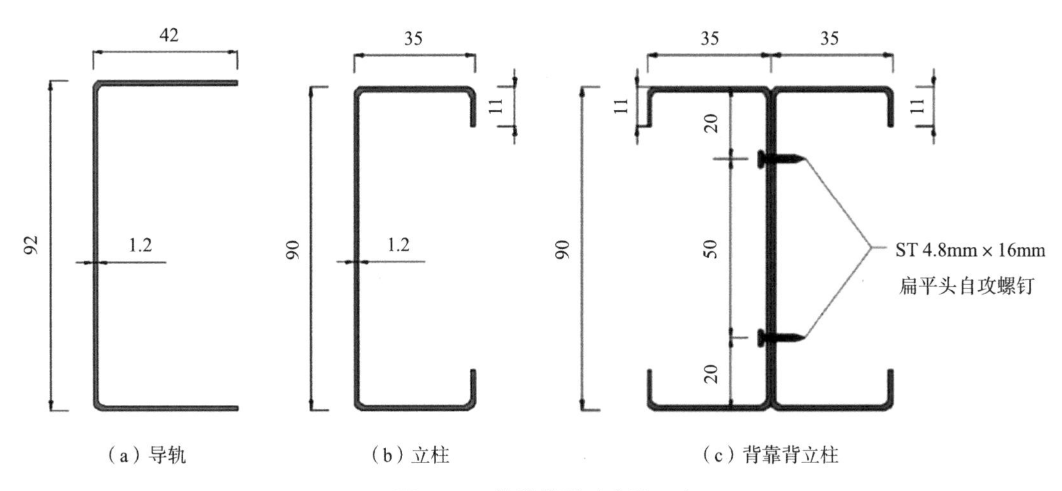

（a）导轨　（b）立柱　（c）背靠背立柱

图 3–37　构件截面形式及尺寸

波纹钢板的波形、自攻螺钉间距、墙体高宽比和波纹钢板布置方向是本书的研究参数，详细说明如下：

（1）为研究波纹钢板波形影响，共选用 Q915、V76 和 TB36 三种类型波纹钢板组成受力蒙皮，三种波纹钢板的截面形式见表 3-6。对于每种类型的墙体，共进行一组单调加载试验和两组循环加载试验。墙体的设计高宽比均为 2 : 1，面板四周自攻螺钉间距在 150mm 左右，波纹钢板沿水平向布置。

波纹钢板截面形式　　　　**表 3–6**

面板	肋高（mm）	波形（mm）
Q915	5	38.5　70.5　32　5　48.5　22　915
V76	15	22　76　54　15　54　22　914
TB36	38	90　60　150　38　43　900

（2）为研究自攻螺钉间距影响，对 V76 型波纹钢板覆面墙体进行了一组补充循环加载试验，自攻螺钉在面板四周的间距加密至 76mm。墙体高宽比保持在 2 : 1，波纹钢板布置方向保持为水平向布置。

（3）为研究高宽比影响，对 V76 型波纹钢板覆面墙体进行了两组补充循环加载试验。墙体宽度分别为 600mm 和 2400mm，自攻螺钉在面板四周间距为 152mm，面板沿水平向布置。

（4）为研究波纹钢板布置方向影响，对 V76 型波纹钢板覆面墙体进行了一组补充循环加载试验。V76 型的波纹钢板沿竖向布置，限于波纹钢板尺寸，对墙体宽度进行了微调。螺钉在面板四周间距为 150mm，墙体高宽比为 2∶1。

所有试件按波纹钢板的型号分成了 3 组（A、B、C 组），Bs 组为 B 组墙体的补充试验，用于研究自攻螺钉间距、墙体高宽比和波纹钢板布置方向对墙体抗剪性能的影响。具体的试件分组、试件编号、加载方式等参数见表 3-7。试验编号规则如下：Q、V、TB 分别表示墙体覆面板为 Q915 型、V6 型、TB36 型波纹钢板；4×1 表示墙体设计尺寸（高 × 宽）为 2.4m×0.6m（设计高宽比为 4∶1），2×1 表示墙体设计尺寸为 2.4m×1.2m（设计高宽比为 2∶1），1×1 表示墙体设计尺寸为 2.4m×2.4m（设计高宽比为 1∶1）；S、D 分别表示面板螺钉布置方案为相邻波谷连接、间隔波谷连接；H、V 分别表示面板延波纹水平向、竖直向布置；M 表示单调加载，C 表示低周往复加载。各试验墙体试件的结构布置如图 3-38 所示。

墙体试件参数　　表 3-7

序号	组别	试件编号	墙体尺寸高×宽（m）	螺钉间距四周/中间（mm）	波纹方向	加载方式
1	A	Q2×1-D-H-M	2.42×1.2	141/150	横向	M
2		Q2×1-D-H-C1	2.42×1.2	141/150	横向	C
3		Q2×1-D-H-C2	2.42×1.2	141/150	横向	C
4	B	V2×1-D-H-M	2.45×1.2	152/152	横向	M
5		V2×1-D-H-C1	2.45×1.2	152/152	横向	C
6		V2×1-D-H-C2	2.45×1.2	152/152	横向	C
7	Bs	V2×1-S-H-C	2.45×1.2	76/152	横向	C
8		V4×1-D-H-C	2.45×0.6	152/150	横向	C
9		V1×1-D-H-C	2.45×2.4	152/152	横向	C
10		V2×1-D-V-C	2.4×1.23	150/75	竖向	C
11	C	TB2×1-S-H-M	2.42×1.2	150/150	横向	M
12		TB2×1-S-H-C1	2.42×1.2	150/150	横向	C
13		TB2×1-S-H-C2	2.42×1.2	150/150	横向	C

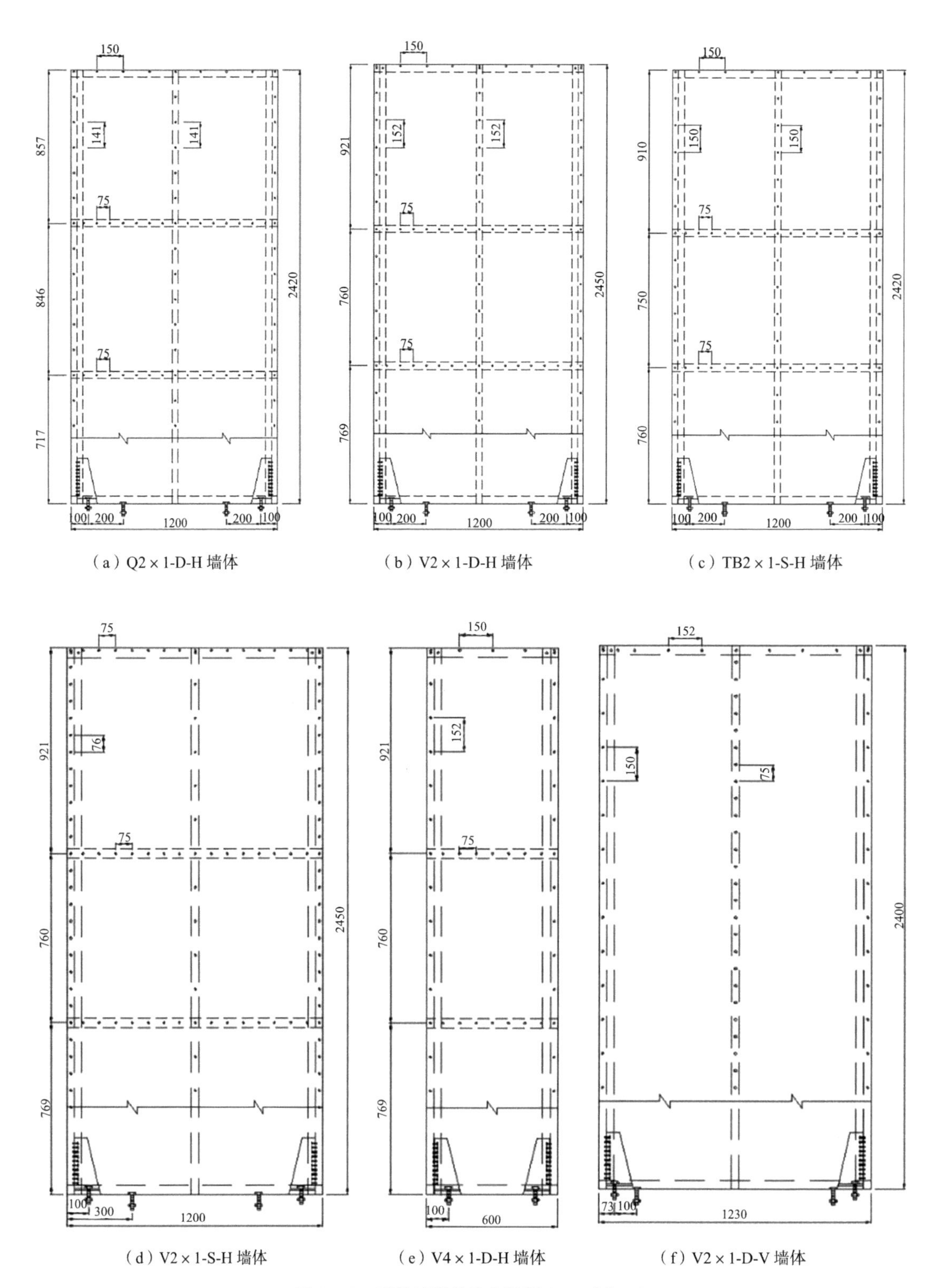

（a）Q2×1-D-H 墙体　（b）V2×1-D-H 墙体　（c）TB2×1-S-H 墙体

（d）V2×1-S-H 墙体　（e）V4×1-D-H 墙体　（f）V2×1-D-V 墙体

图 3-38　墙体试件结构布置图（mm）（一）

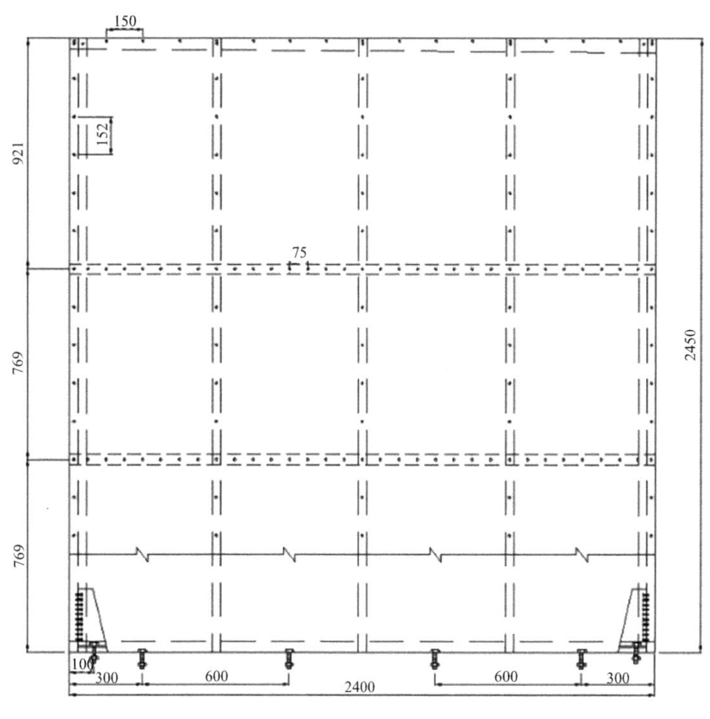

（g）V1 × 1-D-H 墙体

图 3–38　墙体试件结构布置图（mm）（二）

5. 材料性能

根据我国标准《金属材料 拉伸试验 第 1 部分：室温试验方法》GB/T 228.1—2021 进行试件的材性试验，以获得冷弯型钢框架构件和三种波纹钢板的真实材料性能。波纹钢板的材性试件取平板部分，取样为平行轧制方向。每种构件共进行三次试件试验，试验结果的平均值见表 3-8。

材性试验结果　　表 3–8

构件	厚度（mm）	屈服强度F_y（MPa）	抗拉强度F_u（MPa）	F_u/F_y
345MPa 1.2mm导轨	1.26	379.37	458.44	1.21
345MPa 1.2mm立柱	1.27	377.89	452.28	1.20
345MPa 0.6mm Q915 波纹板	0.64	355.23	377.46	1.06
345MPa 0.6mm V76 波纹板	0.65	360.52	378.93	1.05
345MPa 0.6mm TB36 波纹板	0.61	376.16	386.27	1.03

3.2.2　试验现象及破坏模式

1. 单调加载试验

首先进行 Q2 × 1-D-H-M、V2 × 1-D-H-M、TB2 × 1-S-H-M 三组单调加载试验，以确

定单调加载下墙体极限破坏位移参考值 Δ_m。为了满足极限破坏状态的要求，即所有墙体试件的抗剪承载力降低到试验过程中峰值荷载的 80%，Δ_m 取为三组单调试验的极限位移的最大值（即 Δ 在循环加载试验中统一为 61.2mm）。

（1）Q2 × 1-D-H-M 墙体

加载初期，墙体处于弹性阶段。当位移加载至 14.6mm 时，底部面板率先出现屈曲波。随着加载位移的进一步增加，剪切屈曲波沿着面板对角线方向在上、中、下三块面板上逐渐开展。当加载位移接近 52mm 时，墙体底部面板形成一条主要斜向拉力带，如图 3-39（a）所示，墙体到达其峰值荷载。此时底部导轨出现了局部屈曲，如图 3-39（b）所示。随着加载位移的进一步增加，墙体受拉侧角部出现明显钉孔承压现象。当加载位移达到 85mm 时，面板在与底部导轨连接的钉头处发生边缘撕裂，面板两侧出现自攻螺钉拉脱破坏，如图 3-39（c）所示，墙体承载力快速下降至 80% 峰值荷载。图 3-39 给出了 Q2 × 1-D-H-M 墙体的破坏模式。

（a）面板屈曲　　（b）导轨屈曲

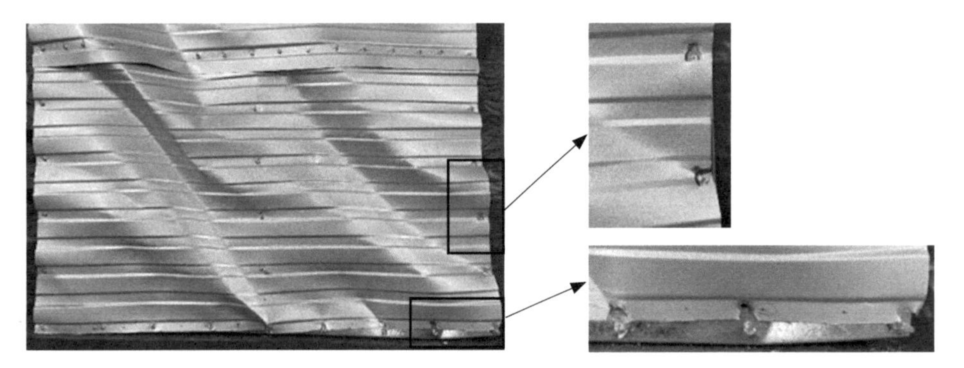

（c）面板边缘撕裂和自攻螺钉拉脱破坏

图 3-39　Q2 × 1-D-H-M 墙体破坏模式

（2）V2 × 1-D-H-M 墙体

加载初期，墙体没有明显现象，波纹在剪力流的作用下出现小幅度的变形。随着加载位移的增加，墙体的主要现象为波纹钢板的波纹变形幅度的增加，同时伴随着轻微的响声。当加载至 60mm 时墙体到达峰值承载力，底部面板钉头处积累了大量的挤压变形致使面板从多颗自攻螺钉钉头拉脱，如图 3-40（a）所示，蒙皮效应丧失，墙体的承载力丧失迅速。此时可以发现，边立柱在自攻螺钉连接处出现局部屈曲，如图 3-40（b）所示，底部导轨在受拉端出现屈曲，如图 3-40（c）所示。图 3-40 给出了 V2 × 1-D-H-M 墙体的破坏模式。

（a）自攻螺钉拉脱破坏

（b）立柱局部屈曲

（c）导轨屈曲

图 3-40　V2 × 1-D-H-M 墙体破坏模式

（3）TB2 × 1-S-H-M 墙体

加载初期，波纹在剪力流的作用下逐渐出现轻微侧向摇摆变形。随着加载位移的增加，波纹侧向摇摆幅度增加。当加载位移达到 91mm 时墙体达到峰值荷载，伴随着响声，波纹钢板的波谷面上出现了局部的凹陷变形，如图 3-41（a）所示。自攻螺钉倾斜，边立柱下端在自攻螺钉连接位置出现局部屈曲，如图 3-41（b）所示。此外底部导轨出现局部屈曲，如图 3-41（c）所示。随着侧向位移的进一步增加，面板变形逐渐转为扭转变形模式且自攻螺钉钉头位置出现局部拉力带作用。当加载至 101mm 时，底部面板受压侧自攻螺钉被拔出，如图 3-41（d）所示，墙体的抗剪承载力下降明显。边立柱的屈曲进一步发展，自攻螺钉连接出现拉脱破坏，如图 3-41（e）、图 3-41（f）所示。图 3-41 给出了 TB2 × 1-S-H-M 墙体的破坏模式。

2. 低周往复加载试验

（1）Q2 × 1-D-H-C1 和 Q2 × 1-D-H-C2 墙体

Q2 × 1-D-H-C1、Q2 × 1-D-H-C2 是覆面 Q915 型波纹钢板（肋高 5mm）具有相同构造的墙体。加载初期，Q2 × 1-D-H-C1 墙体没有明显的现象。当加载至第 25 圈时，底部面板率先屈曲，面板内部出现斜向的剪切屈曲波。当加载至第 29 圈时，顶部和中部面板

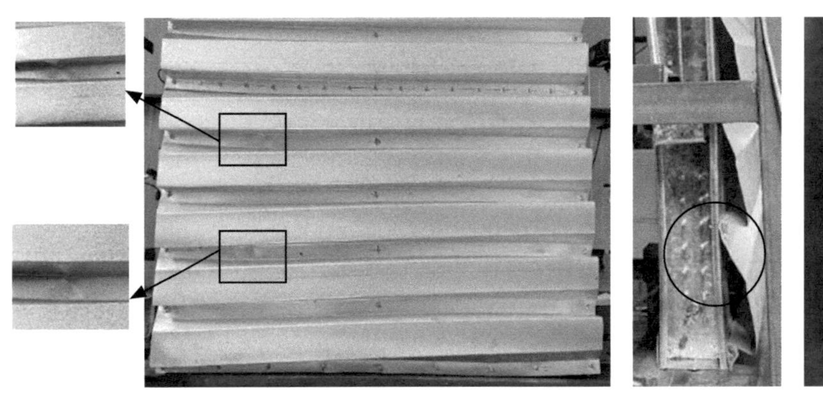

（a）局部凹陷变形

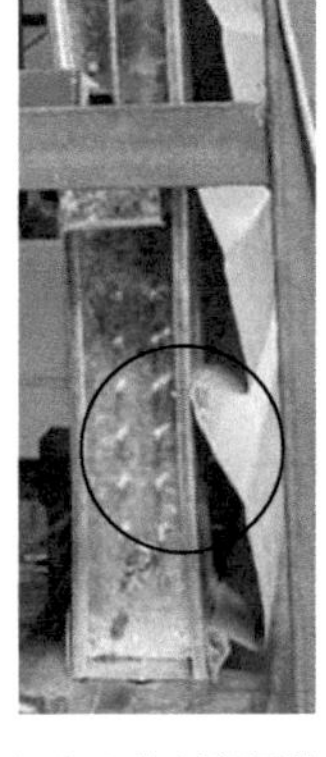

（b）立柱局部屈曲

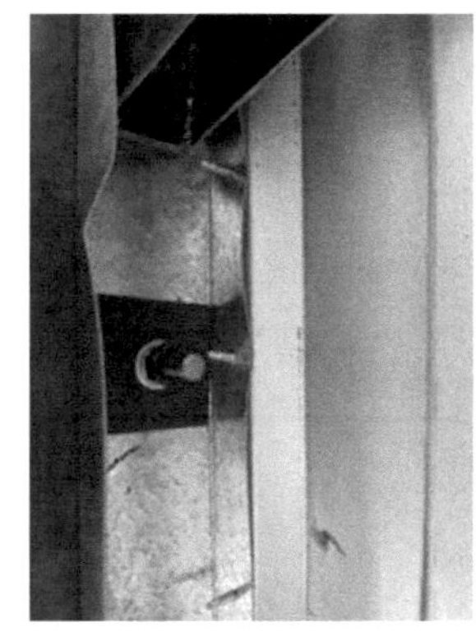

（c）导轨屈曲

（d）螺钉拔出

（e）面板变形

（f）螺钉拉脱

图 3–41 TB2×1–S–H–M 墙体破坏模式

上也观察到多条剪切屈曲波。当加载至第 32 圈时，墙体达到峰值荷载，底部面板的屈曲波发展为一条主要的斜向拉力带，倾斜角度约为 30°，如图 3-42（a）所示。底部导轨两端出现局部屈曲，如图 3-42（b）所示。峰值点过后，墙体并未迅速丧失其承载力。中部面板的剪切屈曲波进一步发展。第 35 圈时，中部面板在拉力场作用下出现钉头拉脱现象，如图 3-42（c）所示。而可以明显观察到底部面板有钉孔滑移，如图 3-42（d）所示。随着加载位移进一步增加，底部和中部面板上的拉力带出现贯通趋势，导致下部搭接缝处的螺钉连接失效，如图 3-42（e）所示。当加载至第 38 圈时，面板在与底部导轨连接的钉头处发生边缘撕裂，如图 3-42（f）所示，并且面板两侧出现自攻螺钉拉脱现象，墙体明显丧失承载力。Q2×1-D-H-C2 的试验现象与 Q2×1-D-H-C1 大致相同。为了避免面板边缘撕裂破坏，Q2×1-D-H-C2 墙体预留了更长的端距至 16mm（3 倍的自攻螺钉名义直径），但并未改善这种破坏模式。Q2×1-D-H-C1、Q2×1-D-H-C2 墙体主要的失效模式为：面板屈曲、导轨屈曲。墙体具体破坏模式如图 3-42 所示。

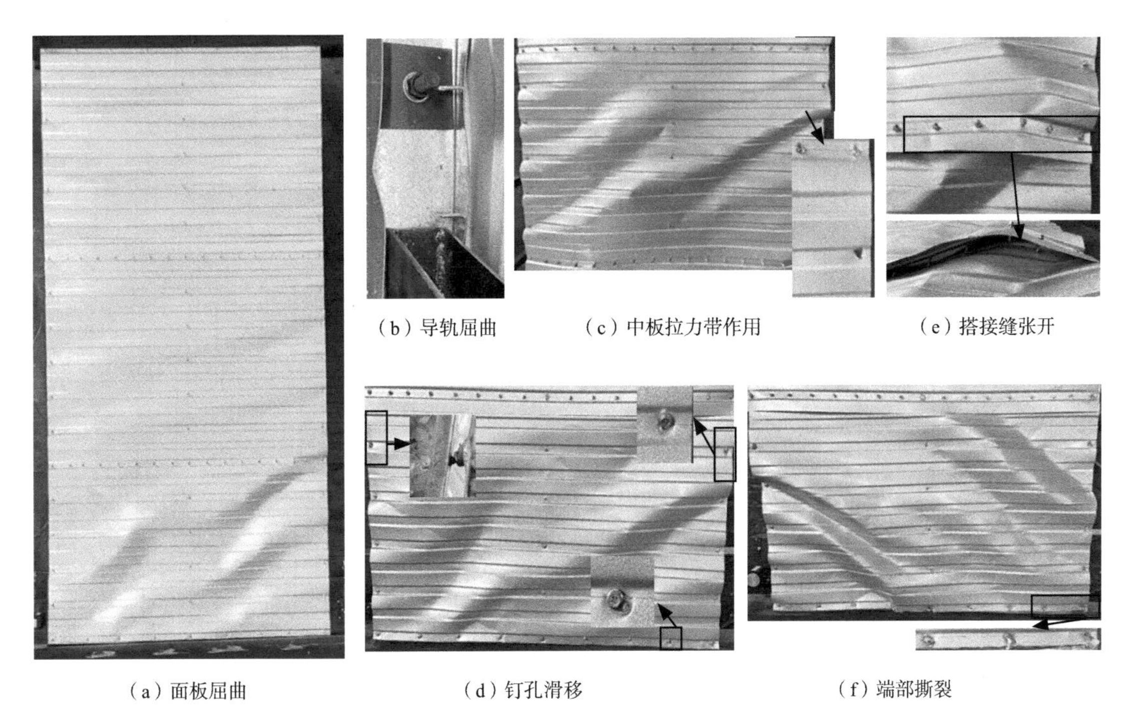

（a）面板屈曲　（b）导轨屈曲　（c）中板拉力带作用　（d）钉孔滑移　（e）搭接缝张开　（f）端部撕裂

图 3–42　Q2 × 1–D–H–C 墙体破坏模式

（2）V2 × 1-D-H-C1 和 V2 × 1-D-H-C2 墙体

V2 × 1-D-H-C1、V2 × 1-D-H-C2 是覆面 V76 型波纹钢板（肋高 15mm）具有相同构造的墙体。在峰值荷载前，两片墙体的试验现象几乎相同。加载初期，墙体试件没有明显变形。当加载至第 21 圈时，波纹钢板开始变形，如图 3-43（a）所示。随着加载圈数的增加，波纹变形程度加剧。自攻螺钉布置为间隔布置，即在相邻的两颗自攻螺钉的间距内包含两个波纹。在剪力流的作用下，一个波纹被逐渐拉平，另一个波纹逐渐拱起并在钉头处积累挤压变形。图 3-44 给出了波纹钢板变形的示意图。当加载至第 32 圈时，面板在钉头挤压严重导致出现明显的钉孔滑移，如图 3-43（b）所示。随即，在加载至第 35 圈时，底部波纹钢板出现大量自攻螺钉拉脱现象，如图 3-43（c）所示，墙体迅速丧失承载力。导轨局部屈曲可以被观察到，如图 3-43（d）所示。对于 V2 × 1-D-H-C2 墙体，当加载至第 35 圈时出现抗拔件螺栓滑丝现象，如图 3-43（e）所示，导致墙体抗剪承载力的突降。其原因是抗拔件螺栓被重复使用，残余变形累积致使螺栓连接失效。更换抗拔件螺栓后，试验继续。当加载至第 38 圈时，观察到钉孔滑移现象，接着发生类似 V2 × 1-D-H-C1 墙体的自攻螺钉拉脱现象。V2 × 1-D-H-C1、V2 × 1-D-H-C2 墙体主要失效模式为：大面积自攻螺钉拉脱导致蒙皮效应丧失。墙体具体破坏模式如图 3-43 所示。

（a）波纹变形　　（b）钉头挤压　　（c）自攻螺钉拉脱

（d）导轨屈曲

（e）螺栓连接破坏

图 3-43　V2×1-D-H-C 墙体破坏模式

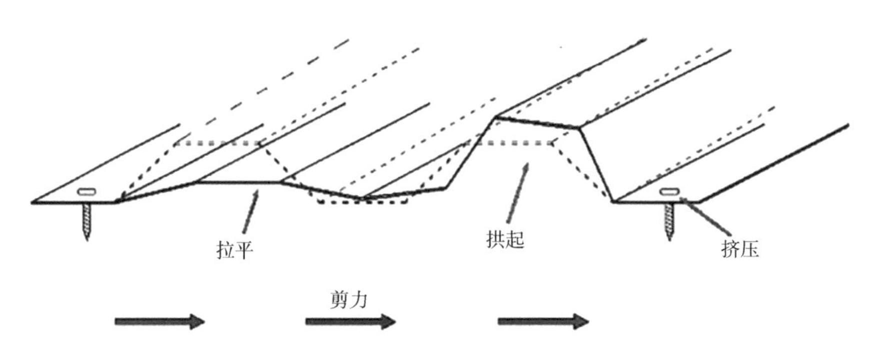

图 3-44　V76 型波纹钢板变形模式

（3）TB2×1-S-H-C1 和 TB2×1-S-H-C2 墙体

TB2×1-S-H-C1、TB2×1-S-H-C2 是覆面 TB36 型波纹钢板（肋高 38mm），具有相同构造的墙体。TB2×1-S-H-C1 在前 20 个加载循环中没有出现明显现象。当加载至第 25 圈时，波纹出现可见的变形。不同于 V2×1-D-H-C 墙体，TB2×1-S-H-C 墙体的自攻螺钉在相邻波谷布置。但由于自攻螺钉连接不充分，波纹截面变形发展到弹塑性阶段时出现轻微的侧向摆动，如图 3-45（a）所示。侧向摇摆幅度随着进一步加载而加剧。当加载至第 38 圈时，TB2×1-S-H-C1 墙体面板波谷位置出现局部凹陷变形，如图 3-45（b）所示，此时承载力达到峰值。底部波纹钢板在折弯处被撕裂，此外钉孔滑移现象明显，如图 3-45

（c）所示。当加载至第 41 圈时，波纹变形由侧向摇摆模式发展为扭转模式，并在自攻螺钉连接位置出现局部的拉力带作用，随即面板从钉头拉脱，如图 3-45（d）所示。边立柱在螺钉连接处发生局部屈曲。TB2 × 1-S-H-C2 墙体试件在峰值点过后表现出更严重的破坏，除了面板折弯处撕裂和立柱屈曲外，墙体两侧发生更明显的自攻螺钉拉脱破坏且下部搭接缝处的螺钉被拔出，如图 3-45（e）所示，底部导轨局部屈曲，如图 3-45（f）所示。TB2 × 1-S-H-C1、TB2 × 1-S-H-C2 墙体主要的失效模式为：波纹钢板的波纹发生侧向摇摆变形导致面板波谷处出现局部屈曲。墙体具体破坏模式如图 3-45 所示。Shimizu 等人研究了理想边界条件下波纹钢板受纯剪作用下的端部破坏行为。波纹钢板的端部破坏模式包括侧向摇摆模式和扭转变形模式。本研究中采用自攻螺钉连接，也出现了类似的破坏模式。图 3-46 给出了 TB36 型波纹钢板的波纹变形模式。

（a）波纹变形

（b）局部凹陷变形

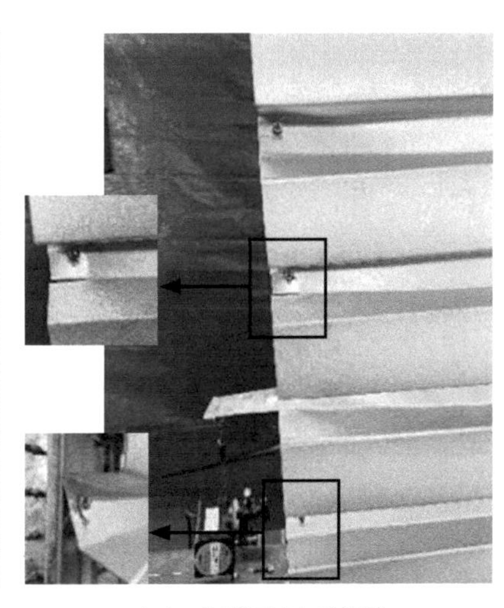

（c）面板撕裂和钉孔滑移

（d）局部拉力带和螺钉拉脱

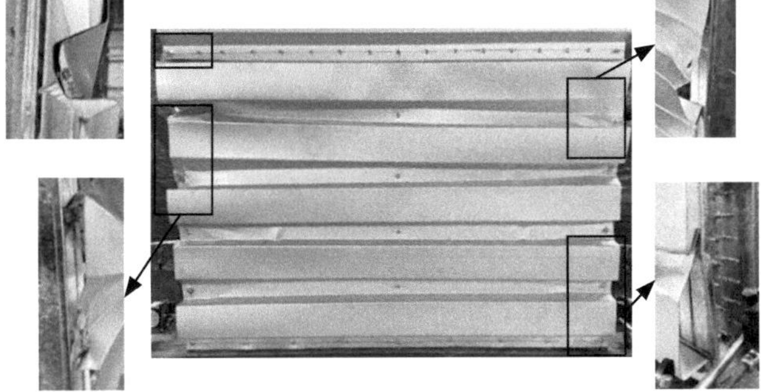

（e）螺钉拔出和螺钉拉脱

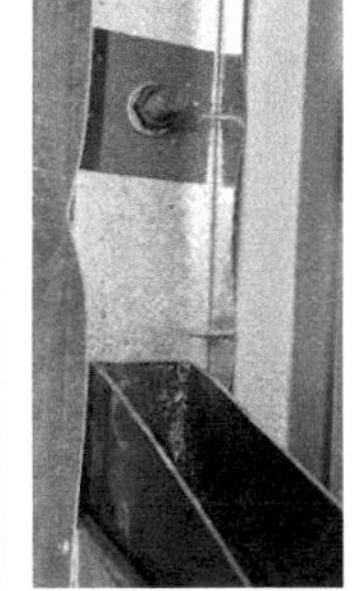

（f）导轨屈曲

图 3-45　TB2 × 1-S-H-C 墙体破坏模式

（4）V2 × 1-S-H-C 墙体

V2 × 1-S-H-C 墙体是 B 组墙体的补充试验，主要考虑自攻螺钉间距的影响。面板四周的螺钉间距加密至 76mm 后，波纹的变形被有效抑制。当加载至第 29 圈时，底部导轨出现局部屈曲，如图 3-47（a）所示。当加载至第 32 圈时，伴随着响声抗拔件连接处的立柱腹板出现屈曲，如图 3-47（b）所示。底部面板出现孔壁承压现象。当加载至第 35 圈时，底部面板出现了剪切屈曲波。面板两侧的自攻螺钉拉脱破坏导致了墙体抗剪承载力的丧失，如图 3-47（c）所示。水平搭接缝的自攻螺钉倾斜明显。V2×1-S-H-C 墙体破坏模式如图 3-47 所示。

可以看出，V2×1-S-H-C 墙体的失效模式与 B 组试验中观察到的现象明显不同。当边缘螺钉间距减小到 76mm 时，波纹的变形被有效抑制。底板出现剪切屈曲，墙体抗剪承载力得到了大幅度提高，这一点也将在后续讨论。

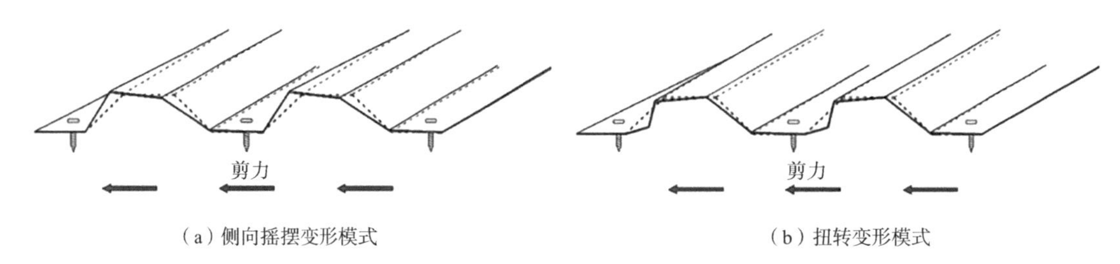

（a）侧向摇摆变形模式　（b）扭转变形模式

图 3-46　TB36 型波纹钢板的波纹变形模式

（a）导轨屈曲

（b）边立柱屈曲

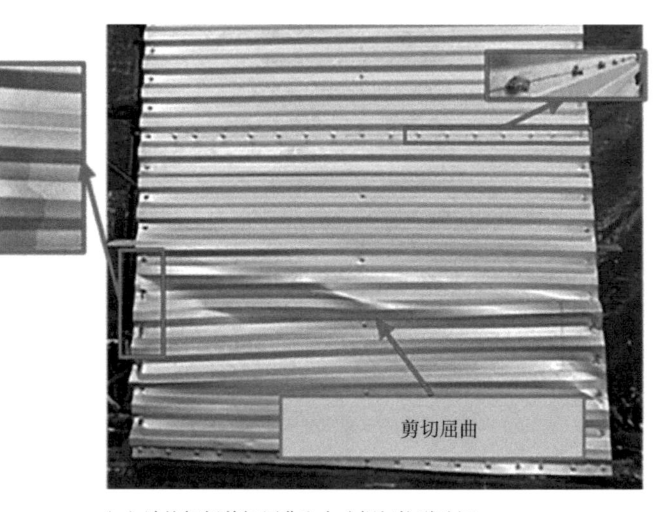

（c）波纹钢板剪切屈曲和自攻螺钉拉脱破坏

图 3-47　V2×1-S-H-C 墙体破坏模式

（5）V4×1-D-H-C 墙体

V4×1-D-H-C 墙体是 B 组墙体的补充试验，主要考虑高宽比的影响。V4×1-D-H-C 墙体的高宽比为 4∶1。加载初期，墙体没有明显现象。当加载至第 29 圈时，波纹发生变形。随着位移的增加，波纹变形程度加剧且在钉头积累的挤压变形增加。当加载至第 41 圈时，墙体试件的底部面板在自攻螺钉钉头接连发生拉脱，如图 3-48（a）所示，其整体发生较大变形，如图 3-48（b）所示。同时下部搭接缝张开，如图 3-48（c）所示，底部导轨出现局部屈曲，如图 3-48（d）所示，墙体承载力快速下降。V4 × 1-D-H-C 墙体主要的破坏模式与 B 组墙体相似，均为面板从钉头拉脱导致蒙皮效应失效，具体破坏模式如图 3-48 所示。

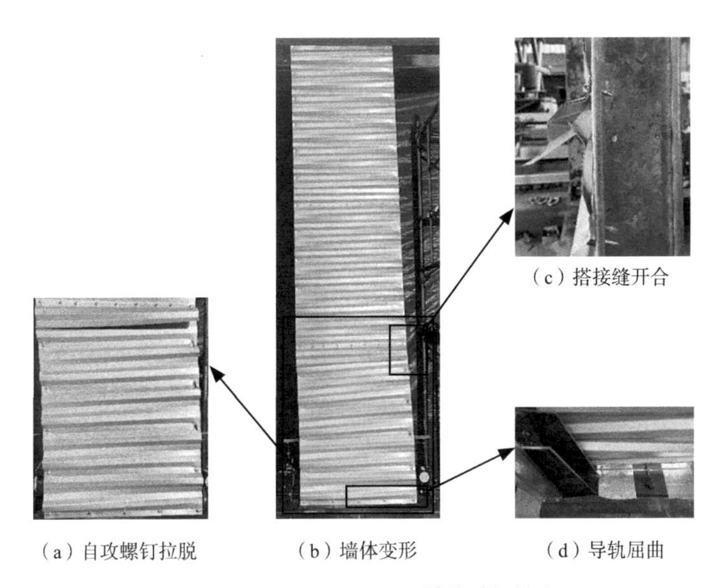

（a）自攻螺钉拉脱　（b）墙体变形　（c）搭接缝开合　（d）导轨屈曲

图 3–48　V4 × 1–D–H–C 墙体破坏模式

（6）V1 × 1-D-H-C 墙体

V1 × 1-D-H-C 墙体是 B 组墙体的补充试验，主要考虑高宽比的影响。V1 × 1-D-H-C 墙体的高宽比为 1∶1。加载初期，墙体没有明显现象。当加载至第 21 圈时，波纹开始变形。当加载至第 25 圈时，底部导轨在两侧抗剪螺栓连接处发生局部屈曲。伴随着响声抗拔件连接处的边立柱腹板发生屈曲，如图 3-49（a）所示。当加载至第 29 圈时，可以观察到明显孔壁承压现象。底部导轨屈曲程度加剧，在与中间立柱螺钉连接位置出现局部屈曲，如图 3-49（b）所示。当加载至第 32 圈时，底部面板率先发生自攻螺钉拉脱破坏，随着加载位移增加，中部面板、顶部面板接连在钉头发生拉脱，如图 3-49（c）所示，墙体丧失承载力。V1 × 1-D-H-C 墙体主要的破坏模式与 V4 × 1-D-H-C 墙体及 B 组墙体相似，为面板大面积从自攻螺钉钉头拉脱导致蒙皮效应失效，以及底部导轨屈曲，具体破坏模式如图 3-49 所示。

（7）V2 × 1-D-V-C 墙体

V2 × 1-D-V-C 墙体是 B 组墙体的补充试验，主要考虑波纹钢板布置方向的影响。V2 × 1-D-H-C 墙体的波纹钢板布置方向为沿竖向布置。在加载前期，墙体未出现明显变形。当加载至第 21 圈时，波纹钢板按照自攻螺钉分区出现两处明显面外鼓曲变形，如图

3-50（a）所示。随着加载位移的增加，鼓曲变形程度加剧。当加载至第 32 圈时，伴随着轻微响声面外鼓曲集中发展为拉力带。当加载至第 35 圈时，拉力带发展充分，面外变形达到 6cm 左右，波纹钢板充分发挥其屈曲性能，墙体到达峰值荷载，如图 3-50（b）所示。面板四周可以观察到轻微钉孔滑移现象。峰值点过后，墙体承载力下降缓慢，主要现象为在循环往复作用下，拉力带的交替出现。当加载至第 38 圈时，墙体受压侧边柱受弯变形。局部屈曲出现在受压边柱的螺钉连接处以及顶部导轨端部，如图 3-50（c）所示。拉力带范围内钉孔滑移和自攻螺钉倾斜现象明显，如图 3-50（d）所示。当加载至第 41 圈时，受压侧立柱整体弯曲变形加剧。面板在拉力带作用下从钉头拉脱，在与上、下导轨连接处出现边缘撕裂现象，如图 3-50（e）所示，墙体蒙皮效应丧失。V2 × 1-D-V-C 墙体主要的破坏模式为面板屈曲，具体破坏模式如图 3-50 所示。

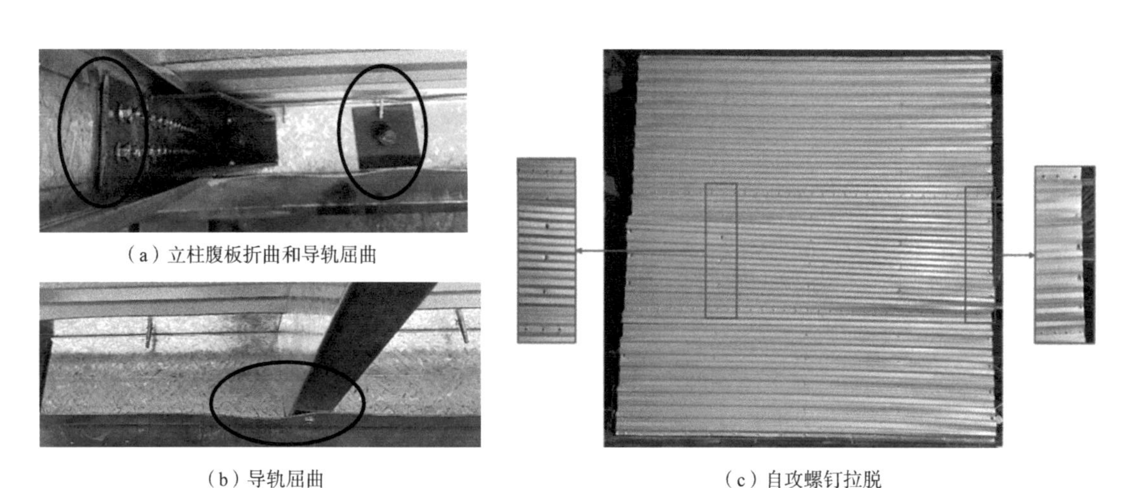

（a）立柱腹板折曲和导轨屈曲

（b）导轨屈曲

（c）自攻螺钉拉脱

图 3-49　V1 × 1-D-H-C 墙体破坏模式

（a）面外鼓曲　（b）斜向拉力带形成　（c）导轨、立柱屈曲

图 3-50　V2 × 1-D-V-C 墙体破坏模式（一）

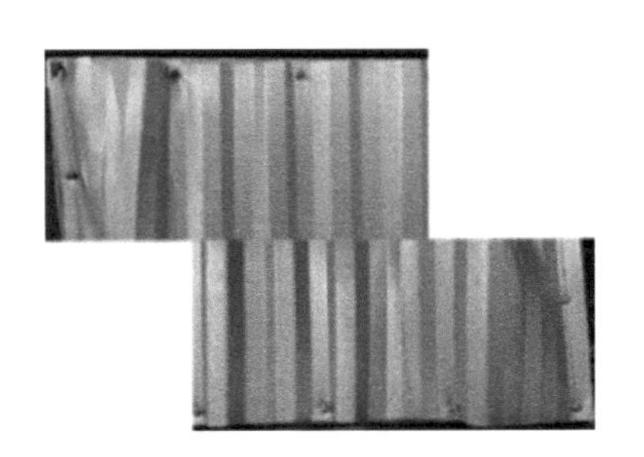
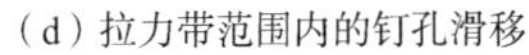

（d）拉力带范围内的钉孔滑移

（e）螺钉拉脱和端部撕裂

图 3-50　V2×1-D-V-C 墙体破坏模式（二）

3. 破坏模式讨论

本书试验研究的目的是通过对比 A、B、C 三组试验结果，探究三种波纹钢板波形覆面冷弯型钢剪力墙的破坏模式和抗剪性能；通过对比 B 和 Bs 两组试验结果，探究自攻螺钉间距、墙体高宽比和波纹钢板布置方向对墙体抗剪性能的影响。表 3-9 中列出了单调加载试验和循环加载试验的主要破坏模式。

试验墙体在不同加载方式下的主要破坏模式　　表 3-9

组别	试件	破坏现象							
		面板屈曲	螺钉拉脱破坏	螺钉拉拔破坏	立柱屈曲	导轨屈曲	面板折痕撕裂	面板端部撕裂	面板局部凹陷
A	Q2×1-D-H-M	★★★★	★★★	—	—	★★	—	★★★★	—
	Q2×1-D-H-C1	★★★★	★★★	—	—	★	—	★★★	—
	Q2×1-D-H-C2	★★★★	★★	—	—	★	—	★★★★	—
B	V2×1-D-H-M	—	★★★★	—	★	★★	★	—	—
	V2×1-D-H-C1	—	★★★★	—	—	★	—	—	—
	V2×1-D-H-C2	—	★★★★	—	—	★	—	—	—
Bs	V2×1-S-H-C	—	★★★★	—	★★	★	—	—	—
	V4×1-D-H-C	—	★★★★	—	—	★	—	—	—
	V1×1-D-H-C	—	★★★★	—	★★	★★★	—	—	—
	V2×1-D-V-C	★★★★	★★	—	★★★	★	—	★★★	—
C	TB2×1-S-H-M	—	★★★	★★	★★★	★★	—	—	★★★
	TB2×1-S-H-C1	—	★★	—	★	★	★★	—	★★★★
	TB2×1-S-H-C2	—	★★★	★	★	★	★★★	—	★★★★

注：表中“★”的数量表示破坏的严重程度。

A、B 和 C 三组墙体试验目的是研究不同波纹钢板波形对剪力墙的抗剪性能的影响。从表 3-9 可以看出，三组试件的主要破坏模式不同。低肋高波纹板（Q915 型波纹板）覆面墙体在主斜向拉力带形成时墙体达到峰值荷载，而接连发生的面板边缘撕裂将墙体的抗剪承载力削弱至 80% 峰值荷载。中肋高波纹板（V76 型波纹板）覆面墙体由于大量的自攻螺钉拉脱破坏而丧失承载力。高肋高波纹板（TB36 型波纹板）覆面墙体在到达峰值点时面板波谷处出现局部变形，而自攻螺钉的连接失效导致墙体承载力下降至破坏荷载。

墙体的破坏模式可以通过波纹钢板的剪切屈曲性能进行解释。波纹钢板的屈曲模式包括整体屈曲和局部屈曲，而二者的较小值起着控制作用。

整体剪切屈曲模式表现为屈曲跨越多个子板，覆盖整个面板，主要受到波纹钢板波形尺寸的影响；局部剪切屈曲模式表现为屈曲只发生在波纹钢板某个子板上，与子板的宽厚比相关。图 3-51 给出了单一重复波纹截面的尺寸示意图。

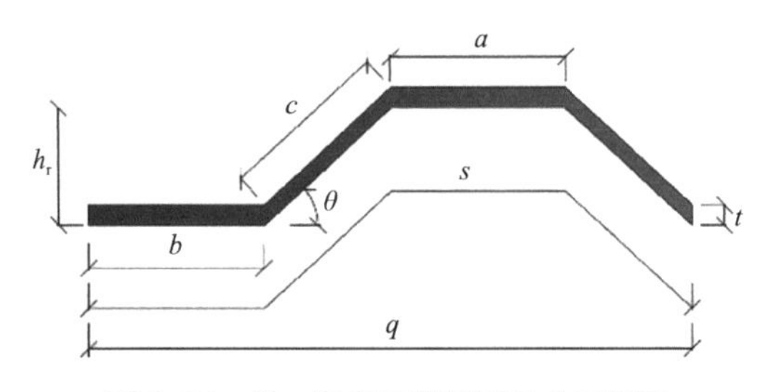

图 3–51　单一重复波纹截面尺寸示意图

整体剪切屈曲强度可以通过正交异性板理论进行计算，如式（3-2）所示：

$$\tau_{\mathrm{cr,G}}=\frac{k_{\mathrm{G}}\left[\left(D_x\right)^{0.25}\left(D_y\right)^{0.75}\right]}{tw^2} \tag{3-2}$$

式中：$D_x=(q/s)Et^3/12$；$D_y=EI_y/9$；$I_y=(a+b)t(h_r/2)^2+[t(h_r)^3/6\sin\theta]$；$k_{\mathrm{G}}$ 等于 31.6（四边简支），59.2（四边固结）；E 为弹性模量；w 为面板水平边长度（对应墙体宽度）。

局部剪切屈曲强度可以通过弹性稳定理论进行计算，如式（3-3）所示：

$$\tau_{\mathrm{cr,L}}=k_{\mathrm{L}}\frac{\pi^2E}{12\left(1-v^2\right)\left(x/t\right)^2} \tag{3-3}$$

式中：v 为泊松比；x 为子板宽度 b 和 c 的较大值；k_{L} 等于 $5.34+2.31(x/w)-3.44(x/w)^2+8.39(x/w)^3$（长边简支，短边固结），$8.98+5.6(x/w)^2$（四边固结）；$E$ 为弹性模量。

在整体剪切屈曲强度的计算公式（3-2）中，整体剪切屈曲系数 k_{G} 被专门用来体现边界条件对结构屈曲强度的影响。本研究中面板的边界条件是不连续的自攻螺钉连接，这与现有公式（3-2）中的假设不同。然而由于 A、B、C 三组墙体试验中自攻螺钉间距均在 150mm 左右，三组墙体试件中的 k_{G} 可被视为相同。因此，按照面板肋高增加的顺序，波纹钢板的整体剪切屈曲强度可被依次表示为 $1.02k_G$、$4.81k_G$ 和 $39.02k_G$。由此可见，低肋高波纹钢板的整体剪切屈曲强度最低，因此最容易出现剪切屈曲波，这与试验现象一致。

随着面板肋高（h_r）增加，波纹钢板需要更高的应力水平驱动整体屈曲的出现。本研究中高肋波纹钢板的剪切屈曲模式和临界屈曲荷载主要由局部屈曲强度（$\tau_{cr,\ L}$）决定。高肋波纹钢板有较大的高厚比，局部屈曲容易在平段子板和斜段子板中更宽的子板上形成（即 C 组墙体中波纹钢板的波谷位置），如图 3-41 和图 3-45 所示。高肋波纹钢板覆面墙体由于波纹钢板达到局部屈曲强度而丧失承载力。

B 组中肋波纹钢板覆面墙体理论上应发生整体剪切屈曲，然而自攻螺钉并未提供充足的约束。在波纹钢板的屈曲性能被充分利用之前，自攻螺钉连接便出现失效。墙体抗剪承载力的突然下降可以归因于蒙皮效应的丧失。因此，在采用中肋波纹钢板作为受力蒙皮时，自攻螺钉连接应该提供更高的约束效果。

Bs 组试验为 B 组墙体补充试验，考察螺钉间距、高宽比和波纹板布置方向对墙体抗剪性能的影响。B 组和 Bs 组墙体试件均采用中肋波纹钢板作为覆面板材。

Bs 组中 V2 × 1-S-H-C 墙体的螺钉间距减小至 76mm，波纹钢板被约束至更高的程度，因此底部面板上出现了剪切屈曲。通过比较图 3-43 和图 3-47 可知，当自攻螺钉被加密布置时波纹钢板的剪切屈曲强度被更好地利用。因此在波纹钢板覆面冷弯型钢剪力墙的设计中为了充分利用波纹钢板的性能，波纹钢板的肋高和自攻螺钉布置方案需要被同时考虑。

Bs 组中 V4 × 1-D-H-C 墙体和 V1 × 1-D-H-C 墙体高宽比分别为 4 : 1 和 1 : 1。发现当墙体高宽比降低至 1 : 1 时，边立柱和底部导轨出现了更明显的屈曲现象。然而无论是 Bs 组中高宽比为 4 : 1、1 : 1 还是 B 组中高宽比为 2 : 1 的墙体，导致墙体抗剪承载力明显下降的原因均为大量自攻螺钉发生拉脱破坏导致的蒙皮效应丧失。随着高宽比的变化，波纹钢板上均未出现明显剪切屈曲。

Bs 组中 V2 × 1-D-V-C 墙体中波纹板为竖向布置。该方向上波纹钢板抗弯刚度较小，V2 × 1-D-V-C 墙体出现明显斜向拉力带作用。当波纹钢板整体剪切屈曲强度被充分发挥时，墙体到达峰值荷载。峰值点后，波纹钢板沿水平力作用方向具有“手风琴”作用，波纹钢板表现出较强的变形能力，墙体抗剪承载力下降缓慢。

3.2.3　试验结果

1. 荷载—位移曲线

单调加载和循环加载试件的荷载—位移（$P—\Delta$）曲线及荷载—层间转角（$P—\gamma$）曲线分别如图 3-52、图 3-53 所示。层间转角 γ 通过水平位移除以墙体高度计算得到。

（1）单调加载试件

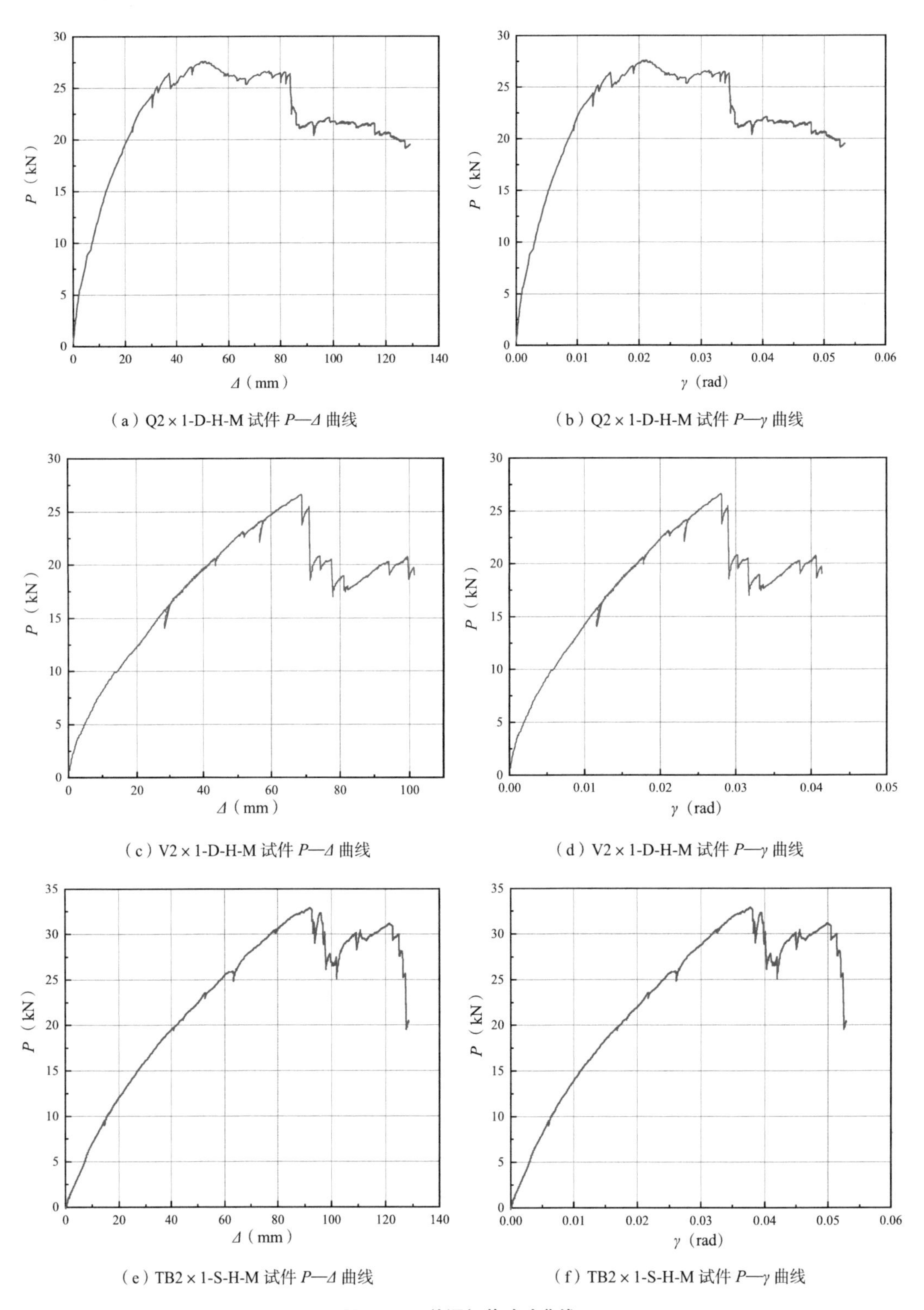

（a）Q2×1-D-H-M 试件 P—Δ 曲线

（b）Q2×1-D-H-M 试件 P—γ 曲线

（c）V2×1-D-H-M 试件 P—Δ 曲线

（d）V2×1-D-H-M 试件 P—γ 曲线

（e）TB2×1-S-H-M 试件 P—Δ 曲线

（f）TB2×1-S-H-M 试件 P—γ 曲线

图 3–52　单调加载试验曲线

（2）低周往复加载试件

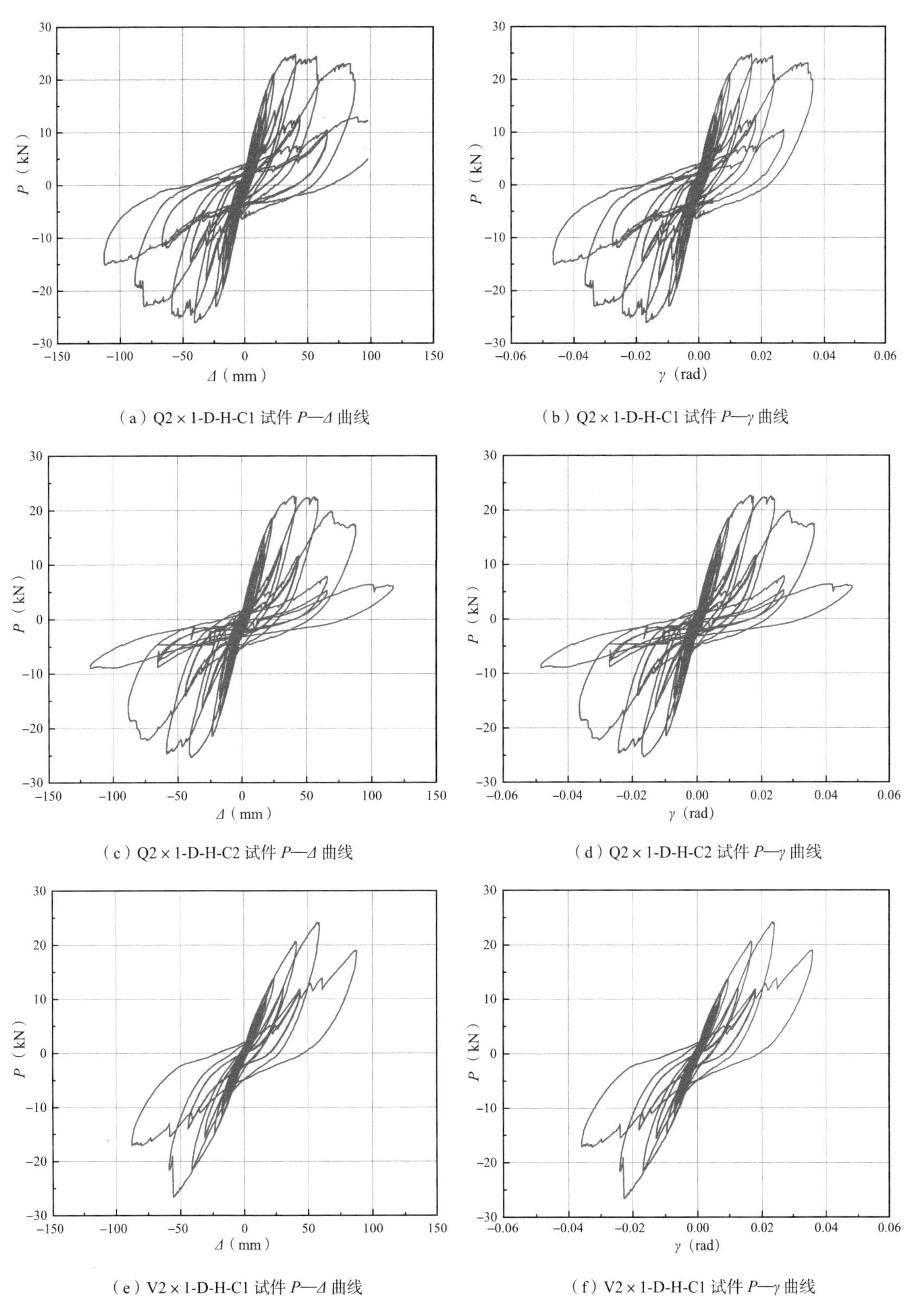

（a）Q2×1-D-H-C1 试件 P—Δ 曲线

（b）Q2×1-D-H-C1 试件 P—γ 曲线

（c）Q2×1-D-H-C2 试件 P—Δ 曲线

（d）Q2×1-D-H-C2 试件 P—γ 曲线

（e）V2×1-D-H-C1 试件 P—Δ 曲线

（f）V2×1-D-H-C1 试件 P—γ 曲线

图 3-53　低周往复加载试验曲线（一）

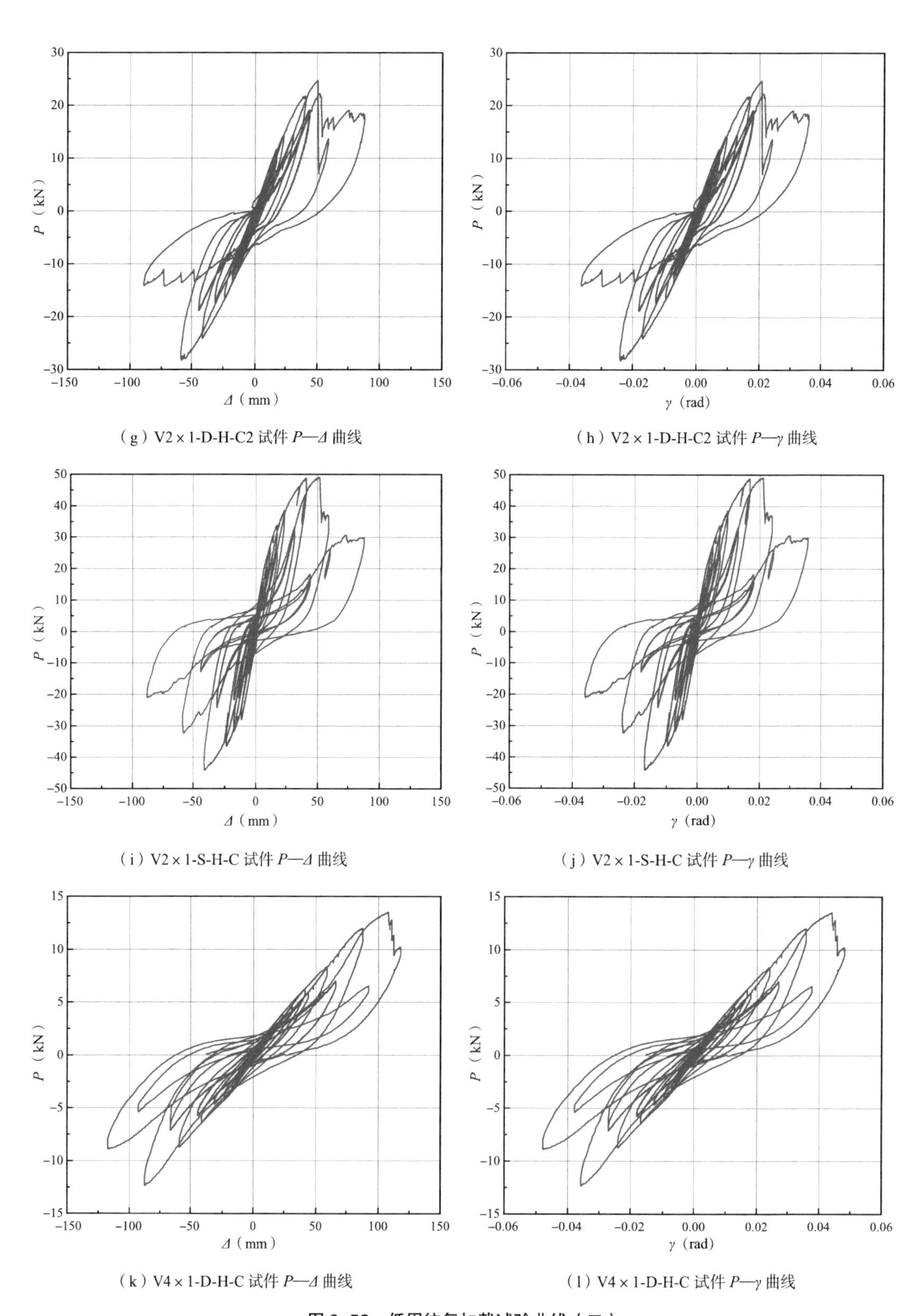

（g）V2×1-D-H-C2 试件 P—Δ 曲线

（h）V2×1-D-H-C2 试件 P—γ 曲线

（i）V2×1-S-H-C 试件 P—Δ 曲线

（j）V2×1-S-H-C 试件 P—γ 曲线

（k）V4×1-D-H-C 试件 P—Δ 曲线

（l）V4×1-D-H-C 试件 P—γ 曲线

图 3–53　低周往复加载试验曲线（二）

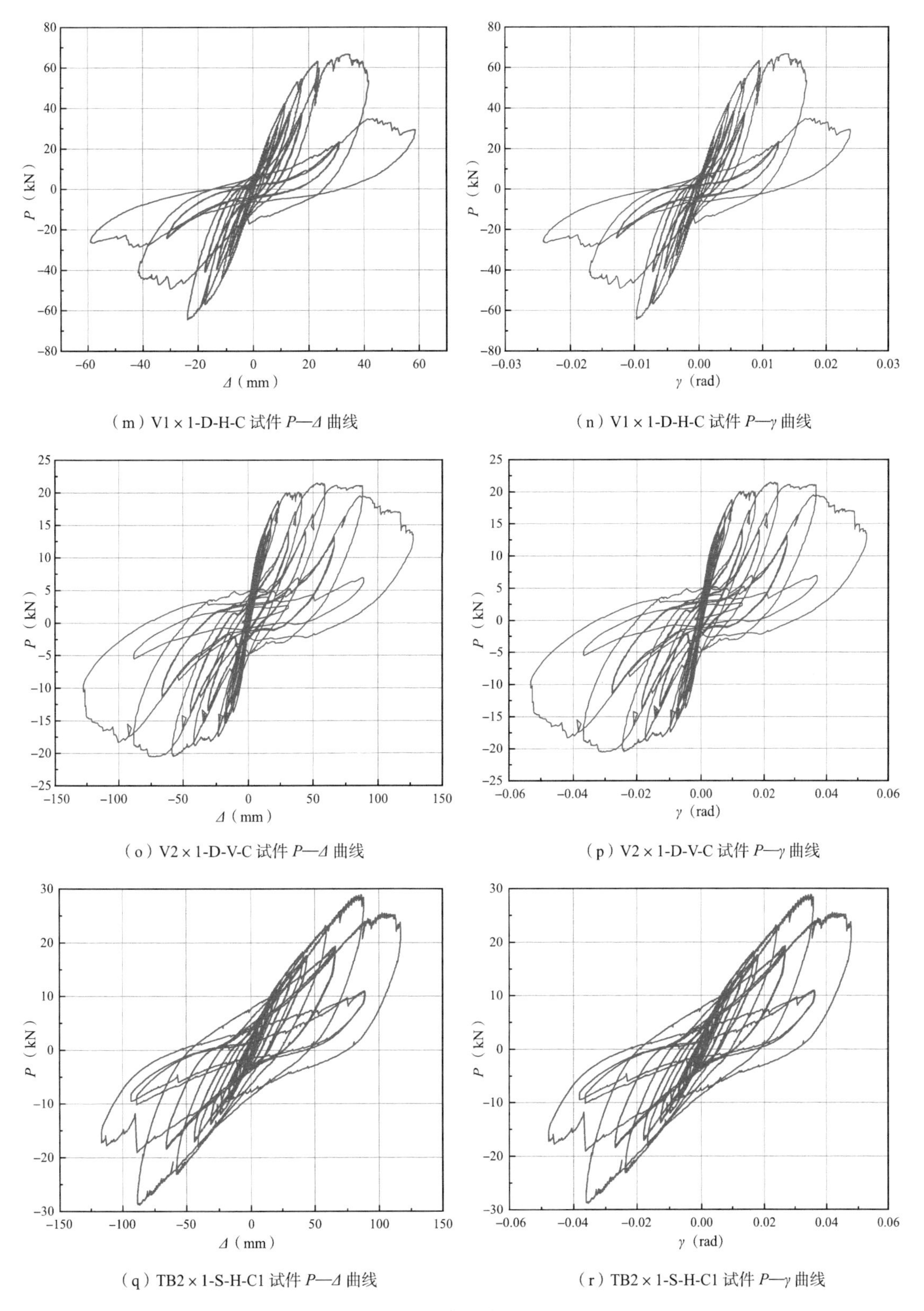

（m）V1 × 1-D-H-C 试件 P—Δ 曲线

（n）V1 × 1-D-H-C 试件 P—γ 曲线

（o）V2 × 1-D-V-C 试件 P—Δ 曲线

（p）V2 × 1-D-V-C 试件 P—γ 曲线

（q）TB2 × 1-S-H-C1 试件 P—Δ 曲线

（r）TB2 × 1-S-H-C1 试件 P—γ 曲线

图 3–53　低周往复加载试验曲线（三）

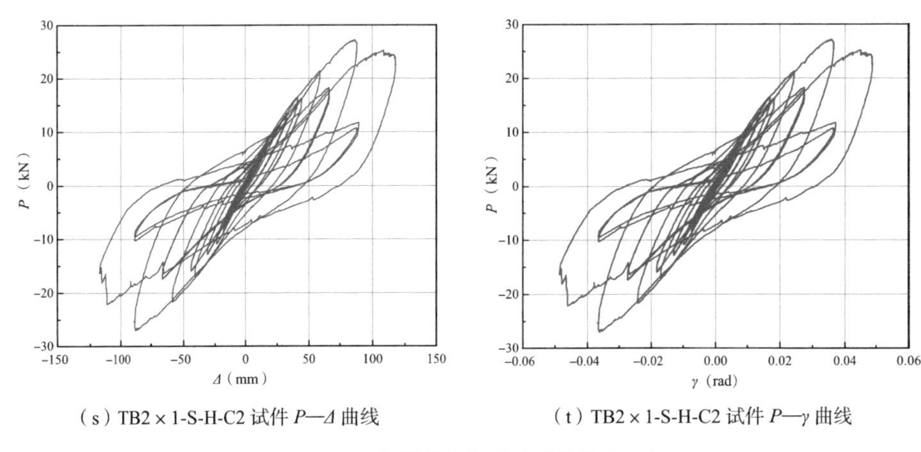

（s）TB2×1-S-H-C2 试件 P—Δ 曲线　　（t）TB2×1-S-H-C2 试件 P—γ 曲线

图 3–53　低周往复加载试验曲线（四）

从单调加载墙体曲线可以看出，Q915 型波纹钢板墙体在峰值点过后，承载力下降较为缓慢；然而 V76 和 TB36 型波纹钢板墙体在峰值点过后承载力迅速降低，峰值点后表现出较差的强度储备。

从各组循环加载墙体曲线可以看出，荷载达到峰值的 40% 之前，滞回曲线基本呈线性，表明墙体处于弹性阶段。之后，由于面板屈曲或自攻螺钉倾斜现象的出现，剪力墙试件进入弹塑性阶段。不同程度的刚度退化、强度退化以及“捏缩”效应可以从图中观察到。滞回曲线形状的发展过程为线性、梭形、弓形和反“S”形。随着加载位移的增加，墙体逐渐丧失其抗剪承载力。

2. 骨架曲线

对于循环加载的墙体试件，骨架曲线对比较各试件之间的性能、确定各项抗震性能指标十分必要。按照 ASTM E2126 规范规定，骨架曲线包含 CUREE 加载制度下滞回曲线每个加载阶段第 1 圈加载的峰值点，同时保证峰值位移绝对值超过前一加载阶段的峰值位移绝对值。图 3-54 给出了各墙体试件的骨架曲线。

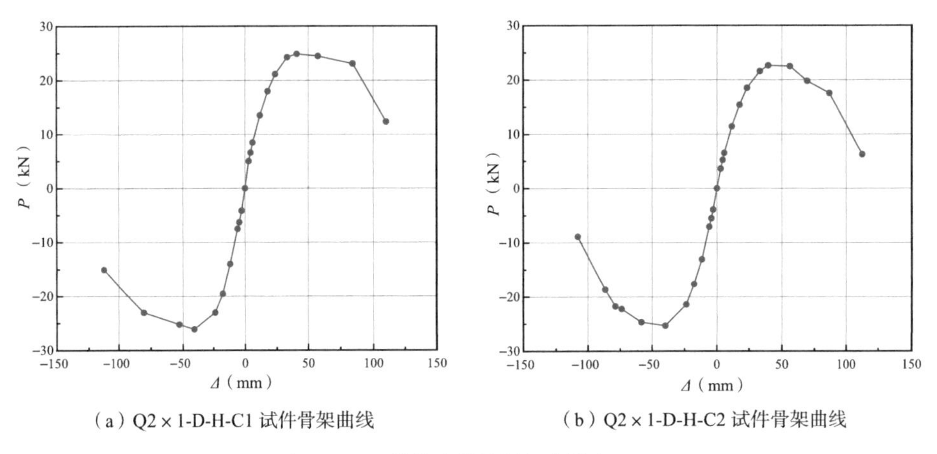

（a）Q2×1-D-H-C1 试件骨架曲线　　（b）Q2×1-D-H-C2 试件骨架曲线

图 3–54　墙体试件的骨架曲线（一）

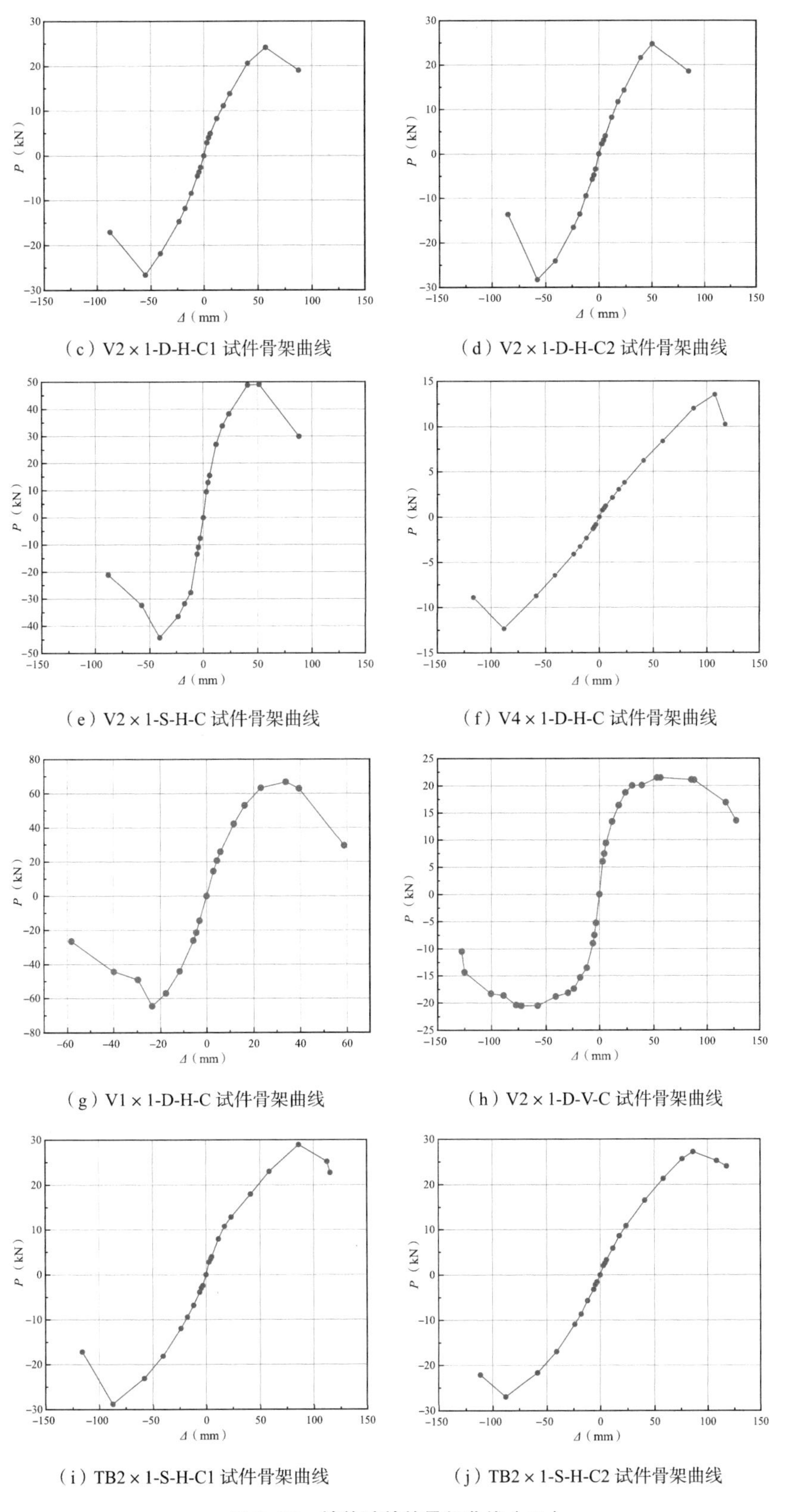

（c）V2×1-D-H-C1 试件骨架曲线　（d）V2×1-D-H-C2 试件骨架曲线

（e）V2×1-S-H-C 试件骨架曲线　（f）V4×1-D-H-C 试件骨架曲线

（g）V1×1-D-H-C 试件骨架曲线　（h）V2×1-D-V-C 试件骨架曲线

（i）TB2×1-S-H-C1 试件骨架曲线　（j）TB2×1-S-H-C2 试件骨架曲线

图 3-54　墙体试件的骨架曲线（二）

3.2.4 试验数据结果

单调加载试验数据基于原始荷载—位移（P—Δ）曲线进行处理；低周往复加载试验根据 ASTM E2126 规定，首先确定试验骨架曲线，再根据骨架曲线确定墙体试件的各性能参数。按照 ASTM E2126，采用等效能量弹塑性（EEEP）双线性模型处理试验数据，详细介绍见 3.1.4 节。

分析试验结果得到了每个墙体试件的性能参数，见表 3-10。表中数据包括峰值荷载 P_{max}、峰值位移 Δ_{max}、名义承载力 P_{nom}（层间位移角 2.5% 前的荷载最大值）、初始刚度 K、屈服荷载 P_y、屈服位移 Δ_y、极限荷载 P_u（80% 的峰值荷载）、极限位移 Δ_u（极限荷载对应的位移），以及延性系数 D。

墙体试件的性能参数　　表 3–10

序号	组别	试件	P_{max}（kN）	Δ_{max}（mm）	P_{nom}（kN）	K（kN/m）	P_y（kN）	Δ_y（mm）	P_u（kN）	Δ_u（mm）	D
1	A	Q2 × 1-D-H-M	27.6	50.1	27.6	1353.6	25.0	18.5	22.1	84.9	4.6
2		Q2 × 1-D-H-C1	25.5	40.8	25.5	1268.3	23.5	18.6	20.4	90.5	4.8
3		Q2 × 1-D-H-C2	24.0	39.7	24.0	1080.7	21.9	20.2	19.2	82.4	4.1
4	B	V2 × 1-D-H-M	26.6	68.6	25.1	672.0	22.0	32.8	21.3	71.2	2.2
5		V2 × 1-D-H-C1	25.4	56.3	25.4	666.7	22.0	32.9	20.3	79.7	2.4
6		V2 × 1-D-H-C2	26.5	54.4	26.5	728.7	23.0	31.5	21.2	73.4	2.3
7	Bs	V2 × 1-S-H-C	46.6	46.2	46.6	2370.8	41.1	17.3	37.3	61.8	3.6
8		V4 × 1-D-H-C	12.9	97.6	8.81	160.4	11.2	70.2	10.3	112.0	1.6
9		V1 × 1-D-H-C	65.6	28.7	65.6	4411.7	57.5	13.07	52.5	36.8	2.8
10		V2 × 1-D-V-C	21.0	55.5	21.0	1604.1	19.1	11.9	16.8	113.9	9.7
11	C	TB2 × 1-S-H-M	32.9	91.9	26.1	581.3	26.8	46.2	26.3	97.8	2.2
12		TB2 × 1-S-H-C1	28.9	86.7	23.2	544.1	24.4	45.1	23.1	108.2	2.4
13		TB2 × 1-S-H-C2	27.1	87.0	21.8	459.3	23.6	51.5	21.7	117.2	2.3

3.2.5 试验结果分析

本节从波纹钢板类型、自攻螺钉布置方案、墙体高宽比和波纹钢板布置方向四个方面对试验结果进行对比分析，以了解不同构造墙体的抗震性能。

1. 波纹钢板类型的影响

（1）荷载—位移曲线的参数研究

A、B、C 三组墙体试验用于对比研究波纹钢板波形对墙体抗剪性能的影响，对应的覆面波纹钢板分别为肋高 5mm 的 Q915 型波纹钢板（低肋波纹钢板）、肋高 15mm 的 V76 型波纹钢板（中肋波纹钢板）和肋高 38mm 的 TB36 型波纹钢板（高肋波纹钢板）。根据

ASCE 7，冷弯型钢结构在地震作用下的容许层间位移为 2.5%。图 3-55 中比较了 6 组低周往复加载试验的骨架曲线。根据规范 ASTM E2126 的规定，每组两片相同构造墙体满足循环荷载试验中的峰值荷载偏差在 10% 试验公差范围内。

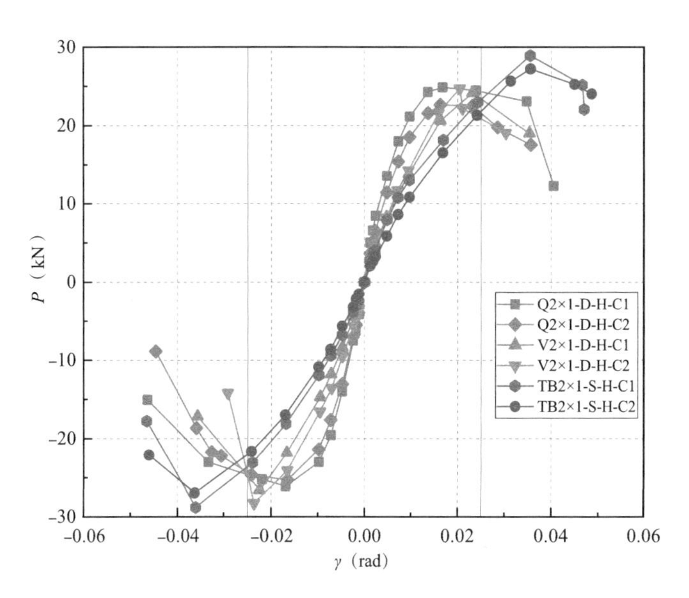

图 3–55　A、B、C 组墙体骨架曲线

图 3-55 比较了 A、B、C 三组墙体试验的骨架曲线。与低肋波纹钢板相比，中肋和高肋波纹钢板有更高的整体剪切屈曲强度 $\tau_{cr,\ G}$，因此覆面中肋和高肋波纹钢板的冷弯型钢剪力墙（B 组和 C 组墙体）有潜力实现更高水平的抗剪承载力。然而，试验结果表明三种肋高波纹钢板覆面剪力墙的抗剪承载力差异较小。这是因为中肋和高肋波纹钢板的面板性能未被充分利用。低肋和中肋波纹钢板覆面墙体（A、B 组墙体）的名义抗剪承载力 P_{nom} 水平相当（相差在 5% 以内），分别高于高肋波纹钢板覆面墙体（C 组墙体）10.2% 和 15.6%。高肋波纹钢板覆面剪力墙在层间位移角限值 2.5% 前未充分发挥其抗剪强度。

相比于抗剪承载力，A、B、C 三组试验墙体的初始刚度 K 差异性明显。A 组低肋波纹钢板覆面墙体表现出最高的初始刚度，平均比中肋和高肋波纹钢板覆面墙体高 68.3% 和 134.1%。由于加载前期 B 组和 C 组墙体的主要变形集中在波纹，因此墙体的初始刚度相对较低。

延性是结构塑性变形能力和抗震性能的重要指标，由表 3-10 中的延性系数 D 反映。A 组低肋波纹钢板覆面墙体表现出最高的延性，延性系数均比 B 组和 C 组墙体高 87.5%。低肋波纹钢板覆面墙体在较小的侧向位移水平达到屈服，并且峰值荷载后抗剪承载力缓慢下降，表现出较强的后屈曲性能储备。

综上所述，三种波形的波纹钢板覆面冷弯型钢剪力墙的抗剪承载力相差较小，但 A 组低肋波纹钢板覆面墙体表现出最高的初始刚度和延性系数。

（2）刚度退化

刚度退化是评价冷弯型钢结构抗震性能的重要指标。面板屈曲、钉孔滑移和龙骨构件屈曲等破坏的累积损伤会造成冷弯型钢剪力墙的刚度随着荷载循环的增加而不断降低。为了反映墙体构件在循环加载下刚度退化的变化情况，本书根据我国规范《建筑抗震试验规程》JGJ/T 101-2015 的计算方法，通过割线刚度 K_i 的变化来反映墙体刚度退化，滞回曲线每一圈的割线刚度通过式（3-4）进行计算。

$$K_i = \frac{|+F_i| + |-F_i|}{|+\Delta_i| + |-\Delta_i|} \tag{3-4}$$

式中：F_i 是第 i 圈的峰值荷载，而 Δ_i 是与之对应的位移。

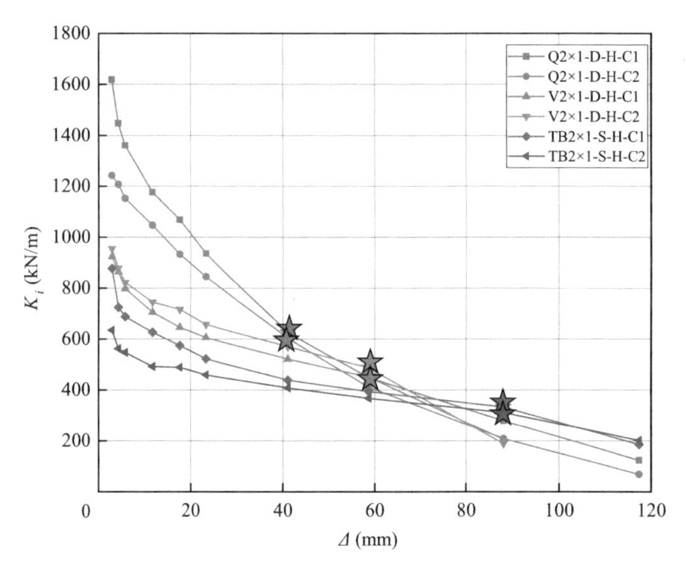

图 3–56　A、B、C 组墙体刚度退化曲线

图 3-56 给出了 A、B 和 C 组剪力墙试件的刚度退化曲线。图 3-56 中的“★”表示出现峰值荷载的滞回环割线刚度 K_i。从整体上看，每组剪力墙试件的刚度退化随着水平位移的增加而加剧。

从图 3-56 可以看出，A 组低肋波纹钢板覆面墙体在达到峰值荷载之前保持了相对较高的割线刚度。在前 29 个加载循环中，A 组墙体在相邻两个加载阶段之间的刚度退化不超过 11.6%。随着面板上主剪切屈曲波的形成，刚度退化显著增加。在出现峰值点的加载阶段，墙体刚度退化程度增加 31%。面板边缘撕裂的出现导致墙体蒙皮效应减弱，墙体表现出更加显著的刚度退化（达到 43.6%）。B 组和 C 组墙体的刚度在峰值荷载前下降平缓，相邻加载阶段间的下降程度分别不超过 14.2% 和 15%。在螺钉连接失效后，墙体蒙皮效应迅速丧失，墙体表现出明显的刚度退化。

（3）耗能能力

图 3-57 比较了三种波形的波纹板覆面冷弯型钢剪力墙滞回曲线发展趋势，其中分别以 Q2 × 1-D-H-C1、V2 × 1-D-H-C1 和 TB2 × 1-S-H-C1 墙体试件作为 A、B、C 三组墙体代表。图中选择的滞回环为 CUREE 加载制度中每个加载阶段的首圈。每个滞回环的能量耗散（E）按照滞回环所包围的面积计算并进行了标注。

在加载初期阶段，三种墙体试件均处于弹性阶段，加载刚度和卸载刚度接近，墙体的滞回耗能能力均较小。A 组和 B 组墙体的滞回曲线基本呈线性，而 C 组墙体的滞回曲线相对更饱满，呈现出“梭形”。随着侧向荷载的增加，A 组和 B 组墙体先后进入非弹性阶段。进入非线性阶段后，墙体试件的滞回曲线呈现出“弓形”，滞回环所包围的面积逐渐扩张。当侧向荷载卸载至 0 时，图中可以观察到残余变形的出现。由于钉孔扩张和闭合的交替出现，墙体滞回曲线呈现出“捏缩”效应。随着侧向荷载的进一步增加，A 组和 B 组墙体的滞回曲线呈现出“反 S 形”。“捏缩”效应由于波纹钢板在自攻螺钉连接处承压破坏而更加明显。

相较于 A 组和 B 组墙体的滞回曲线发展趋势，C 组墙体的滞回曲线更加饱满，“捏缩”效应得到明显改善。这是由于剪力作用下出现侧向摇摆变形的波纹钢板会表现出更为饱满的纺锤形滞回曲线，Shimizu 等人的试验研究也得到了相似结论。尽管 B 组和 C 组墙体在循环加载周期中都表现有较大幅度的波纹变形，但 B 组剪力墙的滞回曲线更干瘪。这是由于 B 组墙体的自攻螺钉布置方案（自攻螺钉间隔波谷布置）导致面板在自攻螺钉钉头积累大量挤压变形，加速了面板承压破坏，最终滞回曲线呈现出明显的“捏缩”效应。从墙体滞回曲线的发展趋势上进行比较，覆盖有高肋波纹钢板的 C 组墙体表现出更好的耗能能力。

为定量比较剪力墙在不同荷载阶段的耗能能力，图 3-57 中对滞回环的耗能量进行了计算。当进入弹塑性阶段时，A 组墙体的能量耗散能力明显强于其他两类剪力墙。然而，A 组墙体在第 38 次循环加载时出现面板边缘撕裂，墙体蒙皮效应丧失，之后耗能量被 C 组墙体后来居上。

累积滞回耗能量是评估耗能性能的另一个重要指标。计算方法为截至某一加载阶段时，各滞回环耗能量总和。剪力墙累积耗能量通过公式（3-5）计算：

$$E_i=\sum_{j=1}^{i} A_j \tag{3-5}$$

式中：E_i 是加载至第 i 个循环时墙体试件能量耗散总和；A_j 是第 j 个加载循环下墙体试件的滞回耗能量，计算方法为滞回环所包围的面积。

图 3-58 给出了 A、B、C 三组墙体的累积耗能量。图中的累积滞回耗能量是每组两个相同墙体试件耗能量的平均值，分别表示低肋、中肋、高肋波纹钢板覆面冷弯型钢剪力墙的耗能能力。下述结论可以从图 3-58 中得出：

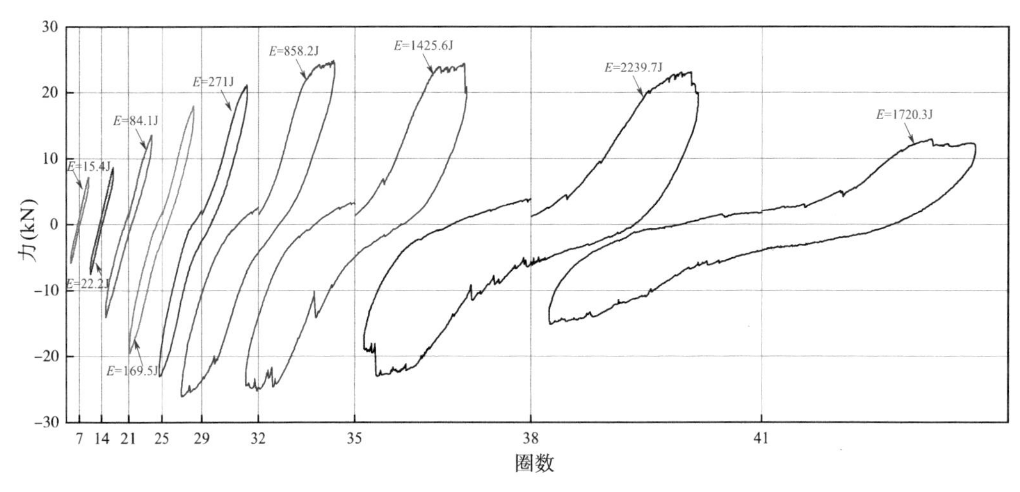

（a）A 组 Q2×1-D-H-C1 墙体

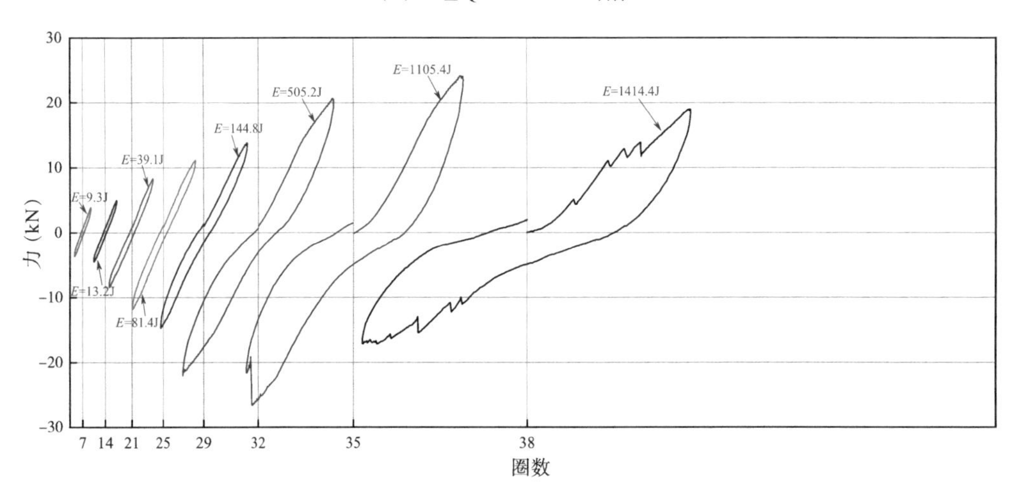

（b）B 组 V2×1-D-H-C1 墙体

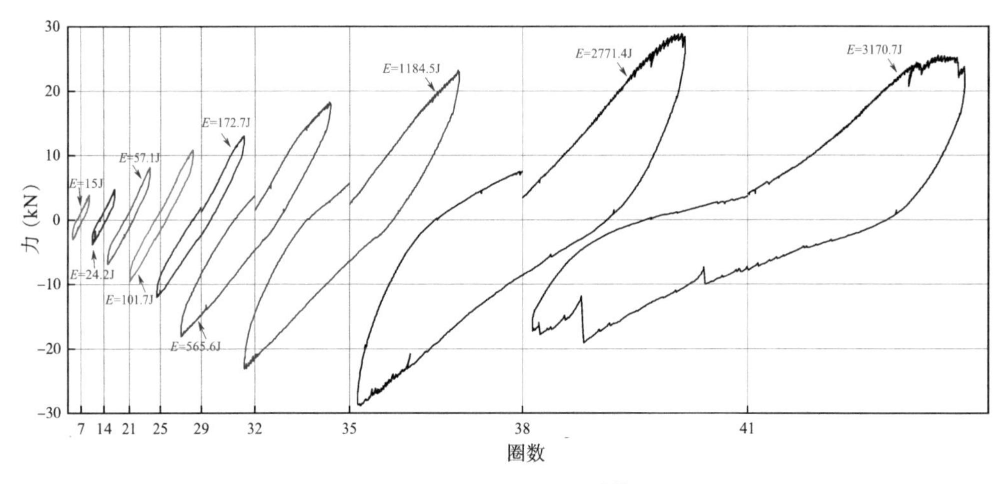

（c）C 组 TB2×1-D-H-C1 墙体

图 3–57　三种波形的波纹板覆面冷弯型钢剪力墙滞回曲线发展趋势

（1）结合图 3-57 和图 3-58 中的折线图可以发现，在加载的初期阶段（即前 20 个加载循环，对应于 0.25% 的层间位移角），试样处于弹性阶段，三组墙体的滞回曲线呈现“梭形”。当墙体处于弹性阶段时，三组墙体试件的累积耗能量较小，差异性不明显。A 组墙体在加载至第 21 个循环时波纹钢板出现剪切屈曲波，墙体进入弹塑性阶段，三组墙体试件的累积耗能量因而表现出明显差异。

（2）对于覆面低肋波纹钢板的 A 组墙体，随着覆面板发生了剪切屈曲，剪力墙进入非弹性阶段。当在一个方向上加载时，覆面板上形成剪切屈曲波，而在相反方向上加载时，同一位置会形成受压屈曲。在推拉交替加载的过程中，卸载至零时受压屈曲会被拉平。在剪切屈曲和受压屈曲的作用下，波纹钢板在螺钉连接处的承压破坏逐渐显著。上述破坏模式使得 A 组墙体在循环加载的前 37 圈中表现出最佳的能量耗散能力，其加载位移对应于 2.4% 的层间位移角。累积耗能量均比 B 组和 C 组墙体高出 20.5%。因此，虽然 C 组墙体试件的累积耗能量在加载结束时最高（分别比 A 组和 B 组墙体试件高出 35% 和 129%），但覆面有低肋波纹钢板的 A 组剪力墙在 2.5% 的层间位移角限值前表现出最好的耗能能力。

（3）波纹钢板覆面冷弯型钢剪力墙的能量耗散主要源于面板在螺钉连接处的承压变形。在第 32 和第 35 圈加载循环中，B 组墙体的累积耗能量超过 C 组墙体，分别对应于 B 组墙体在第 32 个加载循环中发生的钉孔滑移和第 35 个加载循环中发生的大量自攻螺钉拉脱破坏。而 C 组墙体的累积耗能量在第 38 和第 41 圈加载循环中明显增加，分别对应于试验时发生的面板承压破坏和自攻螺钉拉脱破坏。由于 C 组墙体试件中自攻螺钉连接变形程度更大，因此其耗能量也增加得更多。图 3-58 中累积能量耗散的计算结果可与墙体破坏模式相匹配。

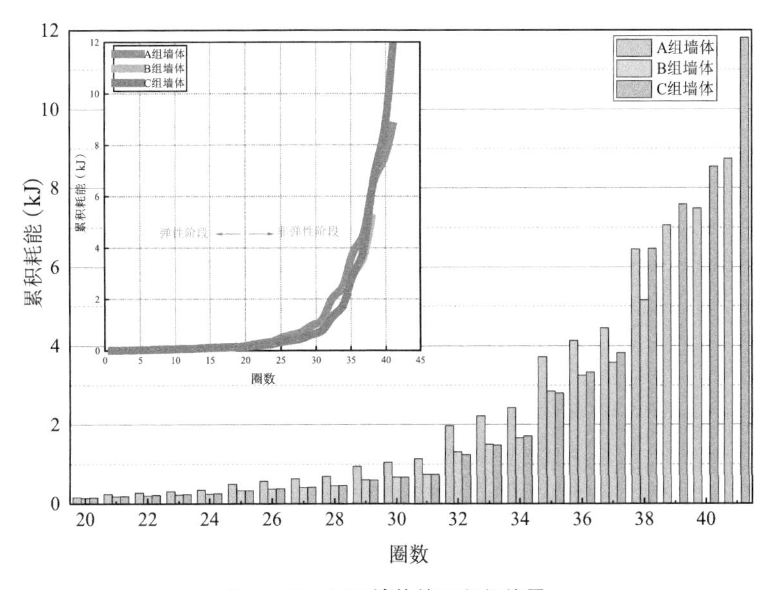

图 3–58　三组墙体的累积耗能量

2. 自攻螺钉布置方案的影响

B 组和 Bs 组中的 V2 × 1-S-H-C 墙体试件用于对比研究自攻螺钉布置方案对墙体抗剪性能的影响。墙体覆面波纹钢板均为肋高 15mm 的波纹钢板，墙体设计高宽比保持为 2∶1 且面板布置方向均为横向布置。B 组中墙体试件自攻螺钉间距为 152mm（自攻螺钉间隔波谷布置），而 Bs 组中 V2 × 1-S-H-C 墙体试件的自攻螺钉间距为 76mm（自攻螺钉相邻波谷布置）。图 3-59 对 B 组中 V2 × 1-D-H-C1、V2 × 1-D-H-C2 和 Bs 组中 V2 × 1-S-H-C 墙体试件的骨架曲线进行了比较。

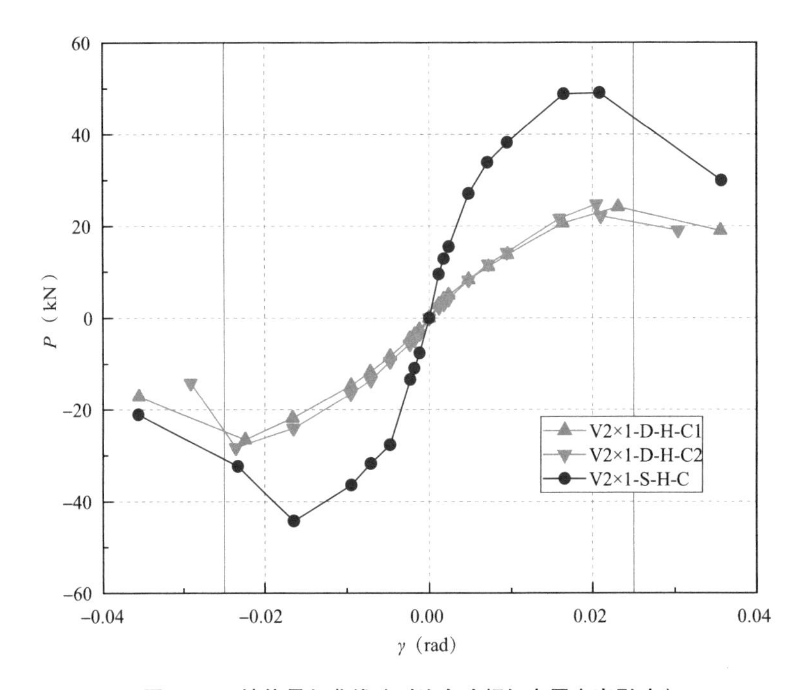

图 3–59　墙体骨架曲线（对比自攻螺钉布置方案影响）

相比于 B 组墙体试件的自攻螺钉布置方案，Bs 组 V2 × 1-S-H-C 墙体的螺钉间距缩小至 76mm，从而为覆面波纹钢板提供更充分的约束。在加载的初期阶段，波纹钢板的变形得到有效限制，螺钉间距减小后剪力墙的初始刚度提高 239.8%。临近峰值荷载时，螺钉加密后的波纹钢板上出现了剪切屈曲。波纹钢板的剪切屈曲性能被利用至更高水平，因此螺钉加密后的墙体抗剪承载力和延性均得到明显提高（墙体抗剪承载力和延性分别提高 80% 和 50%）。因此，合适的自攻螺钉布置可以提高波纹钢板剪切屈曲性能的利用率，使波纹钢板覆面冷弯型钢剪力墙实现更高的抗剪性能。

目前国内外缺乏自攻螺钉间距对波纹钢板覆面冷弯型钢剪力墙抗剪性能影响的相关研究。本书结合自攻螺钉间距对平钢板覆面墙体抗剪承载力的影响做进一步说明。我国规范参考国内外相关试验结果，给出了螺钉间距在 50 ~ 150mm 范围内变化时，平钢板覆面冷弯型钢剪力墙单位抗剪承载力试验值，见表 3-11。

地震作用下平钢板覆面墙体单位长度的受剪承载力试验值（kN/m） 表 3-11

墙面板	高宽比	螺钉间距（mm）				墙架柱厚度（mm）	螺钉型号
		150/300	100/300	75/300	50/300		
单面0.69mm钢板	2：1	7.84	9.48	9.46	10.28	0.84	ST4.2
	4：1	11.18	12.16	13.19	14.22	1.09	ST4.2
单面0.76mm钢板	2：1	13.29	14.79	15.20	15.61	1.09	ST4.2
单面0.84mm钢板	2：1	15.41	17.06	18.03	19.03	1.09	ST4.2

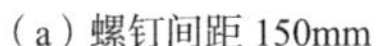

（a）螺钉间距 150mm

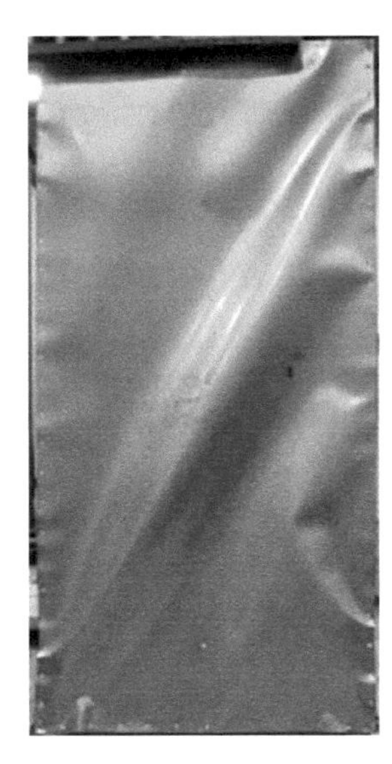

（b）螺钉间距 100mm

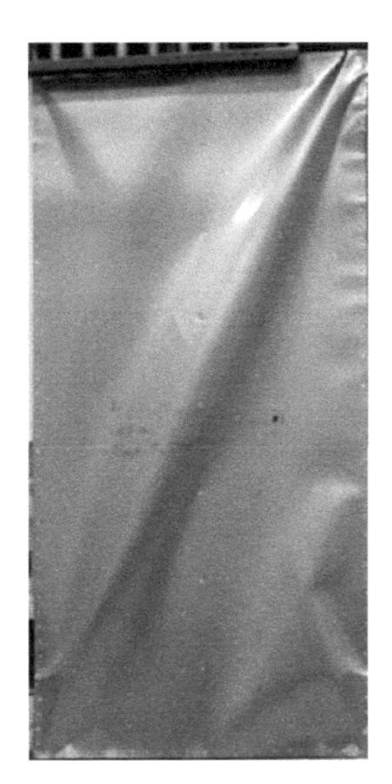

（c）螺钉间距 50mm

图 3-60 平钢板剪切屈曲现象

从表 3-11 中可以发现当墙体周边自攻螺钉间距从 150mm 缩小至 75mm 时，平钢板覆面墙体的抗剪承载力提高范围控制在 14% ~ 20% 的范围内。而本书中波纹钢板覆面墙体的自攻螺钉间距由 152mm 缩小至 76mm 时，墙体抗剪承载力提升 80%，由此可见，自攻螺钉布置方案对波纹钢板覆面墙体的影响更大。这是由于平钢板的临界剪切屈曲荷载较小，即便自攻螺钉布置间距较大，平钢板也能发生明显的剪切屈曲（图 3-60）。当平钢板出现剪切屈曲后，加密自攻螺钉对墙体的抗剪承载力提升有限。波纹钢板需要较高的自攻螺钉约束强度才能发挥出面板的屈曲性能，进而墙体表现出较高的抗剪承载力。因此，自攻螺钉布置方案对波纹钢板的剪切屈曲性能影响仍需进一步研究。

3. 墙体高宽比的影响

B 组和 Bs 组中的 V4 × 1-D-H-C、V1 × 1-D-H-C 墙体试件用于对比研究高宽比对墙体抗剪性能的影响。覆面波纹钢板均为肋高 15mm 的波纹钢板，自攻螺钉间距为 152mm，面板布置方向均为横向布置。为研究高宽比对墙体抗剪性能的影响，试件包括三种宽度：0.6m、1.2m 和 2.4m，相应设计高宽比分别为 4：1、2：1 和 1：1。图 3-61 中比较了三种高宽比墙体的低周往复加载试验的骨架曲线。

随着高宽比变化，波纹钢板覆面墙体的主要破坏模式未表现较大差异，均为由大量自攻螺钉拉脱破坏而导致的蒙皮效应丧失。波纹钢板均未出现剪切屈曲，因此无法判断高宽比对面板剪切屈曲能力的影响。结果表明墙体抗剪承载力和初始刚度随高宽比降低而升高。与高宽比 4∶1 墙体相比，高宽比 2∶1 和 1∶1 的墙体承载力分别提高 195.12% 和 644.6%，初始刚度分别提高 335% 和 2650.4%。峰值位移 Δ_{max} 随着墙体高宽比增加呈现出线性增加的趋势，高宽比 4∶1 墙体的峰值位移超过 1/40 层高，因此难以在层间位移角限值 2.5% 前充分发挥墙体的抗剪承载力。抗剪承载力随高宽比的变化如图 3-62 所示，抗剪承载力的比较见表 3-12。

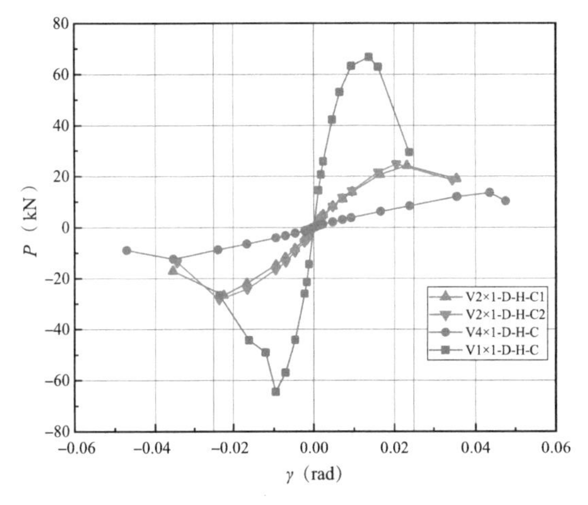

图 3-61　墙体骨架曲线（考虑墙体高宽比影响）

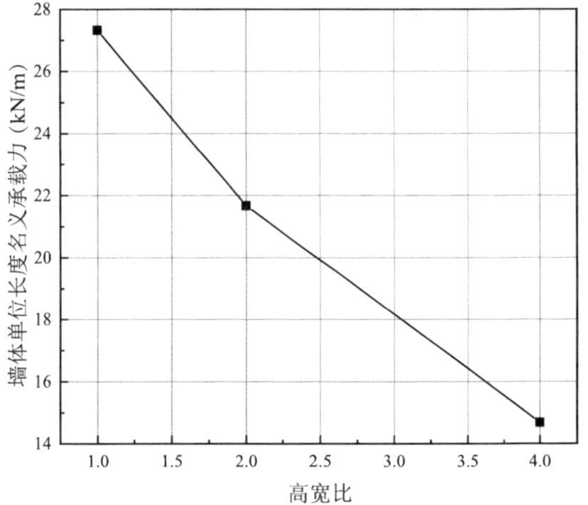

图 3-62　高宽比对抗剪承载力的影响

本书中采用面板四周自攻螺钉间隔波谷的布置形式，高宽比的变化并未明显改善自攻螺钉拉脱的破坏模式。我国和北美规范规定墙体高宽比大于 2∶1 时，抗剪承载力应根据系数 η 进行折减，该系数被验证是安全可靠的。

单位长度不同高宽比剪力墙试件抗剪承载力对比　　表 3-12

试件编号	高宽比	抗剪强度（kN/m）	比值	η
V1 × 1-D-H-C	1∶1	27.33	1	1
V2 × 1-D-H-C1	2∶1	21.63	0.79	1
V2 × 1-D-H-C2				
V4 × 1-D-H-C	4∶1	14.68	0.54	0.5

注：η为AISI 规范规定的抗剪承载力折减系数。

4. 波纹钢板布置方向的影响

B 组和 Bs 组中的 V2 × 1-D-V-C 墙体试件用于对比研究高宽比对波纹钢板布置方向的影响。覆面波纹钢板均为肋高 15mm 的波纹钢板，自攻螺钉间距保持为 152mm、设计高宽比为 2 : 1。为研究波纹钢板布置方向对抗剪性能的影响，试验中波纹钢板包括横向和竖向放置两种形式。图 3-63 中比较了两种面板布置方向墙体的低周往复加载试验骨架曲线。

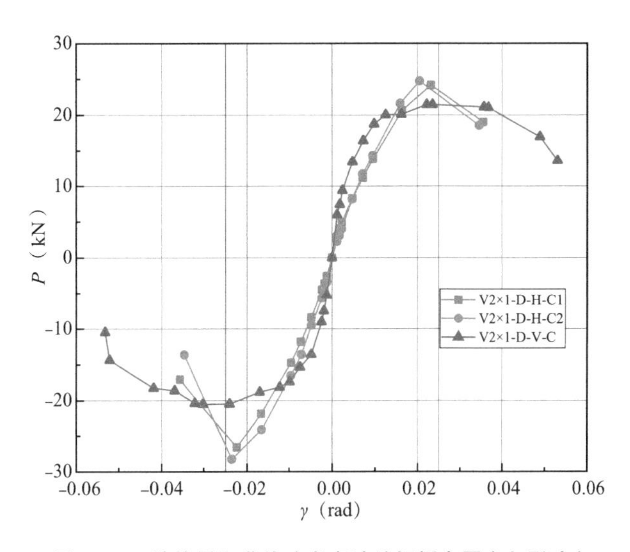

图 3-63　墙体骨架曲线（考虑波纹钢板布置方向影响）

竖向布置的中肋波纹钢板在侧向荷载作用下出现明显的剪切屈曲。峰值荷载时面板上形成明显拉力带作用，波纹钢板的屈曲强度被充分发挥。在峰值点过后墙体表现出较高的强度储备。与面板水平向布置的墙体相比，竖向布置墙体的抗剪承载力降低 19%，但是其刚度提高 129.9%，延性提高 304.2%。竖向布置时，波纹钢板发生波纹变形的长度较短，因此初期刚度明显提升。此外，波纹钢板表现出明显的“手风琴”作用，存在沿力作用方向的变形能力，进而明显改善墙体延性。

3.3　数值模型

随着计算机技术的快速发展，有限元数值模拟已成为目前工程分析中一种不可或缺的研究技术手段。ABAQUS 有限元软件是应用最为广泛的大型通用有限元分析软件之一，具有强大的计算分析功能及广泛的数值模拟性能，近年来被广泛用于冷弯型钢构件的精细化模型分析。目前国内外学者已经基于 ABAQUS 对 OSB 板、石膏板、平钢板、波纹钢板以及水泥纤维板等板材覆面冷弯型钢剪力墙进行了精细化模型建立以及不同程度的参数分析。

本节在自攻螺钉连接抗剪性能试验的基础上，利用 ABAQUS 有限元分析软件对单调加载抗剪墙体进行了有限元模拟。在有限元分析结果得到试验数据充分验证的基础上进行补充墙体分析，充分考察自攻螺钉布置方案和高宽比对波纹钢板剪切屈曲性能和墙体抗剪承载力的影响。

3.3.1 有限元模型建立

1. 单元类型选取及网格划分

模拟墙体的龙骨壁厚为 1.2mm，面板厚度为 0.6mm，构件沿厚度方向的尺寸远小于另外两个方向的尺寸，属于薄壁构件，均采用壳单元 S4R 进行模拟。壳单元 S4R 为 4 节点单元，每个节点分别有 6 个自由度。该单元沿厚度方向默认 5 个积分点，适用于分析中等及以下厚度壳体，性能稳定，适用性广。

Schafer 等人研究了网格尺寸对冷弯型钢构件有限元模型计算灵敏度的影响，发现粗网格可以准确捕捉到构件的弯曲变形和整体屈曲；相对细化的网格可以较好地捕捉到局部屈曲和畸变屈曲。参考本书 3.2.2 节介绍的墙体破坏模式（表 3-9），可以发现波纹钢板容易出现整体屈曲，而龙骨构件上容易形成局部屈曲。因此在进行网格划分时，面板网格尺寸确定为 25mm，立柱网格尺寸为 15mm，导轨网格尺寸为 12.5mm。各构件及组合墙的网格划分如图 3-64 所示。

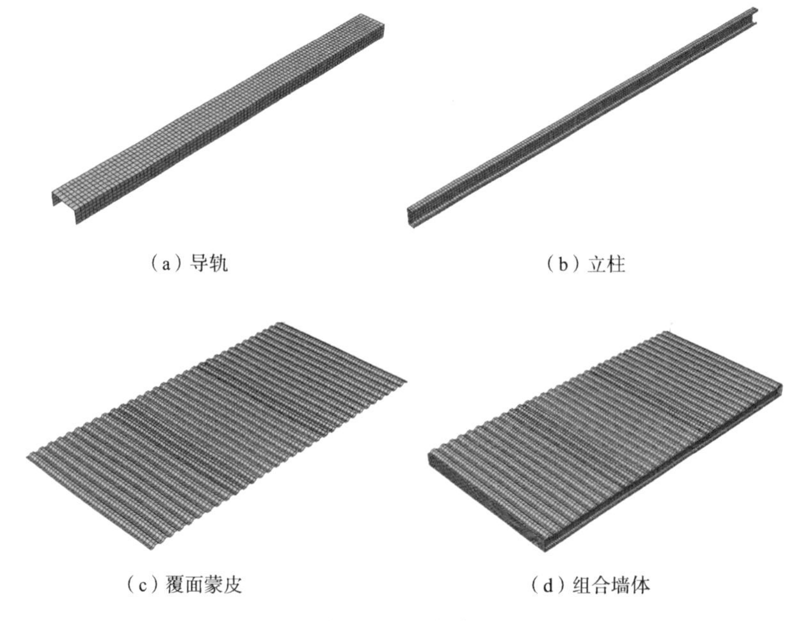

（a）导轨　（b）立柱　（c）覆面蒙皮　（d）组合墙体

图 3-64　各构件及组合墙的网格划分

2. 材料非线性

材料非线性指的是材料应力与应变间呈现非线性的关系。ABAQUS 包含了丰富的非线性材料库，适合用于本章波纹钢板覆面冷弯型钢剪力墙的抗剪性能分析。由 3.2.3 节的材性试验结果可以看出，导轨和立柱构件屈服后有明显的强化阶段，因此本节采用双线性等向强化模型模拟龙骨构件的本构关系。而波纹钢板屈服后的强化阶段不明显，采用理想弹塑性材料模型进行模拟。在输入 ABAQUS 之前，需要利用式（3-6）和式（3-7）将材性试验得到的工程应力—应变关系转化为真实的应力—应变关系：

$$\sigma_{\text{true}} = \sigma_{\text{eng}}\left(1+\varepsilon_{\text{eng}}\right) \tag{3-6}$$

$$\varepsilon_{\text{true}} = \ln\left(1+\varepsilon_{\text{eng}}\right) \tag{3-7}$$

式中：σ_{eng} 和 ε_{eng} 分别为材性试验得到的工程应力和应变，σ_{true} 和 $\varepsilon_{\text{true}}$ 分别为真实的应力和应变。

冷弯型钢剪力墙的各个构件材料均采用 Von Mises 屈服准则。冷弯型钢导轨、立柱和 V76 型波纹钢板的应力—应变关系如图 3-65 所示。

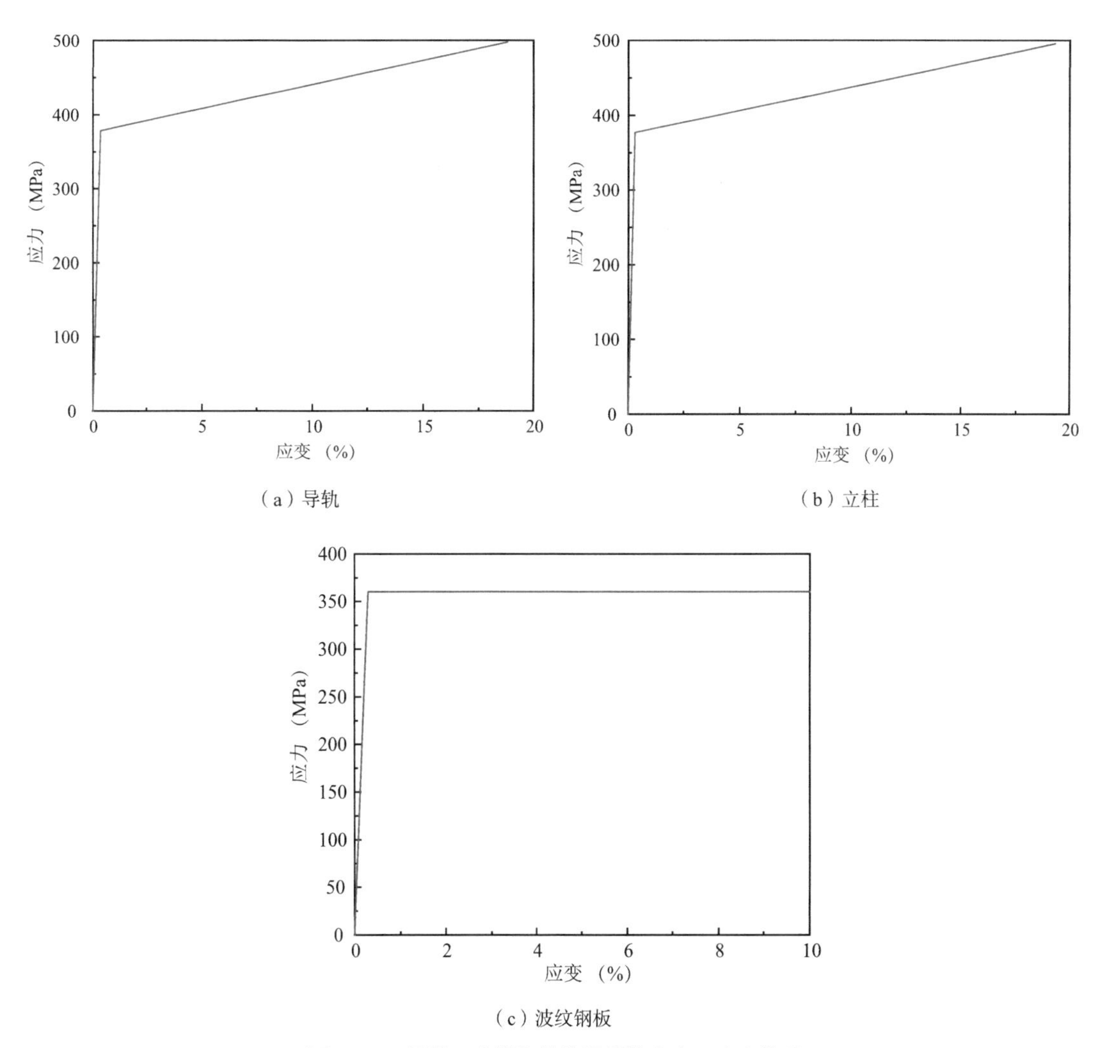

（a）导轨　（b）立柱

（c）波纹钢板

图 3-65　导轨、立柱和波纹钢板的应力—应变关系

3. 自攻螺钉连接模拟

覆面冷弯型钢剪力墙的抗剪承载力主要依靠自攻螺钉连接提供，对自攻螺钉连接的有效模拟是整个墙体模型模拟的关键。模型中的自攻螺钉连接包括两种类型，第一种是龙骨构件间的自攻螺钉连接，包括立柱背靠背连接及导轨与立柱间的连接；第二种是墙面板自攻螺钉连接，包括面板与钢框架的连接及面板搭接处的连接。本书采用两种不同方法对这两种自攻螺钉连接形式分别模拟。

（1）龙骨构件间的自攻螺钉连接

对于龙骨构件间的自攻螺钉连接，参考第 2 章中的试验现象可以发现覆面墙体的钢框架各构件之间的连接基本完好，螺钉的滑移较小，因此假设各构件之间的连接为刚接，采用 Tie 绑定约束模拟该种自攻螺钉连接。绑定约束是将模型的两部分区域绑定在一起，使二者的平动和转动自由度相等，分析过程中不发生相对运动。这样的模拟方法既与试验现象比较相符，又能节约建模、分析和运算时间。在主、从节点的选择上，均选取靠近钉头侧板上的节点为主节点，远离钉头侧板上的节点为从节点，使从节点跟随主节点运动。龙骨构件间自攻螺钉连接模拟如图 3-66 所示。

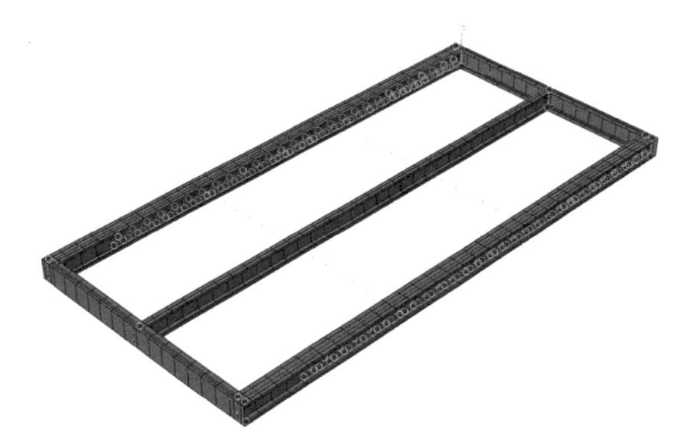

图 3–66　龙骨构件间的自攻螺钉连接模拟

（2）墙面板自攻螺钉连接

Tao 进行了大量自攻螺钉连接试验。试件包括多种自攻螺钉型号和龙骨厚度组合下的覆面板—钢龙骨组合件，其中覆面板包括钢板、OSB 板、胶合木板和石膏板。Tao 根据试验曲线，将自攻螺钉剪切本构简化为四阶段模型，分别为弹性阶段、强化阶段、后峰值阶段和残余阶段，如图 3-67 所示。根据试验结果进行了回归分析，提出了对应模型四阶段的计算方法，见式（3-8）~ 式（3-11）。

$$F_{[y,c,r]}=\alpha\,\varphi^{\beta}F_{ss}\leqslant F_{ss} \tag{3-8}$$

$$\varphi=\left(F_{ss}/t_1DF_{u1}\right)\left(F_{ss}/t_2DF_{u2}\right) \tag{3-9}$$

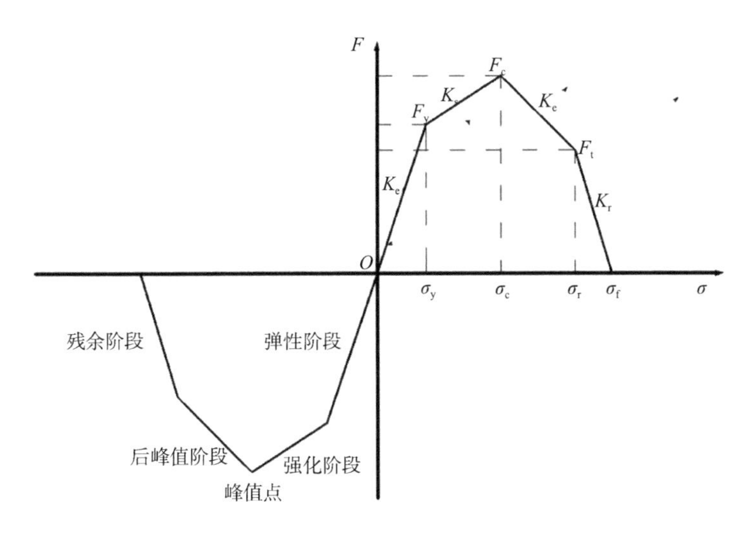

图 3–67　Tao 给出的连接模型

$$K_{[e,s,c,r]}=\alpha\varphi^{\beta}K_a \tag{3-10}$$

$$K_a=\left[1/\left(E_1t_1\right)+1/\left(E_2t_2\right)\right]^{-1} \tag{3-11}$$

式中：F_{ss} 为单颗自攻螺钉抗剪承载力，取 8.36kN（厂家提供的螺钉抗剪力最小值）；D 为自攻螺钉名义直径；t_1 为钉头侧构件厚度；t_2 为远离钉头侧构件厚度；F_{u1} 为钉头侧构件极限抗拉强度；F_{u2} 为远离钉头侧构件极限抗拉强度；E_1 为钉头侧构件弹性模量；E_2 为钉头侧构件弹性模量；α、β 为基于试验结果通过回归分析得到的常数，见表 3-13。

α、β 系数取值　　表 3–13

参数	加载方式	α	β	参数	加载方式	α	β
F_y	单调加载	1.20	−0.50	K_e	单调加载	0.27	−0.69
	循环加载	1.25	−0.55		循环加载	0.65	−0.69
F_c	单调加载	1.63	−0.48	K_s	单调加载	0.017	−0.69
	循环加载	1.59	−0.47		循环加载	0.025	−0.82
F_r	单调加载	2.12	−0.78	K_c	单调加载	−0.012	−0.60
	循环加载	1.43	−0.63		循环加载	−0.010	−0.58
				K_r	单调加载	−0.0058	−0.48
					循环加载	−0.040	−0.77

注：表中数据适用于钢板-钢龙骨连接形式。

墙面板自攻螺钉连接包括面板与钢框架的连接及面板搭接处的连接。对于面板与钢框架间的自攻螺钉连接，本书根据 Tao 给出的自攻螺钉连接剪切本构模型对第 2 章中的自攻螺钉连接试验力—位移曲线进行简化处理，从而得到在有限元研究中适用的单颗自攻螺钉连接单元剪切本构关系。

墙体受剪蒙皮由三块波纹面板搭接而成，在面板搭接处形成两条搭接缝。本书中搭接缝处的自攻螺钉连接剪切本构参考式（3-8）~ 式（3-11）的计算结果得到。面板自攻螺钉连接剪切本构模型如图 3-68 所示。

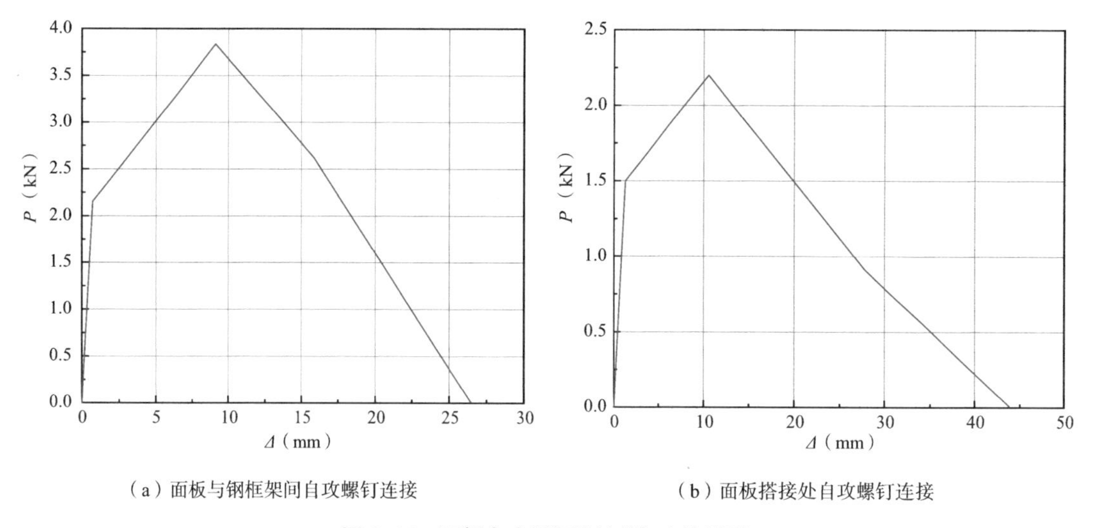

（a）面板与钢框架间自攻螺钉连接

（b）面板搭接处自攻螺钉连接

图 3–68　面板自攻螺钉连接剪切本构模型

本书均采用非线性 Connector 连接单元对上述两种面板自攻螺钉连接进行模拟。ABAQUS 中 Connector 连接单元有三种设置方式，本书中连接种类为基本信息（Basic），平移类型为笛卡儿（Cartesian），旋转类型为对齐（Align），如图 3-69 所示。平移类型笛卡儿中可编辑的自由度包括 U1、U2 和 U3；旋转类型对齐中 UR1、UR2 和 UR3 均被约束，两点之间不能发生相对转动。模型中自攻螺钉连接模拟如图 3-70 所示。

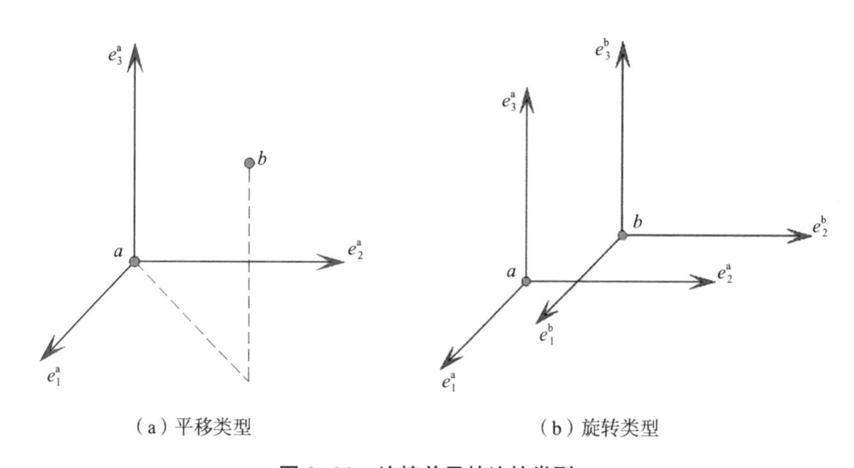

（a）平移类型

（b）旋转类型

图 3–69　连接单元的连接类型

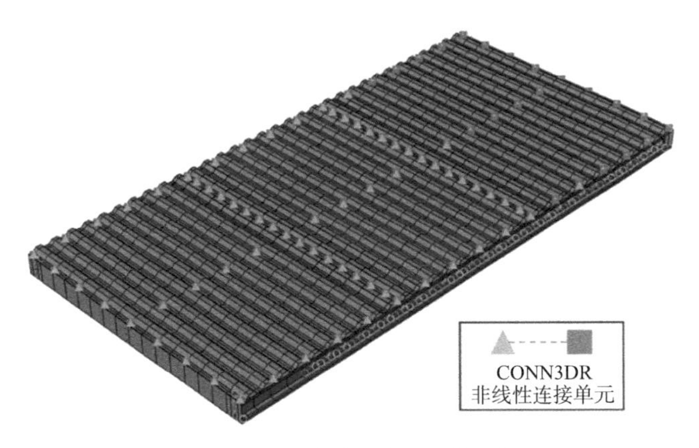

图 3-70　面板自攻螺钉连接模拟

4. 抗拔连接件模拟

本书 3.2 节的墙体试件在受拉侧和受压侧立柱底端均设置有抗拔连接件。墙体在水平荷载作用下会产生倾覆弯矩，边立柱与抗拔连接件连接后形成力偶，从而抵抗倾覆弯矩。冷弯型钢墙体安装抗拔连接件后，抗剪承载力大幅提升。因此，抗拔连接件的模拟精度会影响墙体的承载力。

参考 3.2.2 节中介绍的试验现象，抗拔连件并未产生破坏，但在加载过程中被略微抬起一定高度。在 ABAQUS 的模拟中，将边立柱底端抗拔件连接区域的节点沿重力方向施加接地弹簧 Spring1，该弹簧单元的一个节点固定不动，另一个节点定义在被约束自由度的方向。抗拔件的轴向拉伸刚度基于 Leng 等的研究成果进行调整。墙体受压时，立柱的轴力通过抗拔连接件传递给基础，故抗拔件受压刚度取拉伸刚度的 1000 倍。这种模拟法既可以实现抗拔强度，又可以模拟出抗拔件的小幅度滑移。抗拔连接件的模拟如图 3-71 所示。

（a）抗拔连接件实物图

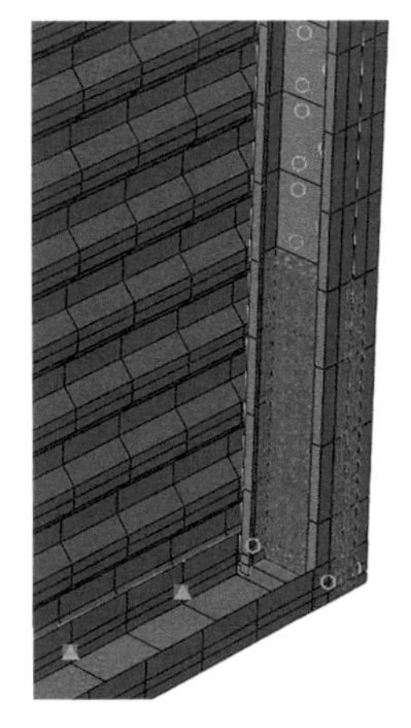
（b）抗拔连接件模拟图

图 3-71　抗拔连接件模拟

5. 边界条件模拟

结构只有受到一定的约束才能保持其稳定性，边界约束条件能够直接影响结构的整体力学性能。因此墙体模型的边界约束条件模拟是有限元分析的关键影响因素之一。结合本书 3.2.1 节的试验装置可以发现墙体受到的边界约束条件包括三类：（1）加载顶梁的作用；（2）墙体两侧面外支撑的作用；（3）底部导轨通过抗剪螺栓和抗拔连接件与底梁连接。

在建立模型时，将上导轨腹板以及立柱顶端节点沿加载方向的平动自由度耦合至上导轨一参考点 RP-1 上，使上腹板像刚体一样运动，以模拟加载过程中顶梁的作用。模型同时约束了上导轨翼缘上两行节点的平面外方向自由度，以模拟墙体面外支撑的作用。约束下导轨腹板及立柱下端节点三个方向的平动及转动自由度，以模拟抗拔、抗剪螺栓的固结作用。模型中墙体的边界条件设置如图 3-72 所示。

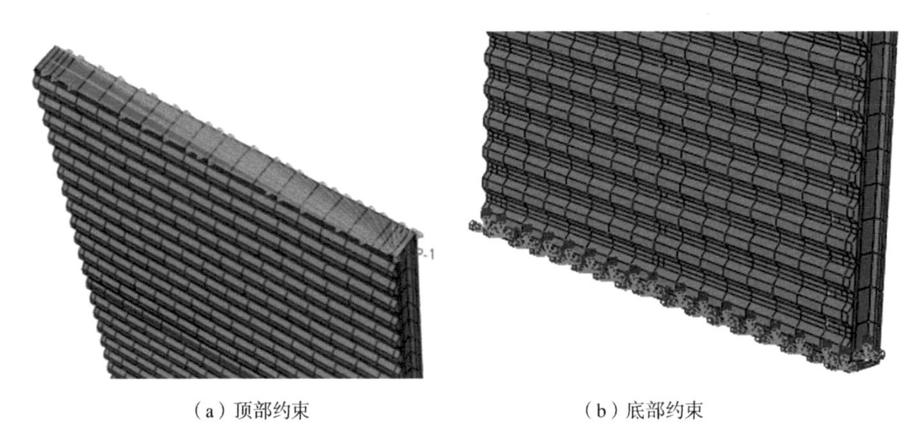

（a）顶部约束　　（b）底部约束

图 3-72　边界条件模拟

6. 接触设置

在墙体构件间设置表面与表面接触以避免计算过程中可能发生的穿透现象。在 ABAQUS 中，接触有着严格的主 / 从接触算法：从属表面的节点不能穿透到主控表面，而主控表面的节点可以穿透到从属表面。本书的接触设置共包括两部分：（1）波纹钢板与冷弯型钢框架之间的接触；（2）波纹钢板搭接处面板间的接触。对于第一种情况，将钢框架的表面作为主表面，波纹钢板的表面作为从表面，如图 3-73 所示。对于第二种情况，将面板搭接时位于上方的面板作为主表面，位于下方的面板作为从表面，如图 3-74 所示。

接触属性包括接触面的法向作用和切向作用。本书分别采用法向硬接触和切线无摩擦来模拟各构件间的接触行为。法向行为中，定义硬接触意味着接触面之间能够传递的接触压力的大小不受限制，当接触压力变为零或负值时，两个接触面分离，并且去掉相应节点上的接触约束。法向行为中，定义摩擦系数来表述接触之间的摩擦特性，摩擦系数为 0 时即无摩擦。

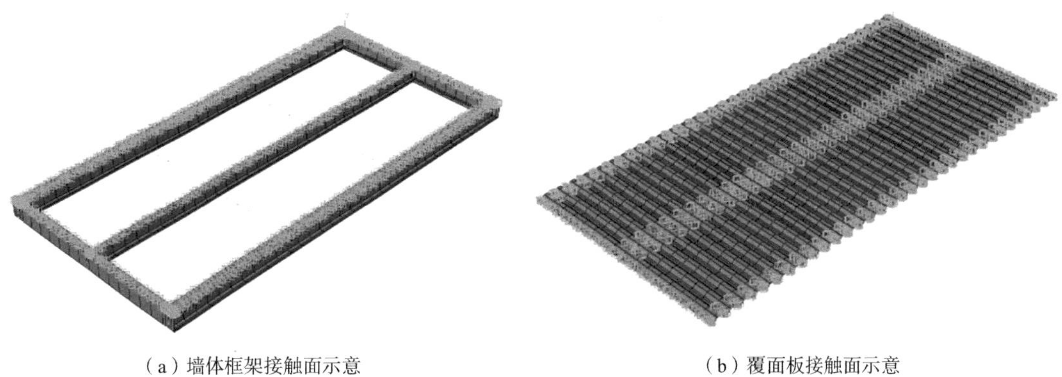

（a）墙体框架接触面示意　　（b）覆面板接触面示意

图 3-73　波纹钢板与冷弯型钢框架之间的接触设置

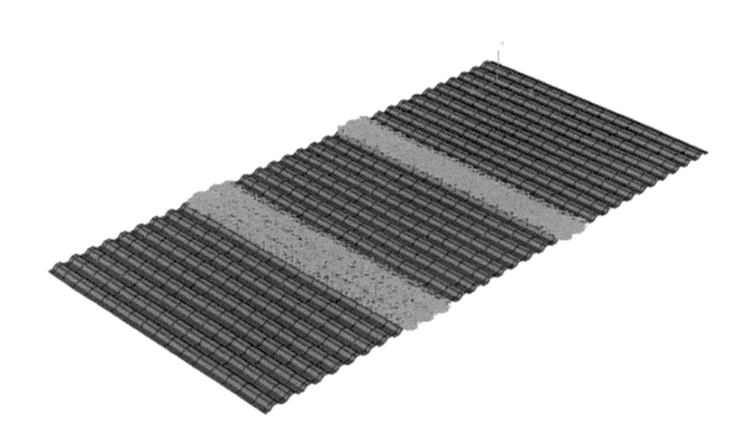

图 3-74　波纹钢板搭接处的接触

7. 加载方式和求解控制

通过位移控制进行墙体的单调加载。模型在上述边界条件施加时已将上导轨腹板和上柱顶端节点沿加载方向的平动自由度耦合至一参考点 RP-1，故水平位移荷载只需在该参考点进行施加即可。

在对有限元模型进行求解分析时，ABAQUS 程序通常采用 Newton-Raphson 法进行非线性求解。合理设置增量步有利于非线性问题的求解。为在非线性分析时保证收敛性和计算效率，本书的初始增量步为 0.01，最小增量步和最大增量步为 1E-10 和 1，最大增量步数设为 1000。在设置分析时勾选“自动稳定：指定耗散能分数”选项，以保证局部塑性变形过大时模型的收敛性。

3.3.2　有限元模型验证

为验证有限元模型的合理性，本节以 B 组 V2 × 1-D-H-M 墙体试件为研究对象，建立有限元分析模型进行单调加载，并从破坏模式、荷载—位移曲线以及抗剪性能特征值三个方面对有限元模型的正确性进行验证，以确保后续分析的有效性。

1. 破坏现象对比

墙体的有限元模型在单调加载过程中，表现出与实际试验中基本一致的破坏现象。加载初期，墙体没有明显变化，应力集中在面板两侧（自攻螺钉连接处和波纹钢板波峰处）。随后应力向面板内部开展，波纹钢板波纹逐渐变形，如图 3-75 所示。随着加载位移的增加，波纹面板的变形程度加剧。当接近峰值荷载时，面板两侧自攻螺钉连接出现破坏现象，承载力突然下降，面板应力降低。在后处理界面中，从 Connector 连接单元的荷载—位移曲线可以验证峰值点时的自攻螺钉连接失效，如图 3-76 所示。因此，有限元模型和试验墙体的主要破坏模式较为吻合，均为自攻螺钉连接失效导致的蒙皮效应丧失。

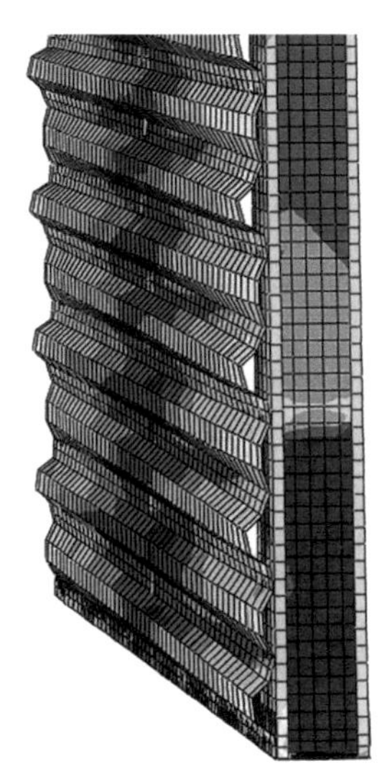

（a）试验现象　　（b）模拟现象

图 3-75　波纹钢板变形

（a）试验现象

图 3-76　自攻螺钉连接失效（一）

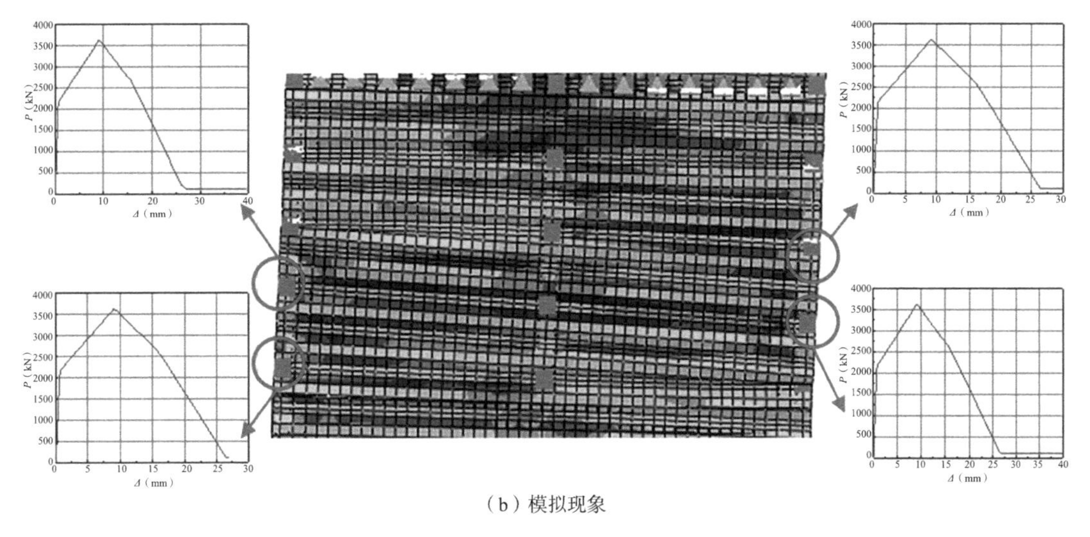

（b）模拟现象

图 3–76　自攻螺钉连接失效（二）

2. 模拟结果对比

试验墙体与有限元模拟的力—位移曲线对比如图 3-77 所示。采用等效能量弹塑性模型（Equivalent Energy Elastic-Plastic Model）对有限元模型的力—位移曲线进行处理，特征值对比见表 3-14。

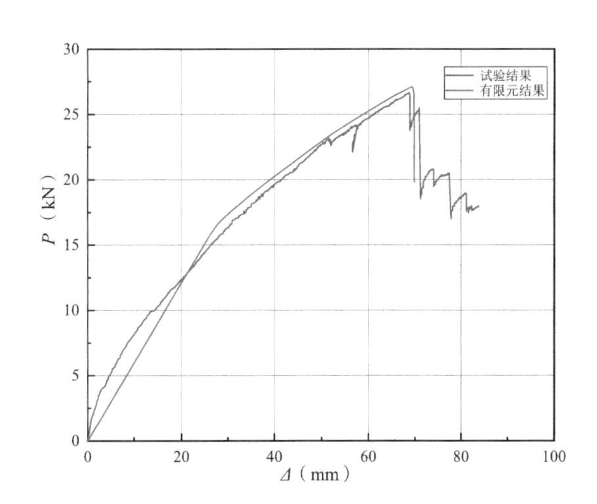

图 3–77　试验墙体与有限元模拟的力—位移曲线对比

从图 3-77 中可以看出有限元模拟和试验得到的两条力—位移曲线吻合较好。两条曲线的上升趋势大致相同。弹性阶段有限元模型的上升刚度略低于试验墙体，而在弹塑性阶段二者的上升刚度接近。两条曲线几乎同时到达峰值点。峰值点过后由于自攻螺钉的连接失效，墙体刚度退化明显，两条曲线均表现出断崖式下跌，承载力降低至 80% 峰值荷载，加载结束。表 3-14 中的计算结果表明有限元模型和试验墙体试件在峰值荷载、峰值位移以及屈服荷载之间的差值均小于5%。有限元模型分析结果与试验结果吻合度较高。

综上所述，本书建立的有限元模型可以准确捕捉到试验中墙体的破坏模式，模拟结果与试验结果相差较小。有限元模型的计算准确度和可行性得以验证。

有限元和试验特征值比较 **表3–14**

对比项	峰值荷载P_{max}（kN）	峰值位移Δ_{max}（mm）	屈服荷载P_y（kN）
试验	26.6	68.6	22.0
有限元	27.1	69.3	23.1
试验/有限元	98.2%	99.0%	95.2%

3.3.3 有限元补充墙体研究

1. 模型介绍

参考3.2.2节试验现象和3.2.3节试验结果可知，对于自攻螺钉间距为152mm的V76型波纹钢板覆面剪力墙而言，高宽比的变化并未对墙体的破坏模式产生明显影响，三种高宽比墙体的主要破坏模式均为自攻螺钉拉脱破坏导致的蒙皮效应丧失。波纹钢板上均未形成斜向拉力带作用，剪切屈曲性能未充分发挥。为深入了解高宽比对波纹钢板屈曲性能的影响，本节以3.3.2节中建立的有限元模型为基础，对自攻螺钉间距为76mm的V76型波纹钢板覆面剪力墙的高宽比进行变参分析，所研究的高宽比包括4∶1、2∶1和1∶1。

本节所补充的三片墙体模型尺寸参数见表3-15。表格中墙体模型的命名方式为："V"表示V76型波纹钢板；"1×1、2×1和4×1"表示墙体设计高宽比；"S"表示自攻螺钉相邻波谷布置方案；"H"表示波纹钢板横向放置；"FE"表示有限元模拟墙体。装配后的三片有限元补充墙体模型如图3-78所示。

墙体模型尺寸参数 **表3–15**

序号	试件编号	墙体尺寸 高×宽（m）	螺钉间距 四周/中间（mm）	波纹方向	面板厚度（mm）	龙骨厚度（mm）
1	V4×1-S-H-FE	2.42×0.6	76/152	横向	0.6	1.2
2	V2×1-S-H-FE	2.42×1.2	76/152	横向	0.6	1.2
3	V1×1-S-H-FE	2.42×2.4	76/152	横向	0.6	1.2

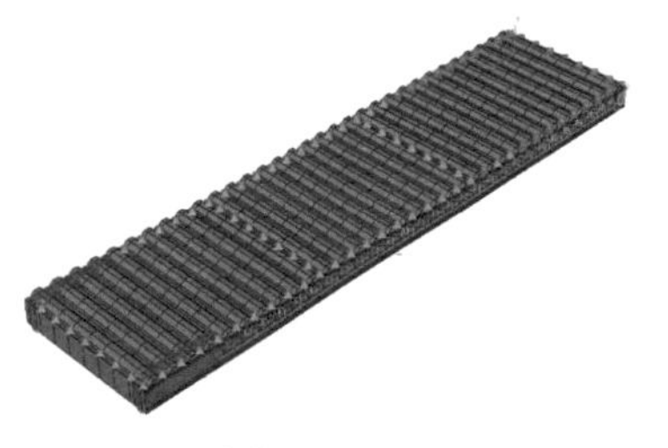

（a）V4×1-S-H-FE

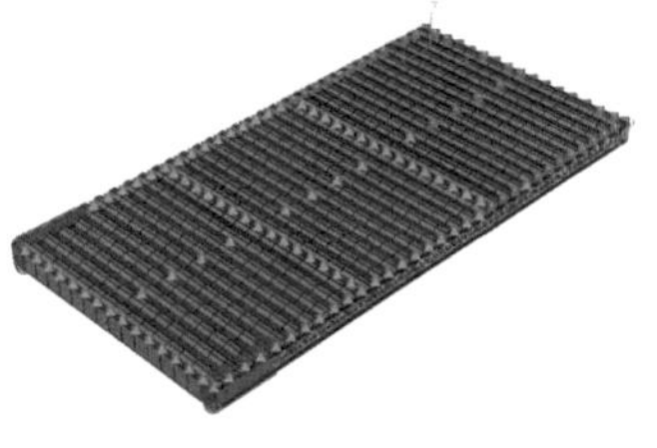

（b）V2×1-S-H-FE

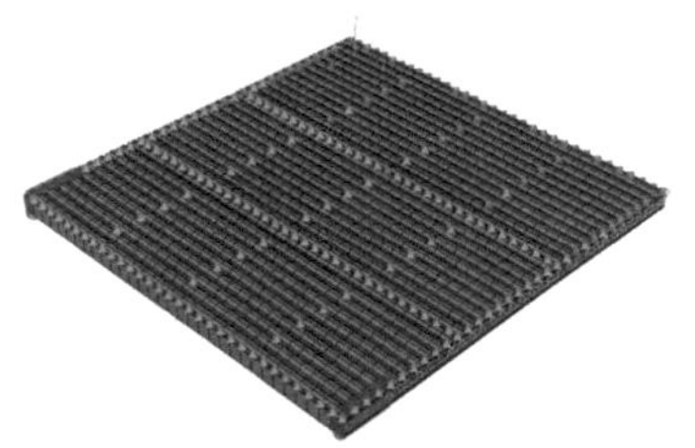

（c）V1×1-S-H-FE

图3–78 有限元补充墙体模型

2. 墙体模型破坏现象

（1）V4 × 1-S-H-FE 墙体

加载初期，墙体没有明显变形，应力集中在自攻螺钉连接处。高宽比 4∶1 的墙体较柔，在荷载作用下立柱出现轻微弯曲变形，应力逐渐向面板内部开展。当墙体承载力达到峰值荷载时，螺钉连接位置的立柱出现了明显的应力集中，面板自攻螺钉出现连接失效。此外，墙体立柱弯曲变形明显，受压侧立柱下端出现局部屈曲。随后，由于蒙皮效应的丧失，面板上应力快速降低。墙体位于峰值点的破坏模式如图 3-79 所示。

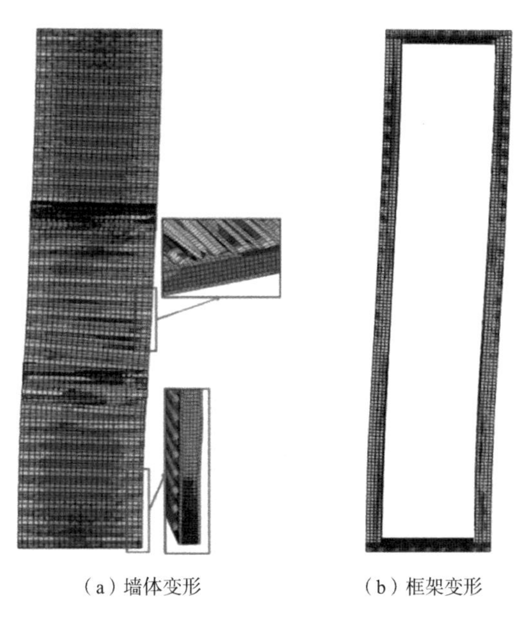

（a）墙体变形　　（b）框架变形

图 3–79　V4 × 1–S–H–FE 墙体破坏模式

（2）V2 × 1-S-H-FE 墙体

加载前期，应力集中在四周自攻螺钉连接处，随后向面板中部开展。随着荷载增加，面板中部未被自攻螺钉连接的波谷处应力提高，随后该位置出现剪切屈曲，墙体达到峰值荷载。立柱出现轻微弯曲变形，立柱下端自攻螺钉连接位置出现局部屈曲。峰值荷载时刻的墙体破坏如图 3-80（a）、图 3-80（b）所示。峰值荷载过后，面板上的剪切屈曲逐渐发展形成一条明显的斜向拉力带，如图 3-80（c）所示。

（3）V1 × 1-S-H-FE 墙体

加载前期，应力集中在四周自攻螺钉连接处，随后向面板中部开展。类似于 V2 × 1-S-H-FE 墙体，波纹钢板在未被自攻螺钉连接的波谷处应力上升，波纹钢板出现剪切屈曲并伴随有轻微出平面变形，墙体达到峰值荷载。墙体立柱同样出现弯曲变形以及螺钉连接处的应力集中，但变形程度相对较小。峰值点过后，面板上形成非常明显的斜向拉力带作用，应力集中在拉力带作用范围内，墙体抗剪承载力下降明显。如图 3-81 所示。

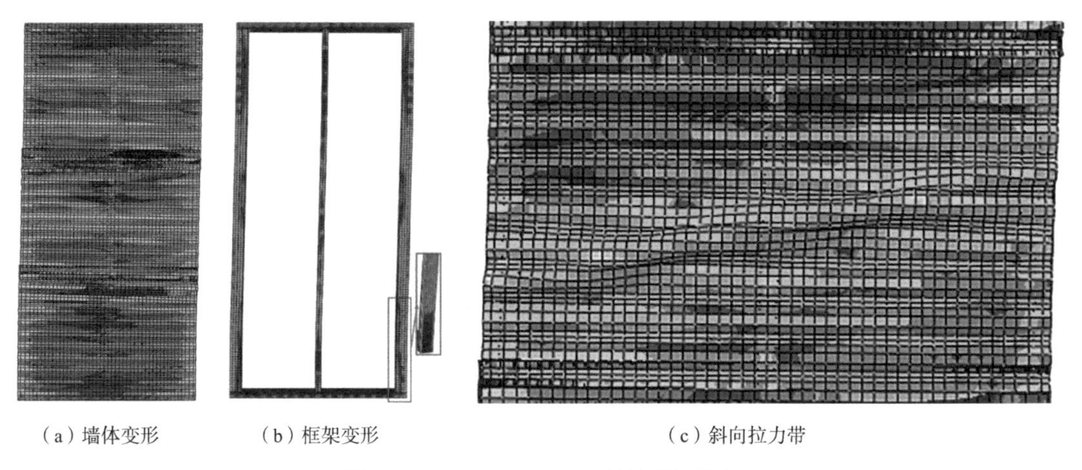

（a）墙体变形　　（b）框架变形　　（c）斜向拉力带

图 3-80　V2×1-S-H-FE 墙体破坏模式

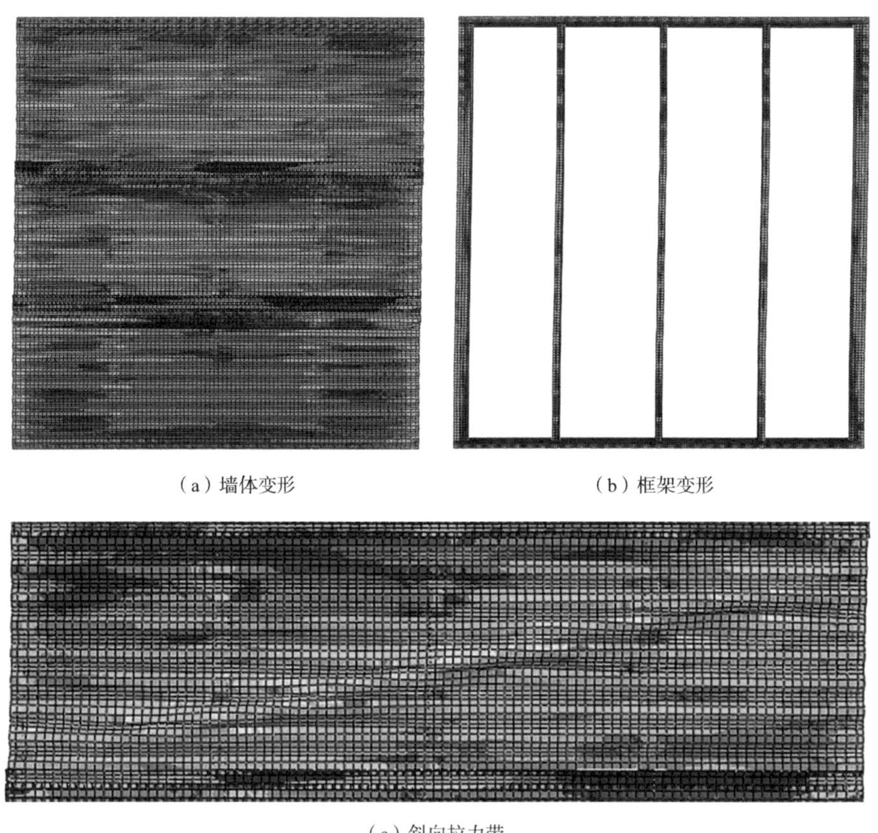

（a）墙体变形　　（b）框架变形

（c）斜向拉力带

图 3-81　V1×1-S-H-FE 墙体破坏模式

综上所述，本节中自攻螺钉布置方案采用相邻波谷布置的形式，墙体高宽比的变化对波纹钢板的剪切屈曲性能有明显影响。高宽比 4∶1 的墙体破坏模式为自攻螺钉的连接失效，波纹钢板上未形成剪切屈曲；高宽比 2∶1 和 1∶1 的墙体均是由于面板剪切屈曲而达到峰值荷载，峰值荷载过后面板上形成斜向拉力带，其中高宽比 1∶1 墙体的斜向拉力带作用更为明显。因此，墙体高宽比会对波纹钢板的剪切屈曲性能产生明显影响。

3. 模拟结果

三片有限元模拟墙体的荷载—位移曲线如图 3-82 所示。随着高宽比的降低，墙体在弹性段和弹塑性段的上升刚度明显提高。高宽比 1∶1 墙体和 2∶1 墙体分别在加载位移为 29.9mm 和 47.7mm 时到达峰值荷载，而高宽比 4∶1 的墙体柔性较大，墙体难以在层间位移角限值之前达到最大承载力。三片模拟墙体的有限元模拟结果被总结于表 3-16 中。

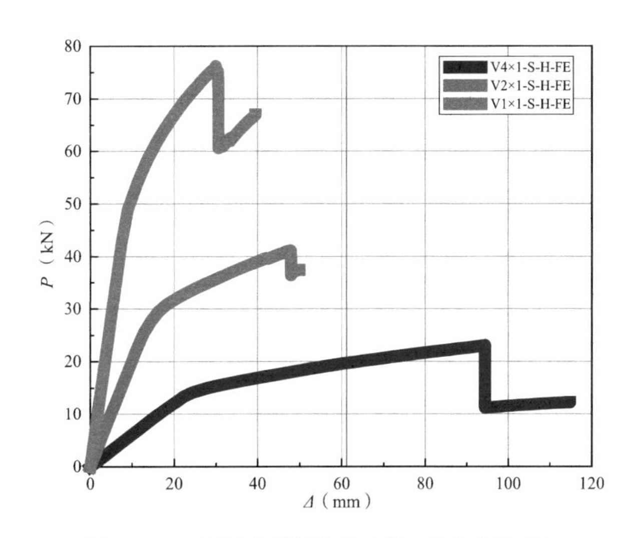

图 3–82 不同高宽比墙体的荷载—位移曲线对比

有限元模拟结果 表 3–16

序号	试件编号	破坏模式	名义承载力P_{nom}（kN）	单位承载力（kN/m）	比值	η
1	V1 × 1-S-H-FE	面板剪切屈曲	76.1	31.7	1	1
2	V2 × 1-S-H-FE	面板剪切屈曲	41.1	34.2	1.08	1
3	V4 × 1-S-H-FE	螺钉连接失效	19.7	32.8	1.03	0.5

注：η为AISI规范规定的抗剪承载力折减系数。

从表 3-16 中可以发现，虽然随着高宽比的降低，墙体名义抗剪承载力明显增加，但是三片墙体的单位承载力相差较小（相差 8% 以内）。此时若按照我国和北美规范中 $2w/h$（w 为墙体宽度，h 为墙体高度）的折减系数对高宽比大于 2∶1 的墙体进行承载力折减，折减系数则过于保守。对比 3.2.5 节试验研究中高宽比的影响可以发现，当自攻螺钉间隔波纹板波谷布置时，随着高宽比的增加，墙体单位承载力明显下降，折减系数 η 被验证是安全可靠的；而本章中自攻螺钉相邻波纹板波谷布置时，随着高宽比的增加，墙体单位承载力变化较小，折减系数 η 被认为是过于保守的。在不同的自攻螺钉布置方案下，墙体单位抗剪承载力可能随高宽比的变化而表现出不同的变化规律。

3.4 设计方法

3.4.1 变形计算公式

1. 波纹钢板的等效

尽管波纹钢板的材料为各向同性，但由于钢板表面波纹的存在，整体表现出各向异性的力学性能。分析时，可以将波纹板简化等效为沿两个轴特性不同的正交各向异性板，即沿波纹方向和垂直波纹方向，板的力学性能是不同的。

（1）弹性模量的等效

Atrek 和 Nilson 提出了一种计算波纹钢板等效弹性模量的实用方法，具体如下。对截面形状如图 3-83（a）所示的波浪形波纹钢板，x 和 y 分别代表垂直和平行于波纹方向，则两个方向的等效弹性模量可以通过下式求得：

$$\begin{cases} E_x = \dfrac{J_0}{J} E_0 \\ E_y = \dfrac{p'}{p} E_0 \\ \mu_x = \dfrac{E_x}{E_y} \mu_0 \\ \mu_y = \mu_0 \end{cases} \tag{3-12}$$

式中：μ_0 为钢材的泊松比，取 0.3；μ_x 为 x 方向的等效泊松比；μ_y 为 y 方向的等效泊松比；E_0 为钢材弹性模量（MPa）；E_x 为 x 方向的等效弹性模量（MPa）；E_y 为 y 方向的等效弹性模量（MPa）；p 为单个波纹的波长（mm）；p' 为单个波纹的展开长度，对于截面为梯形的波纹钢板，如图 3-83（c）所示，$p'=2(e+w)+f$（mm）；J_0 为等效的平钢板 [图 3-83（b）] 在波长宽度范围内绕自身中性轴的惯性矩，$J_0 = pt^3/12\text{mm}^4$；J 为单个波纹绕自身中性轴的惯性矩（mm^4），对于图 3-83（a）的波浪形波纹钢板，$J=\int_0^{p'} tz^2 \mathrm{d}p' + \int_0^{p'} J_0 \cos^2\alpha \mathrm{d}p'$；对于图 3-83（c）的梯形截面波纹钢板，$J=\dfrac{eth^2}{2}+\dfrac{et^3}{6}+\dfrac{h^3}{24\sin\alpha}+\dfrac{wt^3\cos\alpha}{12}$。

（2）剪切模量的等效

Luttrell 在大量试验的基础上，提出了一种综合考虑板件剪切位移、面板翘曲变形、面板搭接、边缘面板滑移及其他影响因素的计算蒙皮板有效剪切刚度的半经验公式。美国钢板协会 SDI 在 Luttrell 的研究基础上颁布了第一本《受力蒙皮设计手册》。尽管该手册仅局限于各种宽肋、中肋、窄肋形式的压型钢面板的设计，但 Luttrell 提出的公式是通用的，也可以用于其他截面形式的压型钢面板。波纹钢板的有效抗剪刚度为：

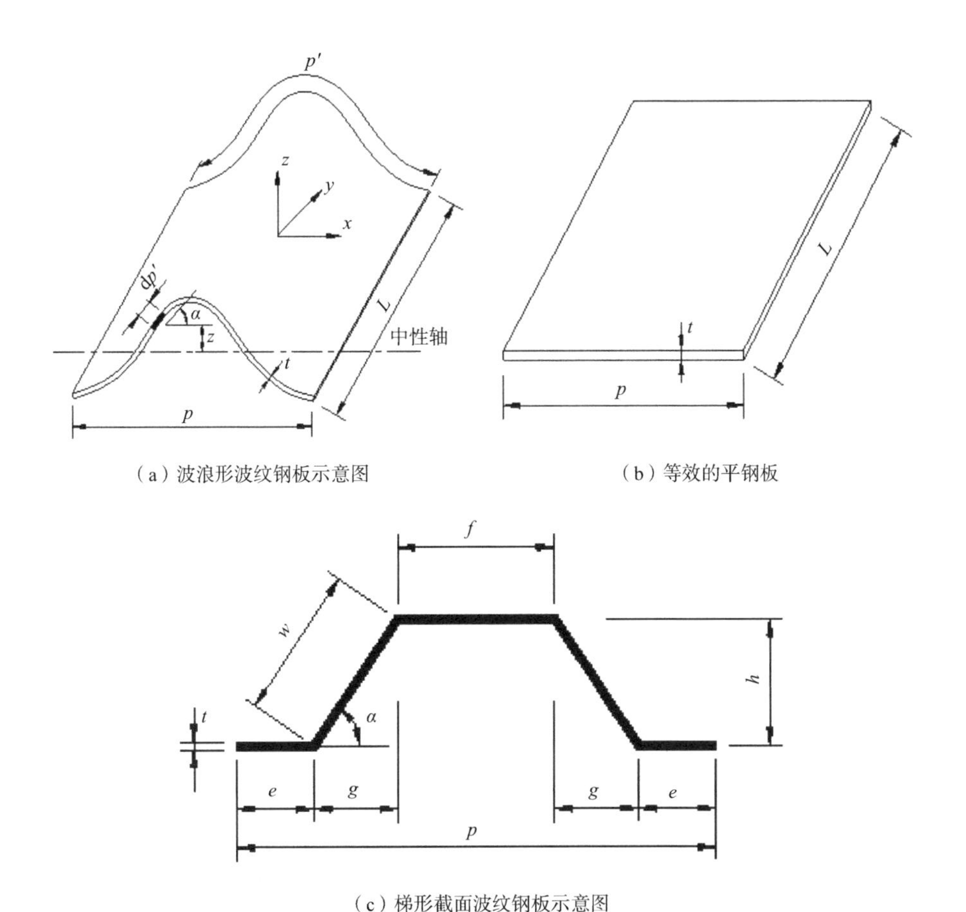

（a）波浪形波纹钢板示意图

（b）等效的平钢板

（c）梯形截面波纹钢板示意图

图 3-83　弹性模量的等效

$$G' = \frac{E_0 t}{2(1+\mu_0)\dfrac{p'}{p} + \rho D_n + C} \tag{3-13}$$

因此板件等效的剪切模量为：

$$G_{eff} = \frac{G'}{t} = \frac{E_0}{2(1+\mu_0)\dfrac{p'}{p} + \rho D_n + C} \tag{3-14}$$

式中：t 为钢板基材厚度（mm）；D_n 为翘曲系数；C 为滑动系数；ρ 为檩条效应系数。

2.AISI 变形计算方法

根据 AISI S400 规定，钢板覆面的Ⅰ类冷弯型钢龙骨式剪力墙在面内水平荷载作用下的变形值可通过下式进行计算：

$$\delta = \frac{2vh^3}{3EA_c b} + \omega_1\omega_2\frac{vh}{\rho G t_{sheathing}} + \omega_1^{5/4}\omega_2\omega_3\omega_4\left(\frac{v}{\beta}\right)^2 + \frac{h}{b}\delta_v \tag{3-15}$$

式中：A_c 为边立柱的毛截面面积（mm^2）；b 为剪力墙长度（mm）；E 为钢材弹性模量，取 203000MPa；G 为面板材料剪切模量（MPa）；h 为剪力墙高度（mm）；$t_{sheathing}$ 为面板名义厚度（mm）；v 为分布剪力（V/b），（N/mm）；V 为总剪力（N）；β 为系数，取 $\beta=1.01$（$t_{sheathing}/0.457$）（$N/mm^{1.5}$）；δ 为位移（mm）；δ_v 为锚固件的竖向位移（mm）；ρ 为系数，取 $\rho=0.075$（$t_{sheathing}/0.457$）；ω_1 为当螺钉间距影响系数，取 $\omega_1=s/152.4$，s 为面板边缘最大螺钉间距；ω_2 为立柱厚度影响系数，取 $\omega_2=0.838/t_{stud}$，t_{stud} 为龙骨名义厚度；ω_3 为墙体高宽比影响系数，取 $\omega_3=\sqrt{\dfrac{h/b}{2}}$；$\omega_4$ 为面板材料屈服强度（MPa），取 $\omega_4=\sqrt{\dfrac{227.5}{f_y}}$。

公式（3-15）最初是由 Serrette 等人根据胶合板、OSB 板和钢板覆面剪力墙的循环往复加载试验结果通过回归分析提出的，该方法不可用于承载力的估算，在最大剪力超过名义强度的情况下也不适用。为验证此公式对波纹钢板覆面剪力墙的适用性，将按照公式（3-15）计算得到的位移与试验结果进行比较，见表 3-17。从文献 [61] 的附录可以看出，当荷载—位移曲线非线性程度较高时，位移的计算结果和试验结果的差别也较大。因此，本书在进行比较时选用的是 $0.4P_{max}$ 及其对应的位移。根据以往经验，荷载为 $0.4P_{max}$ 时，剪力墙仍处于弹性阶段，预期的偏差较小。计算时首先将弹性模量和剪切模量按照 3.4.1 节方法进行等效。从表 3-17 可以看出，试验记录的位移比按照公式（3-15）计算得到的位移小很多，试验结果约为公式预测值的 38.2%。

试验结果与 AISI 方法计算结果对比　　表 3-17

试件编号		$P_{0.4}$（kN）	$+\Delta_{0.4}$（mm）	Δ_{AISI}（mm）	$\Delta_{0.4}/\Delta_{AISI}$
8		34.2	16.6	47.9	0.347
2		29.6	18.5	37.3	0.496
12		35.6	18.7	51.5	0.363
7	正	30.3	18.5	39.0	0.474
	负	30.7	15.2	39.8	0.382
19	正	37.4	19.3	56.1	0.344
	负	34.2	17.8	48.0	0.371
54		32.3	14.9	52.7	0.283
2	正	31.4	25.1	50.1	0.501
	负	20.5	14.4	24.3	0.593
5	正	29.3	20.2	44.6	0.453
	负	21.3	19.6	25.8	0.760
32	正	16.1	26.7	79.9	0.334
	负	12.5	21.2	52.5	0.404
62	正	15.9	8.8	38.2	0.230
	负	14.8	8.4	33.9	0.248

续表

试件编号		$P_{0.4}$（kN）	$+\Delta_{0.4}$（mm）	Δ_{AISI}（mm）	$\Delta_{0.4}/\Delta_{AISI}$
63	正	15.6	9.1	36.9	0.247
	负	13.5	7.1	29.1	0.244
SW4 × 8-M1		33.5	16.2	56.1	0.289
SW4 × 8-M2		33.3	16.9	55.6	0.304
SW4 × 8-C	正	31.8	17.5	51.1	0.342
	负	29.1	14.3	44.0	0.325
SW2 × 8-C	正	15.8	25.4	77.3	0.329
	负	14.5	23.5	66.9	0.351
SW6 × 8-C	正	52.7	17.5	49.1	0.356
	负	49.8	16.9	44.4	0.381
SW4 × 8-C1a	正	33.0	21.5	54.7	0.393
	负	30.0	16.8	46.2	0.364
SW4 × 8-C2a	正	31.1	24.6	49.2	0.500
	负	30.1	21.1	46.4	0.455
均值					0.382
标准差					0.121
变异系数					0.312

3. 建议的变形计算方法

从前述章节分析可知，AISI 关于钢板覆面剪力墙的变形计算公式对波纹钢板覆面的剪力墙并不适用。本节在试验基础上通过回归和插值分析对 AISI 方法进行修正，以期得到波纹钢板覆面剪力墙在水平侧向荷载作用下的变形计算公式。

AISI 方法假定剪力墙在水平侧向荷载作用下的变形由四部分组成：悬臂梁的弹性弯曲变形$\frac{2vh^3}{3E_sA_cb}$，覆面板的弹性剪切变形$\omega_1\omega_2\frac{vh}{\rho Gt_{sheathing}}$，整体非线性效应引起的变形$\omega_1^{5/4}\omega_2\omega_3\omega_4\left(\frac{v}{\beta}\right)^2$，锚固底座引起的变形$\frac{h}{b}\delta_v$。其中第一项悬臂梁的弹性弯曲变形$\frac{2vh^3}{3E_sA_cb}$与其他三项相比相对较小，而波纹钢板覆面剪力墙的锚固体系与平钢板剪力墙类似，因此本书在对 AISI 方法进行修正的时候，对弯曲变形项及锚固底座引起的变形项保持不变，仅对覆面板的弹性剪切变形和整体非线性效应引起的变形进行修正。

在第二、三项的表达式$\omega_1\omega_2\frac{vh}{\rho Gt_{sheathing}}$和$\omega_1^{5/4}\omega_2\omega_3\omega_4\left(\frac{v}{\beta}\right)^2$中，系数$\omega_1$、$\omega_2$、$\omega_3$、$\omega_4$分别用以考虑自攻螺钉间距、立柱骨架壁厚、墙体高宽比和面板材料等级对墙体侧向变形的影响。经验系数ρ用以考虑其他条件相同（龙骨框架、螺钉型号、螺钉间距、螺钉

布置方式）但面板材料不同引起的差别。经验系数 β 用以考虑剪力墙的非线性特性。因此，本书主要对两个经验系数 ρ 和 β 进行修正。

通过对各试验试件的荷载—位移曲线进行二元非线性回归分析，可以得到每一条荷载—位移曲线对应的经验系数 ρ 和 β。对于循环加载的试验，取试验骨架曲线的正向和负向分别计算。最终的经验系数取所有试验曲线结果的平均值。根据本书的分析结果，对于波纹钢板覆面龙骨式剪力墙，经验系数 $\rho = 0.122$，$\beta = 4.13\text{N/mm}^{1.5}$。

因此，波纹钢板覆面的冷弯型钢龙骨式剪力墙在面内水平荷载作用下的变形值可通过下式进行计算：

$$\delta=\frac{2vh^3}{3E_sA_cb}+\omega_1\omega_2\frac{vh}{\rho Gt_{\text{sheathing}}}+\omega_1^{5/4}\omega_2\omega_3\omega_4\left(\frac{v}{\beta}\right)^2+\frac{h}{b}\delta_v \tag{3-16}$$

式中：E_s 为面板的等效弹性模量，按 3.4.1 节计算（MPa）；G 为面板的等效材料剪切模量，按 3.4.1 节计算（MPa）；β 为系数，当波纹钢面板厚度 $t_{\text{sheathing}}$ 单位为“mm”时，取 β=4.13N/mm$^{1.5}$；当钢面板厚度 $t_{\text{sheathing}}$ 单位为“in.”时，取 β=118.91b/in$^{1.5}$；ρ 为系数，取 ρ=0.122；其他符号意义及取值保持不变。

将按本书提出的变形计算方法计算得到的结果与试验结果进行比较，见表 3-18 和表 3-19。表 3-18 采用的是 $0.4P_{\max}$ 及其相应的位移值，表 3-19 采用的是峰值点的荷载及位移。可以看出，无论是在 $0.4P_{\max}$ 还是峰值荷载下，按本书提出的计算方法得到的位移值与试验结果非常接近，从而验证了本书方法的正确性。需要指出的是，本书建议的设计方法在最大剪力超过名义强度的情况下不适用。

计算结果与试验结果比较（$0.4P_{\max}$） **表 3-18**

试件编号		试验值/计算值（$\delta_{\text{test}}/\delta_{\text{cal}}$）
8		0.985
2		1.320
12		1.050
7	正	1.280
	负	1.037
19	正	1.019
	负	1.057
54		0.840
2	正	1.457
	负	1.423
5	正	1.279
	负*	1.853

续表

试件编号		试验值/计算值（$\delta_{test}/\delta_{cal}$）
32	正	0.856
	负	0.920
62	正	0.883
	负	0.912
63	正	0.937
	负	0.944
41 SW4 × 8-M1		0.872
44 SW4 × 8-M2		0.914
50 SW4 × 8-C	正	1.008
	负	0.919
71 SW2 × 8-C	正	0.840
	负	0.862
74 SW6 × 8-C	正	1.136
	负	1.182
84 SW4 × 8-C1a	正	1.176
	负	1.042
85 SW4 × 8-C2a	正	1.460
	负	1.304
平均值		1.092
标准差		0.196
变异系数		0.184

注：*试验数据异常，在分析中剔除。

计算结果与试验结果比较（P_{max}）　　表 3–19

试件编号		试验值/计算值（$\delta_{test}/\delta_{cal}$）
8		1.108
2		1.215
12		1.067
7	正	1.082
	负	1.129
19	正	0.959
	负	0.981
54		0.989
2	正	1.240
	负	1.130
5	正	1.198

续表

试件编号		试验值/计算值（$\delta_{test}/\delta_{cal}$）
5	负	1.582
32	正	0.857
	负	1.040
62	正	1.076
	负	1.160
63	正	0.976
	负	1.533
41 SW4 × 8-M1		0.925
44 SW4 × 8-M2		0.912
50 SW4 × 8-C	正	0.995
	负	0.996
71 SW2 × 8-C	正	0.881
	负	0.889
74 SW6 × 8-C	正	1.168
	负	1.049
84 SW4 × 8-C1a	正	1.094
	负	0.962
85 SW4 × 8-C2a	正	1.242
	负	1.126
平均值		1.085
标准差		0.168
变异系数		0.154

3.4.2 波纹钢板覆面冷弯型钢剪力墙承载力计算方法

目前工程中保守认为钢板剪力墙的抗剪承载力主要由内嵌板承担，不考虑框架梁柱所提供的抗剪承载力。波纹钢板覆面冷弯型钢剪力墙依靠覆面板蒙皮效应抵抗侧向荷载。因此覆面墙体的抗剪承载力可以通过面板的抗剪承载力进行替代。波纹钢板的抗剪承载力主要考虑面板剪切屈曲强度和屈曲后强度。

在本书 3.2.2 节中已经对波纹钢板最为主要的两种剪切屈曲模式作过介绍，即整体剪切屈曲和局部剪切屈曲，如图 3-84 所示，波纹钢板的剪切屈曲强度应该由二者间的较小值控制。整体剪切屈曲模式表现为屈曲跨越多个子板，覆盖整个板面，波纹较密时容易发生此类屈曲模式。而局部屈曲模式则表现为屈曲只发生在波纹钢板的某个子板上，波纹较疏散时容易发生此类屈曲模式。然而，这种类型的屈曲模式通常对应于较低的承载能力，实际设计中推荐通过使用一些特定形状的波纹来有效避免波纹钢板局部屈曲的发生。因此,本书将针对波纹钢板覆面冷弯型钢剪力墙中面板的整体剪切屈曲强度进行研究。

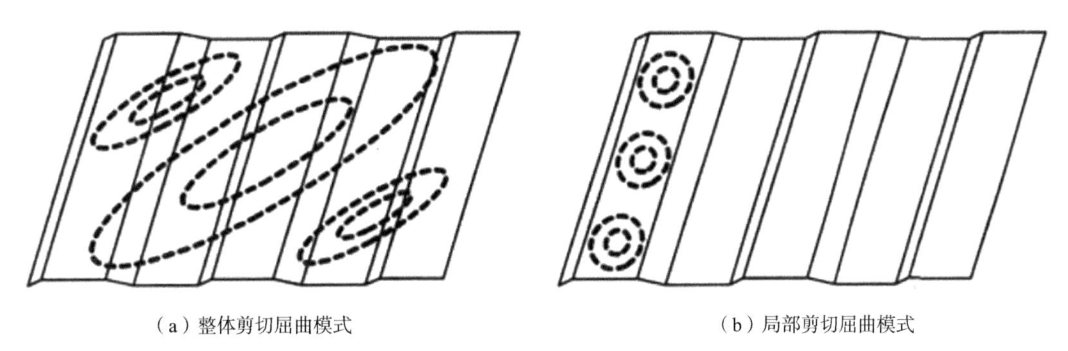

（a）整体剪切屈曲模式　　（b）局部剪切屈曲模式

图 3-84　波纹钢板主要剪切屈曲模式

本章参考现有的整体剪切屈曲强度计算方法，通过 ABAQUS 有限元分析软件，以试验和有限元研究中选用的肋高 15mm 波纹钢板为基础建立 340 个模型并进行弹性屈曲分析，研究自攻螺钉间距、高宽比和板厚对波纹钢板整体剪切屈曲性能的影响。在此基础上考虑波纹钢板剪切屈曲强度和屈曲后强度，结合回归分析建立波纹钢板覆面冷弯型钢剪力墙抗剪承载力计算方法。

1. 现有波纹钢板整体剪切屈曲强度计算方法

波纹钢板覆面墙体的抗剪承载力可以通过面板的剪切屈曲荷载作近似替代，因此首先需要对波纹钢板的整体剪切屈曲强度进行研究。Bergmann 和 Reissner、Hlavacek、Easley 和 McFarland 最早基于正交各向异性板理论分别提出了波纹钢板临界剪切屈曲荷载的计算方法。Easley 将上述三种临界荷载的计算方法进行了比较及简化，简化后的公式如式（3-17）所示。

$$\tau_{cr,G}=36\beta\frac{D_x^{1/4}D_y^{3/4}}{tw^2}=k_G\frac{D_x^{1/4}D_y^{3/4}}{tw^2} \tag{3-17}$$

式中：β 取 1（四边简支）或 1.9（四边固结）。36β 相当于整体剪切屈曲系数 k_G 为 36（四边简支）或 68.4（四边固结）。波纹钢板的尺寸参数如图 3-85 所示，t 为板厚，D_x、D_y 分别为 x 向和 y 向的抗弯刚度。

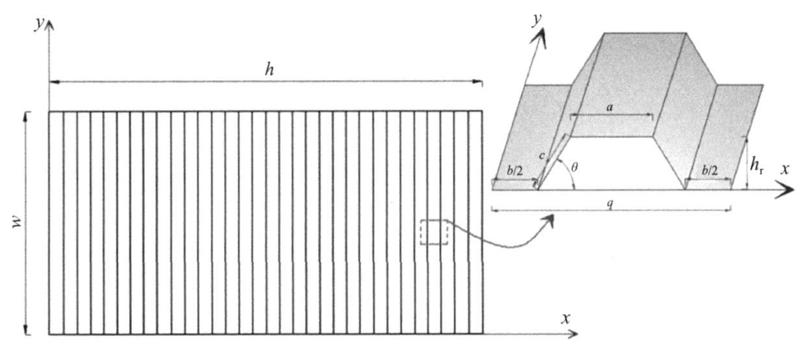

图 3-85　波纹钢板尺寸

1996 年，Elgaaly 基于 46 组试验数据并结合有限元分析，提出了新的 k_G 取值为 31.6（四边简支）或 59.2（四边固结）。该建议值被美国《金属结构稳定性设计标准指南》（*Guide to stability design criteria for metal structures*）采用。如今，式（3-17）已经成为计算波纹钢板整体剪切屈曲强度最常用的公式形式。

2008 年，聂建国、唐亮认为 Elgaaly 等人对 k_G 的调整缺少理论依据。因此将波纹钢腹板梁四周受到的约束理想化为弹性扭转弹簧，在正交各向异性板理论的基础上，利用最小势能原理和瑞利—里兹法推导了基于弹性扭转约束边界的波形钢板弹性整体剪切屈曲荷载公式，公式形式同式（3-17）。其中整体剪切屈曲系数 k_G 主要考虑了边界条件和高宽比的影响，计算方法见式（3-18）。

$$k_G=1.2747(w/h)^2+0.7603(w/h)+34.176 \quad \text{四边简支} \tag{3-18a}$$

$$k_G=3.0545(w/h)^2-0.0231(w/h)+64.195 \quad \text{四边固结} \tag{3-18b}$$

$$k_G=3.5318(w/h)^2-0.1473(w/h)+34.267 \quad \begin{matrix}\text{弱抗弯刚度方向固接}\\ \text{强抗弯刚度方向简支}\end{matrix} \tag{3-18c}$$

$$k_G=2.1022(w/h)^2-0.3853(w/h)+64.137 \quad \begin{matrix}\text{弱抗弯刚度方向简支}\\ \text{强抗弯刚度方向固接}\end{matrix} \tag{3-18d}$$

式中：h 为面板有波纹一侧的长度，w 为面板平段长度，w/h 对应于波纹钢板宽高比。

2009 年，Moon 等将 D_x 和 D_y 的表达式代入式（3-17）进行改写以得到 k_G 的表达式（3-19），结合实际桥梁工程中采用的波纹钢板尺寸（$w/h \leqslant 0.2$，$h_r/t \geqslant 10$）对式（3-19）进行简化。简化后的公式只与波纹钢板的高厚比相关，见式（3-20）。

$$k_G=\frac{36\beta}{\pi^2\sqrt{\eta}}\left\{2\left[\left(h_r/t\right)^2+1\right]\left[1-v^2\right]\right\}^{3/4} \tag{3-19}$$

$$k_G=5.72\left(\frac{h_r}{t}\right)^{1.5} \tag{3-20}$$

式中：$\eta=(a+c)/(a+\cos\theta\times c)$，$v$ 为泊松比。

2015 年，Tong 和 Guo 对纯剪作用下加劲波纹钢板剪力墙的弹性屈曲行为进行了研究。作者基于四边弹性约束的正交各向异性板理论建立了临界剪切屈曲荷载 N_{cr} 的理论模型。通过有限元研究对 k_G 进行了回归分析。k_G 的计算方法如式（3-21）所示。

$$k_G=\begin{cases}k_1+(4k_2-k_1)\sqrt{1-\left(1-\dfrac{\mu}{\mu_0}\right)} & \mu\leqslant\mu_0\\ 4k_2 & \mu>\mu_0\end{cases} \tag{3-21}$$

式中：k_1 为两边固结两边简支边界条件下未加劲的波纹钢板剪力墙弹性屈曲系数；k_2 为一

边固结三边简支边界条件下未加劲的波纹钢板剪力墙弹性屈曲系数；μ 为肋板刚度比；μ_0 为门槛刚度比，数值近似取为 100。

2016 年，Dou 等研究了正弦波型钢剪力墙的剪切屈曲行为，修正了正弦波纹钢板弯曲刚度的计算方法。采用式（3-17）计算整体剪切屈曲强度，基于数值模拟结果进行回归分析得到整体剪切屈曲系数 k_G，如式（3-22）所示。式中考虑了宽高比（w/h）、波纹重复数（h/q）、肋高和波距的比值（h_r/q）以及高厚比（h_r/t），其中波纹重复数、波纹比以及波纹板高厚比通过系数 a、b 考虑。

$$k_G = a + b(w/h) - a(w/h)^{0.5} \tag{3-22}$$

2021 年，Feng 等对三条钢带加劲的波纹钢板剪力墙的屈曲性能进行了研究。作者基于边界为弹性扭转弹簧的正交各向异性板建立了理论模型。利用最小势能理论和瑞利—里兹方法求解临界剪切屈曲荷载 N_{cr}。通过回归分析得到整体剪切屈曲系数 k_G 的表达式，见公式（3-23）。

$$k_G = p_1 + p_2 \beta^{p_3} \mu^{p_4} \qquad \mu < \mu_0 \tag{3-23}$$

式中：β 为等效宽高比；p_1、p_2、p_3、p_4 为针对不同肋高波纹钢板回归分析得到的系数；μ 为肋板刚度比；μ_0 为门槛刚度比。

2021 年，Wang 等对在实际桥梁工程中应用的大波纹的波纹钢板弹性临界剪切屈曲强度进行了研究。作者发现 k_G 随宽高比（w/h）变化不明显，而随板宽和波距的比值（w/q）、高厚比（h_r/t）均呈线性变化。在确定公式形式后，通过回归分析等得到 k_G 的表达式，如式（3-24）所示。

$$k_G = 75.62 + 1.31\frac{h_r}{t} - 5.44\frac{w}{q} \qquad \text{四边简支} \tag{3-24a}$$

$$k_G = 80.59 + 1.04\frac{h_r}{t} - 4.97\frac{w}{q} \qquad \text{四边固结} \tag{3-24b}$$

综上所述，大部分学者在进行波纹钢板的整体剪切屈曲强度计算时，均采用了 Easley 经典公式，即式（3-17）。基于有限元分析结果进行回归分析，得到不同的 k_G 表达式以适用于不同的情况。k_G 主要反映波纹钢板的边界约束条件，针对不同情况，波纹板宽高比、高厚比等参数也可作为自变量被考虑。波纹钢板覆面冷弯型钢剪力墙中波纹钢板的约束为非连续的自攻螺钉连接，因此不能采用上述公式直接计算 k_G 系数。本章同样采用 Easley 经典公式对波纹钢板整体剪切屈曲强度进行计算，并通过非线性回归分析建立适用于自攻螺钉连接约束的 k_G 系数表达式。基于本书 3.2 节和 3.3 节的研究结论，自攻螺钉约束强度和面板高宽比将作为主要影响因素被考虑。

2. 波纹钢板弹性屈曲分析有限元模型建立

（1）波纹钢板尺寸设计

肋高 15mm 左右的波纹钢板是在以往波纹钢板覆面剪力墙试验研究中最常被采用的一种波纹钢板。有限元模型尺寸参考本书及文献试验研究中选用的 V76 型波纹钢板、Verco Decking SV36 波纹钢板、Vulcraft 0.6C 波纹钢板截面尺寸进行设计。波纹钢板倾斜角度 θ 恒定为 43°，肋高 h_r 恒定为 15mm，且保证波峰水平段宽度 a 等于波谷水平段宽度 b。同时，波纹钢板以 600mm 为模数（规范规定立柱间距不得超过 600mm）布置中部自攻螺钉，布置形式均为间隔波谷布置（隔一个波谷设置一颗螺钉）。本节共建立 340 个波纹钢板有限元模型，波纹钢板模型的参数研究涵盖了最常用的面板四周自攻螺钉布置方案、面板高宽比和板厚，具体设计为：

1）面板四周的自攻螺钉布置方案包括自攻螺钉相邻波谷布置和自攻螺钉间隔波谷布置，其中相邻波谷布置的情况下螺钉间距为 50 ~ 100mm（5mm 为增量），间隔波谷布置的情况下螺钉间距为 100 ~ 150mm（10mm 为增量）。

2）波纹钢板宽度以 600mm 为模数，设计尺寸包括 2400mm × 600mm（墙高 × 墙宽）、2400mm × 1200mm、2400mm × 1800mm、2400mm × 2400mm，分别满足 4 : 1、2 : 1、4 : 3 和 1 : 1，共 4 种设计高宽比。

3）波纹钢板厚度包括 0.4 ~ 0.8mm（0.1mm 为增量），共计 5 种板厚。

由于部分波纹钢板的尺寸和螺钉间距难以正好满足设计值，因此在设计值左右进行了简单调整。

（2）有限元模型建立

本书利用通用有限元软件 ABAQUS 建立波纹钢板模型（图 3-86）并进行弹性屈曲分析。模型中去掉了冷弯型钢墙体中的龙骨框架，从较保守的工程设计角度出发，在自攻螺钉连接位置施加简支的约束条件，以重点研究波纹钢板的剪切屈曲行为。

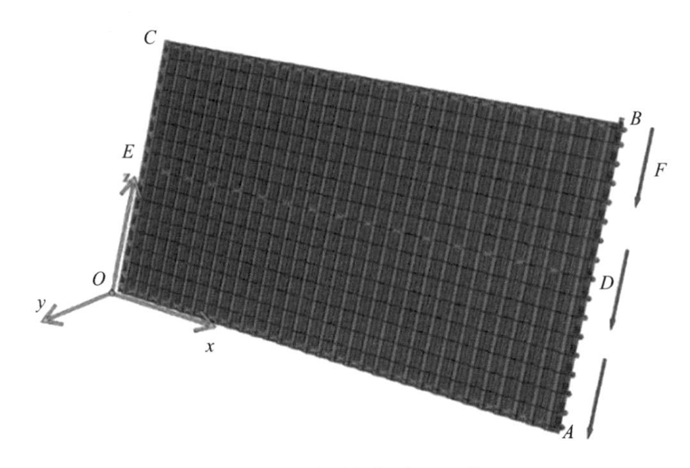

图 3-86　波纹钢板有限元模型

波纹钢板有限元模型采用壳单元 S4R 进行建立，弹性模量取为 2.06×10^5MPa，泊松比取为 0.3。模型中在波纹钢板波谷节点施加简支约束以模拟面板自攻螺钉连接。图 3-86 中以高宽比为 2∶1 的波纹钢板模型为例，面板四周（*AB*、*OC*、*OA*、*CB*）以及中间（*ED*）自攻螺钉连接位置的约束情况见表 3-20。在模型建立时，将覆面蒙皮视为由单块波纹钢板构成，忽略搭接缝作用以进行简化。

有限元模型边界约束条件　　　　表 3–20

<table>
<tr><th colspan="2"></th><th>AB</th><th>OC</th><th>OA</th><th>ED</th><th>CB</th></tr>
<tr><td rowspan="3">平动</td><td>x</td><td></td><td></td><td>•</td><td>•</td><td>•</td></tr>
<tr><td>y</td><td>•</td><td>•</td><td>•</td><td>•</td><td>•</td></tr>
<tr><td>z</td><td></td><td>•</td><td></td><td></td><td></td></tr>
<tr><td rowspan="3">转动</td><td>x</td><td></td><td></td><td></td><td></td><td></td></tr>
<tr><td>y</td><td>•</td><td></td><td></td><td></td><td></td></tr>
<tr><td>z</td><td>•</td><td></td><td></td><td></td><td></td></tr>
</table>

注：“•”表示约束。

为了能够准确捕捉波纹钢板屈曲模态并得到准确的计算结果，本书进行了网格敏感性分析。结果表明需要较小尺寸的网格才能保证有限元分析结果的准确度。波距和板厚越小、高宽比越大的波纹钢板模型对网格的要求更高。在确保分析结果准确的前提下提高计算效率，各模型的网格划分尺寸见表 3-21。

网格划分尺寸（mm）　　　　表 3–21

<table>
<tr><th rowspan="2">面板自攻螺钉布置方案</th><th rowspan="2">螺钉间距（mm）</th><th colspan="4">高宽比</th></tr>
<tr><th>4∶1</th><th>2∶1</th><th>4∶3</th><th>1∶1</th></tr>
<tr><td rowspan="2">相邻波谷布置</td><td>50～60</td><td>3</td><td rowspan="3">10</td><td rowspan="3">10</td><td rowspan="3">10</td></tr>
<tr><td>65～100</td><td>5</td></tr>
<tr><td>间隔波谷布置</td><td>100～150</td><td>10</td></tr>
</table>

3. 弹性屈曲强度的有限元计算结果

（1）典型屈曲模态

临界剪切屈曲模态的确定对于预测波纹钢板临界弹性剪切屈曲应力至关重要。对波纹钢板进行特征值屈曲分析后，参考第一阶屈曲模态的分析结果求得波纹钢板的弹性剪切屈曲强度。由于面板四周并未被连续约束，前几阶屈曲模态可能出现波纹钢板边缘屈曲，如图 3-87 所示。这种屈曲模式并未发生在波纹钢板面内，不会对面板的整体剪切性能产生明显影响，因此对该类屈曲模式忽略。有限元分析表明，自攻螺钉间距、板厚、面板高宽比的变化将导致不同屈曲模式之间的转换。本节根据两种面板四周自攻螺钉布置方案（相邻波谷布置、间隔波谷布置）分别阐述。

图 3–87　波纹钢板边缘屈曲

1）面板四周自攻螺钉相邻波谷布置

高宽比 4∶1 的波纹钢板剪切屈曲主要出现在面板角部，如图 3-88 所示，而难以覆盖整块面板。大部分情况下应力主要集中在面板边缘处，只有在自攻螺钉螺钉间距较小时，应力集中由面板边缘（即靠近图 3-86 中 OC 边一侧）向内部发展。对于高宽比 4∶1 的波纹钢板，只有保证自攻螺钉间距较小并且面板较厚的条件下，剪切屈曲才会覆盖整个面板范围。

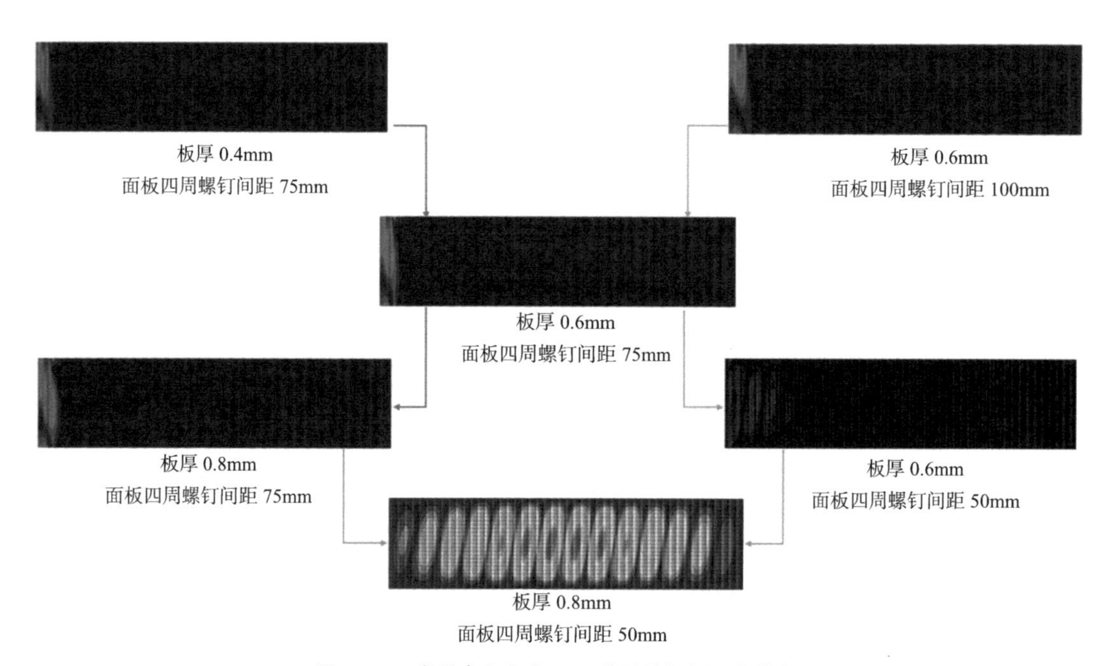

图 3–88　常见高宽比为 4∶1 的波纹钢板屈曲模态

高宽比为 2∶1、4∶3、1∶1 的波纹钢板的屈曲模态随板厚和自攻螺钉间距的变化而明显改变。图 3-89 以高宽比为 2∶1 的波纹钢板举例说明，当波纹钢板厚度较薄或螺钉间距较大时，面板剪切屈曲发生在面板底端，应力集中在面板边缘。随着面板变厚、螺钉间距减小，面板屈曲逐渐由底端向上发展，应力集中在面板内部。当面板足够厚或螺钉间距足够小时，波纹钢板剪切屈曲覆盖整块面板。

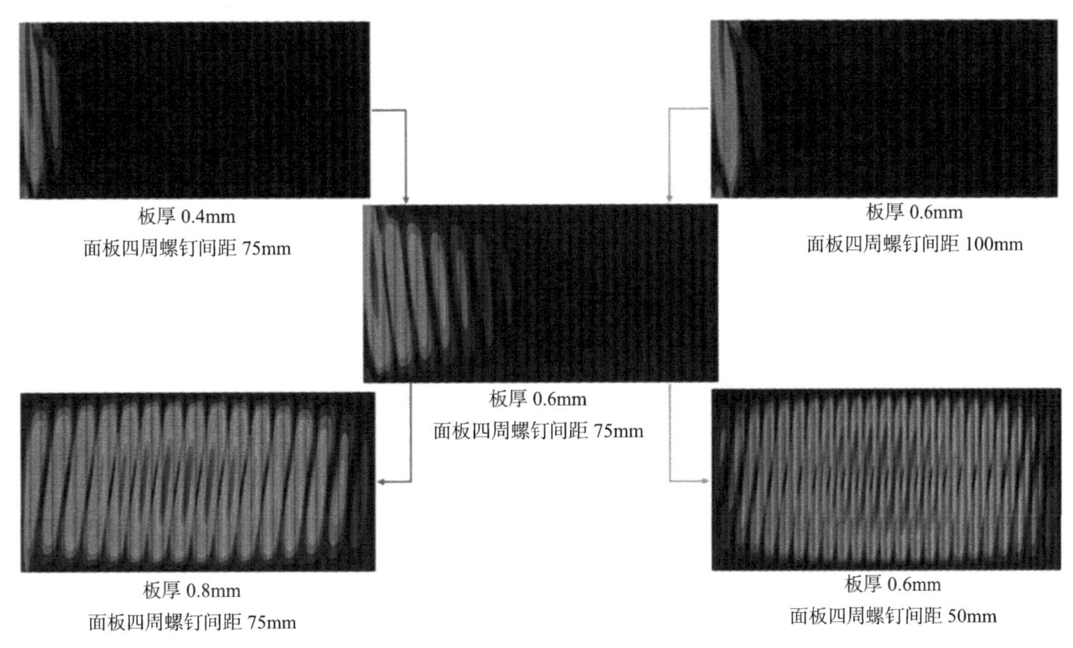

图 3-89　高宽比为 2∶1 的波纹钢板屈曲模态

综上所述，*s/t*（自攻螺钉间距和板厚的比值）可以用来反映自攻螺钉约束的影响，自攻螺钉间距越大或板厚越小（即 *s/t* 越小），波纹钢板受到的约束效果越低，难以形成全局的剪切屈曲。

2）面板四周自攻螺钉间隔波谷布置

当自攻螺钉间隔波谷布置时自攻螺钉间距普遍较大，波纹钢板四周被约束程度相对较低。大多数波纹钢板模型的屈曲模态形式大致相同，均表现为剪切屈曲出现在波纹钢板底端，应力集中在面板边缘。图 3-90 给出了板厚 0.8mm、螺钉间距 100mm 的波纹钢板屈曲模态随高宽比变化的变化过程。该种尺寸组合是本研究中在面板自攻螺钉间隔波谷布置下螺钉约束能力最强的组合方案。可以观察到应力集中由面板角部边缘向面板内部的发展过程。但剪切屈曲只能集中在面板底端，无法覆盖整块面板。

综上所述，波纹钢板的剪切屈曲模态随着螺钉间距、板厚、高宽比的变化而逐渐演变，可大体分为：屈曲靠近面板角部且应力集中于面板边缘，屈曲靠近面板端部且应力集中于面内，屈曲向面内发展并逐渐覆盖整片面板。当面板四周自攻螺钉相邻波谷布置时，可以通过调整自攻螺钉间距、板厚满足任意高宽比的波纹钢板在面内出现大面积剪切屈曲；然而当面板四周自攻螺钉间隔波谷布置时，剪切屈曲出现在面板一端，波纹钢板的剪切屈曲性能利用较低。

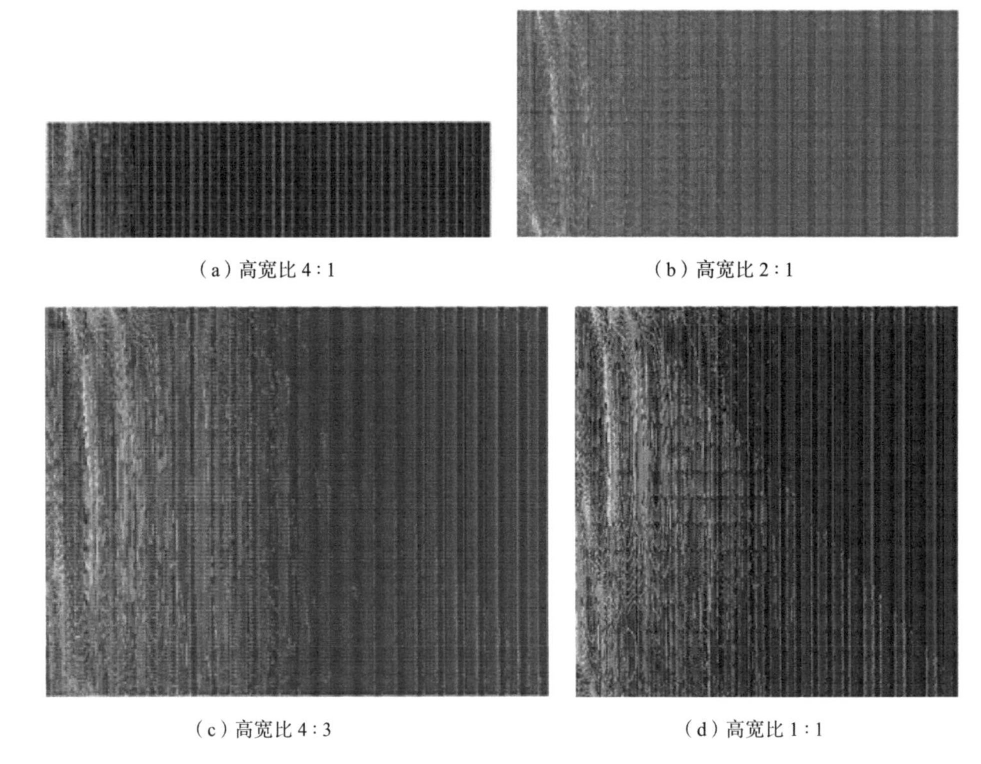

（a）高宽比 4∶1　（b）高宽比 2∶1

（c）高宽比 4∶3　（d）高宽比 1∶1

图 3–90　自攻螺钉间隔波谷布置波纹钢板屈曲模态

（2）波纹钢板整体剪切屈曲强度

基于 340 组有限元分析结果得到波纹钢板整体剪切屈曲强度，本节将针对两种自攻螺钉布置方案，从自攻螺钉间距、波纹钢板高宽比等参数对波纹钢板整体剪切屈曲强度的影响进行介绍。

1）面板四周相邻波谷布置自攻螺钉

图 3-91 给出了不同板厚的波纹钢板剪切屈曲强度随高宽比的变化曲线。从图中可以发现，每种板厚的波纹钢板都存在着一个特定的自攻螺钉间距（临界值）。在自攻螺钉间距低于该临界值时，波纹钢板的屈曲强度随高宽比的增高而增加；相反，波纹钢板的屈曲强度随高宽比的增高而降低。3.3.3 节中，随着高宽比的变化，墙体有限元模型的单位抗剪承载力并未发生明显改变（相差在 8% 以内）。从图 3-91 中可以发现类似现象，即板厚为 0.6mm 且自攻螺钉间距为 75mm 的波纹钢板整体剪切屈曲强度随高宽比提高而变化不显著。再次说明波纹钢板的整体剪切屈曲强度对波纹钢板覆面冷弯型钢剪力墙的抗剪承载力起主要的控制作用。

图 3-92 给出了 4 种高宽比波纹钢板的整体剪切屈曲强度随自攻螺钉间距的变化趋势图。从图中可以看出，高宽比为 4∶1 的波纹钢板整体剪切屈曲强度呈现出明显的线性下降趋势。而对于高宽比为 2∶1、4∶3 和 1∶1 这三类墙体的剪切屈曲强度下降趋势相似，接近非线性下降。图 3-92（a）中的曲线相对更加平滑，这是因为高宽比 4∶1 的波纹钢板

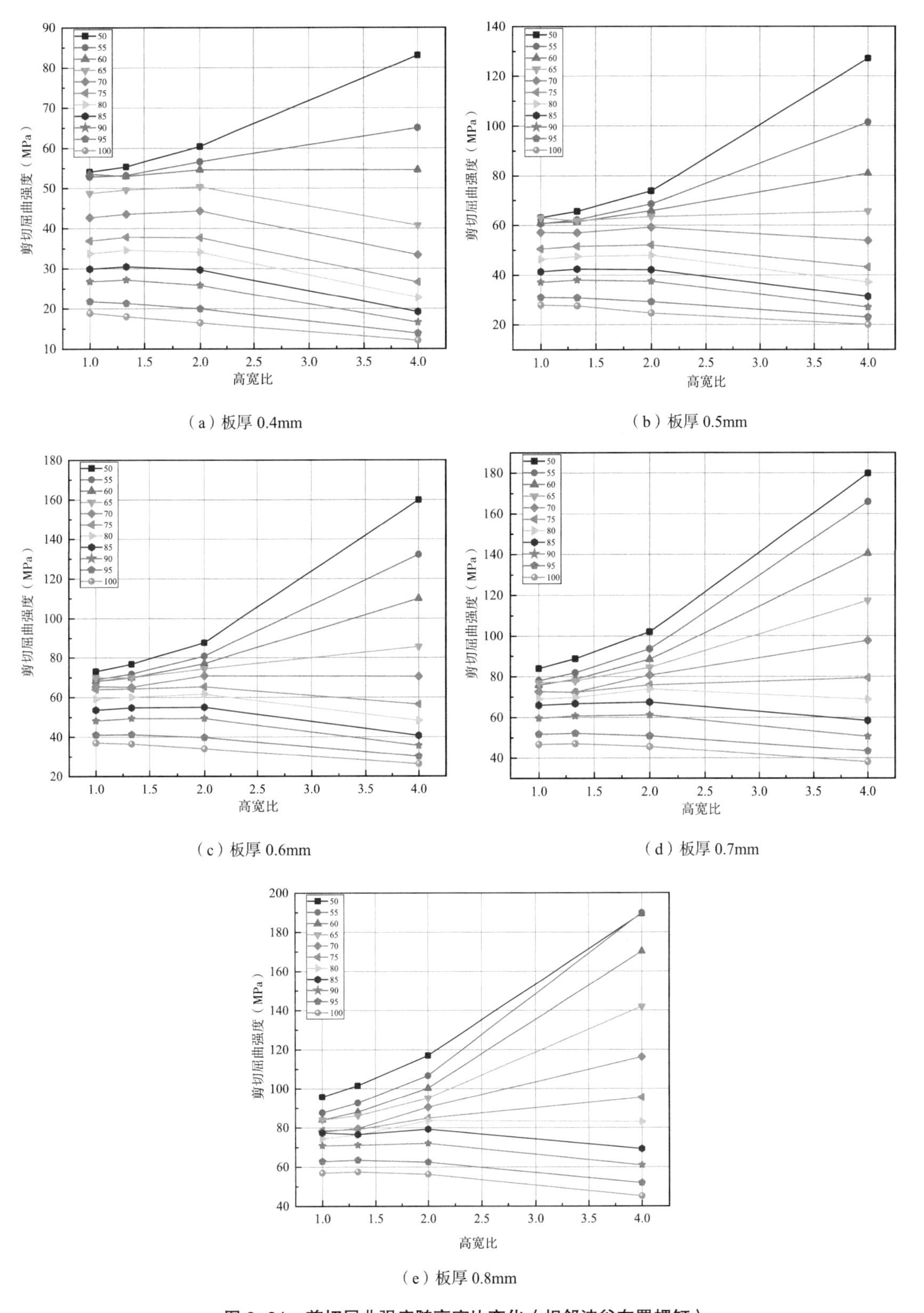

（a）板厚 0.4mm

（b）板厚 0.5mm

（c）板厚 0.6mm

（d）板厚 0.7mm

（e）板厚 0.8mm

图 3-91　剪切屈曲强度随高宽比变化（相邻波谷布置螺钉）

注：图例中 50 ~ 100 代表螺钉间距。

屈曲模态相对单一，主要为屈曲靠近波纹钢板端部且应力集中于面板边缘；图 3-92（b）、图 3-92（c）中的曲线拐点较多，对应于剪切屈曲由面板端部向整片面板逐渐演变的过程。

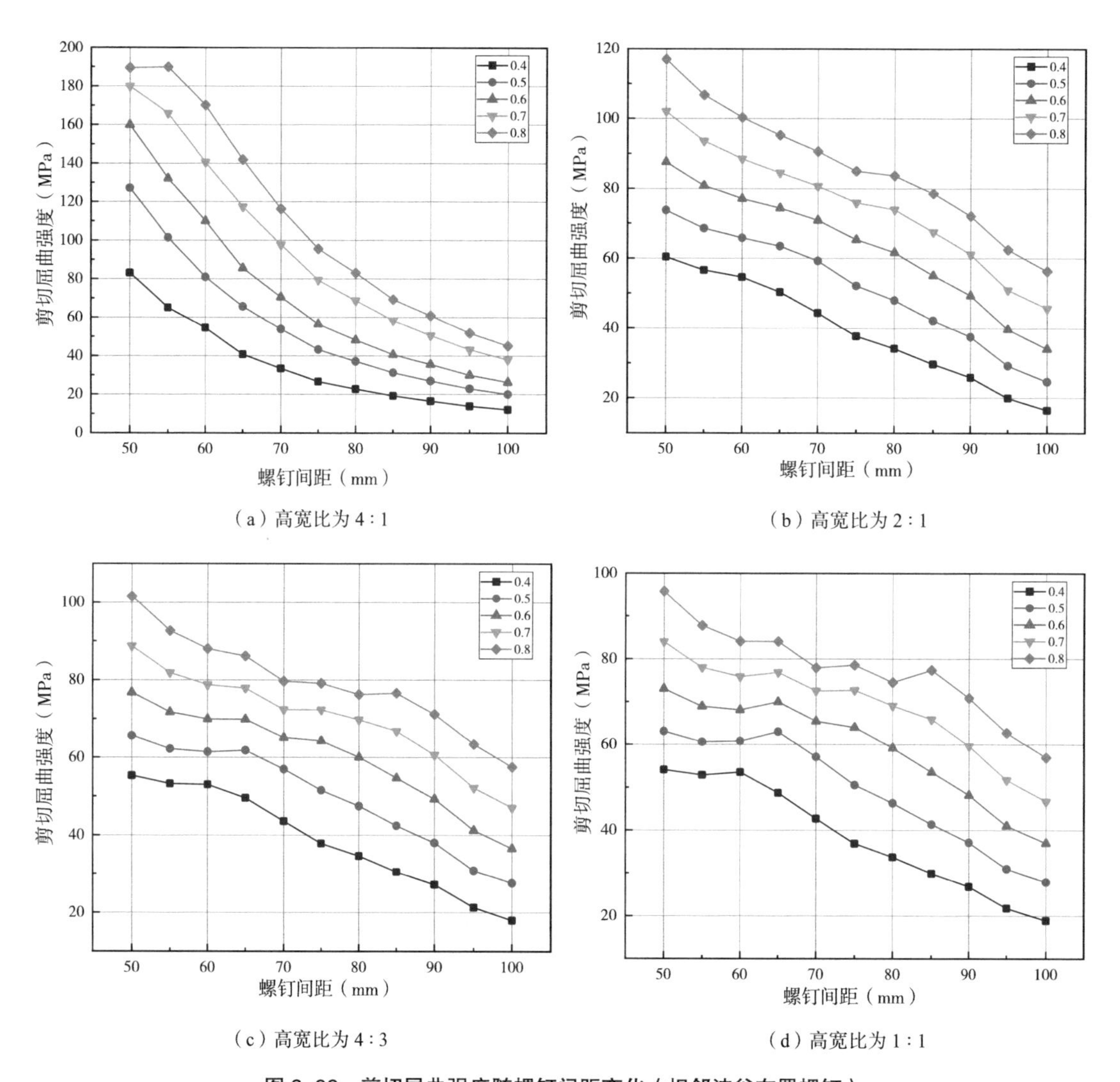

图 3–92　剪切屈曲强度随螺钉间距变化（相邻波谷布置螺钉）

注：图例中的 0.4 ~ 0.8 代表板厚。

2）间隔波谷布置自攻螺钉

图 3-93 给出了 5 种板厚波纹钢板的整体剪切屈曲强度随面板高宽比的变化趋势图。发现当间隔波谷布置自攻螺钉时，并不存在自攻螺钉间距临界值使得波纹钢板整体剪切屈曲强度随高宽比的变化而趋于稳定。随着高宽比的增加，5 种板厚的波纹钢板整体剪切屈曲强度均呈现出非线性的下降趋势。

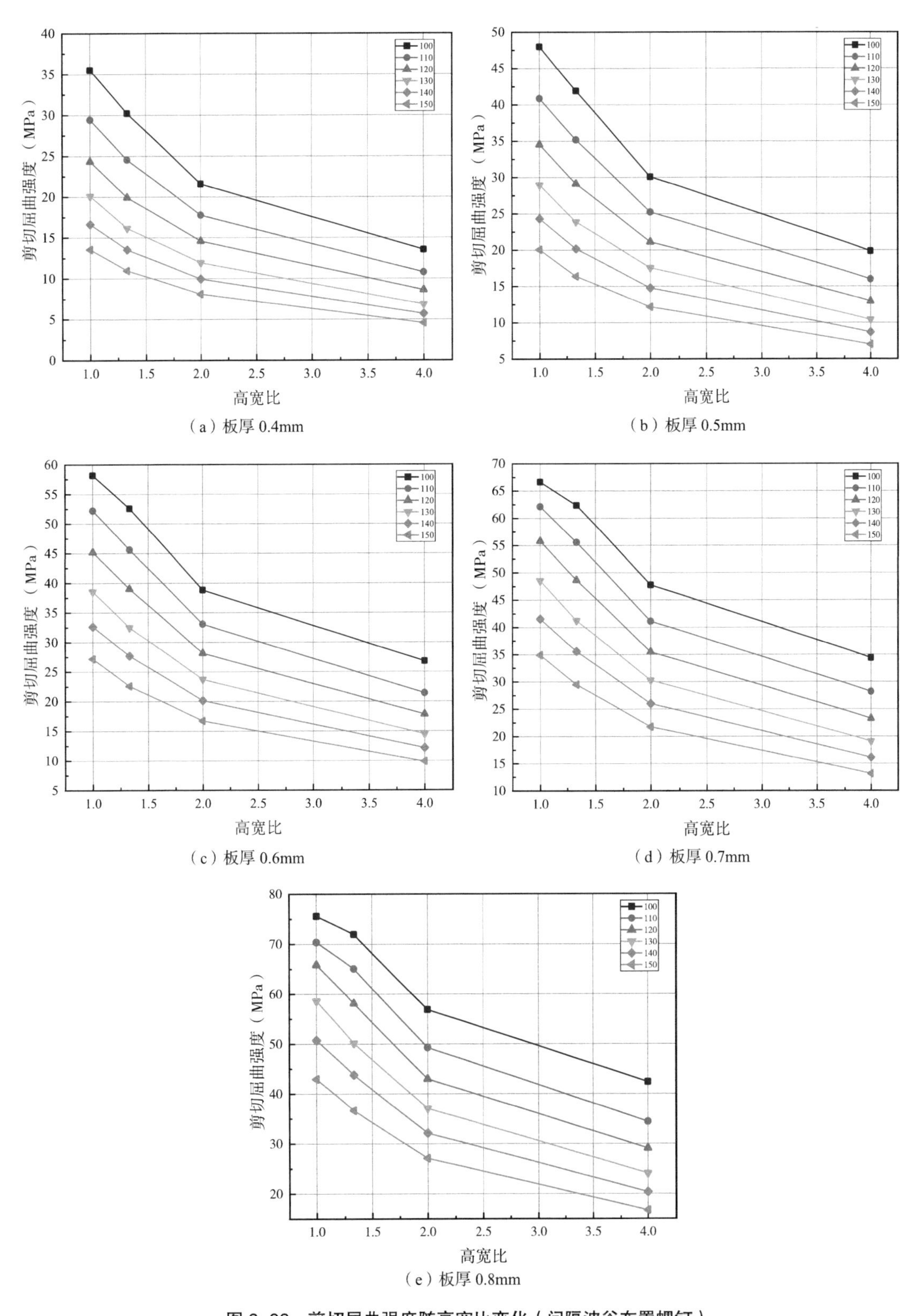

（a）板厚 0.4mm

（b）板厚 0.5mm

（c）板厚 0.6mm

（d）板厚 0.7mm

（e）板厚 0.8mm

图 3-93 剪切屈曲强度随高宽比变化（间隔波谷布置螺钉）

注：图例中的 100 ~ 150 代表螺钉间距。

图 3-94 给出了 4 种高宽比波纹钢板的整体剪切屈曲强度随自攻螺钉间距的变化趋势图。从图中可以看出，四种高宽比的波纹钢板随螺钉间距增加，剪切屈曲强度的下降趋势接近。随着螺钉间距的变化，图中曲线相对平滑，表现出一定的线性特性。

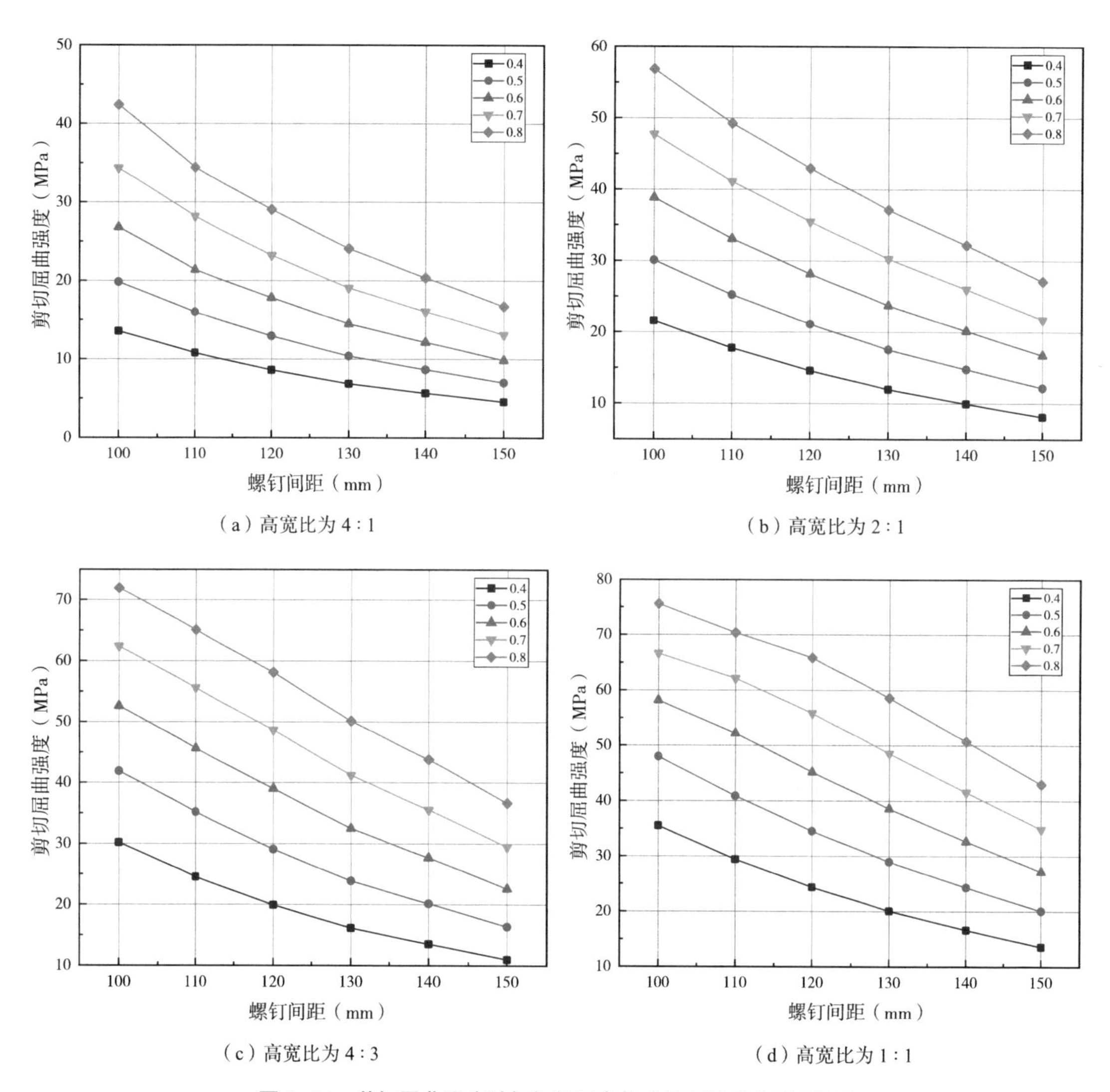

（a）高宽比为 4∶1

（b）高宽比为 2∶1

（c）高宽比为 4∶3

（d）高宽比为 1∶1

图 3-94　剪切屈曲强度随螺钉间距变化（间隔波谷布置螺钉）

注：图例中的 0.4 ~ 0.8 代表板厚。

4. 波纹钢板覆面墙体承载力计算方法

波纹钢板覆面冷弯型钢剪力墙依靠覆面板的蒙皮效应抵抗侧向荷载。覆面墙体的抗剪承载力可通过波纹钢板的抗剪承载力进行替代。而波纹钢板的抗剪承载力通过面板剪切屈曲强度和屈曲后强度进行考虑。本节中非连续自攻螺钉约束条件下的波纹钢板整体剪切屈曲强度计算公式形式同样采用式（3-17），但整体剪切屈曲系数 k_G 基于 3.4.2.3 节有限元模型的计算结果通过非线性回归分析得到。3.4.2.3 节研究中的自攻螺钉布置包括自攻螺钉相邻波谷布置和间隔波谷布置，两种布置方案均满足我国规范中面板自攻螺钉间距不超过 150mm 的规定。但研究结果表明自攻螺钉间隔波谷的布置形式难以充分利用波纹钢板的材料性能，在实际工程应用中不推荐这种布置形式。因此本节将针对自攻螺钉相邻波谷布置形式进行研究，共计 220 组有限元模型。

本节中采用 s/t（螺钉间距与板厚比值）、w/h（波纹钢板宽高比）、h/s（波纹重复数）作为整体剪切屈曲系数 k_G 计算表达式的自变量，使 k_G 综合反映波纹钢板四周的自攻螺钉连接约束影响。

将有限元分析得到的整体剪切屈曲强度 $\tau_{cr,\,G}$ 代入式（3-25）计算整体剪切屈曲系数 k_G，式（3-25）为式（3-17）的转换公式。

$$k_G = \frac{\tau_{cr,G} \times th^2}{(D_x)^{0.25}(D_y)^{0.75}} \tag{3-25}$$

图 3-95 以高宽比 4 : 1 的波纹钢板为例，给出了 k_G 随 s/t 的变化趋势；图 3-96 给出了不同 s/t 的波纹钢板中 k_G 随 w/h 的变化趋势；图 3-97 以高宽比 4 : 1 的波纹钢板为例，给出 k_G 随 h/s 的变化趋势。从图 3-95 ~图 3-97 中可以发现，k_G 随三个自变量均表现出明显的非线性关系。

波纹钢板整体剪切屈曲强度 $\tau_{cr,\,G}$ 的表达式（3-17）中已经对波纹钢板波形的影响进行了考虑。整体剪切屈曲系数 k_G 以 s/t、w/h、h/s 为自变量，反映面板四周非连续自攻螺钉连接的约束条件。为降低计算难度，式（3-26）被提出用于计算作为冷弯型钢剪力墙覆面板材的波纹钢板的整体剪切屈曲系数 k_G。其适用范围包括高宽比在 1 : 1 ~ 4 : 1、螺钉间距在 50 ~ 100mm 以及板厚在 0.4 ~ 0.8mm 组合下的波纹钢板。

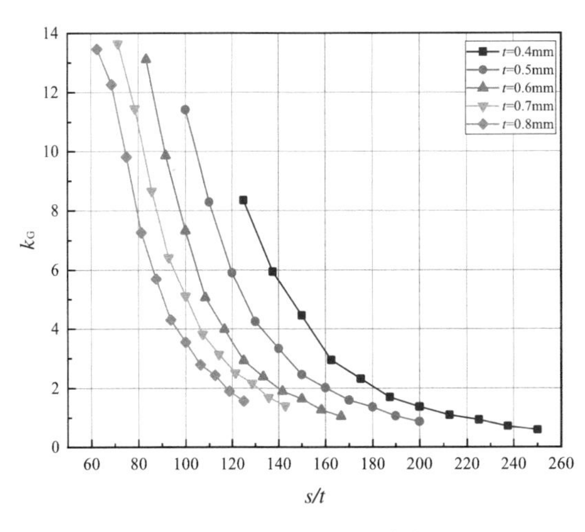

图 3-95　k_G 随 s/t 变化

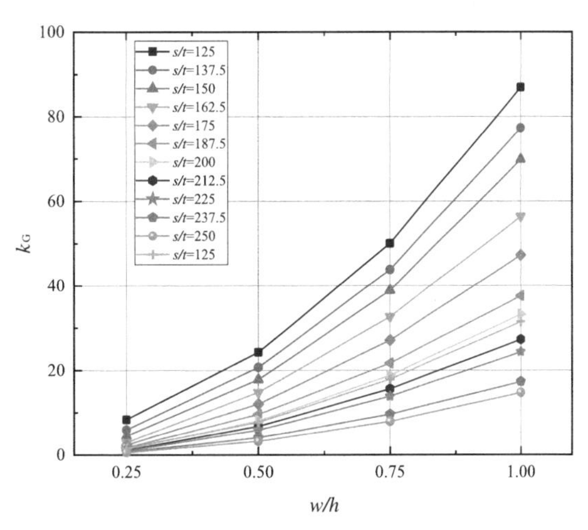

图 3-96　k_G 随 w/h 变化

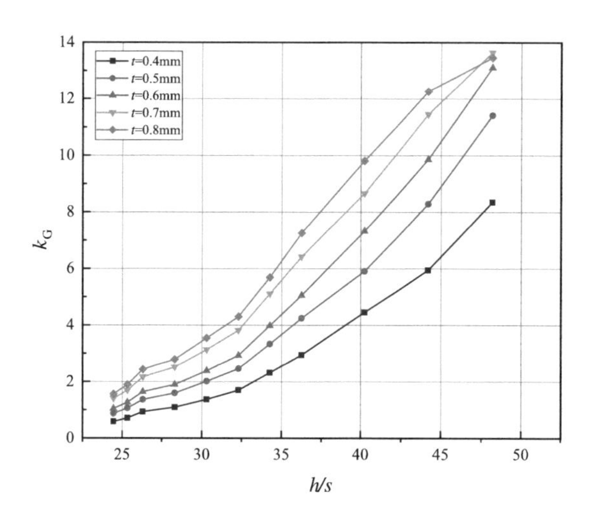

图 3-97　k_G 随 h/s 变化

$$k_G = 2.57\left(\frac{t}{s}\right)^{0.4} \times \left(\frac{w}{h}\right)^{2} \times \left(\frac{h}{s}\right)^{1.4} \tag{3-26}$$

拟合结果对比如图 3-98 所示。公式（3-26）对 220 组数据的计算结果与有限元结果比值的平均值为 1.01，标准差为 0.289，变异系数为 0.286。拟合公式（3-26）的判别系数 R^2 为 0.98。

在波纹钢板达到剪切屈曲荷载时，墙体并未达到其峰值抗剪承载力。面板出现屈曲并不意味着破坏，因薄膜效应而发展屈曲后强度。随着斜向拉力带的发展，墙体抗剪承载力可以进一步提高。因此本书参考直接强度法（Direct Strength Method）的概念引入长细比 λ 考虑波纹钢板的屈曲后强度。在综合考虑波纹钢板弹性剪切屈曲强度和屈曲后强度后，式（3-27）给出了波纹钢板覆面冷弯型钢墙体抗剪承载力标准值的计算方法。

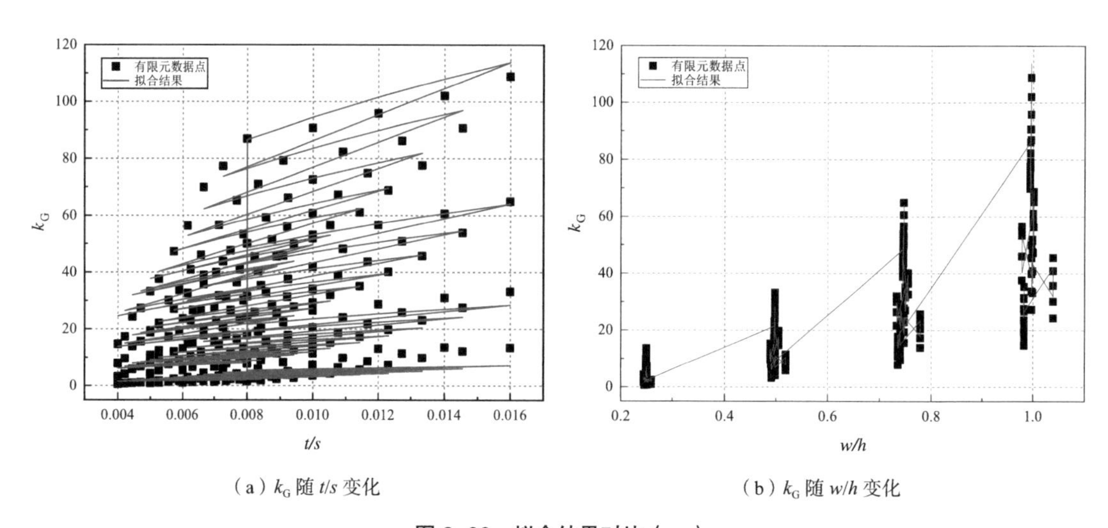

（a）k_G 随 t/s 变化　　（b）k_G 随 w/h 变化

图 3-98　拟合结果对比（一）

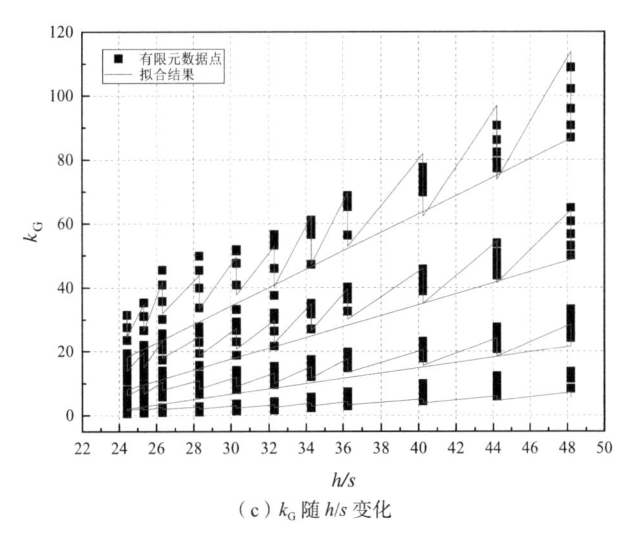

（c）k_G 随 h/s 变化

图 3–98　拟合结果对比（二）

$$F_s=0.44\lambda\,\tau_{cr,\,G}\,bt \tag{3-27}$$

$$\lambda=\sqrt{\frac{F_y}{F_{cr}}} \tag{3-28}$$

将按本书提出的墙体抗剪承载力计算方法计算得到的结果与试验及有限元分析结果进行比较，见表 3-22。结果表明按本书提出的计算方法得到的抗剪承载力标准值与试验结果和有限元结果非常接近，从而验证了本书方法的正确性。

计算结果与试验及有限元分析结果比较　　　　表 3–22

试件	加载方式	F_{test}（kN/m）		F_{cal}（kN/m）	F_{cal}/F_{test}
SW4 × 8-M1	M	67.10		61.03	0.91
SW4 × 8-M2	M	67.68		61.03	0.90
SW4 × 8-C	C	+	63.17	61.03	0.97
		–	59.73	61.03	1.02
SW6 × 8-C	C	+	67.23	61.03	0.91
		–	66.82	61.03	0.91
SW4 × 8-C1a	C	+	59.49	61.03	1.03
		–	61.42	61.03	0.99
SW4 × 8-C2a	C	+	55.02	61.03	1.11
		–	57.99	61.03	1.05
3（FE）[a]	M	35.90	35.75	1.00	3（FE）[a]
4（FE）[a]	M	35.98	35.62	0.99	4（FE）[a]
3	M	67.66		65.12	0.96

续表

试件	加载方式	F_{test}（kN/m）		F_{cal}（kN/m）	F_{cal}/F_{test}
5	C	+	70.15	65.12	0.93
		–	70.10	65.12	0.93
8	M	65.98		65.53	0.99
54	M	64.19		61.03	0.95
2[b]	C	+	53.39	61.03	1.14
5[b]	C	+	54.58	61.03	1.12
62	C	+	32.55	35.75	1.10
		–	30.38	35.75	1.18
63	C	+	31.93	35.75	1.12
		–	27.74	35.75	1.29
V2 × 1-S-H-C	C	+	40.87	34.95	0.86
		–	36.85	34.95	0.95
平均值					1.01
标准差					0.102
变异系数					0.101

注：a为有限元计算结果；b为低周往复加载试验的墙体试件存在施工缺陷，导致负值较低，因此忽略；F_{test}为根据相关试验及有限元研究结果得到的抗剪承载力标准值；F_{cal}为根据式（3-27）计算得到的墙体抗剪承载力。

5. 计算方法算例

本节对试验研究中V76型波纹钢板覆面冷弯型钢剪力墙的抗剪承载力进行计算。墙体构造以及面板四周 / 中部螺钉布置情况参考试验研究中Bs组V2 × 1-S-H-C墙体，忽略了面板搭接缝的影响。详细波纹钢板覆面墙体算例模型尺寸参数如图3-99所示。

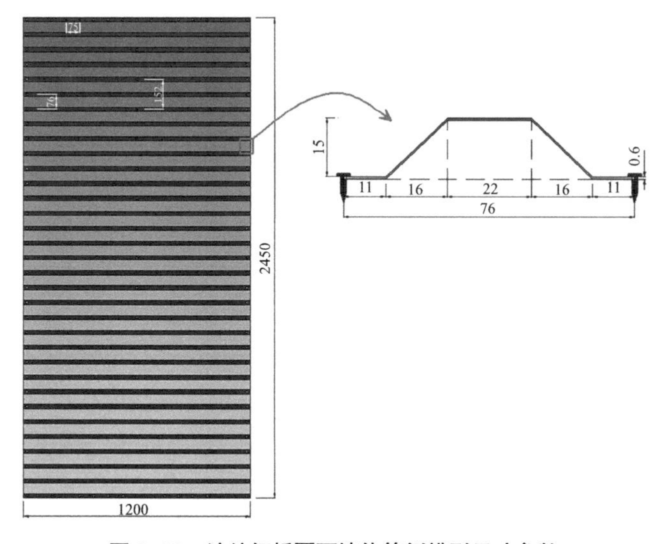

图3–99　波纹钢板覆面墙体算例模型尺寸参数

（1）计算抗弯刚度 D_x、D_y

$$D_x=\frac{q}{l}\times\frac{Et^3}{12}=\frac{76}{87.86}\times\frac{206000\times0.6^3}{12}=3207.47\mathrm{N\cdot mm}$$

$$I_y=(a+b)t\left(\frac{h_\mathrm{r}}{2}\right)^2+\frac{th_\mathrm{r}^3}{6\sin\theta}=(22+22)\times0.6\times\left(\frac{15}{2}\right)^2+\frac{0.6\times15^3}{6\times0.682}=1979.87\mathrm{mm}^4$$

$$D_y=\frac{EI_y}{9}=\frac{206000\times1979.87}{9}=45317024.44\mathrm{N\cdot mm}$$

（2）计算整体剪切屈曲系数 k_G

$$k_\mathrm{G}=2.57\left(\frac{t}{s}\right)^{0.4}\times\left(\frac{w}{h}\right)^2\times\left(\frac{h}{s}\right)^{1.4}=2.57\times\left(\frac{0.6}{76}\right)^{0.4}\times\left(\frac{1200}{2450}\right)^2\times\left(\frac{2450}{76}\right)^{1.4}=11.50$$

（3）计算整体剪切屈曲强度 $\tau_{\mathrm{cr,\ G}}$

$$\tau_{\mathrm{cr,\ G}}=k_\mathrm{G}\frac{D_x^{1/4}D_y^{3/4}}{tw^2}=11.50\times\frac{3207.47^{1/4}\times45317024.44^{3/4}}{0.6\times1200^2}=55.31\mathrm{MPa}$$

（4）计算墙体抗剪承载力

$$\lambda=\sqrt{\frac{F_\mathrm{y}}{F_\mathrm{cr}}}=\sqrt{\frac{360.52}{55.31}}=2.55$$

$$F_\mathrm{s}=0.44\lambda\,\tau_{\mathrm{cr,G}}bt=0.44\times2.55\times55.31\times1200\times0.6=44682\mathrm{N}=44.68\mathrm{kN}$$

上述式中 l 为单个波距的展开长度，其他波纹钢板尺寸符号含义同图 3-85 中所示。

3.5　波纹钢板覆面冷弯型钢剪力墙恢复力模型

在本书中冷弯型钢足尺房屋的墙体采用波纹钢板和石膏板双面板形式，而墙体抗剪性能试验中试件均采用单面板，同时在《低层冷弯薄壁型钢房屋建筑技术规程》JGJ 227—2011 中表明有关波纹钢板双面板墙体的力学性能并不能直接由两个单面板的特征参数简单叠加所得。在下文对冷弯型钢整体结构建立的有限元模型中墙体数值模拟是需要双面板墙体的骨架曲线和滞回参数的，因此开展循环荷载作用下双面板冷弯型钢剪力墙精细化有限元分析是非常必要的。

3.5.1　龙骨式剪力墙精细化数值模拟

国内外学者通常采用有限元软件 ABAQUS、ANSYS 以及 SAP200 等来对冷弯型钢剪力墙的抗震性能进行分析。因软件 ABAQUS、ANSYS 自带可视化界面，在墙体有限元模型的龙骨框架和覆面板均可通过 Shell 单元来模拟实现，模拟结果表明该模型可以较好观察到立柱和面板屈曲变形。这两个软件数据库所提供的单元类型的局限性，很难对循环加载试验中墙体的滞回行为进行研究。为了解决此问题，需采用UEL或者UMAT子程序开发适合于自攻螺钉连接的滞回模型。但采用子程序开发一种可适用的恢复力模型，是对学者的专业和编程能力巨大的考验。因此本节采用Pinching4捏缩材料模型，通过有限元软件OpenSees建立波纹钢板覆面龙骨式墙体的精细化模型，该模型综合考虑了龙骨框架的构件截面形状、波纹钢板各向异性的力学性能以及两者间自攻螺钉的连接性能。

1. 墙体精细化模型建立

（1）龙骨框架模拟

波纹钢板墙体中立柱、导轨以及波纹钢板均采用345MPa冷弯型钢，材料性能参数通过材料拉伸性能试验确定，各个性能参数见2.1.1节。立柱和导轨均采用各向同性应变硬化单轴Steel02材料。由试验现象可知，波纹钢板覆面墙体的立柱和导轨均出现不同程度的损伤，为更好模拟出实际墙体的破坏特征，选取dispBeamColumn梁柱单元对立柱和导轨进行模拟。

（2）覆面板模拟

波纹钢板采用四边形ShelMITC4壳单元进行模拟，该材料是专门用于壳体分析的PlateFiber材料。波纹钢板因表面波肋的存在，整体表现出各向异性的力学特征。如果直接按照波纹钢板的实际截面形式来建立模型，这会导致其模型难以收敛。因此在分析时，可将波纹钢板等效简化成两方向的性能不同的平钢板。Atrek和Nilson推荐了由平钢板换算成梯形截面波纹钢板弹性模量的等效原理，根据此简化方法可将波纹钢板的等效转化成各向异性平钢板。垂直和平行于波纹方向的等效弹性模量E_x和E_y根据3.4.1节确定。

（3）自攻螺钉连接模拟

从冷弯型钢剪力墙的试验现象可知，墙体的破坏主要发生在波纹钢板与龙骨框架连接的部位，因此自攻螺钉连接的滞回特征对于墙体精细化模型是至关重要的。在第2章的自攻螺钉连接恢复力模型中，基于试验数据，采用OpenSees中一维非线性单轴Pinching4材料模型建立了面内抗剪和面外抗拉的恢复力模型，模型的相关参数见2.3.1和2.3.2小节。其中需要说明的是，因试验条件限制，目前还不能进行自攻螺钉连接试件在受拉方向上的循环往复试验研究，所以受拉的骨架曲线是来自单调受拉加载试验，而滞回性能参数初步与抗剪试件保持一致。在墙体精细化模型中龙骨框架和波纹钢板间自攻螺钉连接采用OpenSees软件提供的零长度单元来模拟实现。此连接作用包含三个方向平动自由度（1、2、3方向）和三个旋转自由度（4、5、6方向），其中1和2方向为面内，3方向为面外。三个平面自由度共同联合建立了耦合弹簧，再根据自攻螺钉连接的恢复力模型来定义弹簧的滞回性能，从而表现出自攻螺钉连接的平动特性。对于旋转自由度上采用微小刚度的旋转弹簧，从而达到连接单元的自由转动。

（4）边界条件

试验中冷弯型钢墙体试件的两端布置抗拔件，并分别通过4颗M16高强螺栓将墙体固定于加载顶梁和加载地梁上，从而使墙体的抗剪性能得到大幅度提高。除了抗拔件上的高强螺栓外，墙体上、下导轨均布置了间距为 300mm 的多颗 M16 高强螺栓。在精细化模型中通过 OpenSees 软件提供的 Steel01 材料和 ENT 材料形成复合材料来模拟墙体边界条件，从而实现具有一定数值的抗拉刚度的硬接触连接。本书中对抗拔件和 M16 高强螺钉的力学性能进行了设置，高强螺栓的弹性模量约取为 8346.7MPa，屈服强度约取为 18395.3MPa；抗拔件的弹性模量约取为 7473.3MPa，屈服强度约取为 14946.6MPa。

（5）加载方式和求解控制

墙体的数值模拟是通过位移控制进行加载的，加载点为上导轨的中间点，此点与整个上导轨耦合到一起，并限制其他方向的平动仅可进行水平方向加载移动。边界约束方式采用罚函数法，并使用位移增量来判断收敛，最大误差为 $1.0e^{-6}$，最大迭代步数为 1000 步。矩阵带宽处理采用一般处理方法，迭代方法根据牛顿迭代计算。根据上述方法建立的龙骨剪力墙精细化模型如图 3-100 所示。

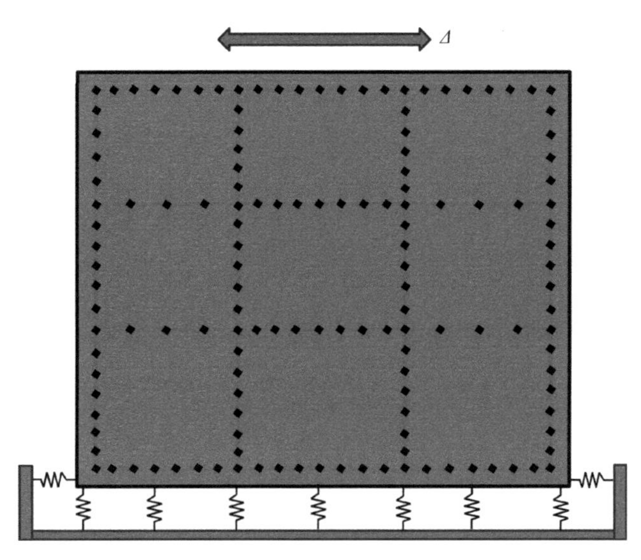

图 3-100　墙体精细化模型示意图

2. 墙体精细化模型验证

（1）破坏特征对比

与其他有限元软件相比，OpenSees 并没有提供图形用户截面和可视化模块。研究者只能通过命令流形式作为输入文件，通过该软件得到的数值模拟计算结果是以文本形式输出的。为了初步验证墙体精细化模型的合理性，以 Q2 × 1-D-H-C1 试件为例，记录墙体达到破坏荷载时在自攻螺钉连接处面板的单元内力，并以力流形式描述在图 3-101 中。需要说明的是，图中的平面力流形式难以综合考虑自攻螺钉连接三个方向的力学性能，因此箭头主要为面内两个方向的共同作用，箭头方向是连接处受力方向，其与水平方向呈角度 θ，取为 arctan（F_v/F_p），F_v 和 F_p 分别是当前位置的垂直波纹方向和平行波纹方向上的力；箭头大小是连接处受力大小的相对值。在图 3-101 中对平面力流与墙体试验现象进行对比，由图可知，试件达到破坏荷载时其自攻螺钉连接处面板内力基本上呈反对称形式，且不同部位的相对内力差异较大，其角部螺钉受力最大，四周（除角部）受力次之，中部受力最小。墙体受拉侧角部的受力大小和方向均与试验现象基本一致；受压侧角部的破坏特征从面板的屈曲波可知，两者受力情况较为接近。

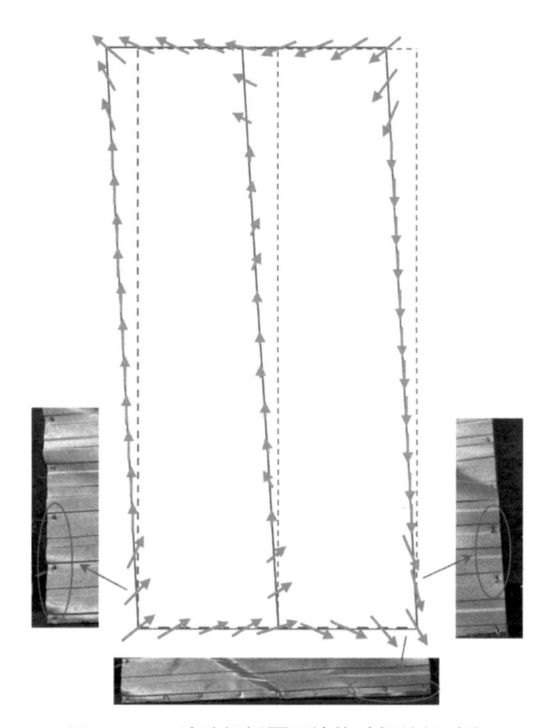

图 3–101　波纹钢板覆面墙体破坏特征对比

（2）模拟结果对比

三种覆面板类型墙体在循环往复荷载作用下荷载—位移曲线与墙体精细化模型模拟结果对比如图 3-102 所示。可以看出，两者的荷载—位移曲线吻合较好，在强度退化、刚度退化以及捏缩程度等方面的差异均较小。差异较大的是墙体峰值荷载过后承载力下降程度以及在零点位移处的捏缩程度。对于墙体试验，当试件达到破坏荷载时其承载力下降程度要比模拟结果高，造成这种情况的原因是试件接近破坏荷载时，墙体角部的面板出现撕裂破坏，从而降低整体的蒙皮效应使承载力快速下降。但受有限元软件功能限制，精细化模型中面板采用的是弹塑性材料，没有办法模拟出这种特殊的破坏特征。因此在荷载—位移曲线下降段，对于数值模拟和试验中刚度和强度退化存在一定误差，但这对波纹钢板覆面剪力墙数值中主要力学性能参数模拟结果影响较小。对于零点位移处，试验的捏缩程度要比数值模拟结果低。这可能是因为在试验中，在试件与加载装置、龙骨间以及龙骨与面板间的摩擦造成墙体在零点位移处还存在一定的抗剪承载能力。而在精细化模型中仅考虑了理想的边界条件以及接触条件，难以模拟出此部分捏缩效果。表 3-23 对比了墙体精细化模型模拟结果与测试值结果。由表 3-23 可知，墙体试件的初始刚度、峰值荷载以及峰值位移的模拟结果与试验结果的误差在合理范围内，其中初始刚度的比值为 0.99 ~ 1.13，峰值荷载的比值为 0.86 ~ 0.95，峰值位移的比值为 0.93 ~ 1.03。因此数值模拟结果和试验结果整体吻合较好且离散性较小，这表明本书所建立的墙体精细化模型计算精度较高并具有可行性，不仅可用于后续的墙体数值模拟参数分析，也可作为冷弯型钢整体结构抗震性能分析中建立不同类型墙体简化模型的基础。

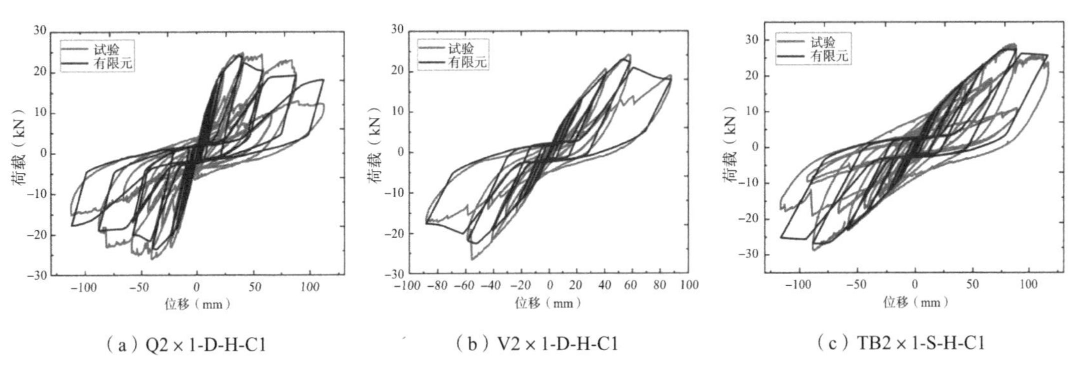

（a）Q2 × 1-D-H-C1 （b）V2 × 1-D-H-C1 （c）TB2 × 1-S-H-C1

图 3-102 有限元精细化模拟与试验加载曲线对比

墙体精细化模拟理论结果与测试值对比 **表 3-23**

试件编号	峰值位移（mm）			峰值荷载（kN）			初始刚度（kN/mm）		
	测试值	理论值	理论值/测试值	测试值	理论值	理论值/测试值	测试值	理论值	理论值/测试值
Q2 × 1-D-H-C1（+）	40.80	37.7	0.92	25.50	24.13	0.95	1.27	1.36	1.07
Q2 × 1-D-H-C1（-）	40.70	38.4	0.94	26.10	23.64	0.91	1.31	1.37	1.05
V2 × 1-D-H-C1（+）	56.30	57.3	1.02	25.42	23.17	0.91	0.67	0.66	0.99
V2 × 1-D-H-C1（-）	55.38	56.9	1.03	26.62	22.81	0.86	0.70	0.66	0.94
TB2 × 1-S-H-C1（+）	86.70	83.0	0.96	28.90	27.28	0.94	0.46	0.52	1.13
TB2 × 1-S-H-C1（-）	87.08	84.2	0.97	28.81	26.78	0.93	0.52	0.55	1.06
平均值	—	—	0.98	—	—	0.92	—	—	1.04
变异系数	—	—	0.5%	—	—	0.3%	—	—	1.1%

3.5.2 双覆面板墙体有限元分析

振动台试验使用的石膏板的材料类型和厚度与相关文献提到的基本一致，故在双面板覆面墙体精细化模型中，建立石膏板与立柱间自攻螺钉连接恢复力模型，其参数见表 3-24。图 3-103 为单覆面板墙体与双覆面板墙体荷载—位移曲线对比。可以看出，在波纹钢板覆面龙骨体系剪力墙中增加了石膏板后，其试件的抗侧能力得到明显的提高，但两种类型试件的滞回曲线的捏缩程度以及强度和刚度退化差异较小。

石膏板与立柱间自攻螺钉连接恢复力模型相关参数　　表 3-24

ePf1，eNf1（kN）	ePf2，eNf2（kN）	ePf3，eNf3（kN）	ePf4，eNf4（kN）	gK1，3	gK2，4	gKlim	gF1，3	gF2，4	gFlim
0.207	0.338	0.449	0.318	0.0	0.1/1.5	1.0	0.0	0.06/1.5	1.0
ePd1，eNd1（mm）	ePd2，eNd2（mm）	ePd3，eNd3（mm）	ePd4，eNd4（mm）	gD1-4	gDlim	rDisp	rForce	uForce	gE
0.23	0.98	4.66	14.53	0.0	0.0	0.5	0.12	0.01	6.0

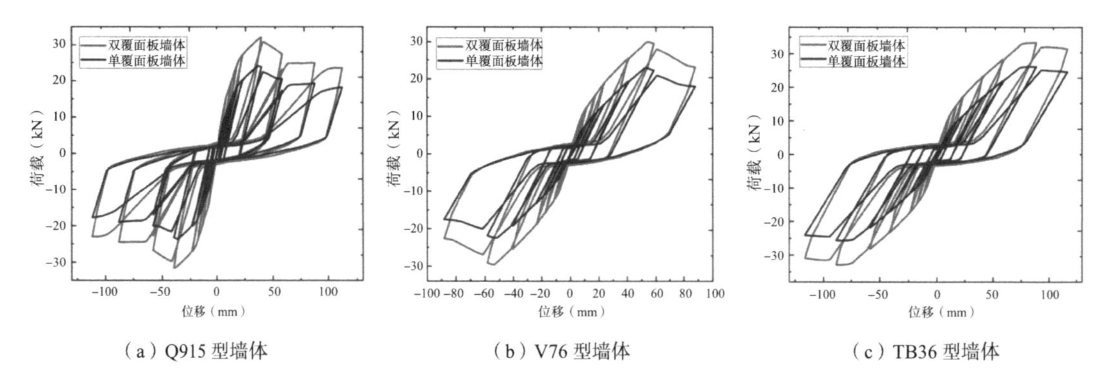

（a）Q915 型墙体　（b）V76 型墙体　（c）TB36 型墙体

图 3-103　单双覆面板墙体荷载—位移曲线对比

3.5.3　双覆面板墙体恢复力模型参数

采用上述墙体简化模型的建立方法，根据 3.5.2 节中双覆面板墙体数值模拟数据，得到三种波纹钢板 + 石膏板覆面剪力墙的 Pinching4 材料模型参数，为冷弯型钢整体结构分析模型的建立提供数据支撑，其材料模型参数取值见表 3-25。

双覆面板剪力墙简化模型 Pinching4 参数　　表 3-25

Pinching4参数	墙体类型		
	Q915型+石膏板	V76型+石膏板	TB36型+石膏板
ePf1，eNf1（kN）	12.83	12.11	13.36
ePf2，eNf2（kN）	24.17	23.33	26.27
ePf3，eNf3（kN）	32.08	29.99	33.39
ePf4，eNf4（kN）	25.67	24.14	26.72
ePd1，eNd1（mm）	6.50	10.7	14.71
ePd2，eNd2（mm）	18.38	34.62	51.53
ePd3，eNd3（mm）	40.08	54.90	84.92
ePd4，eNd4（mm）	83.45	79.70	144.39

续表

Pinching4参数	墙体类型		
	Q915型+石膏板	V76型+石膏板	TB36型+石膏板
gK1，3	0.00	0.00	0.00
gK2	0.75	0.25	0.15
gK4	0.20	1.20	2.00
gKlim	1.00	1.00	1.00
gF1，3	0.00	0.00	0.00
gF2	0.30	0.70	0.30
gF4	1.23	0.50	0.80
gFlim	1.00	1.00	1.00
gD1，3	0.00	0.00	0.00
gD2，4	0.00	0.00	0.00
gDlim	0.00	0.00	0.00
rDisp	0.38	0.40	0.05
rForce	0.42	0.30	0.28
uForce	−0.32	−0.17	0.06
gE	8.00	6.80	7.50

3.6　本章小结

为研究波纹钢板覆面冷弯型钢龙骨式复合墙体的抗剪性能，对不同构造及不同加载方式下的墙体试件进行了抗剪性能试验研究和数值模拟。本章对试验目的、试验装置、试件构造、材性、试验现象和试验结果进行了详细的介绍，并利用有限元分析软件对墙体进行了数值模拟，充分考察自攻螺钉布置方案和高宽比对波纹钢板剪切屈曲性能及墙体抗剪承载力的影响。基于试验数据的回归分析，给出波纹钢板覆面冷弯型钢剪力墙的变形计算公式和抗剪承载力计算方法，并基于 Pinching4 材料模型建立双覆面板墙体的恢复力模型，得到的主要结论如下：

（1）面板开缝的波纹钢板覆面剪力墙，由于开缝使得面板局部刚度被削弱，从而墙体的破坏模式和耗能机制发生改变，试验过程中抗剪承载力下降主要是由孔洞边缘面板撕裂破坏和出平面变形引起的。与不开缝剪力墙相比，开缝剪力墙的抗剪承载力降低幅度不大，但延性得到了明显的提高。承重墙试件的主要破坏模式为底部面板边缘撕裂破坏、角部螺钉被剪断及底部导轨的屈曲破坏。承重墙的抗剪承载力平均为不开缝剪力墙的 34.5%，平均为开缝剪力墙的 45.6%。单调试验过程中，墙体试件始终能够承担所有的竖向荷载，承重墙试件记录的最大层间位移角达 6.8%，开缝和不开缝剪力墙试件所达到的最大层间位移角达 10%。参考 FEMA P695 报告，建议对开缝和不开缝波纹钢板覆面剪力墙取 7% 作为结构的倒塌位移角限值。竖向荷载对剪力墙抗剪承载力的影响很小，同时剪力墙抗剪承载力随高宽比增大而降低，但降低程度远低于北美规范规定的 $2w/h$。

（2）当保证边界条件相同时，肋高 5mm 的波纹钢板比肋高 15mm 和肋高 38mm 的波纹钢板更容易产生剪切屈曲，因此具有最好的延性和最高的覆面板性能的利用率。随着肋高的增加，波纹钢板覆面冷弯型钢剪力墙的破坏模式向自攻螺钉连接破坏和面板局部屈曲转变。肋高 38mm 的波纹钢板覆面墙体的滞回曲线最为饱满，捏缩效应和残余变形相对较小。然而，肋高 5mm 的波纹钢板覆面墙体在层间位移角限值 2.5% 前具有最好的耗能能力，其累积耗能量较另外两类墙体高出 20.5%。自攻螺钉布置方案对波纹钢板剪切屈曲性能有明显影响。波纹钢板覆面冷弯型钢剪力墙采用自攻螺钉间隔波谷的布置形式时，高宽比的变化并未明显改变自攻螺钉拉脱的破坏模式，我国规范和北美规范规定的抗剪承载力折减系数被验证是安全可靠的。竖向布置的肋高 15mm 的波纹钢板墙体在侧向荷载作用下面板出现明显的剪切屈曲。

（3）有限元模型可以准确捕捉到因自攻螺钉连接失效导致的承载力下降，破坏模式与试验墙体基本一致；有限元计算得到的墙体荷载—位移曲线与试验曲线吻合较好，抗剪性能特征值（包括峰值荷载、屈服荷载、峰值位移）差值小于 5%。模型的破坏现象表明随着墙体高宽比的减小，面板上更容易出现剪切屈曲，进而发展为斜向拉力带。高宽比是波纹钢板剪切屈曲性能的重要影响因素。在不同的自攻螺钉布置方案下，墙体单位抗剪承载力随高宽比的变化而表现出不同的变化规律。

（4）本书将波纹钢板等效成具有相同力学性能的平钢板，并通过试验数据的回归分析对 AISI 变形计算公式进行了修正，得到了波纹钢板覆面剪力墙在面内水平荷载作用下的变形计算公式。针对自攻螺钉相邻波谷的布置方案，建立波纹钢板覆面墙体抗剪承载力的计算方法。该方法形式简单且具有一定的计算准确度，适用范围包括高宽比在 1 : 1 ~ 4 : 1、螺钉间距在 50 ~ 100mm 以及板厚在 0.4 ~ 0.8mm 组合下相邻波谷布置自攻螺钉的波纹钢板。

（5）通过软件 OpenSees 对冷弯型钢龙骨式剪力墙精细化模型进行数值模拟分析，重点介绍了模型中龙骨框架模拟、覆面板模拟、自攻螺钉连接模拟等。对比有限元分析和墙体试验结果可以得出结论：有限元分析和实验结果表现出的破坏特征基本相符，两者的荷载—位移曲线吻合较好，其抗剪性能特征值（初始刚度、峰值荷载、峰值位移）最大相差 14%。在此基础上，补充了双覆面板墙体有限元分析，并给出适用于双覆面板（波纹钢板和石膏板）冷弯型钢墙体的恢复力模型。

第 4 章　新型冷弯型钢整体结构抗震性能研究

4.1　振动台试验

目前国内外学者针对冷弯型钢房屋结构体系的材料、连接以及墙体构件进行了大量的试验研究和理论研究，并得到了众多研究成果。但关于整体结构的相关研究，其结构大多采用传统覆面板，而涉及波纹钢板覆面冷弯型钢房屋的抗震性能方面研究较少。当冷弯型钢结构在高强度地震作用下，其楼层间连接方式、墙体间抗拔件、龙骨框架与面板间自攻螺钉连接所表现出来的破坏模式以及整体结构的动力响应均是值得研究和关注的焦点。同时我国地处地震多发的区域，为了加速推广新型冷弯型钢结构在我国多层建筑结构领域的应用，有必要对其抗震性能进行较系统的研究。

本章在波纹钢板覆面墙体抗剪性能试验的基础上，对两层波纹钢板覆面冷弯型钢结构房屋进行振动台试验研究，以了解该结构在地震作用下的动力特性和地震反应。通过软件 OpenSees 建立冷弯型钢整体结构的数值分析模型，对多层冷弯型钢结构建筑原型进行静力推覆分析和动力时程分析，以此来验证其结构体系在中国抗震设防地区的适用性。

4.1.1　结构模型设计

1. 振动台加载装置相关参数

新型冷弯型钢龙骨体系房屋振动台试验在北京工业大学工程抗震实验室完成，模拟地震台试验系统是美国 MTS 生产的，振动台台面尺寸为 3m × 3m，可实现水平两个方向四个自由度的振动，振动台加载装置具体参数如下：

x 向技术参数：

（1）台面尺寸：3m × 3m；

（2）台面自重：6t；

（3）试件最大重量：10t；

（4）最大位移：± 127mm（实际加载位移 100mm）；

（5）最大速度：± 600mm/s；

（6）最大加速度：满载 ± 1.0g；空载 ± 2.5g；

（7）最大倾覆力矩：30t · m；

（8）频率范围：0.1 ~ 50Hz（0.4 ~ 50Hz）；

（9）振动波形：地震等随机波、正弦波。

y 向技术参数：

（1）最大位移：±127mm；

（2）最大速度：60cm/s；

（3）最大加速度：满载：1g；空载：2.5g；

（4）频率范围：0.4～50Hz；

（5）控制方式：x 和 y 相同时控制；

（6）振动波形：正弦波、地震波。

2. 结构模型和底座

（1）结构模型设计

新型冷弯型钢龙骨体系房屋模型的平面尺寸为 2.8m×2.4m，两层单开间，屋顶标高 5.693m，檐口标高 5.0m，图 4-1 为波纹钢板覆面冷弯型钢房屋结构模型图，结构平面图如图 4-2 所示，其门窗洞口尺寸分别为 0.9m×1.8m、0.9m×0.9m。房屋模型龙骨框架和各类波纹钢板的钢材等级均为 Q345 级，其墙体的立柱采用 C 形截面，其型号为 C9102；墙体中上下导轨和横撑均采用 U 形截面，其型号为 P9012。所有类型墙体的结构构造如图 4-3 所示。角部边立柱为双肢闭合与单肢的组合截面形式，门窗洞口处立柱采用双肢抱合与单肢的组合截面形式。墙体外面板采用 0.6mm 厚 Q915 型波纹钢板，并通过 ST5.5 六角头自攻螺钉与墙体的龙骨框架连接，螺钉间距为 150/300mm，波纹钢板截面尺寸如图 4-4 所示；墙体内面板采用 12mm 厚的石膏板，通过 ST4.2 平头自攻螺钉与墙体龙骨框架连接，自攻螺钉在内面板四周及中间部位间距均为 300mm。墙体的角部和门窗洞口处均设置抗拔连接件，其详细构造如图 4-5 所示。

（a）现场图

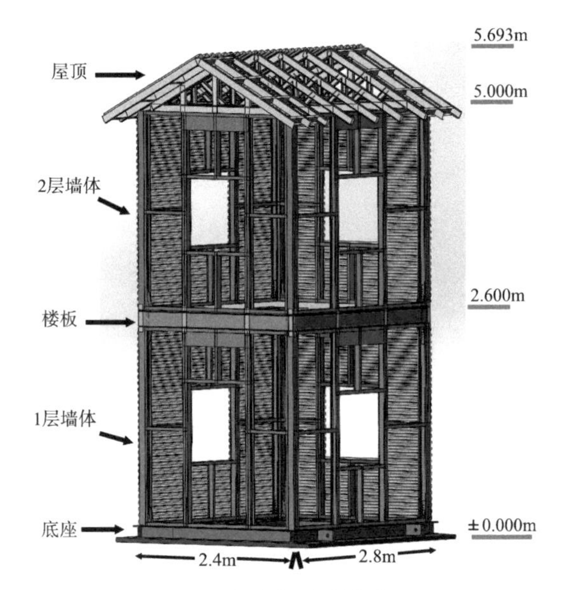

（b）冷弯型钢结构模型

图 4-1 波纹钢板覆面冷弯型钢房屋结构模型

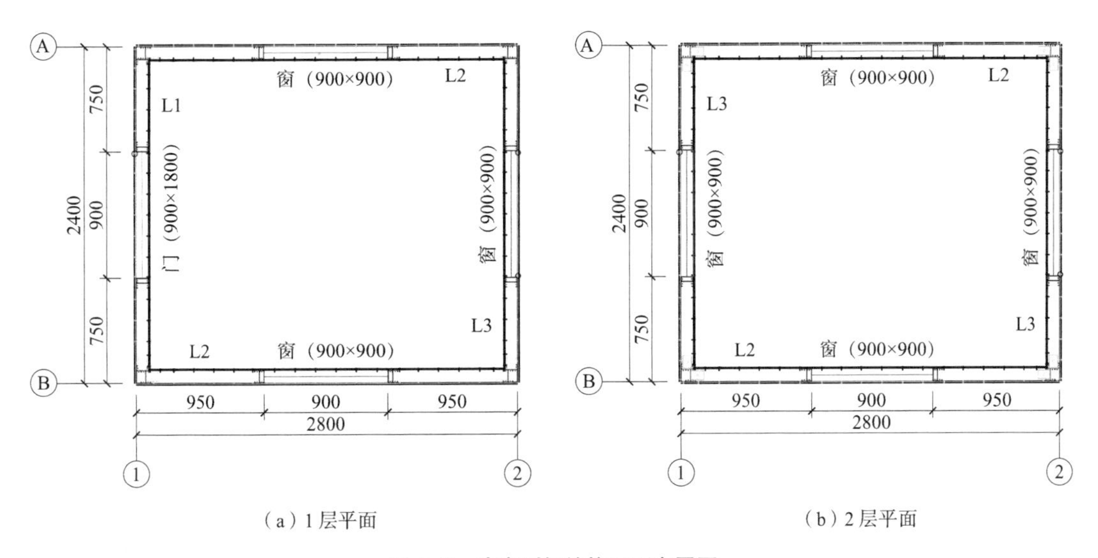

（a）1 层平面　　（b）2 层平面

图 4–2　冷弯型钢结构平面布置图

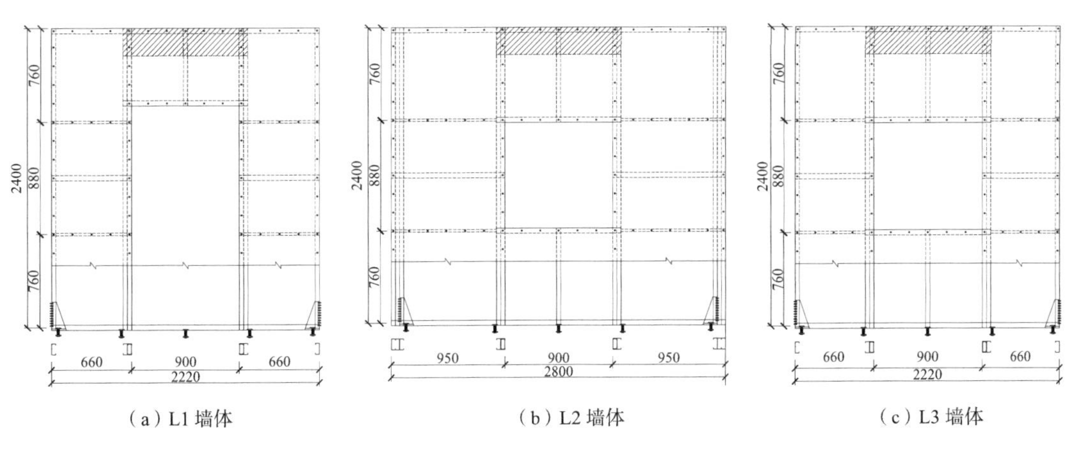

（a）L1 墙体　　（b）L2 墙体　　（c）L3 墙体

图 4–3　墙体结构构造图

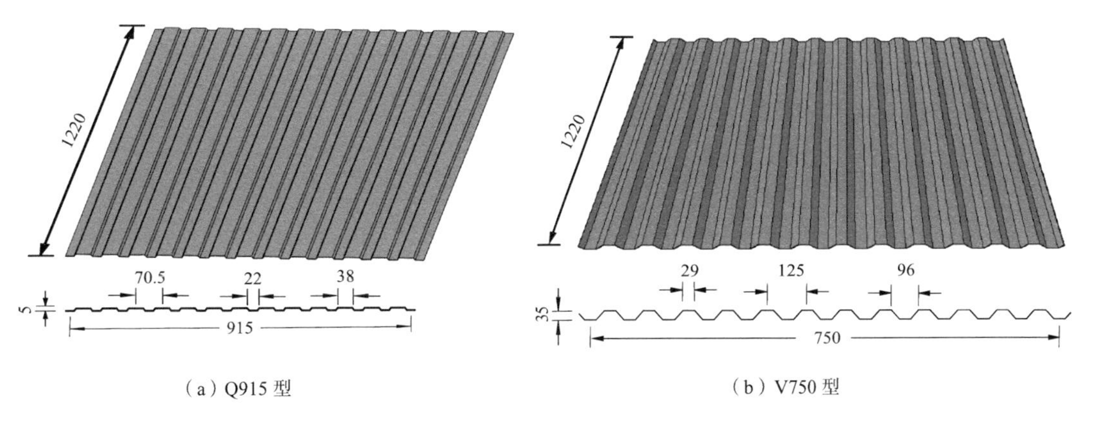

（a）Q915 型　　（b）V750 型

图 4–4　波纹钢板尺寸图

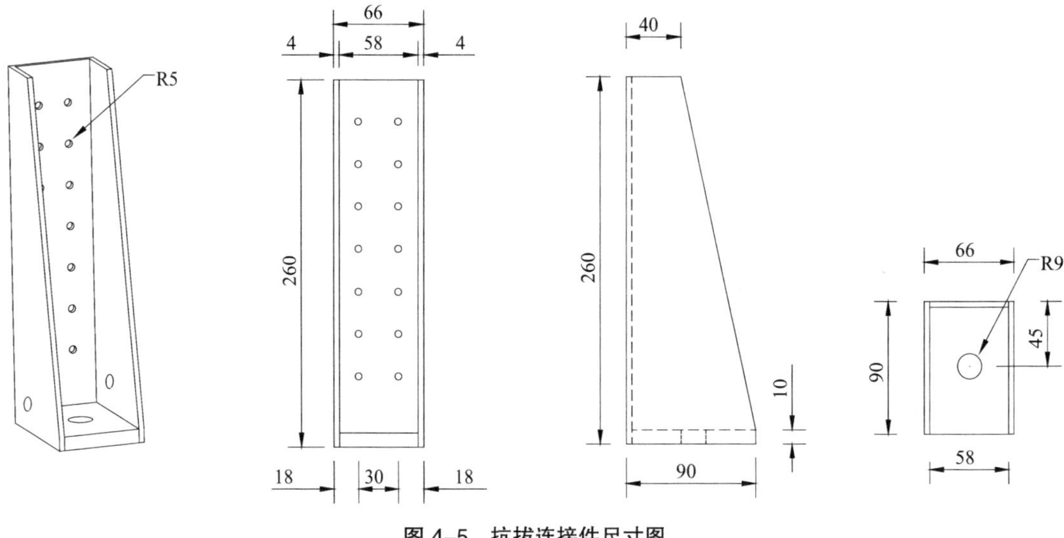

图 4–5　抗拔连接件尺寸图

楼面梁采用 C 形截面，型号为 C20019，材质为 Q345。其中边梁采用双肢抱合与单肢的组合截面形式，洞口处楼面梁采用双肢闭合的组合截面形式。楼面的覆面板采用 OSB 板，与楼面梁采用 ST4.2 螺钉连接，螺钉间距为 150mm，2 层楼面龙骨框架和覆面板的具体构造和布置如图 4-6 所示。屋面桁架弦杆采用 Ω 形截面，其型号为 U9012，而腹杆采用 C 形截面，其型号为 C7012，材质均为 Q345。图中 N1 和 N2 分别为冷弯型钢结构房屋的中间屋架和边屋架，GF1 为角部屋面板提供支撑。三者均采用 C 形截面，规格为 C9012，材质为 Q345。屋面板采用 0.6mm 厚 V750 型波纹钢板，并采用 ST5.5 螺钉与屋面桁架连接，螺钉间距为 150mm，屋面板截面尺寸如图 4-4（b）所示，屋面结构的具体构造如图 4-7 所示。

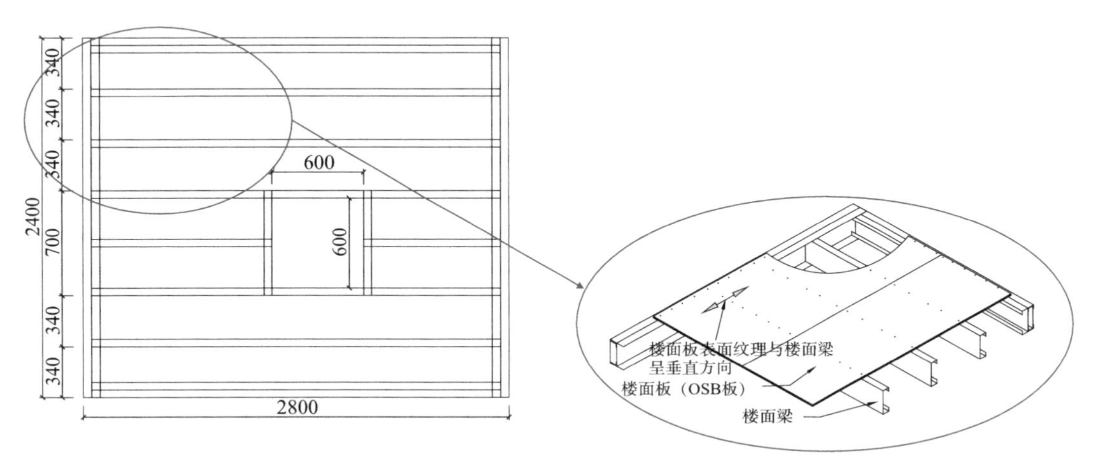

图 4–6　楼面龙骨框架和覆面板构造图

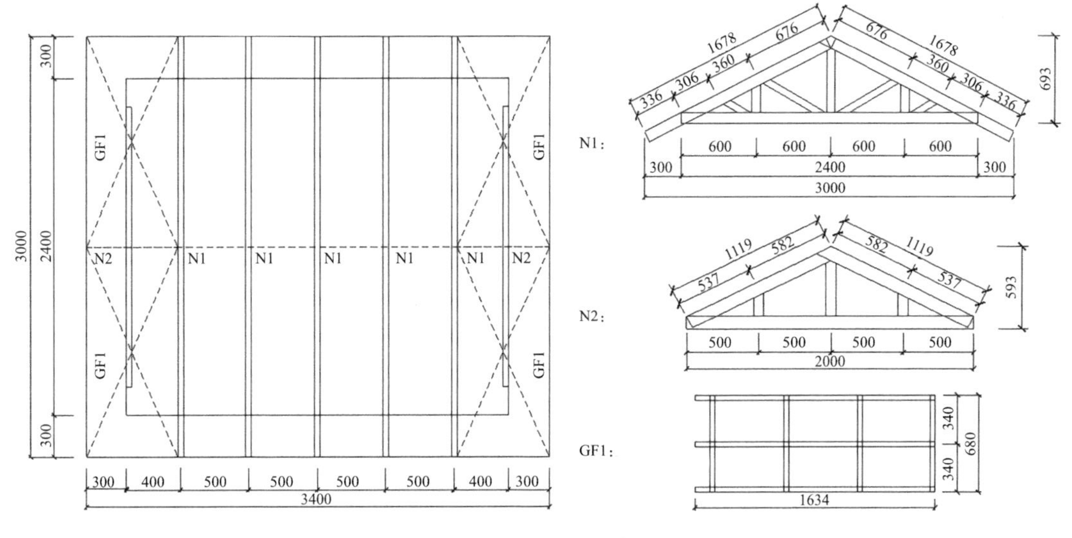

图 4-7 屋面结构构造图

（2）底座设计

底座整体均采用 H 型钢焊接而成，从而使冷弯型钢结构与振动台台面之间的连接更加可靠，如图 4-8（a）所示。底座构件为 Q345 等级钢板焊接而成的 HW160 × 160 × 20 × 20，其内侧构件上留有直径为 35mm 的圆孔，可通过 M30 高强螺栓将底座与振动台连接到一起；外侧构件上留有直径为 18mm 的圆孔，可通过 M16 高强螺栓将波纹钢板覆面结构与底座固定起来。根据《低层冷弯薄壁型钢房屋建筑技术规程》JGJ 227—2011 规定对结构中抗拔螺栓和抗剪螺栓进行布置，布置须综合考虑门和窗洞口的宽度尺寸，每层墙体共布置 16 颗 M16 抗拔螺栓和 12 颗抗剪螺栓，其分布位置如图 4-8（b）所示。

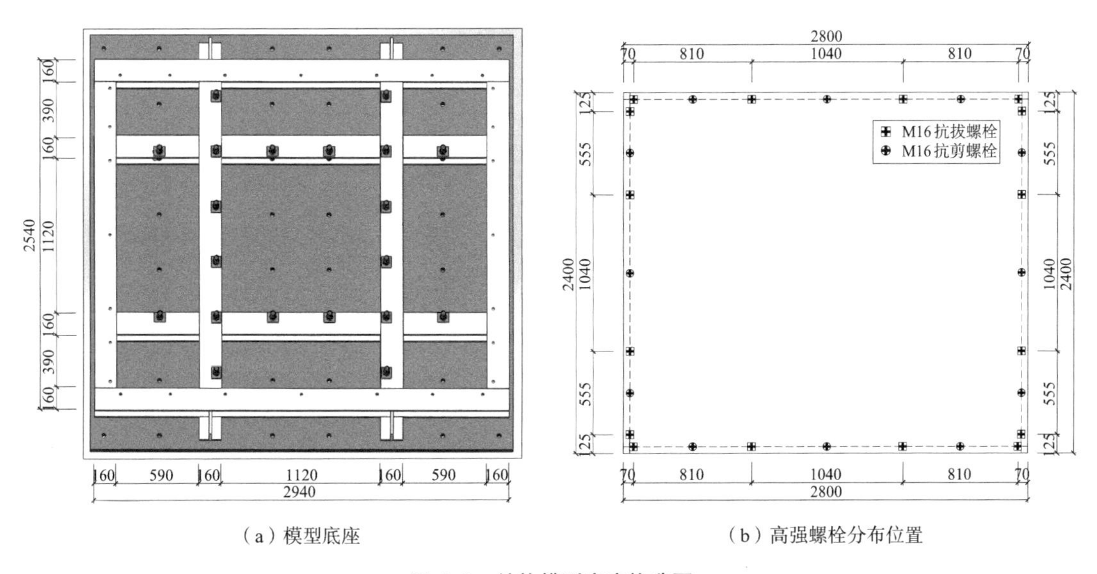

（a）模型底座　（b）高强螺栓分布位置

图 4-8 结构模型底座构造图

（3）构件尺寸及连接形式

因冷弯型钢结构房屋中涉及构件型号较多，故在本节对底座和房屋结构中主要构件截面尺寸汇总到表 4-1。其中墙体立柱、楼面内梁、屋面腹杆以及屋面板支撑梁均采用 C 形冷弯型钢 [图 4-9（a）]，墙体上下导轨、横撑、楼面边梁均采用 U 形冷弯型钢 [图 4-9（b）],屋面桁架弦杆均采用 Ω 形冷弯型钢 [图 4-9（c）],底座采用 H 形热轧型钢 [图 4-9（d）]。

冷弯型钢结构主要构件尺寸　　表 4-1

构件单元	构件型号	h（mm）	b（mm）	d（mm）	t（mm）	
立柱1、屋面板支撑梁	C9012	90	35	11	1.2	
立柱2	C8612	86	31	11	1.2	
楼面梁1	C20019	200	50	13	2.0	
楼面梁2	C19519	195	45	13	2.0	
屋面桁架腹杆	C7012	70	35	11	1.2	
导轨、横撑	P9012	92	42	—	1.2	
楼面梁	P20019	204	56	—	2.0	
屋面桁架弦杆	U9012	90	40	11.5	1.2	
底座	HW160 × 160	160	160	—	t_1	t_2
					20	20

注：立柱1和立柱2、楼面梁1和楼面梁2可组合成双肢闭合截面形式，见表4-2、图4-10。

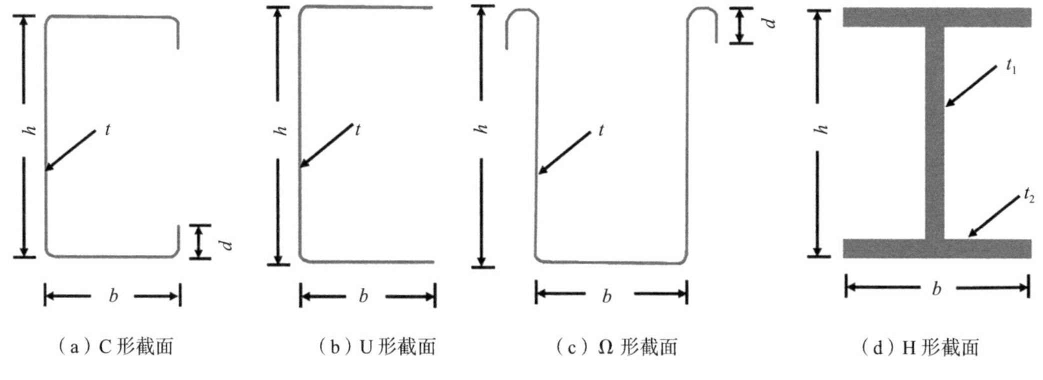

（a）C 形截面　（b）U 形截面　（c）Ω 形截面　（d）H 形截面

图 4-9　构件截面示意图

构件组合截面类型　　表 4-2

位置	构件类型	截面形式
墙体	边立柱	组合截面形式Ⅰ（C9012+C9012+C9012）
	洞口处立柱	组合截面形式Ⅱ（C9012+C8612+C9012）
楼面	边楼面梁	组合截面形式Ⅱ（C20019+C19519+C20019）
	洞口处楼面梁	组合截面形式Ⅲ（C20019+C19519）

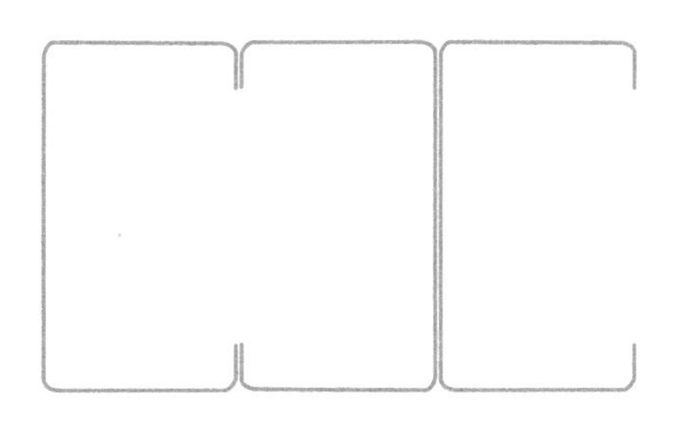

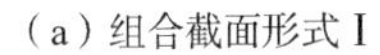

（a）组合截面形式Ⅰ　（b）组合截面形式Ⅱ　（c）组合截面形式Ⅲ

图 4-10　构件组合截面示意图

冷弯型钢结构主要连接形式如图 4-11 所示。纵墙和横墙间通过 20mm × 60mm × 1mm 的条形连接件进行加固，布置在墙体角部的内侧和外侧，并在垂直方向上间距为 300mm。在 1 层墙体和 2 层墙体的内部，布置 M16 高强螺栓将其与楼板固定到一起，同时还在外侧布置 70mm × 340mm × 1mm 的条形连接件进行加固。在屋架下弦杆与墙体上导轨接触位置，使用 6 颗 ST4.8 自攻螺钉将屋顶与 2 层墙体连接到一起。

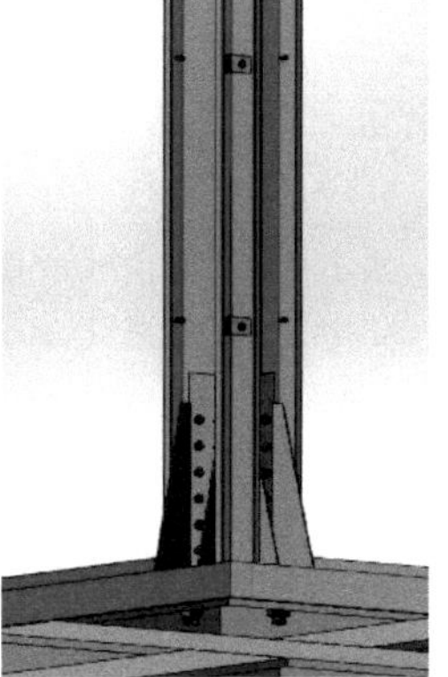
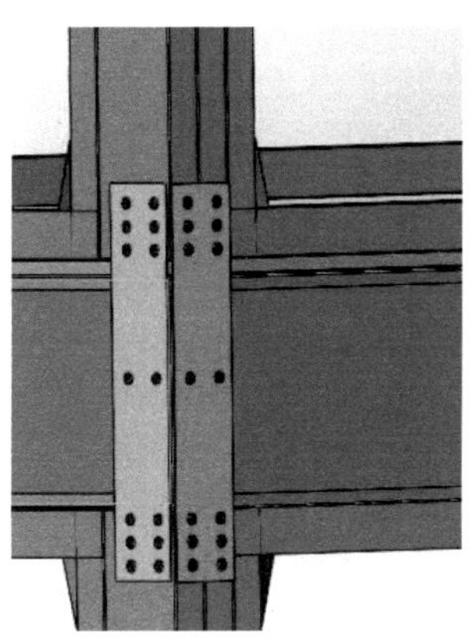

（a）纵墙和横墙间连接　（b）墙体和楼面间连接

（c）墙体和屋面间连接

图 4-11　冷弯型钢结构主要连接形式

（4）结构模型施工过程

墙体、楼面、屋面桁架的龙骨框架以及底座均在构件厂根据结构设计图拼装完成后，再运输到实验室进行现场拼装。结构施工过程如图 4-12 所示，其安装顺序依次是 1 层龙骨、楼面龙骨和楼面板、2 层龙骨、屋面桁架以及墙面板和屋面板。最后整体吊装到振动台台面上，再将结构、底座与振动台固定起来，然后放置配重块，并连接加速度传感器、位移传感器以及应变信号采集仪。施工完毕的房屋模型如图 4-13 所示。

（a）1 层龙骨

（b）楼面龙骨和楼面板

（c）2 层龙骨

（d）屋面桁架

（e）墙面板和屋面板

（f）模型整体吊装

（g）底座与振动台台面连接

（h）2 层楼面配重

图 4-12　房屋模型的施工过程

（a）正视图

（b）侧视图

（c）俯视图

（d）内视图

图 4-13　施工完毕的房屋模型

4.1.2　试验方案

1. 试验传感器布置

（1）加速度传感器

在模型底座、2 层楼面、屋面以及屋顶布置加速度传感器，来测试实际施加地震波、各个楼层以及屋架顶部的加速度响应。其中底座布置 2 个，2 层楼面布置 6 个，屋面布置 4 个，屋顶布置 2 个，合计 14 个。加速度传感器的布置如图 4-14 所示，编号 A 表示加速度传感器，第一个数字表示加速度传感器所在楼层号，X、Y 表示加速度传感器测试方向，第二个数字表示加速度传感器的编号。

（2）位移传感器

由于试验采用水平双向地震波作为整体的地震输入激励，故在房屋模型的每楼层的两方向至少布置 1 个激光位移计，来测试各个楼层的位移响应。其底座布置 2 个，2 层楼面布置 3 个，屋面布置 3 个，共计 8 个。位移传感器的布置如图 4-15 所示，位移传感器与加速度传感器的编号原则类似。

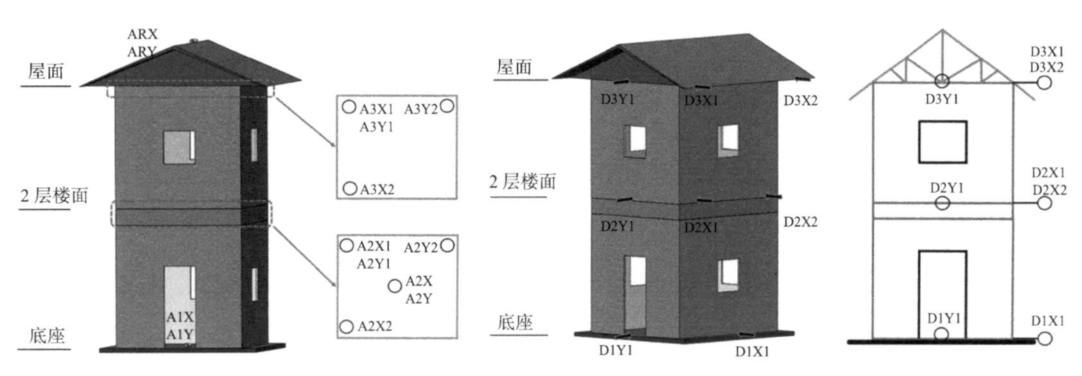

图 4–14　加速度传感器的布置　　图 4–15　位移传感器的布置

（3）应变传感器

在 1 层墙体和 2 层墙体龙骨框架、2 层楼面梁以及屋面桁架均布置应变片。本试验中波纹钢板覆面冷弯型钢房屋基本上为对称结构，因此应变片测点主要布置在对称的 1/2 区域，这样可尽量减少测点数据。测点布置顺序遵循先上后下和由左到右。因墙体数量较多，对 1 层的四面墙体重新编号为墙体 1 ~ 墙体 4；2 层的四面墙体编号为墙体 5 ~ 墙体 8。墙体应变片测点平面布置如图 4-16 所示，墙体应变片测点立面布置如图 4-17 所示墙体 4 中未设置应变片测点。楼面梁应变片测点平面布置如图 4-18 所示。屋面桁架应变片测点平面布置如图 4-19 所示。

应变片测点编号规则按照以下说明，以 F1S1 为例，F1 代表应变测点布置位置在 1 层墙体龙骨框架，S1 代表第一个应变测点；F2S、FBS、TRS 分别表示 2 层墙体、楼面梁和屋面桁架的应变片测点。应变片测点在结构 1 层墙体龙骨框架布置 27 个，2 层墙体龙骨框架布置 15 个，楼面梁布置 4 个，屋面桁架布置 4 个，共计 50 个。墙体立柱的应变片测点布置在构件的腹板以及翼缘内侧，即同一个位置存在 3 个应变片测点；横撑的应变片测点布置在构件的腹板内侧；楼面梁的应变片测点均布置在构件的腹板内侧，屋面桁架的应变测点布置在构件的翼缘外侧，各个构件截面的应变片布置如图 4-20 所示。因冷弯型钢结构房屋的墙体采用双面板的形式，需在应变片测点附近位置内墙面板开设导孔，从而引出应变采集箱的连接线。

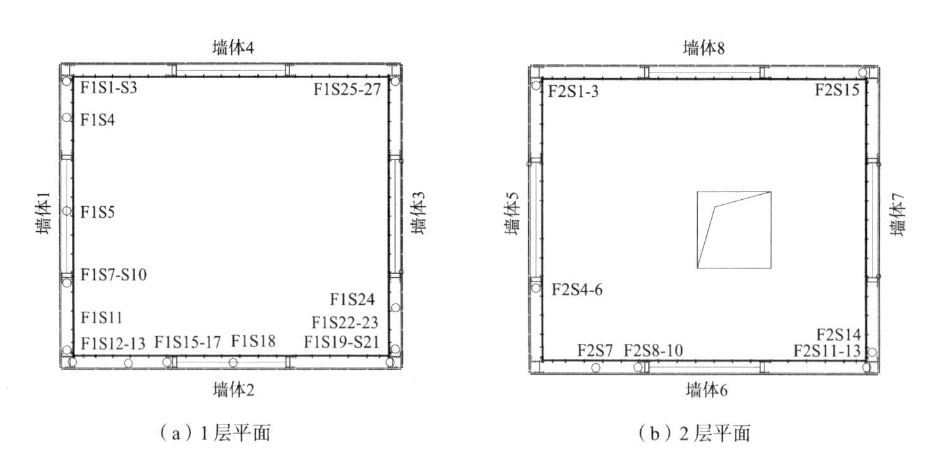

（a）1 层平面　　（b）2 层平面

图 4–16　墙体应变片测点平面布置

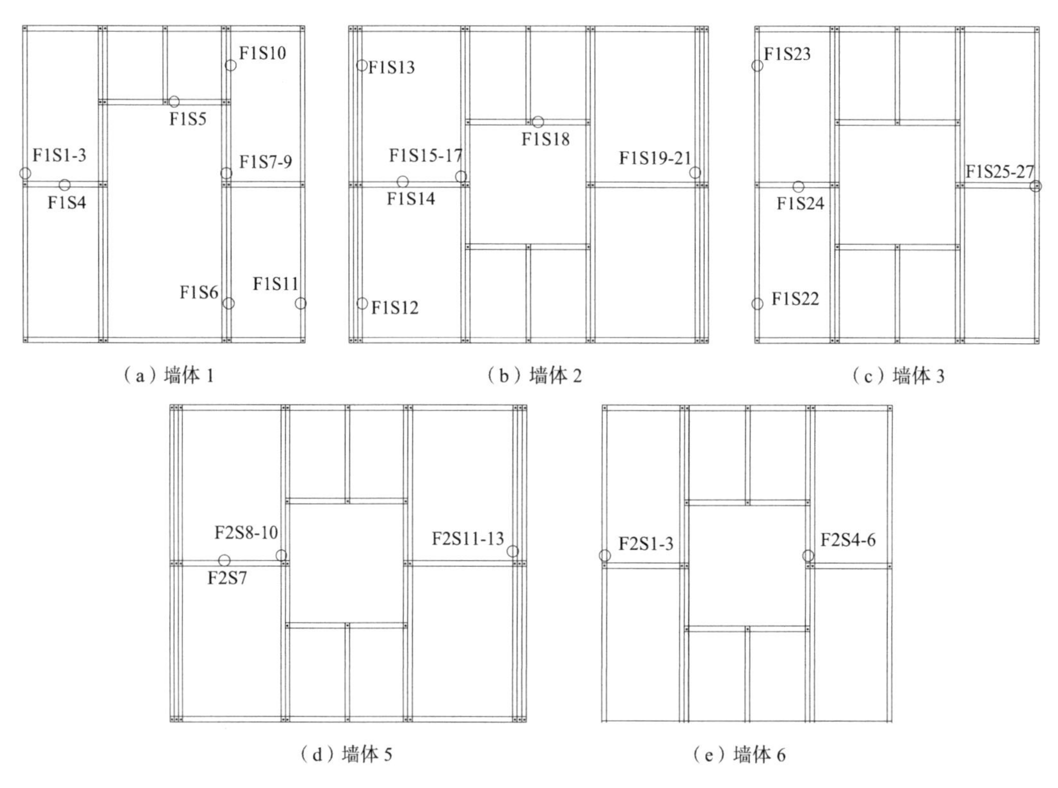

（a）墙体 1　　（b）墙体 2　　（c）墙体 3

（d）墙体 5　　（e）墙体 6

图 4–17　墙体应变片测点立面布置（一）

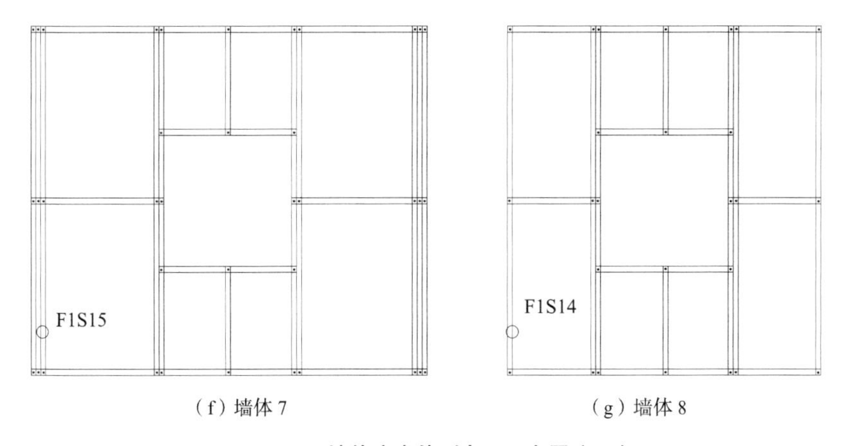

（f）墙体 7　　（g）墙体 8

图 4-17　墙体应变片测点立面布置（二）

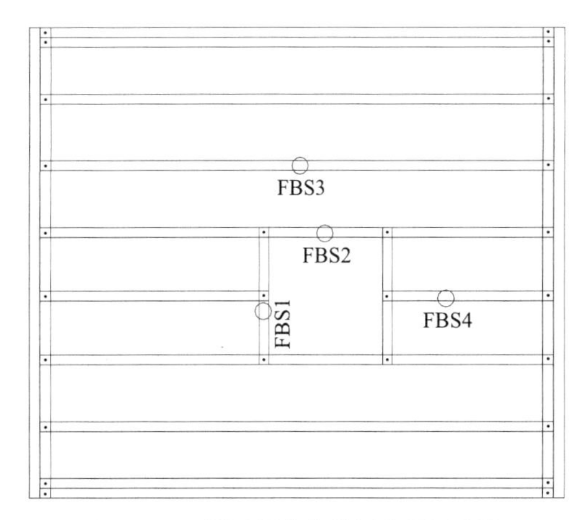

图 4-18　楼面梁应变片测点平面布置

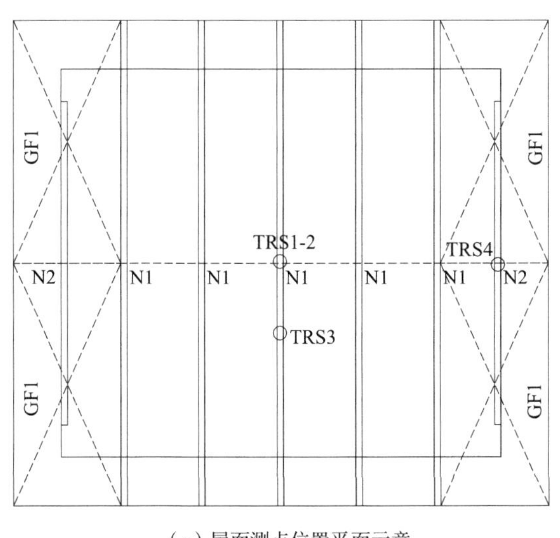

（a）屋面测点位置平面示意

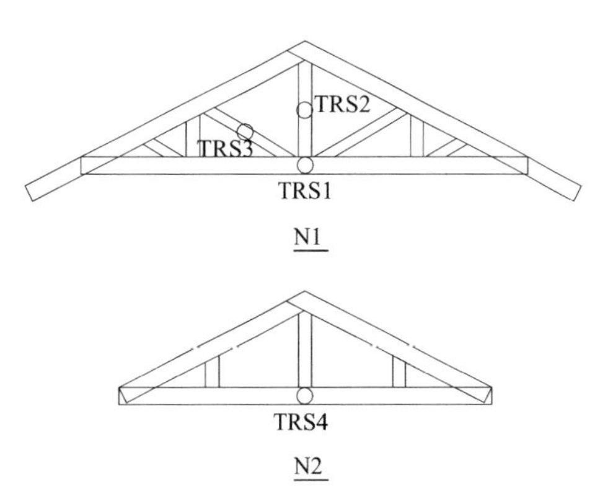

（b）桁架 N1 和 N2

图 4-19　屋面桁架应变片测点平面布置

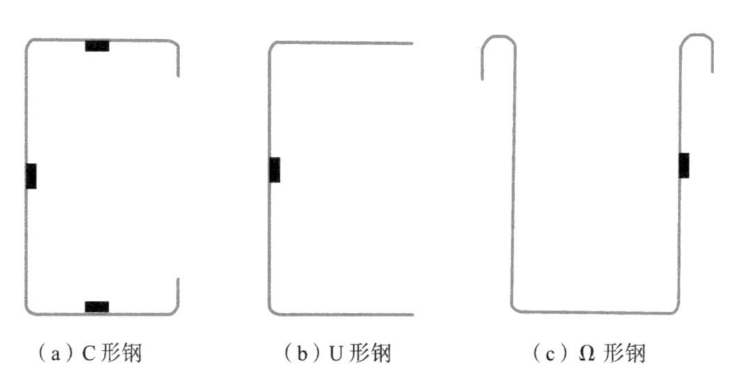

图 4-20　构件截面的应变片布置

2. 试验加载方案

本试验选取了三条实测地震记录和一组人工合成的地震波，即 Lucerne 波、Santa Felita Dam 波、唐山波以及 RG 人工波。其中 Lucerne 波为 1992 年 6 月 28 日美国加利福尼亚州兰德斯地震发生时在 Lucerne 测站实测的震级记录，Santa Felita Dam 波为 1971 年 San Fernando 地震发生时在 Santa Felita Dam 测站实测的震级记录，唐山波为实测的迁安波记录，人工波通过专业软件 SeismoArtif 生成的双向地震波，其强震持续全部时间约为 20s，其地震波的实测记录如图 4-21 所示。所选取的地震波加速度反应谱与设计加速度反应谱的对比如图 4-22 所示。每个地震波的加速度峰值由 0.035g 开始加载直至 0.62g，以考虑不同地震强度下波纹钢板覆面冷弯型钢结构房屋抵抗地震作用能力。试验具体加载工况见表 4-3，除了地震波输入激励，还包括每级地震波加载结束后对结构进行白噪声扫频工况。

《建筑结构荷载规范》GB 50009—2012 规定住宅楼面活荷载取 2.0kN/m^2。根据《建筑抗震设计标准》GB/T 50011—2010，在计算整体结构计算地震作用时，楼面活荷载的组合值系数取为 0.5。当对楼面和墙面进行装修后，恒载将增加 0.20kN/m^2，故最终施加在 2 层楼面配重为 1.2kN/m^2。因 9 度基本烈度与 8 度罕遇烈度的加速度峰值均为 0.40g，故在试验加载过程中取消 9 度基本烈度中全部工况。在每级加载工况结束后，再对整体结构进行白噪声加载工况，从而掌握结构在不同地震作用下结构的动力特性变化情况。全部共 73 个加载工况，各个地震波及白噪声加载工况见表 4-3。

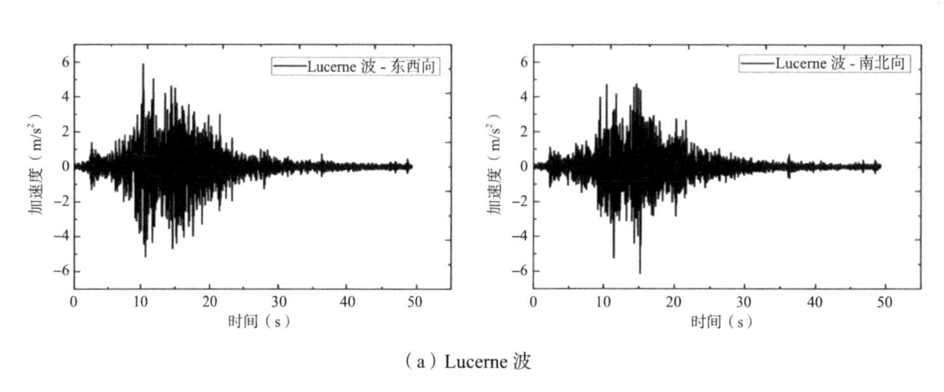

（a）Lucerne 波

图 4-21　试验地震波实测记录（一）

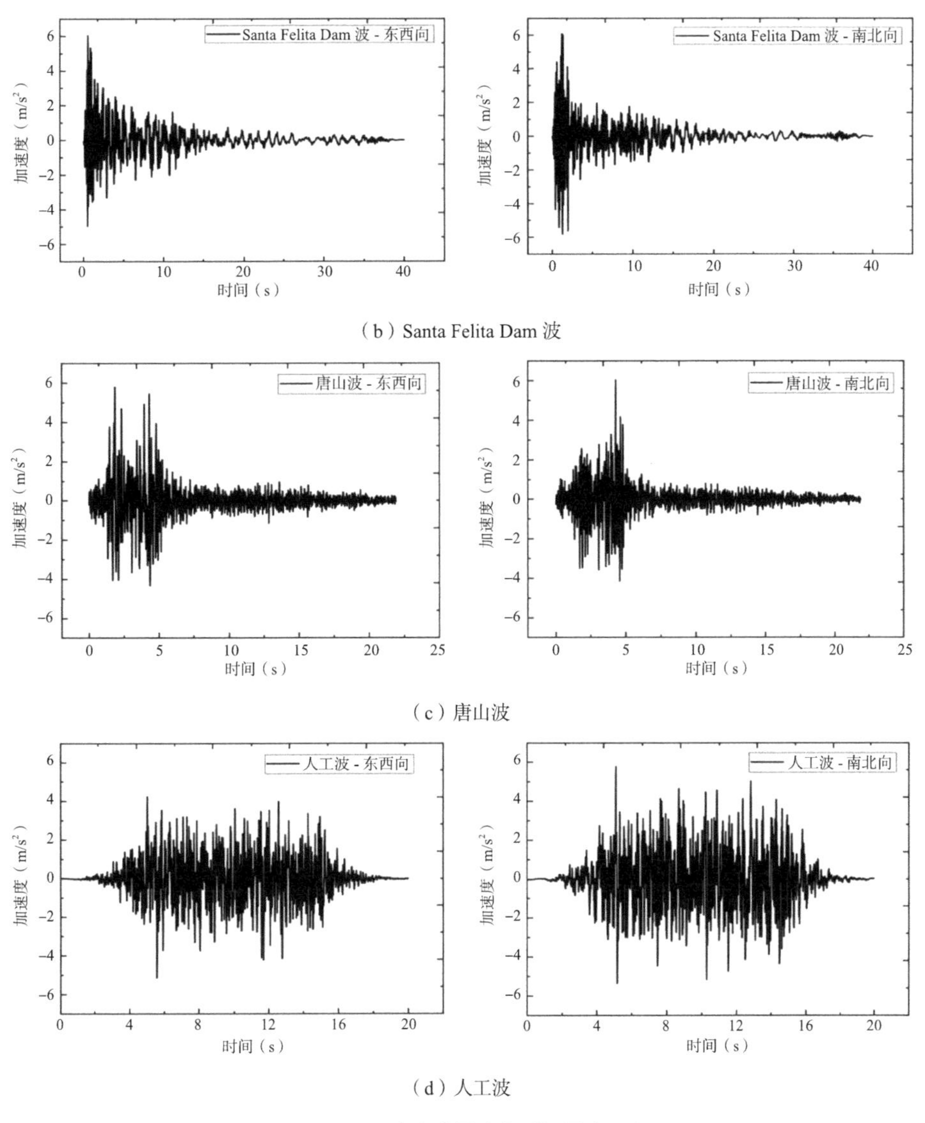

图 4-21　试验地震波实测记录（二）

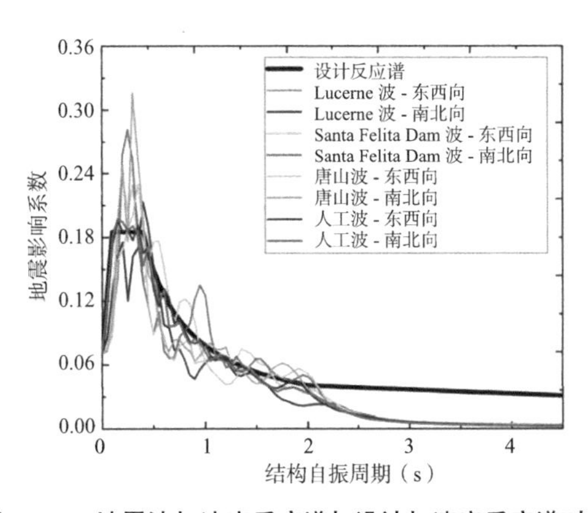

图 4-22　地震波加速度反应谱与设计加速度反应谱对比

振动台试验加载工况 **表 4-3**

加载工况序号	加载工况编号	烈度	地震动类型	主振方向	加速度峰值（g）		备注
					X	Y	
1	W1	第一次白噪声		—	0.10	0.10	双向
2	S7LUXY	7度多遇	Lucerne波	X	0.035	0.03	双向
3	S7LUXY			Y	0.03	0.035	
4	S7SFDXY		Santa Felita Dam波	X	0.035	0.03	双向
5	S7SFDXY			Y	0.03	0.035	
6	S7TSXY		唐山波	X	0.035	0.03	双向
7	S7TSXY			Y	0.03	0.035	
8	S7RGXY		人工波	X	0.035	0.03	双向
9	S7RGXY			Y	0.03	0.035	
10	W2	第二次白噪声		—	0.10	0.10	双向
11	S8LUXY	8度多遇	Lucerne波	X	0.070	0.060	双向
12	S8LUXY			Y	0.060	0.070	
13	S8SFDXY		Santa Felita Dam波	X	0.070	0.060	双向
14	S8SFDXY			Y	0.060	0.070	
15	S8TSXY		唐山波	X	0.070	0.060	双向
16	S8TSXY			Y	0.060	0.070	
17	S8RGXY		人工波	X	0.070	0.060	双向
18	S8RGXY			Y	0.060	0.070	
19	W3	第三次白噪声		—	0.10	0.10	双向
20	M7LUXY	7度基本	Lucerne波	X	0.10	0.085	双向
21	M7LUXY			Y	0.085	0.10	
22	M7SFDXY		Santa Felita Dam波	X	0.10	0.085	双向
23	M7SFDXY			Y	0.085	0.10	
24	M7TSXY		唐山波	X	0.10	0.085	双向
25	M7TSXY			Y	0.085	0.10	
26	M7RGXY		人工波	X	0.10	0.085	双向
27	M7RGXY			Y	0.085	0.10	
28	W4	第四次白噪声		—	0.10	0.10	双向
29	S9LUXY	9度多遇	Lucerne波	X	0.140	0.119	双向
30	S9LUXY			Y	0.119	0.140	
31	S9SFDXY		Santa Felita Dam波	X	0.140	0.119	双向
32	S9SFDXY			Y	0.119	0.140	
33	S9TSXY		唐山波	X	0.140	0.119	双向
34	S9TSXY			Y	0.119	0.140	
35	S9RGXY		人工波	X	0.140	0.119	双向
36	S9RGXY			Y	0.119	0.140	

续表

加载工况序号	加载工况编号	烈度	地震动类型	主振方向	加速度峰值（g）		备注
					X	Y	
37	W5	第五次白噪声		—	0.10	0.10	双向
38	M8LUXY	8度基本	Lucerne波	X	0.20	0.17	双向
39	M8LUXY			Y	0.17	0.20	
40	M8SFDXY		Santa Felita Dam波	X	0.20	0.17	双向
41	M8SFDXY			Y	0.17	0.20	
42	M8TSXY		唐山波	X	0.20	0.17	双向
43	M8TSXY			Y	0.17	0.20	
44	M8RGXY		人工波	X	0.20	0.17	双向
45	M8RGXY			Y	0.17	0.20	
46	W6	第六次白噪声		—	0.10	0.10	双向
47	G7LUXY	7度罕遇	Lucerne波	X	0.220	0.187	双向
48	G7LUXY			Y	0.187	0.220	
49	G7SFDXY		Santa Felita Dam波	X	0.220	0.187	双向
50	G7SFDXY			Y	0.187	0.220	
51	G7TSXY		唐山波	X	0.220	0.187	双向
52	G7TSXY			Y	0.187	0.220	
53	G7RGXY		人工波	X	0.220	0.187	双向
54	G7RGXY			Y	0.187	0.220	
55	W7	第七次白噪声		—	0.10	0.10	双向
56	G8LUXY	8度罕遇	Lucerne波	X	0.40	0.34	双向
57	G8LUXY			Y	0.34	0.40	
58	G8SFDXY		Santa Felita Dam波	X	0.40	0.34	双向
59	G8SFDXY			Y	0.34	0.40	
60	G8TSXY		唐山波	X	0.40	0.34	双向
61	G8TSXY			Y	0.34	0.40	
62	G8RGXY		人工波	X	0.40	0.34	双向
63	G8RGXY			Y	0.34	0.40	
64	W8	第八次白噪声		—	0.10	0.10	双向
65	G9LUXY	9度罕遇	Lucerne波	X	0.620	0.527	双向
66	G9LUXY			Y	0.527	0.620	
67	G9SFDXY		Santa Felita Dam波	X	0.620	0.527	双向
68	G9SFDXY			Y	0.527	0.620	
69	G9TSXY		唐山波	X	0.620	0.527	双向
70	G9TSXY			Y	0.527	0.620	
71	G9RGXY		人工波	X	0.620	0.527	双向
72	G9RGXY			Y	0.527	0.620	
73	W10	第九次白噪声		—	0.10	0.10	双向

4.2 振动台试验结果

4.2.1 试验现象

因冷弯型钢结构房屋的自重较轻，试验加载前期的工况（7 度罕遇工况前），房屋模型几乎没有观察到明显的破坏现象。当加载工况达到 7 度罕遇地震作用时，其结构模型开始产生明显振动和地震响应。直至全部加载工况结束时，房屋结构的破坏主要发生在面板与龙骨框架间连接部位以及墙面板、屋面板的局部破坏，而整体结构的框架并没有出现明显破坏。试验发现，在相同加载工况中结构模型在 X 方向上的地震响应程度高于 Y 方向，这是因为本试验中模型在 X 方向的墙体有效长度相对较小，从而导致其方向上的结构的抗侧能力较弱。

1. 自攻螺钉连接破坏

图 4-23 为地震作用下冷弯型钢房屋模型出现的主要连接破坏。由图可知，在地震波的不断往复荷载作用下，龙骨框架与面板连接处的自攻螺钉会出现倾斜和滑动，或者凹陷钻入和脱离石膏板。这是因为在高强度地震作用下，自攻螺钉和石膏板之间产生惯性力来克服两者的连接作用，从而导致出现相对滑移。同时石膏板属于脆性材料，当房屋在地震作用下发生晃动时，其自攻螺钉对周围的石膏板产生挤压从而造成不同程度的破坏。图 4-23（a）和图 4-23（b）为门洞处的破坏情况，在门洞两侧角部的接缝处，因石

（a）门框角部螺钉凹陷

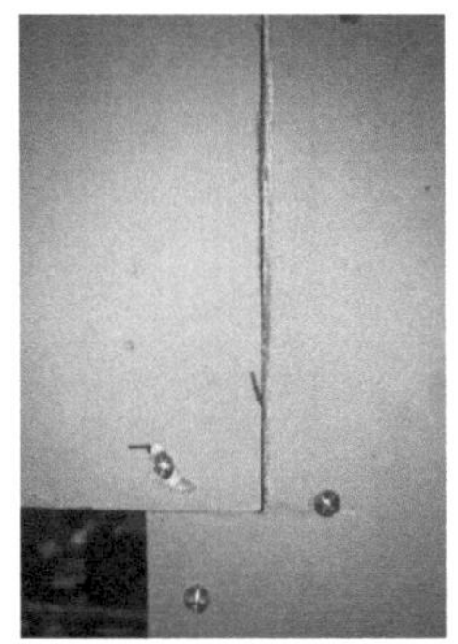

（b）门框角部螺钉滑动

（c）窗户角部螺钉被拔出

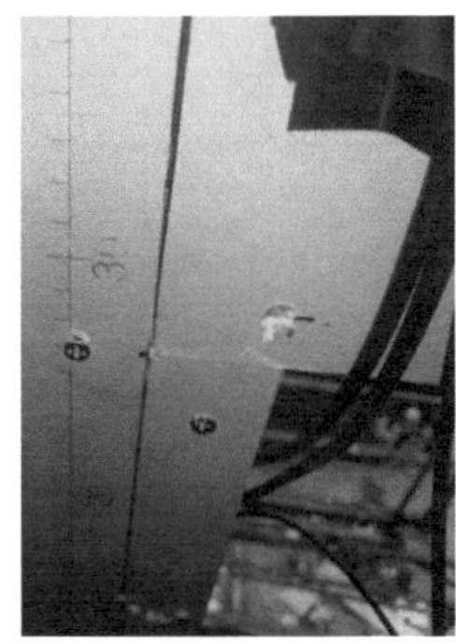

（d）窗户角部螺钉被拔出和脱落

（e）接缝处螺钉交叉倾斜

（f）楼板螺钉凹陷

（g）楼板螺钉被拔出

（h）外墙面板角部螺钉倾斜

图 4-23 房屋模型出现的主要连接破坏

膏板相互挤压导致一侧自攻螺钉凹陷，另一侧螺钉与石膏板出现相对滑移，从而导致此处接缝的右侧挤压变小，左侧滑动扩大；图 4-23（c）和图 4-23（d）为窗户两侧角部的自攻螺钉连接破坏，其与门洞角部的破坏现象类似，在面板挤压作用下其自攻螺钉被拔出和脱落；图 4-23（e）为竖向接缝处的自攻螺钉出现交叉倾斜；同样在楼板上自攻螺钉连接也出现上述的破坏现象，其破坏情况如图 4-23（f）和图 4-23（g）所示。在整个试验过程中自攻螺钉连接破坏主要发生在石膏板与石膏板相互接触位置，而在波纹钢板的连接破坏程度较小，在面板挤压下自攻螺钉仅发生了小幅度的倾斜，如图 4-23（h）所示。

2. 面板局部破坏

因波纹钢板的抗剪强度远高于石膏板，导致面板的破坏主要发生在门洞和窗户角部位置以及楼板拼接位置的石膏板上。门窗洞口的存在会对结构产生不利影响，尤其在洞口角部面板容易产生应力集中造成石膏板出现裂缝。如图 4-24（a）所示，门洞角部的

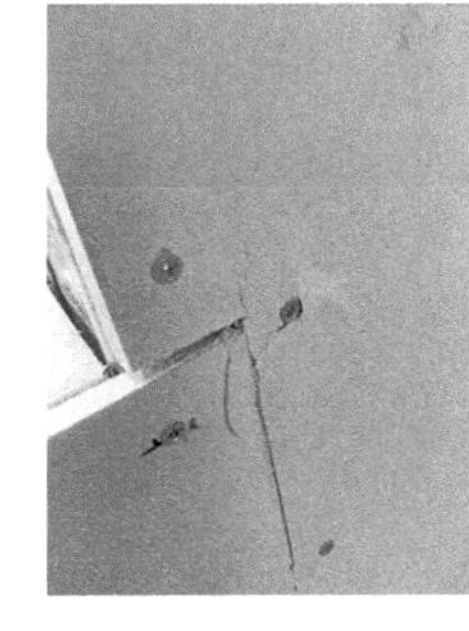
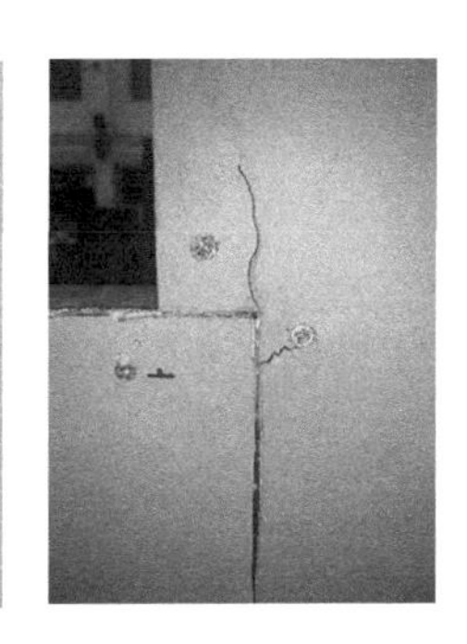

（a）门框角部面板断裂　（b）门框角部面板出现裂缝　（c）窗户角部面板出现裂缝

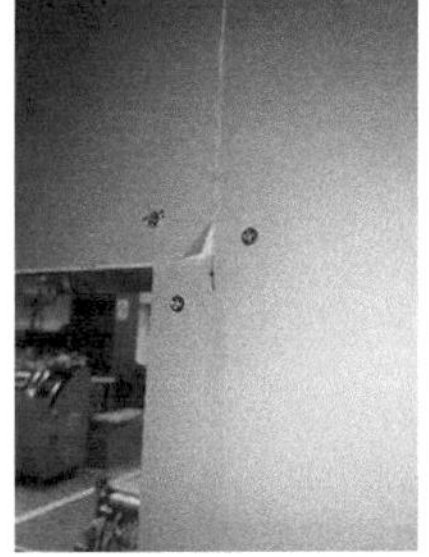

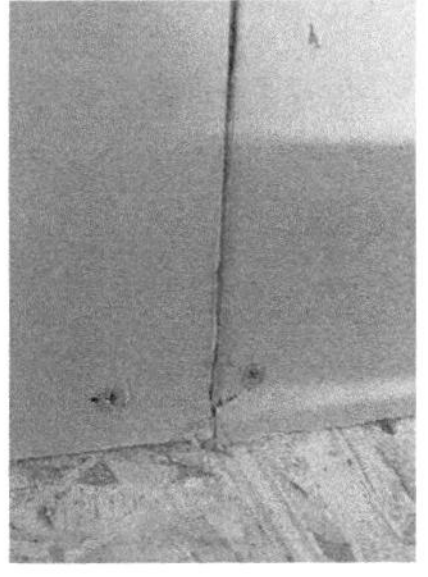

（d）窗户角部面板翘起　（e）墙板挤压断裂破坏　（f）墙角部面板断裂　（g）拼接缝处面板断裂

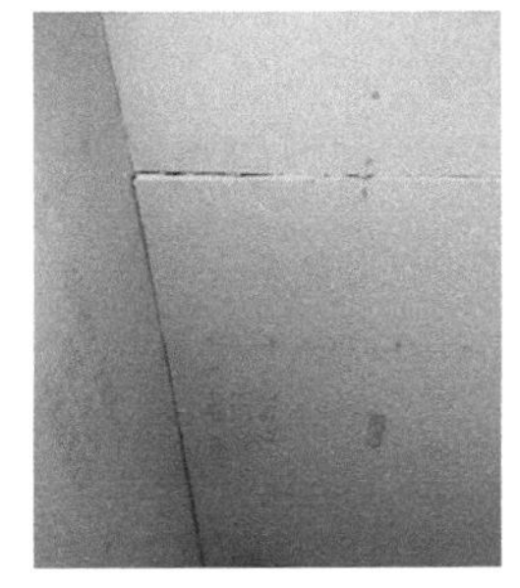
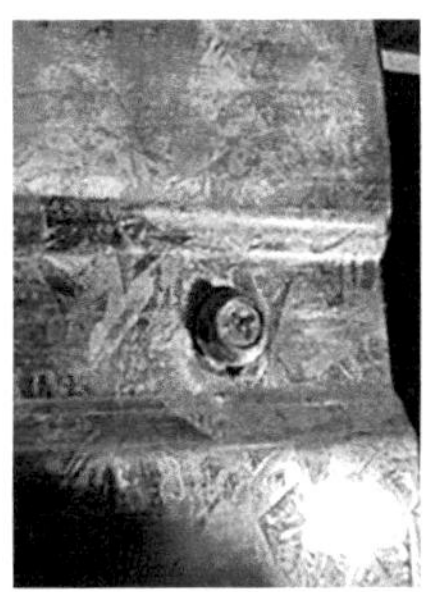

（h）楼板局部破坏　（i）拼接缝处楼面板错位脱开　（j）外墙面板出现承压破坏

图 4-24　墙面板和楼面板破坏现象

上下两块面板相互挤压，从而导致石膏板出现局部裂缝以及断裂破坏；图 4-24（b）～图 4-24（d）为窗户角部面板的局部破坏，其破坏现象与门洞角部的石膏板的破坏模式基本相同；图 4-24（e）～图 4-24（g）为除洞口外墙面板在底部或角部位置的破坏，其破坏原因是其位置存在复杂集中应力造成局部破坏；图 4-24（h）为楼板与墙板相互挤压导致石膏板出现断裂破坏；楼板在拼接缝处受到附近楼面板挤压，导致石膏板大面积与自攻螺钉脱落，其破坏现象如图 4-24（i）所示。在高强度地震作用下波纹钢板的相对破坏程度较小，其外墙面板因自攻螺钉倾斜而出现明显的承压破坏，如图 4-24（j）所示。

3. 龙骨框架和层间连接破坏

在全部加载工况结束后，为了解龙骨框架和层间连接部位的破坏状态，拆除部分区域的石膏板。图 4-25 为试验结束后结构内部破坏情况。由图 4-25 可知，1 层和 2 层的墙体龙骨框架以及楼面梁和屋面桁架均没有明显的破坏现象，同时结构模型的抗拔件和层间的连接件均良好，其龙骨框架上观察到的现象与后文中应变分析结果一致。

（a）1 层墙体龙骨　（b）2 层墙体龙骨　（c）楼面梁

（d）屋面桁架　（e）层间连接件　（f）抗拔件连接件

图 4-25　冷弯型钢结构内部破坏现象

4.2.2　试验数据处理及分析

1. 模型的动力特性

在动力特性参数分析中，确定不同加载工况下结构的自振周期、频率、刚度以及阻尼比变化规律，这对于分析结构抗震性能是十分关键的。通过对结构进行白噪声扫频，根据振动台台面和结构每层的加速度时程响应，可得到整体结构的传递函数。在本试验前和每级加载工况结束后都对结构进行了白噪声扫频，得到足尺模型在地震作用下前后动力特性参数的变化。需要说明的是，结构的阻尼比是根据 Clough 的半功率法得到的，计算时需要在整体结构的传递函数曲线上找出与 $1/\sqrt{2}$ 共轭峰值相应的频率值。

通过对结构模型输入加速度峰值为 0.1g 的双向白噪声模拟波，得到不同工况下的传递函数结果。因白噪声扫频加载工况较多，在本节仅给出结构模型在工况 1 和工况 73 得到的传递函数结果，一阶自振频率为首次幅值对应的横坐标，再利用半功率带宽法分析得到结构的阻尼比，其传递函数曲线如图 4-26 和图 4-27 所示。在相同的工况和方向上由结构每个楼层测点得到的自振频率理论上相等，这与在图 4-26 和图 4-27 中观察到的现象

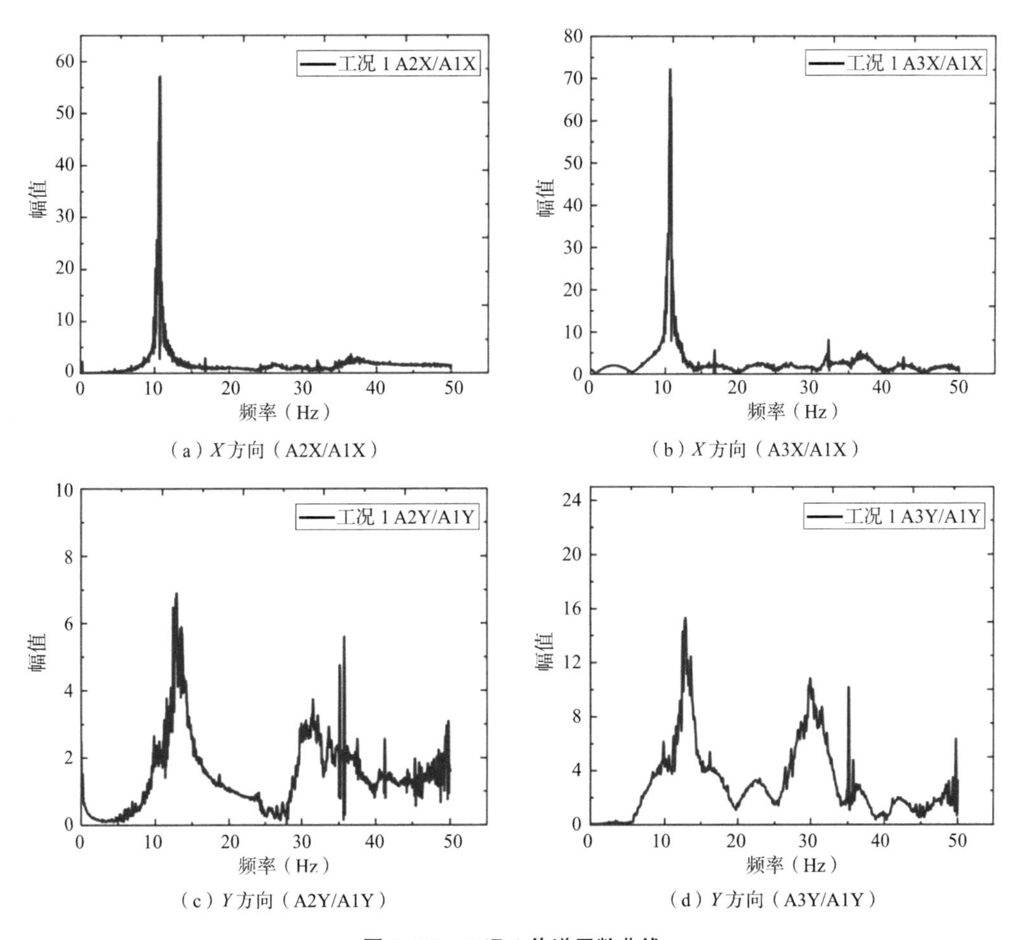

（a）X 方向（A2X/A1X）　（b）X 方向（A3X/A1X）

（c）Y 方向（A2Y/A1Y）　（d）Y 方向（A3Y/A1Y）

图 4-26　工况 1 传递函数曲线

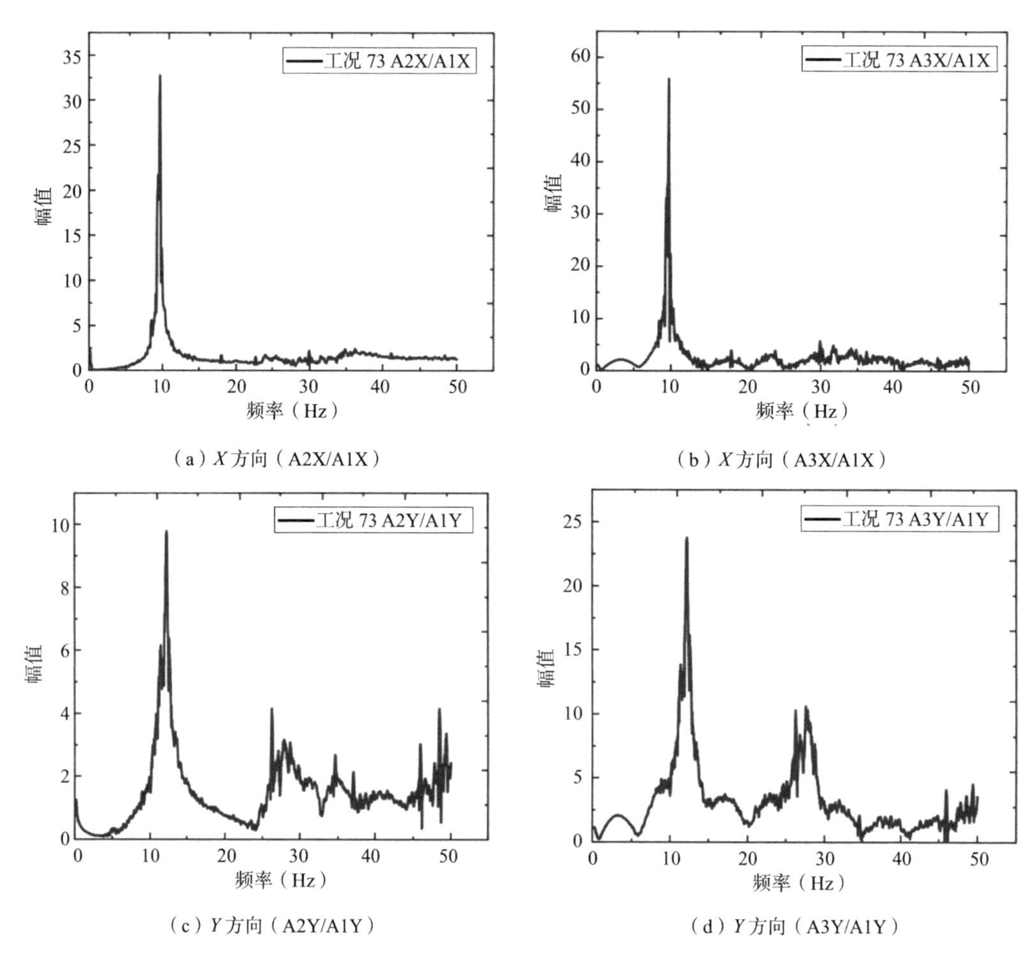

（a）*X* 方向（A2X/A1X）（b）*X* 方向（A3X/A1X）

（c）*Y* 方向（A2Y/A1Y）（d）*Y* 方向（A3Y/A1Y）

图 4–27 工况 73 传递函数曲线

一致。需要说明的是由于采集仪器的噪声较大和结构的复杂性，导致传递函数的毛刺较多，从而使结构的二阶频率不明显，因此在本小节中主要对一阶频率进行分析。在加载工况 1 中 *X* 方向上两个测点的加速度传感器测得的一阶自振频率分别为 10.89Hz 和 11.09Hz；在 *Y* 方向上两个测点的加速度传感器测得的一阶自振频率分别为 12.89Hz 和 12.98Hz；在工况 73 中 *X* 方向上两个测点的加速度传感器测得的一阶自振频率分别为 9.40Hz 和 9.44Hz；在 *Y* 方向上两个测点的加速度传感器测得的一阶自振频率分别为 12.15Hz 和 12.20Hz。结果表明，相同加载工况下各个测点的一阶频率非常接近，这表明白噪声扫频的试验数据具有可信性。

2. 白噪声扫频结果

在本试验前和每级加载工况结束后都对波纹钢板覆面冷弯型钢结构进行了白噪声扫频，从而明晰各个工况下动力特性参数的变化规律。表 4-4 列出了冷弯型钢结构的白噪声扫频结果，其中主要包含自振频率、周期以及阻尼比。

冷弯型钢结构自噪声扫频结果　　表 4–4

扫频序号	工况	X方向			Y方向		
		自振频率（Hz）	周期（s）	阻尼比（%）	自振频率（Hz）	周期（s）	阻尼比（%）
1	1	10.89	0.092	2.59	12.98	0.077	2.23
2	10	10.77	0.093	2.43	12.88	0.078	2.45
3	19	10.68	0.094	2.22	12.82	0.078	2.40
4	28	10.65	0.094	2.65	12.90	0.078	2.55
5	37	10.53	0.094	2.92	12.84	0.078	2.59
6	46	10.50	0.095	3.04	12.80	0.078	2.88
7	55	10.18	0.098	3.34	12.67	0.079	3.04
8	64	10.01	0.099	3.78	12.65	0.079	3.23
9	73	9.44	0.106	4.66	12.20	0.082	4.12

3. 自振频率和周期分析

图 4-28 为房屋模型在两个方向的自振频率和周期变化曲线。可以看出，结构在 X、Y 方向的初始自振频率分别为 10.89Hz 和 12.98Hz，对应的周期分别为 0.092s 和 0.077s。随着输入地震波强度的增大，结构的自振频率持续下降，而周期呈增大趋势。结构在 X 方向的自振频率比 Y 方向低，反映出在 Y 方向上结构的抗侧刚度较强，这与结构在 X 方向的地震响应高于 Y 方向的地震响应一致。在 7 度罕遇地震工况前，结构的自振频率和周期的变化幅度较小；在 7 度罕遇地震工况后，自振频率和周期出现明显变化趋势。尤其是在 9 度罕遇地震工况后，两者变化最大，这表明高强度地震会对结构产生较大程度的损伤积累，从而导致冷弯型钢结构的自身动力特性参数变化幅度较大。

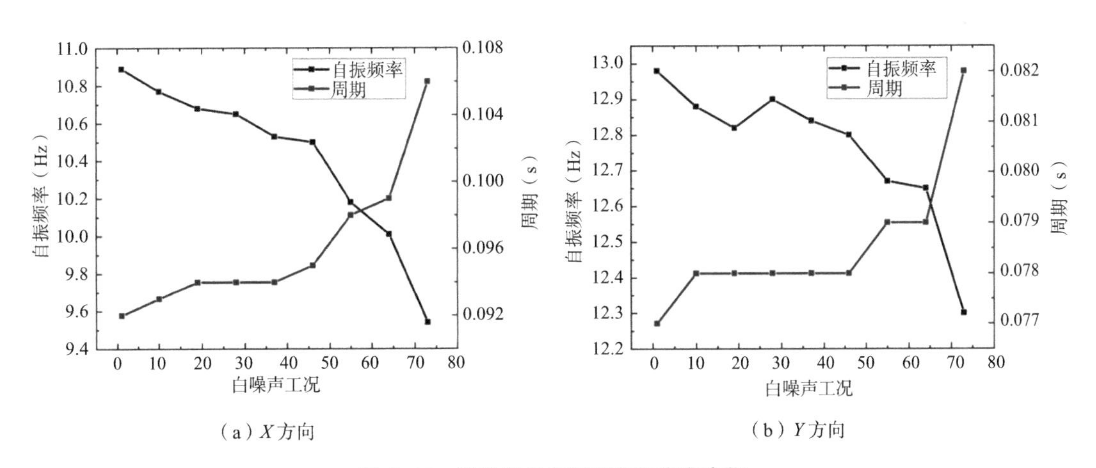

（a）X 方向　　（b）Y 方向

图 4–28　整体结构自振频率和周期变化

《低层冷弯薄壁型钢房屋建筑技术规程》JGJ 227—2011 规定，冷弯型钢结构自振周期 T 可由建筑物高度的 0.02 ~ 0.03 倍确定，故本试验结构模型的周期理论值在 0.115 ~ 0.172s

范围内，其范围内对应的最大自振频率为 8.70Hz。考虑到房屋模型墙体端部和洞口部位进行局部加强以及墙面板采用波纹钢板均会提高结构的刚度，从而导致结构固有频率偏大，这与试验所测相符，表明《低层冷弯薄壁型钢房屋建筑技术规程》JGJ 227—2011 中的建议公式用来初步估计波纹钢板覆面冷弯型钢结构的自振周期是偏于保守的。

4. 阻尼比分析

从传递函数曲线可知，在结构一阶自振频率附近处，其传递函数曲线相对光滑，而二阶频率由于噪声干扰导致其附近出现较多毛刺，甚至观察不到二阶频率，可以解决的办法是提升白噪声的加速度，但这样会导致结构的损伤进一步积累。图 4-29 为冷弯型钢结构模型在不同地震强度工况下的阻尼比变化趋势。由图可知，结构的阻尼比随着地震作用强度的增大而增大，且结构在高强度地震作用下其阻尼比增长幅度更高，这表明结构的耗能能力呈显著性增强。在 7 度罕遇地震工况前，结构的阻尼比较为稳定，基本上处于在 2%～3% 范围内，这与《低层冷弯薄壁型钢房屋建筑技术规程》JGJ 227—2011 有关冷弯型钢结构的阻尼比相关规定一致。在 7 度罕遇地震工况后，结构阻尼比会持续增长，直至接近 5% 左右。

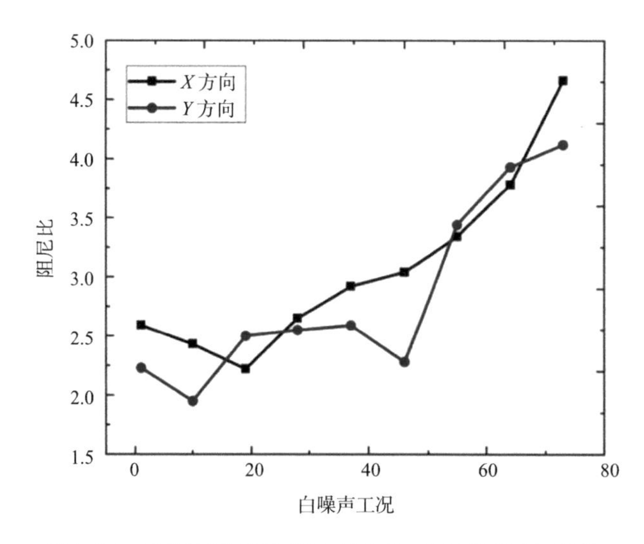

图 4-29　钢结构模型在不同地震强度工况下的阻尼比变化

5. 刚度退化规律分析

由式（4-1）可知，当结构质量保持不变时，结构的抗侧刚度与自振频率的平方呈正向关系。因此可以通过模型的自振频率来反映整体结构抗侧刚度的变化情况，其刚度退化率 λ 的定义如下：

$$f=\frac{1}{2\pi}\sqrt{k/m} \tag{4-1}$$

$$\lambda = \frac{k_1 - k_0}{k_0} = \frac{f_1^{\,2} - f_0^{\,2}}{f_0^{\,2}} \tag{4-2}$$

式中：k_1、k_0 分别为冷弯型钢结构在加载过程中的当前刚度和试验前的初始刚度，f_1、f_0 是与 k_1、k_0 相对应的自振频率。

表 4-5 列出了所有白噪声工况下结构的刚度退化率，其变化曲线如图 4-30 所示。由图可知，结构模型的刚度随着地震荷载强度的增大而减小，但两方向的衰减趋势略有差异，其 X 方向的刚度衰减速度比 Y 方向高，说明结构在 X 方向的刚度相对较弱，这与上一节对自振频率和周期理论分析一致。在 55 加载工况前，结构的刚度出现了一定的下降，这主要是因为冷弯型钢结构连接处的缝隙张合引起的；当 55 加载工况后，结构整体上出现显著性的下降趋势，尤其是在 73 加载工况，在 X 方向的刚度退化率接近 30%。这是因为冷弯型钢结构房屋在 7 度罕遇地震作用下，结构出现明显的地震响应。当地震荷载的强

冷弯型钢结构刚度退化率　　　　表 4–5

扫频序号	工况	刚度下降百分比（%）	
		X向	Y向
1	1	0	0
2	10	2.60	2.59
3	19	4.53	4.13
4	28	5.17	2.07
5	37	7.71	3.61
6	46	8.34	4.64
7	55	14.96	7.95
8	64	18.39	8.46
9	73	29.48	19.64

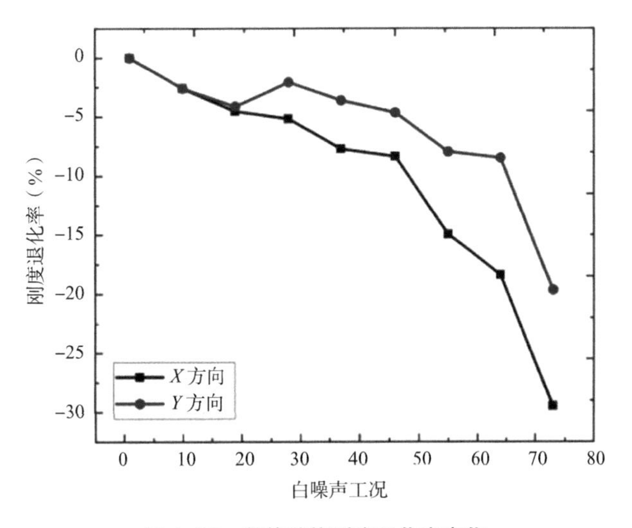

图 4–30　整体结构刚度退化率变化

度进一步增大后，墙面板因相互挤压出现局部破坏、面板间拼接缝扩张以及自攻螺钉脱落，从而导致结构墙体的蒙皮效应减弱和整体刚度退化。虽然结构在高强度地震作用下不断地积累损伤，但直至全部工况加载结束其龙骨框架也没有出现明显的破坏，房屋没有出现倒塌危险的可能，这也初步表明波纹钢板覆面冷弯型钢结构体系可满足我国《建筑抗震设计标准》GB/T 50011—2010 中关于 8 度抗震设防要求。

4.2.3 模型的地震响应

1. 加速度响应

通过分析结构中布置的全部加速度传感器的数据，以研究房屋模型不同地震强度下加速度的变化规律。表 4-6 ~ 表 4-13 列出了全部测点在不同加载工况下的最大加速度，表 4-14 ~ 表 4-17 列出了以 *X* 作为主阵方向的工况下典型测点相对于振动台台面的加速度放大系数，其典型测点为结构楼层中部测点或两个方向上第一个测点。冷弯型钢结构模型在地震作用下加速度放大系数变化曲线如图 4-31 所示。表中测点 ARX 和 ARY 是布置在屋面板的顶部，其位置的刚度相对较小。在加载过程中两测点附近会发生振动，从而导致其测点的加速度与实际加速度存在一定误差。在罕遇地震工况下，部分测点会出现相互碰撞，导致加速度值出现突变，从而将其数据舍去。

7 度多遇工况下各测点最大加速度　　表 4–6

测点＼工况	加速度（*g*）							
	2	3	4	5	6	7	8	9
A1X	−0.046	−0.040	0.045	0.042	−0.046	−0.041	−0.051	−0.043
A2X	−0.120	0.116	0.118	−0.105	−0.137	0.092	0.099	−0.074
A2X1	0.107	0.125	0.107	0.105	−0.132	−0.088	0.116	−0.066
A2X2	−0.111	−0.979	0.121	−0.117	0.122	−0.093	0.100	−0.087
A3X1	0.187	−0.180	0.166	0.127	0.159	0.141	0.151	−0.142
A3X2	−0.171	0.189	0.152	−0.139	0.141	0.136	0.152	−0.128
ARX	−0.187	0.226	0.154	−0.168	0.162	0.181	0.208	−0.152
A1Y	0.054	0.053	0.045	0.051	0.057	0.061	−0.047	−0.051
A2Y	0.135	0.129	−0.118	0.119	0.119	0.173	−0.075	0.094
A2Y1	0.127	0.111	−0.107	0.111	0.107	−0.184	−0.076	0.085
A2Y2	0.139	0.102	−0.118	0.099	0.106	0.163	−0.075	0.105
A3Y1	0.200	0.208	−0.134	0.173	0.200	−0.210	0.128	0.143
A3Y2	0.207	0.221	−0.130	0.182	0.212	0.192	0.112	0.138
ARY	0.221	−0.242	−0.150	−0.237	0.242	0.217	0.159	−0.155

8 度多遇工况下各测点最大加速度　　　　**表 4–7**

测点＼工况	加速度（*g*）							
	11	12	13	14	15	16	17	18
A1X	–0.091	–0.088	0.095	–0.069	–0.090	0.075	–0.093	–0.094
A2X	–0.224	–0.213	0.245	0.209	0.288	0.162	–0.182	–0.143
A2X1	–0.214	–0.193	0.231	0.191	–0.338	0.162	–0.170	–0.143
A2X2	–0.214	–0.213	0.202	0.210	0.293	0.152	–0.173	–0.134
A3X1	–0.363	–0.375	0.353	0.212	0.311	0.291	–0.268	–0.283
A3X2	–0.353	–0.382	0.332	–0.214	–0.317	0.314	–0.244	–0.268
ARX	–0.381	–0.372	0.319	–0.391	–0.378	0.416	–0.328	–0.392
A1Y	0.074	0.106	–0.085	0.103	0.106	0.117	–0.083	–0.094
A2Y	0.185	0.194	–0.225	0.284	0.213	0.331	–0.123	–0.159
A2Y1	0.162	0.212	–0.211	0.254	–0.196	0.312	–0.127	–0.148
A2Y2	0.173	0.166	–0.221	0.272	0.196	0.281	–0.123	0.156
A3Y1	0.271	0.246	0.26	0.341	–0.341	0.354	–0.239	–0.207
A3Y2	0.269	0.254	–0.243	0.318	0.329	0.352	–0.219	0.171
ARY	0.394	0.329	–0.293	0.418	0.385	0.402	–0.287	–0.262

9 度多遇工况下各测点最大加速度　　　　**表 4–8**

测点＼工况	加速度（*g*）							
	29	30	31	32	33	34	35	36
A1X	–0.212	–0.163	0.156	–0.131	0.157	–0.148	–0.185	–0.130
A2X	–0.530	–0.476	0.397	0.372	–0.459	–0.318	0.343	0.251
A2X1	–0.538	–0.466	0.394	0.363	–0.431	–0.319	0.317	–0.255
A2X2	–0.534	–0.492	0.366	0.382	–0.422	–0.292	0.331	–0.256
A3X1	–0.744	–0.736	–0.565	0.421	–0.515	–0.472	0.520	0.465
A3X2	–0.724	–0.737	0.527	–0.425	–0.502	0.452	–0.485	–0.436
ARX	–0.896	–0.897	0.715	–0.543	–0.653	0.656	–0.643	–0.579
A1Y	0.130	–0.146	–0.125	–0.182	–0.164	–0.181	–0.150	0.156
A2Y	0.305	0.320	–0.328	0.352	0.361	0.455	–0.237	–0.285
A2Y1	0.316	0.285	0.335	0.342	–0.340	0.422	0.237	0.271
A2Y2	0.286	0.326	0.306	0.328	0.333	0.341	–0.246	0.266
A3Y1	0.427	0.442	–0.398	–0.525	–0.524	0.562	–0.445	–0.430
A3Y2	–0.420	0.427	–0.378	0.528	0.528	0.535	–0.418	–0.431
ARY	–0.598	0.533	–0.420	0.659	0.699	0.683	–0.483	–0.479

7 度基本工况下各测点最大加速度　　表 4-9

工况 / 测点	加速度（g）							
	20	21	22	23	24	25	26	27
A1X	-0.144	-0.111	0.117	-0.105	-0.127	0.106	-0.134	-0.121
A2X	-0.345	-0.307	0.298	-0.281	-0.415	0.221	-0.257	-0.185
A2X1	-0.309	-0.314	0.278	-0.263	-0.389	-0.211	-0.257	-0.178
A2X2	-0.312	-0.285	0.315	-0.303	-0.348	-0.194	0.261	-0.183
A3X1	-0.555	-0.530	-0.428	-0.371	-0.431	-0.392	-0.383	-0.363
A3X2	-0.526	-0.521	0.404	0.361	-0.419	0.353	0.384	-0.365
ARX	-0.578	-0.604	0.460	0.382	0.421	0.418	0.500	-0.393
A1Y	0.109	0.121	-0.102	0.121	0.124	0.143	-0.113	-0.138
A2Y	0.261	0.282	-0.267	0.265	0.263	0.419	-0.162	0.203
A2Y1	0.252	0.268	-0.275	0.235	0.272	0.419	-0.159	-0.182
A2Y2	0.291	0.284	-0.275	0.272	0.248	0.424	-0.159	0.249
A3Y1	0.386	0.442	-0.343	0.395	0.402	0.421	-0.325	-0.322
A3Y2	0.372	0.412	0.324	0.352	0.412	0.373	-0.297	0.280
ARY	0.482	0.589	0.344	0.421	0.457	0.481	-0.359	-0.332

8 度基本工况下各测点最大加速度　　表 4-10

工况 / 测点	加速度（g）							
	38	39	40	41	42	43	44	45
A1X	-0.172	-0.170	0.230	-0.212	-0.214	-0.181	0.243	0.201
A2X	0.426	0.360	0.559	-0.345	-0.612	0.284	0.439	0.273
A2X1	0.447	0.385	-0.543	-0.382	-0.598	-0.301	0.434	0.279
A2X2	0.366	0.351	0.525	-0.352	0.600	0.326	0.467	-0.282
A3X1	0.595	0.519	-0.770	-0.505	-0.697	-0.383	0.685	-0.419
A3X2	0.512	-0.491	0.759	0.522	0.684	0.411	-0.687	-0.426
ARX	0.700	0.586	0.970	0.669	0.783	0.539	-1.226	-0.532
A1Y	0.171	0.184	-0.163	-0.303	-0.200	-0.254	0.155	0.184
A2Y	0.397	0.450	-0.402	-0.584	0.416	0.500	0.228	0.302
A2Y1	0.375	0.438	-0.386	-0.593	0.393	0.469	0.207	0.285
A2Y2	0.426	0.498	-0.399	0.588	0.396	0.495	0.207	0.313
A3Y1	0.558	0.592	-0.506	-0.771	-0.635	0.638	-0.448	0.422
A3Y2	0.537	0.616	-0.629	0.822	0.598	0.667	-0.437	-0.443
ARY	1.008	1.171	-0.742	1.368	0.897	1.096	0.498	-0.716

7 度罕遇工况下各测点最大加速度　　表 4-11

工况/测点	加速度（g）							
	47	48	49	50	51	52	53	54
A1X	−0.186	−0.182	0.249	−0.161	−0.237	−0.193	0.265	0.215
A2X	0.433	0.384	0.575	−0.391	−0.633	0.361	0.473	0.330
A2X1	0.458	0.403	−0.551	−0.373	−0.605	−0.343	0.476	0.330
A2X2	0.421	0.384	0.581	−0.379	0.572	0.367	−0.499	0.301
A3X1	0.639	0.572	−0.790	−0.485	−0.743	−0.684	0.740	−0.655
A3X2	0.600	−0.562	0.693	0.502	0.750	0.645	−0.715	−0.646
ARX	0.793	0.656	1.170	−0.621	0.954	0.942	−1.656	−0.948
A1Y	0.184	0.213	−0.199	0.303	−0.219	−0.279	0.153	0.202
A2Y	0.400	0.463	−0.450	−0.637	0.423	0.538	0.221	0.315
A2Y1	0.386	0.450	−0.440	−0.645	0.393	0.520	0.186	0.303
A2Y2	0.427	0.496	−0.427	−0.628	0.394	0.533	0.223	0.316
A3Y1	0.556	−0.633	−0.573	−0.890	−0.651	0.701	−0.412	0.496
A3Y2	0.536	0.691	−0.570	−0.865	0.622	0.792	−0.376	−0.457
ARY	1.106	1.299	−0.841	1.520	−1.002	1.282	0.609	−0.892

8 度罕遇工况下各测点最大加速度　　表 4-12

工况/测点	加速度（g）							
	56	57	58	59	60	61	62	63
A1X	−0.355	−0.313	0.339	−0.356	−0.403	−0.359	0.528	0.430
A2X	0.677	0.594	−0.742	−0.724	−0.995	0.584	0.884	0.611
A2X1	0.685	0.596	−0.722	0.746	−0.964	−0.562	0.971	0.583
A2X2	0.681	0.604	0.875	−0.718	1.046	0.627	0.926	0.627
A3X1	1.156	1.088	−0.912	−0.918	−1.206	−1.398	1.401	1.180
A3X2	1.037	1.030	0.823	—	−1.137	1.217	1.397	1.299
ARX	1.418	1.383	2.288	−0.873	1.973	1.702	−1.994	1.988
A1Y	−0.304	−0.357	−0.322	0.457	−0.469	0.585	0.317	−0.365
A2Y	0.554	0.860	−0.664	−0.986	0.798	1.298	0.396	0.556
A2Y1	0.535	0.744	−0.614	−0.979	0.810	1.186	0.405	0.559
A2Y2	0.573	0.863	−0.623	1.119	0.745	−1.296	0.427	0.533
A3Y1	0.849	1.028	−0.847	−1.528	−1.278	−1.454	0.790	0.781
A3Y2	0.813	1.173	−0.847	1.725	1.206	1.537	0.915	0.779
ARY	1.953	2.311	−1.735	−3.215	2.362	2.381	1.291	−1.349

9 度罕遇工况下各测点最大加速度　　表 4-13

测点＼工况	加速度（g）							
	65	66	67	68	69	70	71	72
A1X	−0.632	−0.490	0.721	−0.574	−0.725	0.565	0.739	0.668
A2X	1.104	1.089	1.410	−1.066	1.734	−0.972	1.076	0.864
A2X1	1.084	0.931	−1.609	−1.166	−1.567	−0.909	1.118	0.894
A2X2	0.945	0.992	1.407	−0.959	1.489	0.898	1.056	0.785
A3X1	−2.097	−1.744	1.855	−1.267	−1.823	−1.508	−1.936	−1.358
A3X2	1.907	1.753	—	—	—	1.255	—	1.629
ARX	—	—	−5.666	—	−3.815	—	−3.303	—
A1Y	−0.682	−0.754	−0.480	0.558	0.712	0.699	0.568	0.681
A2Y	1.183	1.294	−0.888	−1.089	−1.170	−1.535	0.706	0.937
A2Y1	1.076	−1.185	−0.790	−1.216	1.028	−1.295	−0.736	0.893
A2Y2	0.925	1.052	−0.858	1.081	1.276	−1.242	0.659	0.977
A3Y1	−2.025	1.991	−1.112	−1.328	−1.939	−1.844	−1.336	−1.441
A3Y2	—	—	1.008	1.332	2.046	1.771	1.268	1.548
ARY	−4.239	−5.086	1.350	−4.376	4.442	4.352	—	−3.348

Lucerne 波加载工况下加速度放大系数　　表 4-14

工况	地震波加速度峰值（g）	加速度放大系数			
		A2X	A3X	A2Y	A3Y
2	0.035	2.599	4.070	2.491	3.711
11	0.07	2.462	3.994	2.501	3.667
20	0.10	2.396	3.856	2.397	3.540
29	0.14	2.502	3.512	2.345	3.288
38	0.20	2.479	3.462	2.323	3.264
47	0.22	2.329	3.435	2.173	3.022
56	0.40	1.906	3.256	1.822	2.793
65	0.62	1.747	3.317	1.735	2.969

Santa Felita Dam 波加载工况下加速度放大系数　　表 4-15

工况	地震波加速度峰值（g）	加速度放大系数			
		A2X	A3X	A2Y	A3Y
4	0.035	2.617	3.695	2.615	2.987
13	0.07	2.581	3.718	2.643	3.056
22	0.1	2.547	3.653	2.615	3.356
31	0.14	2.546	3.628	2.620	3.186
40	0.20	2.431	3.348	2.468	3.103
49	0.22	2.311	3.173	2.262	2.881
58	0.40	2.188	2.689	2.061	2.631
67	0.62	1.957	2.574	1.850	2.318

唐山波加载工况下加速度放大系数　　表 4–16

工况	地震波加速度峰值（g）	加速度放大系数			
		A2X	A3X	A2Y	A3Y
6	0.035	2.973	3.454	2.098	3.505
15	0.07	3.200	3.451	2.008	3.218
24	0.10	3.267	3.393	2.123	3.246
33	0.14	2.927	3.278	2.199	3.195
42	0.20	2.858	3.257	2.078	3.173
51	0.22	2.673	3.135	1.934	2.973
60	0.40	2.467	2.992	1.701	2.725
69	0.62	2.392	2.514	1.643	2.723

人工波加载工况下加速度放大系数　　表 4–17

工况	地震波加速度峰值（g）	加速度放大系数			
		A2X	A3X	A2Y	A3Y
8	0.035	1.944	2.964	1.588	2.723
17	0.07	1.957	2.88	1.484	2.886
26	0.10	1.923	2.862	1.433	2.870
35	0.14	1.856	2.800	1.578	2.967
44	0.20	1.805	2.817	1.473	2.892
53	0.22	1.787	2.790	1.441	2.694
62	0.40	1.675	2.654	1.248	2.493
71	0.62	1.457	2.62	1.244	2.352

加速度响应作为分析结构抗震性能的重要参数，其主要受输入地震波频谱特征以及结构的动力特性多种因素影响。加速度放大系数是结构在不同高度测点的加速度峰值与振动台台面加速度峰值的比值。模型结构在地震荷载作用过程中，随着加速度峰值的不断增大，其动力响应随着自振周期与地震波的频谱特性相对关系也在不断变化，而动力放大系数是能够准确反映出结构动力响应的参数。由图 4-31 可知，在大多数加载工况中，结构模型的加速度放大系数随着高度的增大基本上呈增长趋势，但随着地震强度的增大加速度放大系数呈递减趋势。在同一加载工况中，模型在 X 方向上的加速度响应明显比 Y 方向高，这表明冷弯型钢结构在 X 方向刚度较弱，致使其方向上的加速度响应更加显著。在加载前期加速度放大系数在小范围内上下波动，这是因为连接处的孔壁在地震作用下张合导致结构刚度变化引起的。当加速度峰值达到 0.22g 时，结构加速度放大系数出现显著性降低；当加速度峰值进一步增大后，加速度放大系数的变化幅度减弱。在高强度地震作用下，结构进入非线性阶段，耗能能力增大，其自振频率减小，其值与输入地震波的频谱特性相对关系改变，从而导致加速度响应相对减弱。上述原因也导致了不同地震波

下结构模型的加速度响应程度略有差异，其中 Lucerne 波加载工况的地震响应最大，人工波加载工况的地震响应最小。

房屋模型的加速度放大系数与规范中理论值对比如图 4-32 所示，其中 z 是加速度传感器布置高度，h 为冷弯型钢结构模型的总高度。在国外规范 EN 1998-1 和 ASCE 7-10 中，根据试验数据给出了结构加速度放大系数与高度比线性相关的计算公式。当 z/h 等于 0.44 或 0.847 时，人工波加载工况下的加速度放大系数与 ASCE 7-10 的理论值基本一致；当 z/h 等于 1 时，试验值与理论值相差较大，国外规范中计算公式显得过于保守。除人工波外，其他地震波加载工况下的加速度放大系数与规范的理论值差异性更加显著。这是因为结构加速度放大系数主要由地震波频谱特性以及结构基本周期、阻尼比共同决定。结构模型在不同地震波荷载作用下，其加速度放大系数的变化趋势不能直接采用简单的线性关系来描述。因此，合理的加速度放大系数计算公式需要以大量试验数据为基础，再综合考虑多个影响因素而建立。

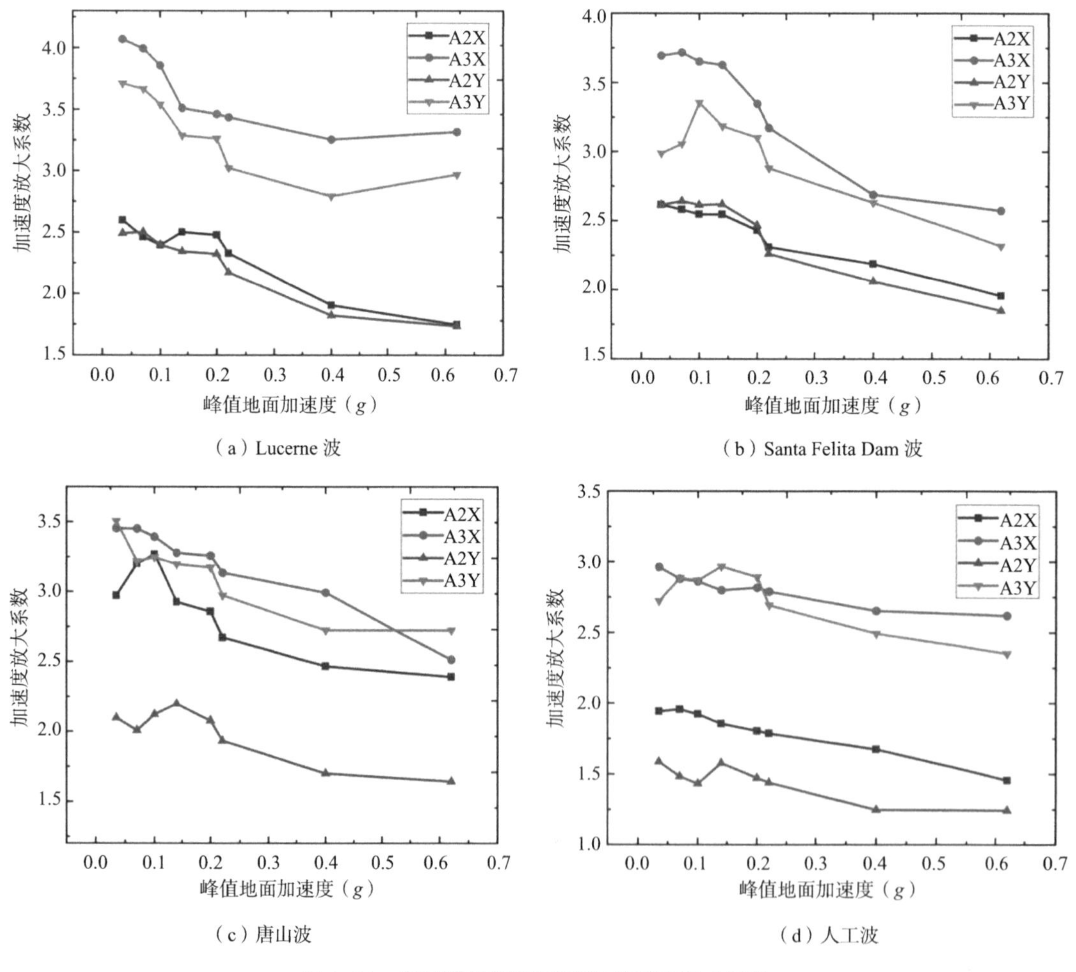

图 4-31　房屋模型在地震作用下加速度放大系数

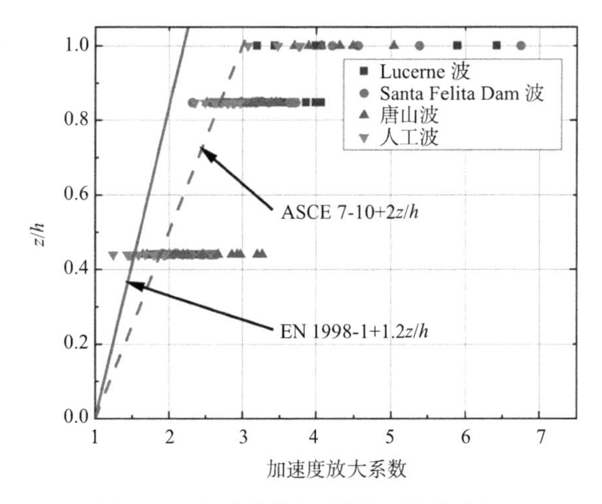

图 4-32 加速度放大系数与理论值对比

2. 位移响应

在结构的抗震性能分析中，层间位移角是一个非常重要的性能指标，其涉及的位移值是相对值，而由结构模型中位移传感器测得的位移值是绝对值。因此相对位移需要根据模型各层测点的实际位移值减去台面位移的最大值计算得到，最大层间位移角为楼层的最大相对位移与相应楼层高度的比值。表 4-18 ~ 表 4-21 列出了典型的多遇地震及罕遇地震烈度工况下结构在不同楼层的最大层间位移和最大层间位移角。表中 Δ_{1X}、Δ_{2X} 分别表示结构模型在东西方向上 1 层和 2 层的最大层间位移，θ_{1X}、θ_{2X} 为相对应的层间位移角；Δ_{1Y}、Δ_{2Y} 分别表示结构模型在南北方向上 1 层和 2 层的最大层间位移，θ_{1Y}、θ_{2Y} 为相对应的层间位移角。在多遇或罕遇地震工况下结构的 1 层的相对层间位移均大于 2 层的相对层间位移，这是因为 2 层墙体及屋面的自重传递到 1 层，同时模型的配重全部加在 2 层楼面，致使在地震作用下结构 1 层墙体的剪力值远大于 2 层墙体，这与底部剪力法计算原理一致。

结构模型在 7 度、8 度以及 9 度地震作用下层间位移角与规范中规定值对比如图 4-33 ~ 图 4-35 所示。由图可知，在多遇地震作用下，波纹钢板覆面冷弯型钢房屋模型的最大层间位移角为 1/440.5（0.227%），其满足《低层冷弯薄壁型钢房屋建筑技术规程》JGJ 227—2011 对于多遇地震作用下结构的层间位移角 1/300 的规定；在罕遇地震作用下，波纹钢板覆面冷弯型钢房屋模型的最大层间位移角为 1/76.6（1.305%），其满足《建筑抗震设计标准》GB/T 50011—2010 对于多高层钢结构楼层最大弹塑性层间位移角 1/50 的规定。多高层钢结构与冷弯型钢结构形式区别较大，直接采用 1/50 作为在罕遇地震作用下冷弯型钢结构层间位移角限值是不合理的，但其取值的合理性在本书的第 5 章中将得到验证。同时在北美规范《建筑物和其他结构的最小设计荷载》规定地震作用下冷弯型钢结构允许的层间位移为层高的 1/40，而本研究中波纹钢板覆面冷弯型钢结构的层间位移响应显然是符合其规定的。综上所述，本书中冷弯型钢龙骨体系房屋模型在 7 度、8 度以及 9 度地震作用下层间位移角均满足《低层冷弯薄壁型钢房屋建筑技术规程》JGJ 227—2011 和《建筑抗震设计标准》GB/T 50011—2010 关于抗震变形验算的要求，表明该结构体系具有较高的抗震储备能力。

多遇地震作用下冷弯型钢结构层间位移 表 4–18

工况 测点	层间位移（mm）							
	2	3	4	5	6	7	8	9
Δ_{1X}	1.27	1.39	1.36	1.24	1.95	1.79	1.36	1.39
Δ_{2X}	0.86	0.97	0.85	1.02	1.70	1.03	0.80	0.99
Δ_{1Y}	0.94	1.23	0.90	1.13	1.67	1.38	1.24	1.10
Δ_{2Y}	1.19	0.86	0.67	0.86	1.19	0.86	1.08	0.86
	11	12	13	14	15	16	17	18
Δ_{1X}	1.67	1.95	2.01	1.83	2.89	2.94	2.02	1.62
Δ_{2X}	1.13	1.28	1.28	1.51	1.73	1.53	1.78	1.47
Δ_{1Y}	1.24	1.62	1.34	1.68	2.48	2.65	1.84	1.64
Δ_{2Y}	1.06	1.28	1.14	1.28	1.56	1.28	1.60	1.28
	29	30	31	32	33	34	35	36
Δ_{1X}	3.59	4.12	3.84	3.5	5.51	5.96	3.86	3.09
Δ_{2X}	2.43	2.75	2.41	2.89	2.54	2.93	3.26	2.8
Δ_{1Y}	2.65	3.48	2.55	3.2	4.73	5.62	3.51	3.13
Δ_{2Y}	2.36	2.44	2.75	2.44	3.36	2.44	2.05	2.44

罕遇地震作用下冷弯型钢结构层间位移 表 4–19

工况 测点	层间位移（mm）							
	47	48	49	50	51	52	53	54
Δ_{1X}	6.42	5.34	6.12	5.37	9.92	9.03	7.98	7.64
Δ_{2X}	2.46	1.81	2.10	1.90	2.71	2.87	2.13	2.39
Δ_{1Y}	5.55	4.96	7.95	8.28	6.56	6.65	7.14	7.74
Δ_{2Y}	0.95	0.95	1.07	1.26	0.95	1.13	1.01	1.07
	56	57	58	59	60	61	62	63
Δ_{1X}	19.46	17.70	15.59	16.23	12.59	10.48	15.65	14.99
Δ_{2X}	4.34	3.51	2.76	3.46	3.60	2.32	3.09	3.81
Δ_{1Y}	12.86	9.13	11.99	10.53	10.88	9.72	14.00	15.18
Δ_{2Y}	1.86	2.22	2.10	2.47	1.86	1.86	1.98	2.10
	65	66	67	68	69	70	71	72
Δ_{1X}	34.18	31.11	27.39	28.52	22.13	18.41	27.50	26.33
Δ_{2X}	9.31	8.99	9.43	8.75	8.10	7.99	9.63	9.12
Δ_{1Y}	22.60	16.04	21.07	18.50	19.12	17.07	24.59	26.67
Δ_{2Y}	3.26	3.91	3.69	4.34	3.12	3.26	3.47	3.69

多遇地震作用下冷弯型钢结构层间位移角 表 4-20

测点 \ 工况	层间位移角（%）							
	2	3	4	5	6	7	8	9
θ_{1X}	0.048	0.053	0.052	0.047	0.074	0.068	0.052	0.053
θ_{2X}	0.033	0.037	0.032	0.039	0.065	0.039	0.030	0.038
θ_{1Y}	0.036	0.047	0.034	0.043	0.064	0.053	0.047	0.042
θ_{2Y}	0.045	0.033	0.026	0.033	0.045	0.033	0.041	0.033
	11	12	13	14	15	16	17	18
θ_{1X}	0.064	0.074	0.077	0.070	0.110	0.112	0.077	0.062
θ_{2X}	0.043	0.049	0.049	0.058	0.066	0.059	0.068	0.056
θ_{1Y}	0.047	0.062	0.051	0.064	0.095	0.101	0.070	0.063
θ_{2Y}	0.040	0.049	0.044	0.049	0.060	0.049	0.061	0.049
	29	30	31	32	33	34	35	36
θ_{1X}	0.137	0.157	0.147	0.134	0.210	0.227	0.147	0.118
θ_{2X}	0.093	0.105	0.092	0.110	0.097	0.112	0.124	0.107
θ_{1Y}	0.101	0.133	0.097	0.122	0.181	0.215	0.134	0.119
θ_{2Y}	0.090	0.093	0.105	0.093	0.128	0.093	0.078	0.093

罕遇地震作用下冷弯型钢结构层间位移角 表 4-21

测点 \ 工况	层间位移角（%）							
	47	48	49	50	51	52	53	54
θ_{1X}	0.379	0.345	0.233	0.205	0.245	0.204	0.305	0.292
θ_{2X}	0.104	0.109	0.080	0.073	0.094	0.069	0.081	0.091
θ_{1Y}	0.250	0.254	0.303	0.316	0.212	0.189	0.272	0.296
θ_{2Y}	0.036	0.043	0.041	0.048	0.036	0.036	0.038	0.041
	56	57	58	59	60	61	62	63
θ_{1X}	0.743	0.676	0.595	0.619	0.481	0.400	0.597	0.572
θ_{2X}	0.166	0.134	0.105	0.132	0.137	0.089	0.118	0.146
θ_{1Y}	0.491	0.348	0.458	0.402	0.415	0.371	0.534	0.579
θ_{2Y}	0.071	0.085	0.080	0.094	0.071	0.071	0.075	0.080
	65	66	67	68	69	70	71	72
θ_{1X}	1.305	1.187	1.046	1.088	0.845	0.703	1.049	1.005
θ_{2X}	0.355	0.343	0.360	0.334	0.309	0.305	0.368	0.348
θ_{1Y}	0.862	0.612	0.805	0.707	0.730	0.651	0.939	1.018
θ_{2Y}	0.125	0.150	0.141	0.166	0.119	0.125	0.133	0.141

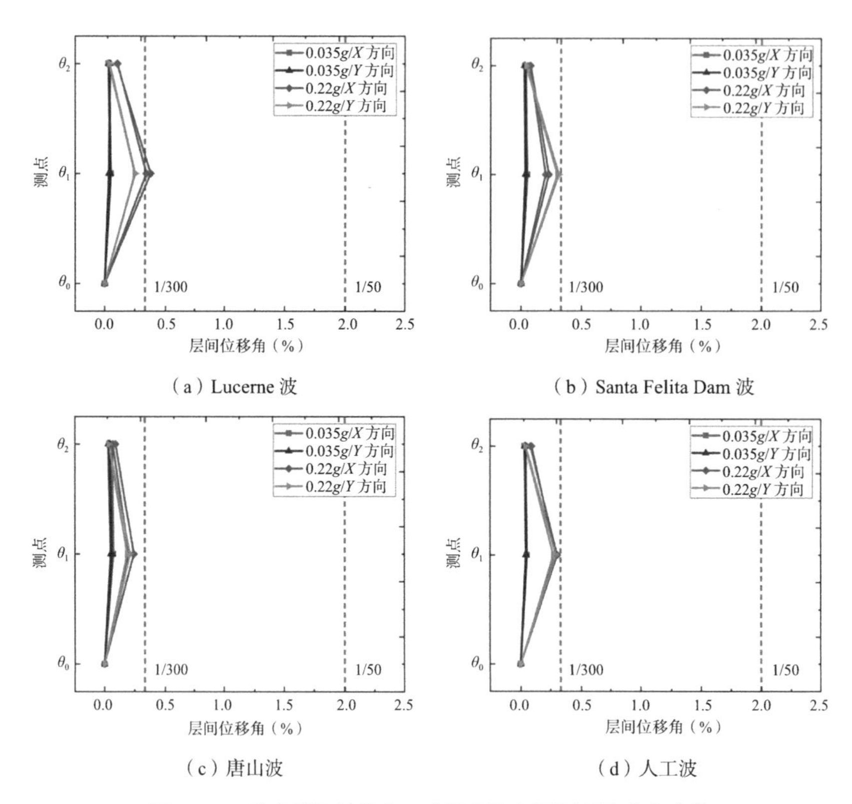

（a）Lucerne 波　（b）Santa Felita Dam 波

（c）唐山波　（d）人工波

图 4-33　冷弯型钢结构在 7 度地震作用下层间位移角变化

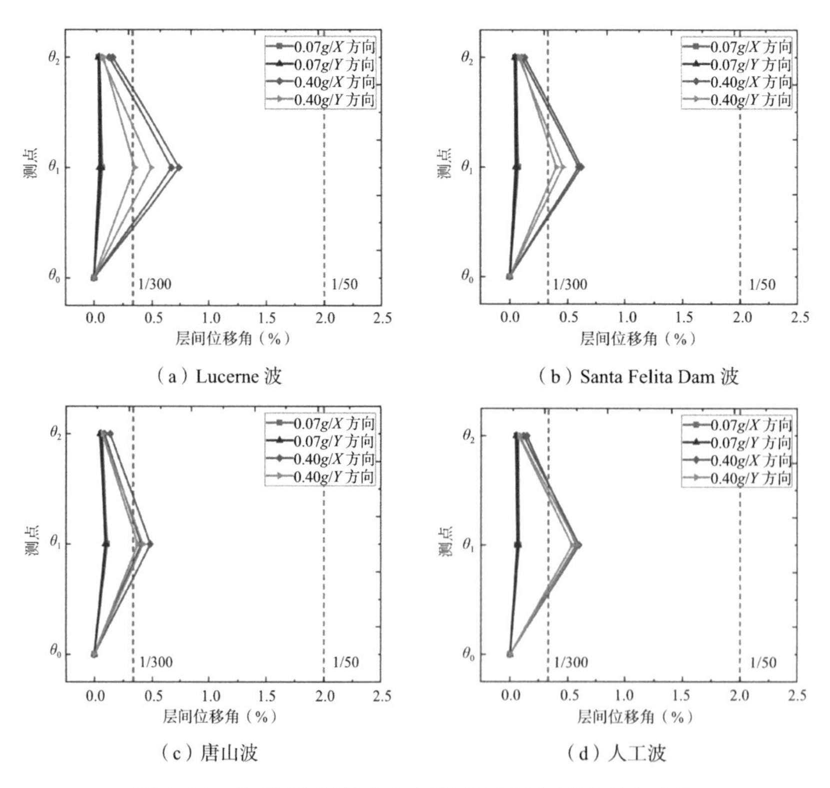

（a）Lucerne 波　（b）Santa Felita Dam 波

（c）唐山波　（d）人工波

图 4-34　冷弯型钢结构在 8 度地震作用下层间位移角变化

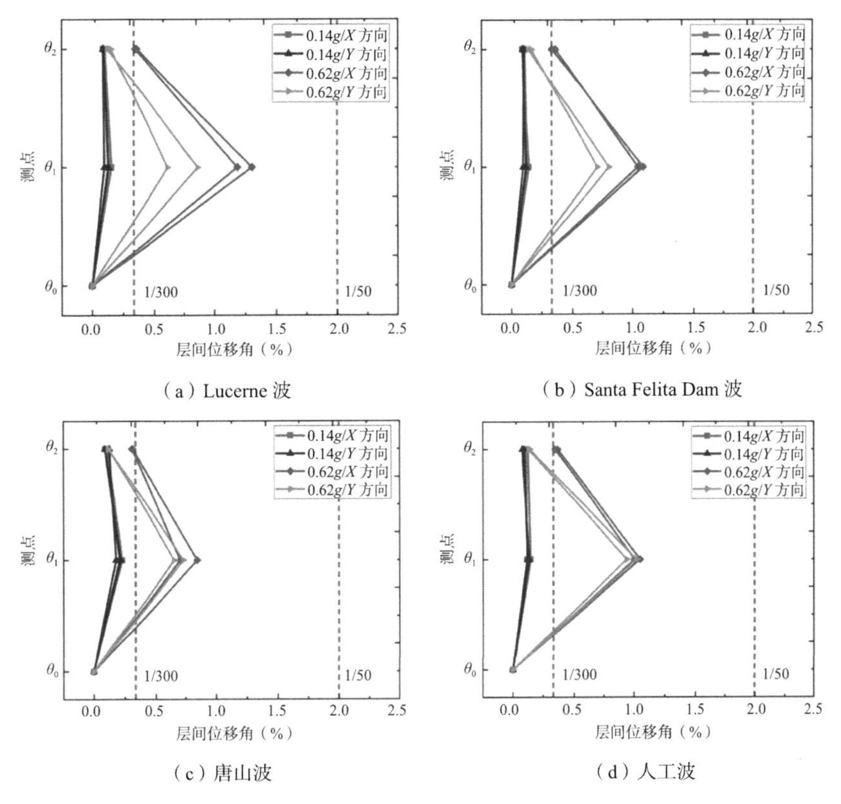

（a）Lucerne 波　（b）Santa Felita Dam 波

（c）唐山波　（d）人工波

图 4–35　冷弯型钢结构在 9 度地震作用下层间位移角变化

3. 应变反应

通过分析结构中布置应变片的数据，来研究模型龙骨框架的应力状态和破坏情况。由于试验的工况和测点众多，在表 4-22 列出了 9 度罕遇地震作用工况下部分测点的最大应变与应力数据。其中楼面梁的刚度较大，应变变化相对较小，同时还有部分测点在试验过程中出现损坏，故在表 4-22 中没有列出相关测点的应变值。在本试验中数据采集前，都会对采集仪进行平衡和归零处理，故表 4-22 列出的应变值为 9 度罕遇地震作用工况下龙骨框架的相对应变。由表 4-22 可知，波纹钢板覆面冷弯型钢结构模型整体质量较轻，即使在 9 度罕遇地震工况下，其龙骨框架的应变和应力都很小。其应变最大值为 969.29με，其对应最大应力值为 152.65MPa，而龙骨材料均采用的是 Q345 钢材，其拉伸试验表明材料屈服强度为 347.55MPa，这表明整体结构模型中全部龙骨框架均处于弹性工作阶段。在 9 度罕遇地震工况中，1 层墙体的龙骨框架中大多数测点的应变值要比 2 层墙体高，是因为结构的质量主要集中在底层墙体致使其承受更大的剪力。由白噪声扫频结果可知，在 9 度罕遇地震工况中模型的刚度出现下降趋势，由表 4-22 和试验现象中可知结构龙骨整体上并没有出现明显损伤。在此阶段中结构抵抗水平力主要靠墙体中龙骨框架与面板间的蒙皮效应，当结构遭受高强度地震作用时，其墙面板与龙骨框架间连接出现局部破坏，蒙皮效应减弱，从而导致房屋模型的刚度下降。

9 度罕遇地震工况下部分测点最大应变及应力值　　表 4-22

工况测点		65		66		67		68	
		应变（με）	应力（MPa）	应变（με）	应力（MPa）	应变（με）	应力（MPa）	应变（με）	应力（MPa）
1层墙体	F1S1	84.23	8.40	87.90	8.43	91.56	8.45	103.77	9.20
	F1S2	84.23	8.40	1.99	5.36	89.12	8.43	96.44	8.48
	F1S3	114.75	9.27	167.25	17.47	203.87	23.77	180.68	21.08
	F1S5	135.51	11.01	136.73	11.03	87.90	8.43	101.32	9.18
	F1S10	108.65	9.23	89.12	8.43	82.13	8.39	73.24	7.78
	F1S11	98.88	8.50	131.84	10.97	130.62	10.95	113.53	9.26
	F1S12	78.13	7.46	79.35	7.82	153.82	14.09	142.83	13.88
	F1S13	103.77	9.20	111.09	9.25	136.73	11.03	144.05	13.90
	F1S14	126.96	10.91	100.10	9.17	125.74	10.89	109.87	9.24
	F1S15	157.48	14.16	117.19	9.29	141.61	13.85	129.40	10.94
	F1S17	250.26	31.11	188.00	21.21	227.06	27.12	211.19	26.90
	F1S19	84.23	8.40	75.69	7.80	97.66	8.49	94.00	8.47
	F1S20	87.90	8.43	70.81	7.76	81.79	8.38	64.70	7.72
	F1S21	96.45	8.48	178.23	17.69	108.64	9.23	91.56	8.45
	F1S22	112.31	9.25	115.97	9.28	136.73	11.03	129.40	10.94
	F1S23	129.40	10.94	111.09	9.25	163.58	17.40	294.21	37.72
	F1S24	969.29	152.65	731.25	109.70	1146.31	184.17	832.57	127.02
	F1S25	266.13	34.41	225.84	27.10	198.99	21.42	227.07	27.12
	F1S27	198.99	21.42	184.34	21.14	174.57	20.96	157.48	14.16
2层墙体	F2S1	98.88	8.50	76.91	7.80	85.45	8.41	74.47	7.79
	F2S2	37.84	6.73	37.84	6.73	42.73	7.15	36.62	6.70
	F2S3	40.28	7.13	39.06	6.75	59.82	7.30	57.38	7.28
	F2S4	67.14	7.74	58.60	7.29	103.77	9.20	103.77	9.20
	F2S7	81.79	8.38	61.04	7.70	84.23	8.40	75.69	7.80
	F2S12	153.82	14.09	103.77	9.20	101.32	9.18	103.77	9.20
	F2S14	39.06	6.75	47.61	7.19	52.49	7.24	56.16	7.27
	F2S15	20.75	6.34	23.19	6.40	20.76	6.34	21.98	6.37
屋架	TRS1	28.07	6.51	34.18	6.64	53.72	7.25	62.26	7.71
	TRS2	40.29	7.13	40.28	7.13	36.63	6.70	37.85	6.73
	TRS3	30.52	6.56	37.84	6.73	31.74	6.59	35.40	6.67
	TRS4	40.29	7.13	31.74	6.59	29.30	6.53	37.63	6.72

续表

工况测点		69		70		71		72	
		应变（με）	应力（MPa）	应变（με）	应力（MPa）	应变（με）	应力（MPa）	应变（με）	应力（MPa）
1层墙体	F1S1	89.12	8.43	76.91	7.80	70.81	7.76	70.81	7.76
	F1S2	81.79	8.38	70.81	7.76	73.25	7.78	75.69	7.80
	F1S3	102.55	9.19	89.12	8.43	101.32	9.18	103.76	9.2
	F1S5	126.96	10.91	100.10	9.17	125.74	10.89	109.87	9.24
	F1S10	109.87	9.24	89.12	8.43	104.99	9.21	98.88	8.50
	F1S11	86.67	8.42	79.35	7.82	64.70	7.72	61.04	7.70
	F1S12	94.00	8.47	91.56	8.45	62.26	7.71	68.36	7.75
	F1S13	124.52	10.87	111.09	9.25	104.99	9.21	113.53	9.26
	F1S14	159.92	14.21	102.54	9.19	95.22	8.48	94.00	8.47
	F1S15	96.44	8.48	61.04	7.70	86.68	8.42	54.94	7.26
	F1S17	267.35	34.43	220.96	27.03	397.97	53.35	368.68	50.15
	F1S19	75.69	7.80	67.14	7.74	64.70	7.72	65.92	7.73
	F1S20	69.58	7.76	54.93	7.26	61.04	7.70	57.38	7.28
	F1S21	84.23	8.40	68.36	7.75	78.13	7.81	75.69	7.80
	F1S22	101.32	9.18	87.90	8.43	101.32	9.18	100.10	9.17
	F1S23	173.35	17.59	168.47	17.50	123.30	10.86	140.39	13.83
	F1S24	664.10	98.70	904.60	139.78	612.83	88.26	748.34	114.97
	F1S25	236.83	27.26	347.92	46.42	190.44	21.33	192.88	21.30
	F1S27	250.26	31.11	285.66	37.63	153.82	14.09	181.90	21.10
2层墙体	F2S1	43.95	7.16	26.86	6.48	50.05	7.22	41.51	7.14
	F2S2	63.48	7.72	72.03	7.77	104.99	9.21	114.75	9.27
	F2S3	86.68	8.42	51.27	7.23	100.10	9.17	97.66	8.49
	F2S4	53.71	7.25	41.51	7.14	86.68	8.42	112.31	9.25
	F2S7	50.05	7.22	37.84	6.73	29.30	6.53	59.82	7.30
	F2S12	90.34	8.44	139.17	11.06	122.08	9.32	120.86	9.31
	F2S14	47.61	7.19	40.29	7.13	32.96	6.62	32.96	6.62
	F2S15	21.97	6.37	23.19	6.40	18.31	5.82	21.97	6.37
屋架	TRS1	35.40	6.67	24.42	6.42	26.86	6.48	23.20	6.40
	TRS2	48.83	7.20	42.73	7.15	29.30	6.53	28.08	6.51
	TRS3	35.40	6.67	34.18	6.64	19.53	5.86	25.64	6.45
	TRS4	35.41	6.67	25.63	6.45	28.07	6.51	23.19	6.40

4.3 冷弯型钢整体结构数值模型

目前，国内外学者通过数值模拟和试验研究来对建筑结构抗震性能进行非线性静力和动力分析。其中试验研究手段存在费用高、周期长、试件数量有限等缺点，导致其局限性较大。因此随着科学技术的不断发展，相对于试验研究手段，其数值模拟逐渐占据优势地位。有限元分析模型的建立和验证是基于试验研究数据开展的，同时有限元参数分析也可弥补试验研究所带来的相关缺点，因此两种研究手段可谓是相辅相成。

冷弯型钢龙骨式墙体中连接构造复杂，其滞回曲线表现出高度非线性。在墙体有限元分析中，如何准确模拟出龙骨框架和面板间自攻螺钉连接性能是墙体精细化建模的关键，因此采用合理的自攻螺钉恢复力模型的精细化模型才能真实反映出实际墙体的滞回性能。结构的地震反应是一个复杂的过程，它受到输入地震波的特性以及结构自身固有属性的共同影响。随着对地震波特性与结构特性认识的不断深入，人们对地震反应分析的技术水平也在稳步提升。冷弯型钢结构是近 40 年发展形成的一种新型结构体系，主要用于低层建筑结构领域。为推动该结构体系在多层建筑领域应用，国内外学者相继开展了足尺模型的振动台试验研究。但由于试验条件和加载装置的局限性，其研究仅局限于特定空间和楼层较低的结构形式。当空间布局和楼层数发生改变后，其结构体系的地震响应尚不清楚。随着近代计算机技术和有限单元法理论的迅猛发展，越来越多的学者开始采用有限元模拟方法来研究构件或结构的力学性能，但有关冷弯型钢结构的非线性动力分析方面并没有系统性的研究。

本节利用 OpenSees 软件对 4.1 节和 4.2 节中振动台试验的冷弯型钢龙骨体系房屋进行模拟，并通过对比数值模拟结果与试验结果来验证此建模方法的正确性。

1. 剪力墙和承重墙模拟

《低层冷弯薄壁型钢房屋建筑技术规程》JGJ 227—2011 规定了冷弯型钢房屋在两个主要结构轴线方向上的水平荷载的作用由该方向抗侧力构件承担，因此可以把墙体视为单自由度体系，在横向剪力 V 作用下产生水平位移 Δ。覆面板和龙骨框架间连接作用等效成交叉支撑，而龙骨框架等效成墙体外轮廓布置的边缘竖向构件，墙体简化模型如图 4-36 所示。线弹性分析表明交叉桁架支撑的刚度要远远大于连接节点的刚度，无论是铰接还是刚接对模拟结果影响都较小，故墙体简化模型采用刚性连接形式。模型尺寸与实际墙体保持一致，剪力墙的强度和刚度主要由两根斜撑来决定，可按照式（4-3）和式（4-4）将墙体的非线性 V-Δ 关系转化为对角交叉斜撑的非线性行为。墙体简化模型中立柱和导轨均采用弹性梁柱单元 elasticBeamColumn，对角斜撑采用桁架单元 truss，并采用 Pinching4 捏缩材料模型来模拟墙体的滞回性能。因此对于建立墙体简化模型的关键

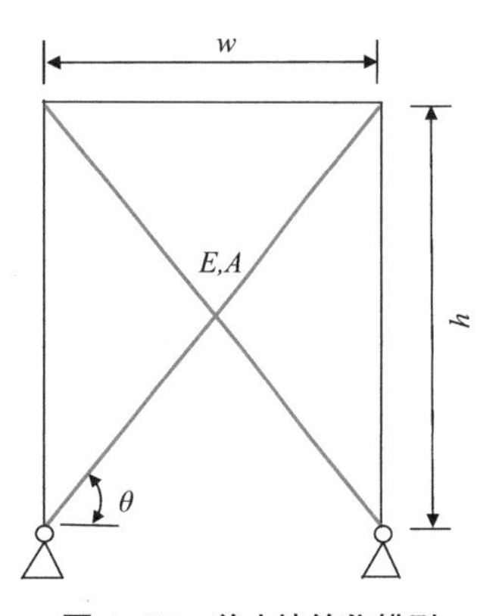

图 4-36　剪力墙简化模型

在于得到适用不同构造形式墙体的恢复力模型，下面根据 3.2 节的波纹钢板覆面剪力墙的试验数据和 3.5.3 节的双覆面板墙体模拟数据来提取出 Pinching4 材料参数，并用于后续整体结构抗震性能分析中。

在墙体简化数值模拟分析前，根据式（4-3）和式（4-4）将抗剪试验中试件所受到宏观的横向剪力 V 和横向变形 $\varDelta$ 转换为微观的轴向应力 σ 和轴向应变 ε，其中 l 和 A 分别为交叉斜撑的长度和截面面积。

$$\sigma = \frac{F}{A} = \frac{V}{2A \times \cos\theta} \tag{4-3}$$

$$\varepsilon = \frac{d}{l} = \frac{\varDelta \times \cos\theta}{l} = \frac{\varDelta \times w}{w^2 + h^2} \tag{4-4}$$

冷弯型钢结构模型中剪力墙采用双覆面板墙体简化模型，其 Pinching4 捏缩材料模型参数见 3.5.3 节。在整体结构模型中，当剪力墙的高宽比与试验中试件不同时，需根据强度折减系数计算公式对墙体抗剪强度进行高宽比的修正。文献 [79] 对承重墙的抗剪性能进行试验研究，作者发现冷弯型钢承重墙在结构体系抗侧刚度上发挥了不可忽视的作用。而本书没有对承重墙的抗剪性能开展相关研究，故在整体结构数值模型中承重墙的相关性能参数根据文献 [79] 进行设置。

2. 楼板及屋面板模拟

为研究结构构件以及装饰材料的模拟方法对整体结构抗震性能的影响，Leng 针对 NEES-CFS 报告中冷弯型钢办公楼建筑模型，建立了一系列结构数值分析模型。结果表明在整体结构分析时楼板采用半刚性以及刚性的模拟结果与试验值差异较小，而采用柔性楼板的结构模拟结果相差较多。因此，为提高整体结构模型的计算效率，本书模型中楼板及屋面板均采用刚性楼板假定，这可以通过 OpenSees 中刚性隔板命令 rigidDiaphragm 来实现。

3. 模型质量及竖向荷载

模型质量与振动台试验中实际结构的总质量保持一致，Leng 表明角部集中质量和分散质量的结构模拟结果差异较小，因此每层的质量平均分布在楼层的每个角点上。试验中结构总质量是包括结构本身质量以及施加配重的，配重是根据《建筑结构荷载规范》GB 50009—2012 和《建筑抗震设计标准》GB/T 50011—2010 确定的，其楼面配重的具体计算方法见 4.1.2 节。结构 1 层总质量约为 1776kg，2 层总质量约为 1225kg。本节中是通过对龙骨体系房屋施加重力加速度来单独实现竖向荷载施加的。

根据上述方法建立 2 层冷弯型钢整体结构的三维模型，如图 4-37 所示。

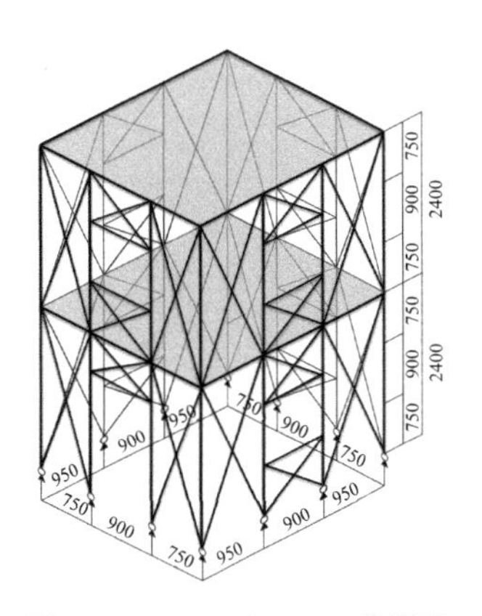

图 4–37　OpenSees 三维模型示意图（mm）

4. 动力分析参数设置

选取 Transformation 作为边界约束方程，方程的储存和求解方式为 BandGeneral。RCM 法对结构自由度进行编号，通过 NormDispIncr 来判断位移增量是否收敛。以 Newton 作为计算法则，并选取 Newmark 隐式计算方法。选用 Transient 瞬时分析方法，分析步和时间步长需根据实际输入地震持续时间来设置。

5. 整体结构模型的验证

在冷弯型钢龙骨体系房屋足尺振动台试验中，墙体采用双覆面板，内外墙板分别为石膏板和 Q915 型波纹钢板。为验证整体结构模型的合理性，对比了峰值地面加速度为 0.40g 工况下的加速度时程和位移时程曲线计算结果与试验结果，两者曲线对比如图 4-38 和图 4-39 所示。数值模拟结果表明结构在两方向上的自振周期分别为 0.095s 和 0.076s，这与白噪声扫频工况下实测值相差较小。由图 4-38、图 4-39 可知，加速度和位移时程曲线的变化趋势和形状与试验结果基本保持一致，且有限元模拟的峰值加速度和峰值位移与试验结果较为接近，误差在 9.6% 以内。因此，冷弯型钢结构有限元模型的计算精度在可接受的范围内，能够更准确地模拟出结构的动力特性和地震响应。

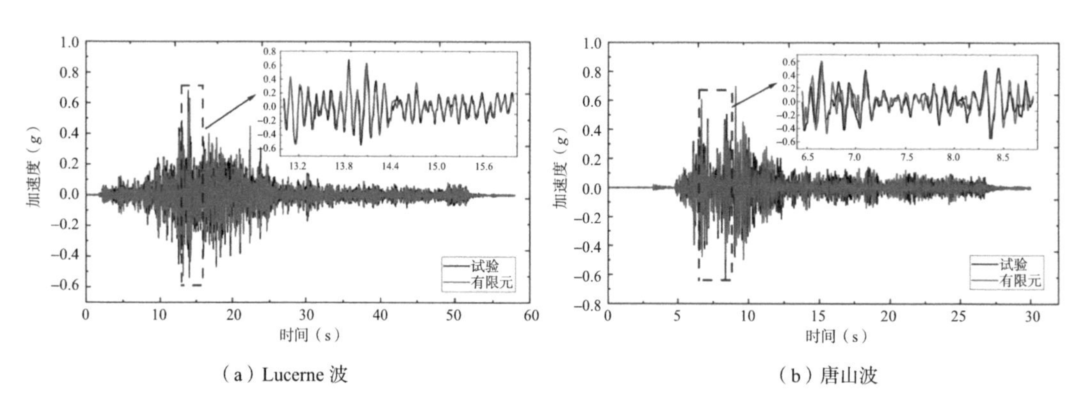

（a）Lucerne 波　　（b）唐山波

图 4-38　冷弯型钢结构加速度时程曲线对比

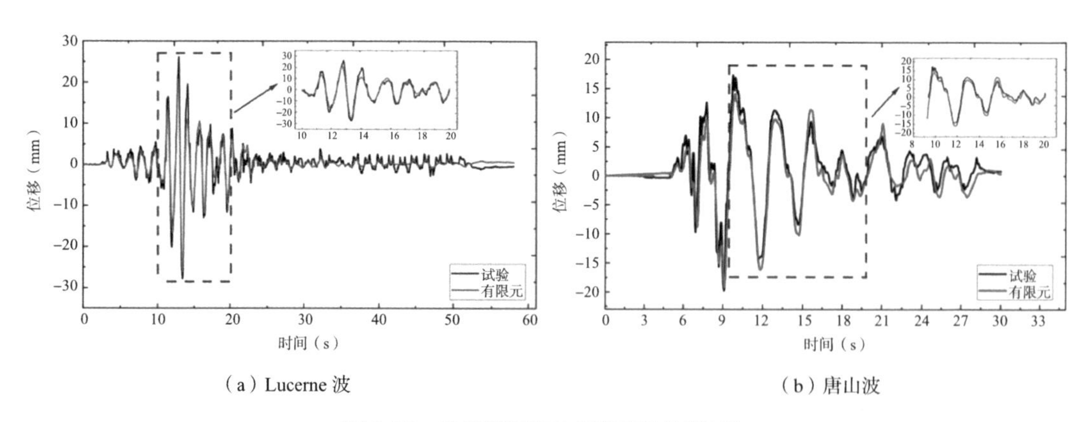

（a）Lucerne 波　　（b）唐山波

图 4-39　冷弯型钢结构位移时程曲线对比

4.4　多层冷弯型钢结构抗震性能有限元分析

根据 4.3 节的整体结构数值建模方法，对典型的多层冷弯型钢结构进行了抗震性能研究。

4.4.1　建筑原型

为研究多层冷弯型钢结构在地震作用下的动力响应，通过软件 OpenSees 建立了两个 5 层冷弯型钢结构的简化数值模型，并对其进行非线性有限元分析，具体参数见表 4-23。模型类型考虑住宅和办公楼两种建筑类别。第一种建筑类别为办公楼建筑，其来源于 2011 年的 NEES-CFS 报告，建筑平面尺寸为 15.16m × 7.01m，层高 2.7m，总高度为 13.5m，其剪力墙和承重墙均布置在建筑的外围。第二种建筑类别是典型的酒店建筑，平面尺寸为 20.30m × 15.09m，各层层高 3.0m，总高度为 15m，其剪力墙和承重墙分别布置在建筑的外围和内部。办公楼和酒店建筑原型的平面布局如图 4-40 所示。根据 ASCE 7-10 和 AISI S400 标准，结构设计中建筑设计类别（SDC）采用北美规范 ASCE 7-10 中的 D 类。办公楼建筑和酒店建筑在短周期下最大考虑地震谱（MCE）加速度系数 S_{MS} 分别取为 1.39g 和 1.5g。根据荷载抗力系数设计法（LRFD）对两类建筑进行横向设计，墙体的抗剪强度设计值采用 3.5.2 节中双覆面板墙体数值模拟结果。根据北美规范 AISI S400 相关规定，冷弯型钢结构的抗力分项系数确定为 0.6。文献 [86] 研究表明，波纹钢板覆面冷弯型钢结构的结构响应修正系数 R 和超强系数 Ω 分别取为 6.5 和 3.0。5 层办公楼和酒店中剪力墙的设计参数见表 4-24。

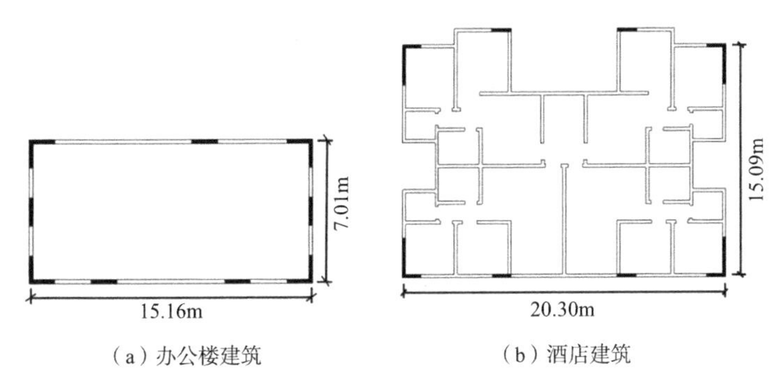

（a）办公楼建筑　　（b）酒店建筑

图 4-40　办公楼和酒店建筑平面布局

建筑结构设计关键参数　　表 4-23

建筑类别	等效重力荷载 W（kN）	频谱加速度系数				周期 T（s）	比值 V/W
		S_{MS}（g）	S_{DS}（g）	S_{M1}（g）	S_{D1}（g）		
5层办公楼	947.41	1.39	0.9	0.927	0.60	0.486	0.143
5层酒店	1870.77	1.5	0.75	1.000	0.50	0.520	0.154

注：W为建筑结构等效重力荷载；V为设计基底剪力；S_{MS}和S_{M1}分别为全部时间内和周期1s处最大考虑地震下的频谱加速度系数；S_{DS}和S_{D1}分别为全部时间内和周期1s处设计地震下的频谱加速度系数；T为建筑结构的自振周期，其确定方法见抗震报告FEMA P695。

5 层办公楼和酒店中剪力墙的设计参数　　表 4–24

建筑类别	方向	剪力墙高宽比	剪力墙数量	截面应力比
5层办公楼	X	2.25	6	0.707
	Y	2.25	6	0.707
5层酒店	X	2	8	0.862
	Y	2	8	0.862

根据 4.3 节介绍的整体结构数值建模方法，建立典型的多层冷弯型钢整体结构的三维分析模型如图 4-41 所示。

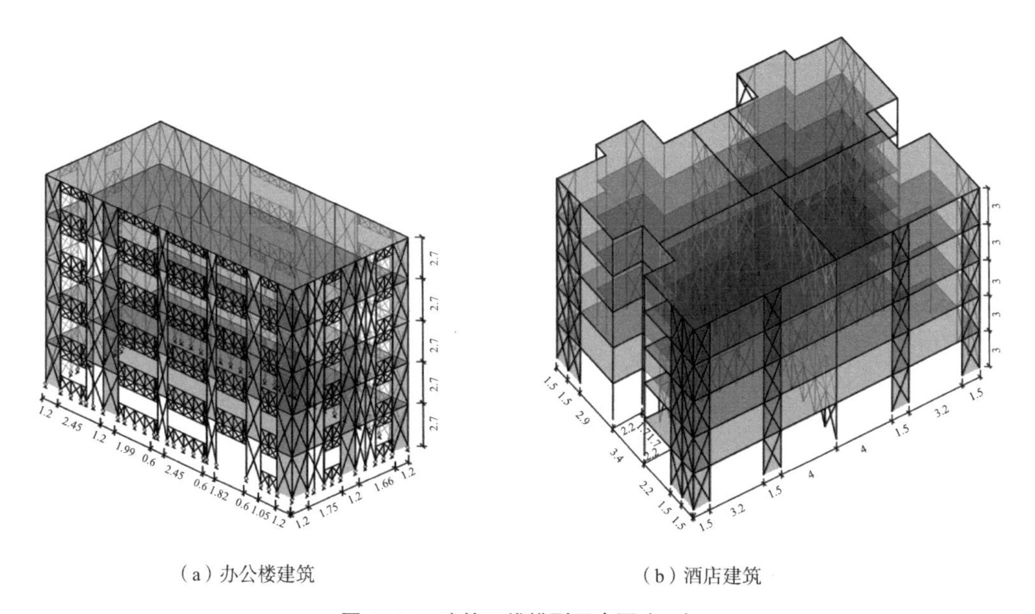

（a）办公楼建筑　　（b）酒店建筑

图 4–41　建筑三维模型示意图（m）

4.4.2　非线性静力推覆分析

非线性静力推覆分析主要是通过模拟特定单调递增的荷载作用，对建筑结构逐步加载，直至结构达到预定的性能状态或破坏状态，从而得出建筑模型的顶部水平位移和基底剪力的关系曲线。因不同加载模式对整体结构数值模拟结果影响较大，故本书采用 FEMA P695 推荐的水平加载模式，即第一振型模式：

$$F_i = \frac{m_i \varphi_{1i}}{\Sigma m_i \varphi_{1i}} V_{\mathrm{b}} \tag{4-5}$$

式中：F_i 为建筑结构第 i 层的作用力；m_i 为与 F_i 相对应的层间质量；φ_{1i} 为结构在 1 阶振型时 i 层的分量值；V_{b} 为整体结构的基底剪力。

根据 Pushover 曲线，可确定冷弯型钢结构的结构超强系数 Ω 和位移延性系数 μ_{T}。两个参数定向如下：

$$\Omega=\frac{V_{\max}}{V} \tag{4-6}$$

$$\mu_{\mathrm{T}}=\frac{\delta_{\mathrm{u}}}{\delta_{\mathrm{y,eff}}} \tag{4-7}$$

式中：$V_{\max}$ 为建筑所能承受地震作用的最大值；V 代表设计地震作用；δ_{u} 和 $\delta_{\mathrm{y,\ eff}}$ 分别为结构顶层的极限变形和有限屈服变形。

5 层办公楼和酒店建筑的 Pushover 曲线如图 4-42 所示，两种建筑类型结构的非线性静力推覆分析结果见表 4-25。由表 4-25 可知，两种建筑类型的结构超强系数差异较大，且办公楼建筑要高于酒店建筑。两种建筑类型结构的位移延性系数差异较小，基本上处于 2.12 ~ 2.46 范围内。

非线性静力推覆分析结果　　表 4–25

建筑类别	$V_{\max}$（kN）	V（kN）	δ_{u}（mm）	$\delta_{\mathrm{y,\ eff}}$（mm）	μ_{T}	Ω
5层办公楼	511.6	135.5	295.5	120.2	2.46	4.07
5层酒店	687.2	287.8	275.8	129.9	2.12	2.39

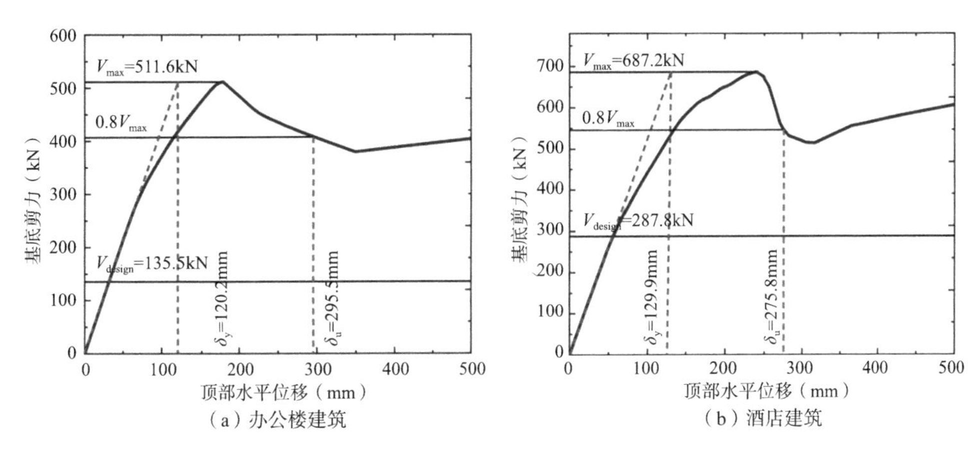

图 4–42　5 层建筑模型 Pushover 分析结果

4.4.3　非线性动力时程分析

在动力时程分析中，选取两种代表性的 TAFT 地震波和 El-Centre 地震波来研究多层冷弯型钢结构的抗震性能。TAFT 地震波为 1952 年 Kern County 地震发生时在 Taft Lincoln School 测站实测的震级记录；El-Centre 地震波为 1940 年 Imperial Valley 地震发生时在 El Centre Array 测站实测的震级记录。两种地震波的加速度时程曲线如图 4-43 所示，截取地震波能量比较集中的前 25s。为研究不同地震强度下多层冷弯型钢结构抵抗地震作用的能力，先将 TAFT 波和 El-Centre 波的加速度峰值均调幅为 0.035g、0.22g、0.07g、0.40g、0.14g 以及 0.62g，再对整体结构的抗震性能进行非线性有限元分析。

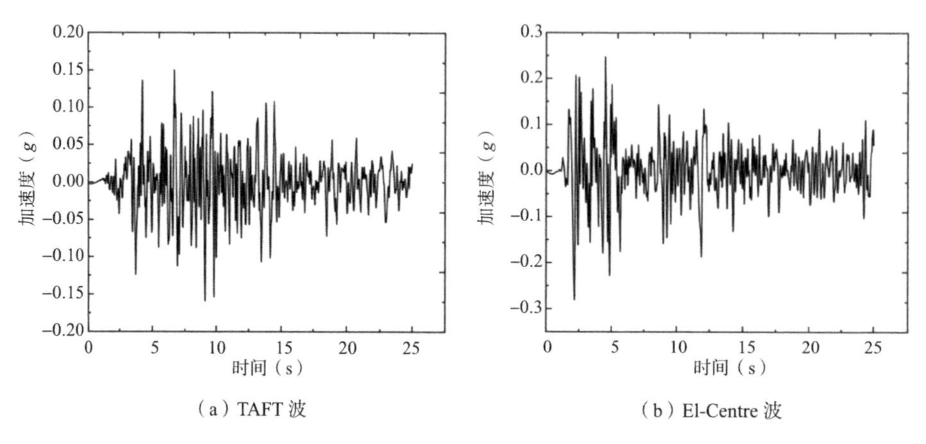

（a）TAFT 波　　（b）El-Centre 波

图 4–43　两种地震波的加速度时程曲线

1. 结构加速度响应

5 层办公楼和酒店顶层加速度时程曲线如图 4-44 和图 4-45 所示。由图可知，5 层结构在 TAFT 波和 El-Centre 波作用下加速度响应程度差异较大。同种结构在不同强度地震

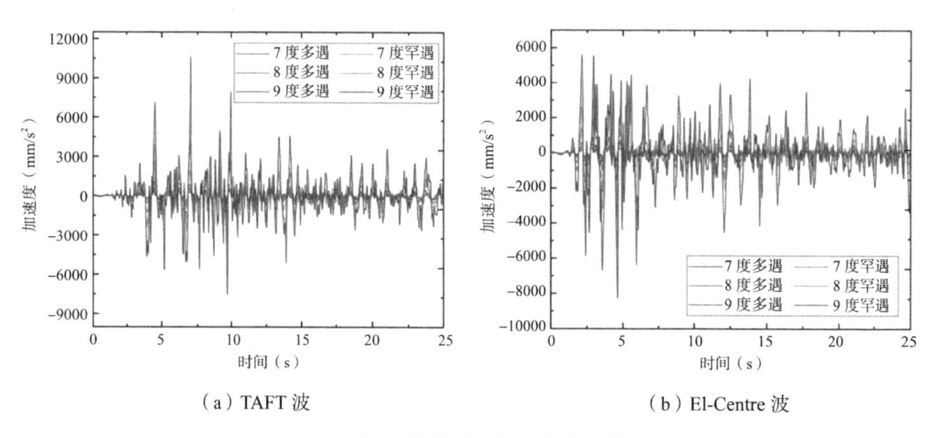

（a）TAFT 波　　（b）El-Centre 波

图 4–44　5 层办公楼顶层加速度时程曲线对比

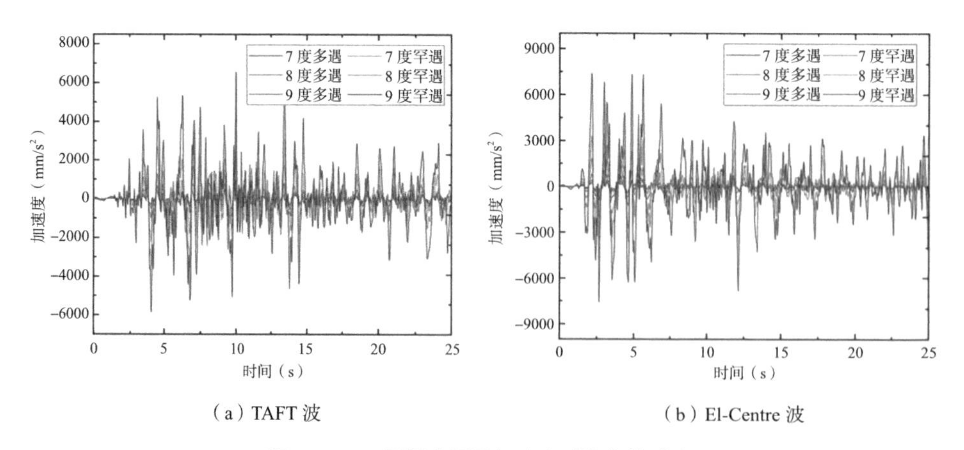

（a）TAFT 波　　（b）El-Centre 波

图 4–45　5 层酒店顶层加速度时程曲线对比

作用下其加速度时程曲线的波形差异较小，其结构顶层加速度随着地震波加速度峰值增大而增大。在办公楼和酒店顶层的加速度时程曲线中加速度达到峰值点，其对应的时间与所输入两种地震波峰值的时间差异较大，这主要是结构的自振周期与地震波的频谱特性间相对关系的不同导致的。

2. 结构位移响应

5 层办公楼和酒店建筑在 7 度、8 度以及 9 度地震作用下顶层位移时程曲线如图 4-46 和图 4-47 所示。对于办公楼建筑，地震初期阶段时，结构在 El-Centre 波的地震响应超过

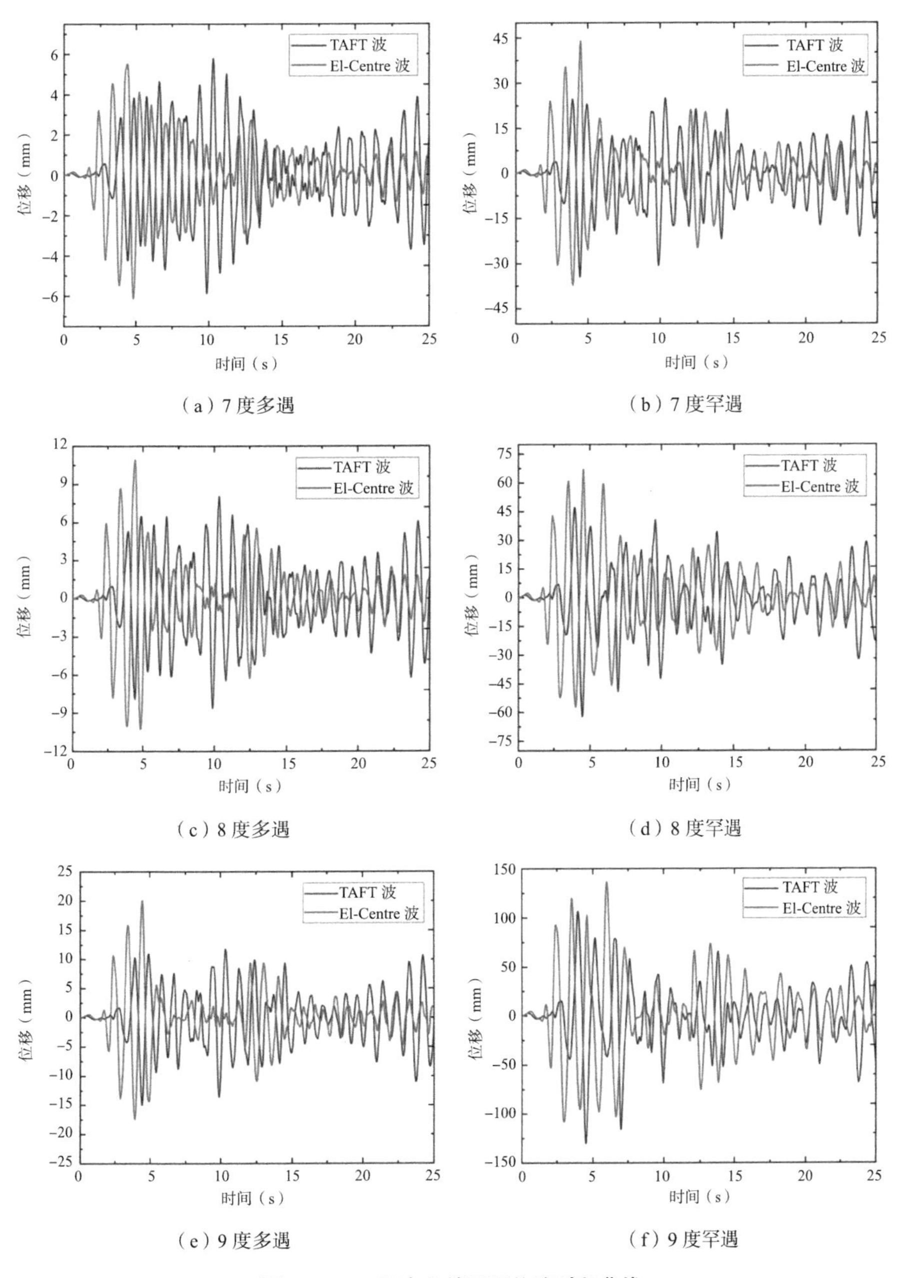

（a）7 度多遇　（b）7 度罕遇

（c）8 度多遇　（d）8 度罕遇

（e）9 度多遇　（f）9 度罕遇

图 4-46　5 层办公楼顶层位移时程曲线

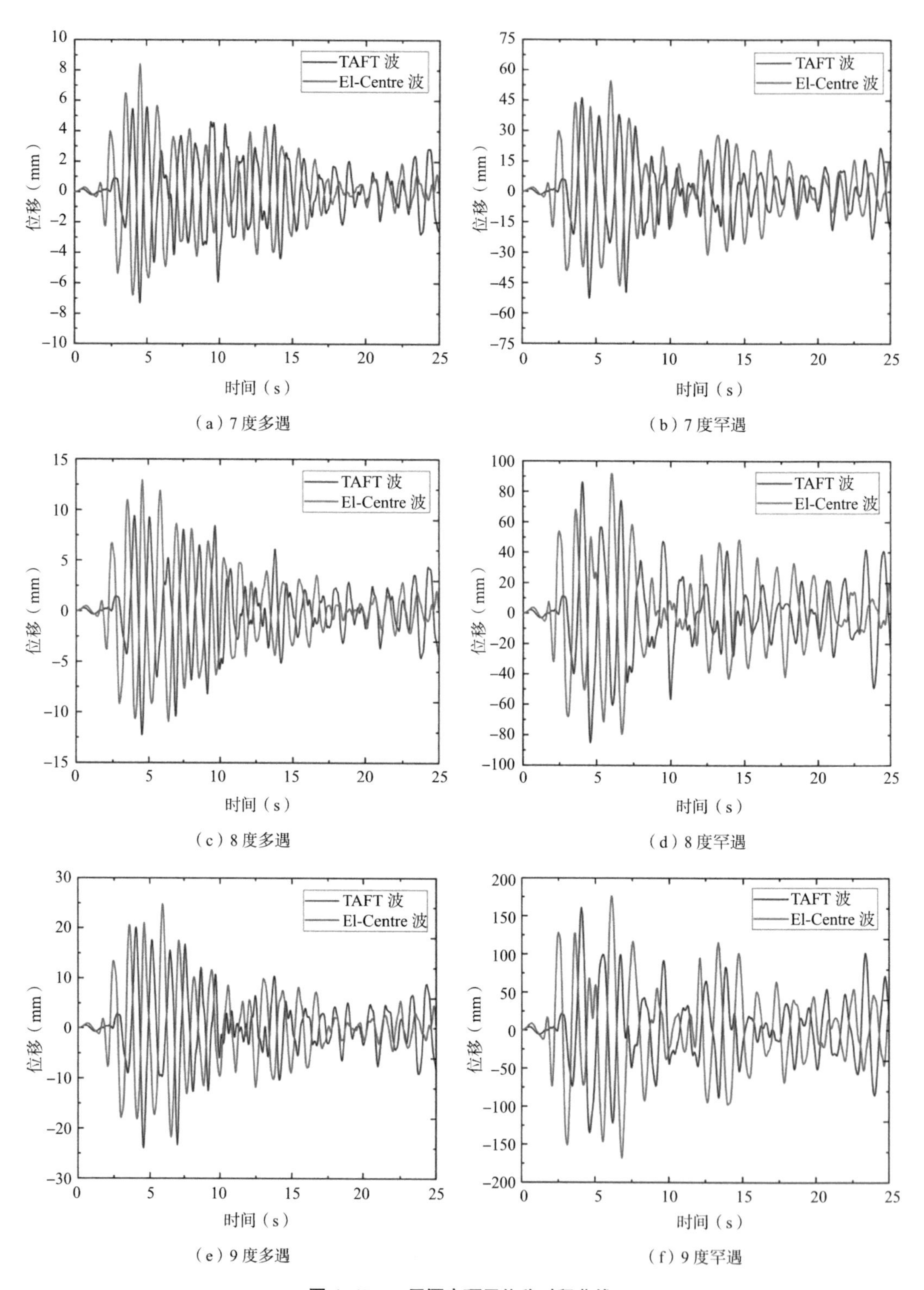

（a）7 度多遇

（b）7 度罕遇

（c）8 度多遇

（d）8 度罕遇

（e）9 度多遇

（f）9 度罕遇

图 4-47　5 层酒店顶层位移时程曲线

TAFT 波的影响；地震后期除 9 度罕遇地震作用外，TAFT 波产生地震响应比 El-Centre 波高。对于酒店建筑，在整个加载过程中结构在 El-Centre 波作用下的地震响应均大于 TAFT 波下的位移响应。因此 El-Centre 波的频谱特性与两种类型建筑的自振周期更为接近，故在图 4-48 中主要分析办公楼和酒店建筑在该地震波作用下的位移响应，两类建筑结构顶层位移时程曲线模拟结果对比如图 4-48 所示。由图 4-48 可知，同种结构在不同强度地震作用下结构位移响应曲线的波形差异较小，且结构顶层位移随着地震波加速度峰值的增大而增大。

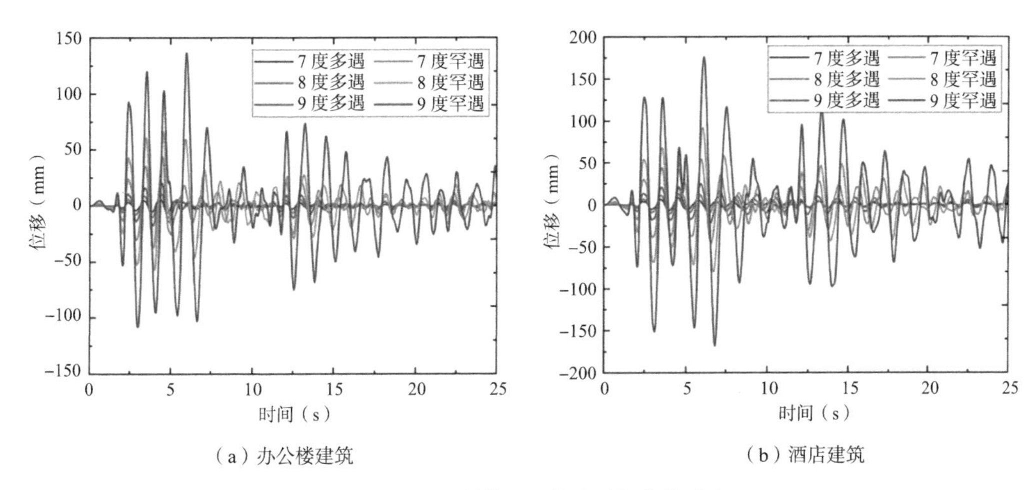

（a）办公楼建筑　　（b）酒店建筑

图 4-48　5 层结构顶层位移时程曲线对比

5 层结构在不同地震强度下层间位移角如图 4-49 所示。由图 4-49 可知，结构的层间位移角变化趋势基本类似，其随着楼层的增大呈先上升后下降的变化趋势。办公楼建筑和酒店建筑的第 2 层的层间位移响应均比其他楼层高，这表明该楼层为整体结构的薄弱层。同种类别结构建筑在 El-Centre 地震波作用下的层间位移响应基本上高于 TAFT 地震波作用下的地震响应，这与结构顶层加速度响应和位移响应分析结果一致。不同类别结构建筑在相同强度地震作用下的层间位移角差异较大，其酒店建筑的层间位移角基本上比办公楼的层间位移角高。表 4-26 和表 4-27 列出了办公楼建筑和酒店建筑薄弱层的层间位移和层间位移角。由表可知，5 层结构在 7 度多遇和 7 度罕遇地震作用下最大层间位移分别为 3.43mm 和 21.18mm，对应的层间位移角为 1/876 和 1/142；在 8 度多遇和 8 度罕遇地震作用下最大层间位移分别为 4.77mm 和 30.21mm，对应的层间位移角为 1/629 和 1/99；在 9 度多遇和 9 度罕遇地震作用下最大层间位移分别为 8.44mm 和 54.57mm，对应的层间位移角为 1/355 和 1/55。5 层冷弯型钢办公楼和酒店建筑在多遇地震作用下，薄弱层的最大层间位移角在 1/876～1/355 范围内变化，其值符合《低层冷弯薄壁型钢房屋建筑技术规程》JGJ 227—2011 对于冷弯型钢结构最大弹性层间位移角小于 1/300 的规定；在罕遇地震作用下，薄弱层的最大层间位移角在 1/142～1/55 范围内变化，其值满足《建筑抗震设计标准》GB/T 50011—2010 规定的多层钢结构弹塑性层间位移角限值 1/50 的规定。

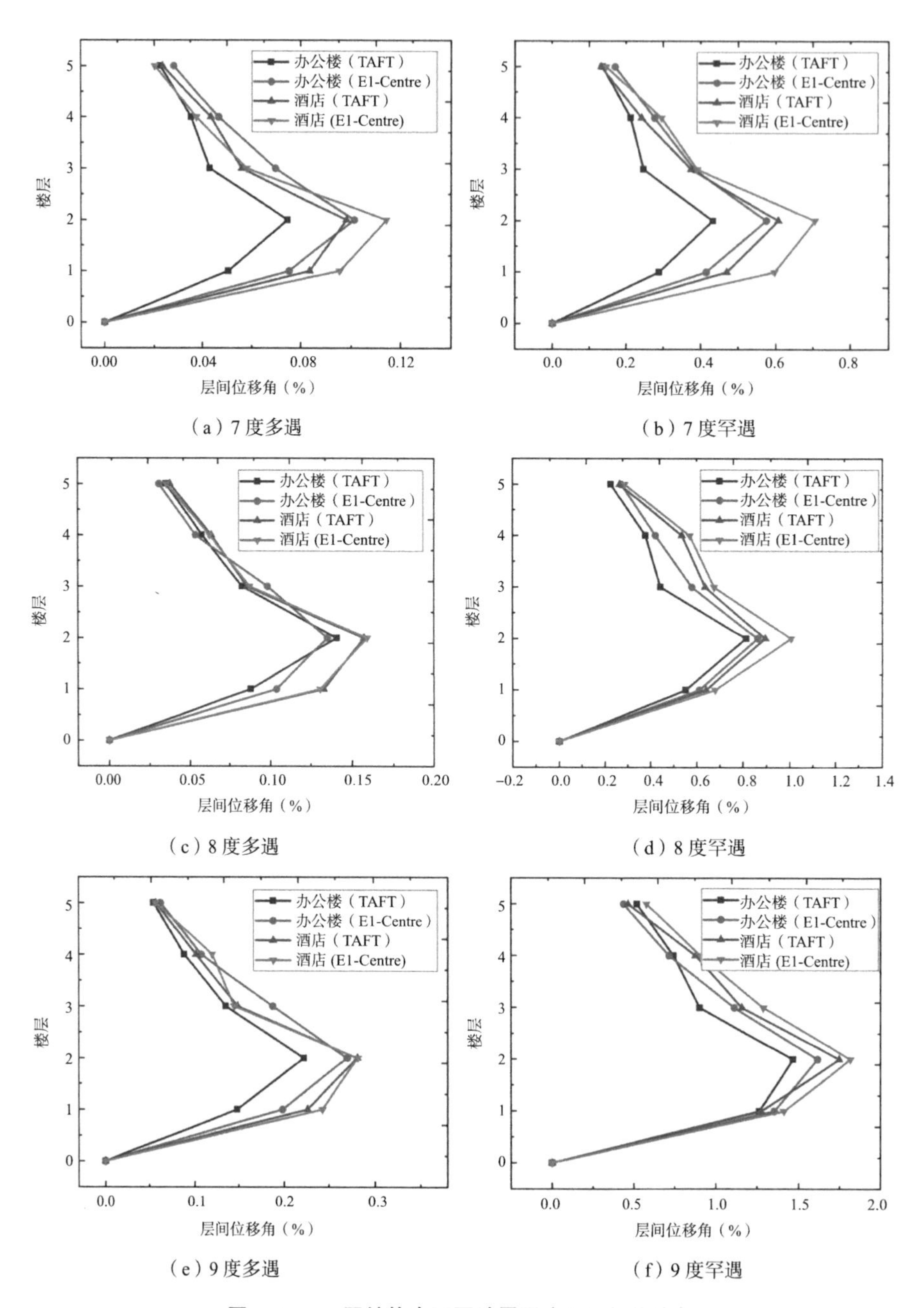

图 4-49　5 层结构在不同地震强度下层间位移角

5 层结构薄弱层层间位移（mm）　表 4-26

地震波	结构类别	7度多遇	7度罕遇	8度多遇	8度罕遇	9度多遇	9度罕遇
TAFT波	办公楼	2.05	11.88	3.87	22.32	6.10	40.23
	酒店	2.94	18.19	4.71	26.86	8.43	52.49
El-Centre波	办公楼	2.78	15.76	3.71	23.68	7.41	44.31
	酒店	3.43	21.18	4.77	30.21	8.44	54.57

5 层结构薄弱层层间位移角　　表 4–27

地震波	结构类别	7度多遇	7度罕遇	8度多遇	8度罕遇	9度多遇	9度罕遇
TAFT波	办公楼	1/1340	1/231	1/710	1/123	1/450	1/68
	酒店	1/1019	1/165	1/637	1/112	1/356	1/57
El-Centre波	办公楼	1/988	1/174	1/738	1/116	1/370	1/62
	酒店	1/876	1/142	1/629	1/99	1/355	1/55

4.5　本章小结

本章对波纹钢板覆面冷弯型钢结构模型的设计、加工制作、试验内容和方案以及试验现象进行了详细的描述，并重点研究了试验数据；在波纹钢板覆面墙体试验基础上，建立冷弯型钢墙体简化模型并对多层冷弯型钢结构进行抗震性能有限元分析，得到的主要结论如下：

（1）因新型冷弯型钢结构模型自重较轻，在地震作用前期结构的损伤破坏都不明显。结构在整个振动过程中破坏现象主要出现在自攻螺钉连接破坏以及内外墙板局部破坏，但龙骨框架基本上完好。模型初始的阻尼比基本在 3% 左右，随着地震强度增大，结构损伤不断地积累，其耗能能力增强，最后结构的阻尼比增大至 5% 左右。结构的加速度放大系数随着高度的增大而增大，但其随着地震强度增大整体上呈递减趋势。在相同加载工况中模型在 *X* 方向的加速度响应高于 *Y* 方向的地震响应，其结构的加速度响应变化趋势主要受地震波的频谱特性与结构自振周期相对关系影响。在多遇地震作用下，结构层间位移角的最大值为 1/440.5，满足《低层冷弯薄壁型钢房屋建筑技术规程》JGJ 227—2011 对于多遇地震作用下结构层间位移角小于 1/300 的规定；在罕遇地震作用下，结构层间位移角的最大值为 1/76.6，满足《建筑抗震设计标准》GB/T 50011—2010 对于多高层钢结构的弹塑性层间位移角限值 1/50 的规定。在 9 度罕遇工况中，1 层墙体的应变值基本比 2 层墙体高。所有应变测点中对应的应力值均小于钢材的屈服强度，结构模型中钢龙骨框架均处于弹性阶段，表明结构刚度下降主要是由于面板与龙骨框架间连接破坏导致的。

（2）通过对两层冷弯型钢龙骨体系房屋数值模型开展弹塑性动力分析，且与振动台试验实测加速度和位移时程曲线对比，发现该简化分析模型能够更准确地模拟出结构的动力特性和地震响应。在整体结构简化模型得到正确性验证的基础上，再对多层冷弯型钢结构的抗震性能进行非线性有限元分析，结果表明多层冷弯型钢结构均满足我国相关规范关于多遇和罕遇地震作用下变形验算要求，反映出该结构具有良好的变形能力和抗震性能。

第5章　冷弯型钢结构基于性能的抗震设计方法研究

5.1　前言

冷弯型钢结构体系是40余年发展形成的一种新型结构体系，目前在国内外低层建筑产业化中得到了重视。随着冷弯型钢结构由低层体系向多层结构体系中逐步推广，《低层冷弯薄壁型钢房屋建筑技术规程》JGJ 227—2011 的颁布促进了冷弯型钢房屋结构在我国多层建筑结构体系的应用，但现行国家标准《冷弯薄壁型钢结构技术规范》GB 50018—2002 和《建筑抗震设计标准》GB/T 50011—2010 有关多层冷弯型钢结构的抗震设计方法方面规定较少。

我国地处地震多发的区域，为了进一步推广冷弯型钢结构在我国建筑领域的应用，有必要对其抗震性能和设计方法进行系统性研究。目前，冷弯型钢结构相关规范仅考虑了该结构在弹性阶段中的动力响应和位移表现。当冷弯型钢结构遭遇中震以及罕遇地震时，冷弯型钢结构进入弹塑性阶段，其结构的抗震设计就尤为重要。在我国《建筑抗震设计标准》GB/T 50011—2010 中现行的结构抗震设计思想是以保障生命安全为主要设防目标，但这并不能有效地控制结构在地震作用中出现严重破坏造成的经济损失。随着社会和业主对房屋的改善需求的增高，对建筑有更高层次的性能要求，例如安全性、舒适性以及经济性等。随着结构类型和其设计方法不断创新，实现多样化的建筑性能目标已成为可能。因此，从性能或者位移变形的角度出发，对现有的抗震设计思路和理念开展深入的研究分析显得尤为必要。在此背景下，基于性能的结构抗震设计思想被美国学者提出，并被地震工程界作为抗震设计发展的主要方向。

目前在我国相关规范中冷弯型钢结构在不同阶段下的性能目标还不明确和标准化，且国内外学者对此类结构基于性能的抗震设计方法并未进行系统性研究。冷弯型钢结构属于墙板体系，其中剪力墙是整个结构抵抗侧向荷载的关键构件。而在冷弯型钢结构中不同类型面板的剪力墙的抗震性能具有较大差异，为此本章搜集国内外36篇有关冷弯型钢龙骨式剪力墙文献，共计包括284个冷弯型钢剪力墙以及结构试验数据。上述文献中剪力墙的覆面板类型主要涉及北美规范 AISI S240、AISI S400 及我国规范中推荐的 OSB 板、胶合板、纸面石膏板、平钢板以及波纹钢板。除了覆面板类型外，相关研究文献中影响结构抗震性能的影响因素还包括墙体的骨架材料尺寸以及构造、高宽比、加载方式以及洞口情况等。本章通过对试验数据进行统计分析给出适用于冷弯型钢结构四个性能水平下的层间位移角限值量化指标，并提出冷弯型钢结构基于位移的抗震设计方法和步骤。在此基础上，采用软件 OpenSees 对多层冷弯型钢龙骨体系结构进行非线性有限元分析，验证本书建议的层间位移角限值的合理性。

5.2　结构抗震性能水准及性能目标

5.2.1　结构抗震设防水准

冷弯型钢结构基于性能的抗震设计，其核心目的在于双重保障：首要的是确保人员的生命安全，其次是在确保经济财产损失可承受的前提下，实现对结构损伤程度的精确调控。为实现这一目标，我们必须清晰界定结构的抗震性能水准与性能目标。国内外的抗震规范中，结构的抗震设防水准通常是通过重现期和超越概率来明确划分的。表 5-1 给出了由北美联邦紧急救援署发布的 FEMA 273 建议的地震设防水准以及《建筑抗震设计标准》GB/T 50011—2010 所采用的三个地震设防水准。由表 5-1 可知，小震和大震设防水准的重现期和超越概率的差异显著，期间仅通过中震来界定是难以准确描述建筑在不同地震中的性能水平。为了更全面地描述建筑在地震下的不同的抗震性能或变形能力，门进杰在现行的抗震设防水准的小震和中震之间增加中小震。中小震取其 50 年内超越概率为 40%，约比基本烈度低 1 度，抗震设防水准的详细描述见表 5-1。当基本设防烈度为 8 度时，其对应的水平地震影响系数最大值和加速度峰值分别为 0.232g 和 0.101g，其值可用于后续多层冷弯型钢结构的动力时程分析。

抗震设防水准　　表 5-1

FEMA 273方案			我国抗震规范		
设防水准	50年超越概率（%）	重现期（a）	设防水准	50年超越概率（%）	重现期（a）
多遇地震	50	72	多遇烈度地震（小震）	63.2	50
偶遇地震	20	225	中小震	40	98
稀遇地震	10	475	设防烈度地震（中震）	10	475
罕遇地震	2	2475	罕遇烈度地震（大震）	2 ~ 3	1641 ~ 2475

5.2.2　结构抗震性能水准

综合考虑以安全性、风险控制以及功能性为前提，抗震性能水准主要指的是在发生预期地震作用时结构所出现的最大破坏程度。根据其功能和使用特点，建筑物可被分为结构构件和非结构构件。FEMA 273 综合考虑结构构件和非结构构件的性能，从而形成四个界限水准：正常使用（Normal Occupancy，NO）、立即使用（Immediate Occupancy，IO）、生命安全（Life Safety，LS）、预防倒塌（Collapse Prevention，CP）。在《建筑抗震设计标准》GB/T 50011—2010 的基础上再增设中小震的抗震设防水准，从而得到四个地震作用，将其分别与 FEMA 273 的四个界限水准相对应。通过分析冷弯型钢剪力墙的抗剪性能试验以及足尺模型的振动台试验现象，结合 FEMA 273 和《建筑抗震设计标准》GB/T 50011—2010 描述四个界限水准状态，见表 5-2。根据冷弯型钢结构的破坏机理，结合本节所定义的界限水准，进一步描述了不同性能水准下构件和结构的破坏状态。

正常使用：结构各个构件和连接均基本完好，没有出现任何破坏现象，使用功能不受任何影响。由于冷弯型钢结构不会发生混凝土结构的裂缝现象，仅在连接处的螺钉出现轻微倾斜，故冷弯型钢结构在宏观上无任何明显破坏现象。

立即使用：结构主体龙骨出现轻微的局部屈曲，其整体上处于弹性阶段。因连接处的面板和螺钉相互挤压，导致螺钉出现明显倾斜、面板发生承压变形和屈曲变形等轻微破坏，但结构基本上维持原有的刚度和强度，对结构整体使用功能影响不大。

生命安全：结构角部及门窗洞口处龙骨框架的局部屈曲以及连接处的破坏程度增大，结构整体上呈中等破坏且局部使用功能丧失。此时结构的刚度出现下降趋势，并存在一定的残留变形。此阶段建筑须进行抗震加固处理，尤其是对连接处的螺钉更换后才可继续使用。

预防倒塌：结构出现较大变形，洞口的连接处严重破坏，自攻螺钉出现脱落，结构板材因相互挤压出现局部断裂和撕裂破坏以及拼接缝错位。虽墙面板出现严重损伤，但其板材整体上没有出现脱落现象，龙骨框架基本完好。冷弯型钢结构接近极限承载力，其水平刚度出现较大的削弱，结构已处于倒塌状态边缘，不能继续使用。

冷弯型钢结构性能水准　　表 5-2

地震水准	性能水平	宏观破坏程度	层间位移角
小震	正常使用（NO）	结构完好、无损坏，可安全使用	θ_e
中小震	立即使用（IO）	结构遭受轻微破坏	θ_1
中震	生命安全（LS）	结构遭受中等破坏	θ_2
大震	预防倒塌（CP）	结构遭受比较严重破坏	θ_p

5.2.3　抗震性能目标量化

目前冷弯型钢结构多用于三层及三层以下的住宅及办公楼建筑，为一般功能要求的民用建筑，因此本书选取《建筑抗震设计标准》GB/T 50011—2010 规定的性能 4 水平作为此类结构的性能设计目标，详细描述见《建筑抗震设计标准》GB/T 50011—2010 中第 3.10 节。该性能水平要求结构在多遇地震下保持基本完好，所有构件基本保持弹性，其层间变形满足规范中多遇地震下的弹性层间位移角限值。本书参照《低层冷弯薄壁型钢房屋建筑技术规程》JGJ 227—2011 和日本规范《薄板軽量鋼造建築物設計マニュアル》《薄板轻型钢结构建筑设计手册》规定，取冷弯型钢结构在多遇地震作用下的弹性层间位移角限值 θ_e 为 1/300;《建筑抗震设计标准》GB/T 50011—2010 规定在预期性能目标为性能 4 时，在设防地震作用下结构出现轻微至中等破坏，其变形接近且小于 $3\theta_e$，故初步确定该阶段的层间位移角限值 θ_2 为 1/100，该取值的正确性会在下文得到进一步验证；在罕遇地震作用下结构处于严重破坏，接近倒塌。

对于抗震设防目标中性能4，结构仅考虑多遇地震、设防地震以及罕遇地震作用，结构由完好状态到中等破坏再转变到严重破坏，缺乏对结构处于轻微破坏状态的描述。然而观察国内外有关冷弯型钢结构的试验现象可知，结构体系进入屈服时尚处于轻微破坏状态。冷弯型钢结构的屈服状态对于抗震性能设计尤为重要，但在抗震设防目标中并没有与结构屈服点对应的地震水准，为此本书在多遇地震和设防地震之间增加中小震。在中小震地震作用下，冷弯型钢结构屈服状态的判定主要根据国内外284个剪力墙试验是否出现轻微破坏来确定。通过对国内外相关试验进行比较发现，统计文献中冷弯型钢剪力墙的试验现象各有差异，其中剪力墙覆面板的影响最为显著。因此，在搜集的36篇文献中选取每种具有代表性的覆面板类型来描述墙体试件的破坏现象，因有关胶合板覆面剪力墙的研究和试验描述较少，这里主要对其他四种覆面板剪力墙的试验结果进行介绍，即OSB板、石膏板、平钢板及波纹钢板覆面剪力墙。图5-1列出了具有代表性覆面板的冷弯型钢剪力墙在屈服时的破坏现象。冷弯型钢剪力墙在横向荷载作用下，立柱和导轨的翼缘率先出现不同程度的屈曲 [图5-1（a）、图5-1（b）]，同时部分螺钉出现倾斜 [图5-1（c）、图5-1（d）]。当面板采用OSB板以及石膏板等脆性材料时，面板与螺钉连接处会产生挤压变形 [图5-1（e）、图5-1（f）]；当面板为平钢板和波纹钢板时，面板在水平剪力作用下呈现剪切屈曲变形 [图5-1（g）、图5-1（h）]。结合冷弯型钢结构的试验现象和采用中小震的“四水准”抗震设防目标，得到用层间位移角表示结构性能的曲线，如图5-2所示，其中 θ_e 和 θ_p 分别为弹性位移角限值和弹塑性位移角限值，θ_1 和 θ_2 分别为结构轻微破坏和中等破坏的层间位移角限值。

（a）立柱腹板屈曲

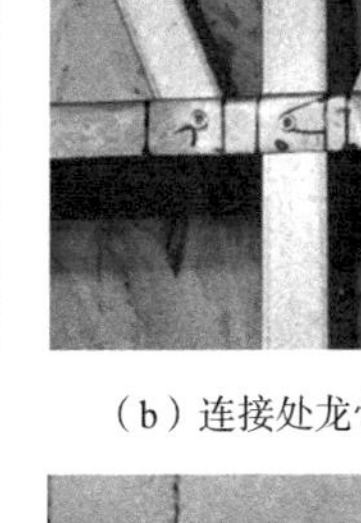

（b）连接处龙骨屈曲

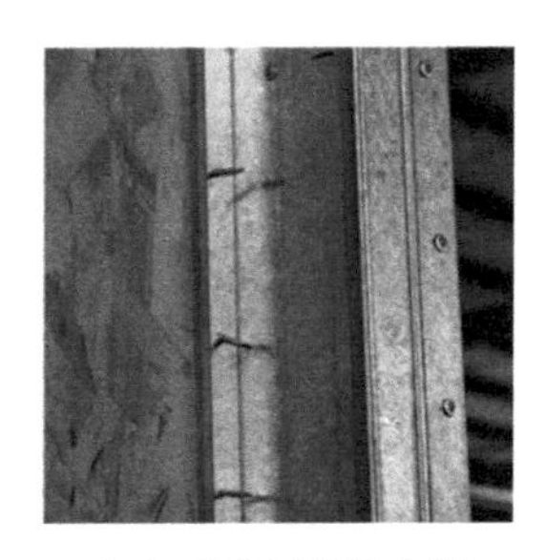

（c）面板边部螺钉倾斜

（d）接缝处螺钉倾斜

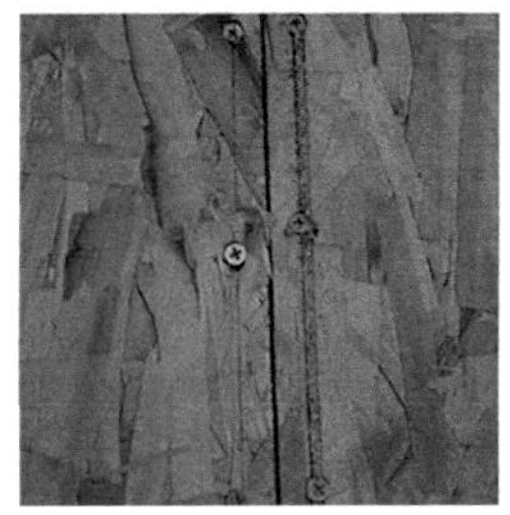

（e）OSB板挤压变形

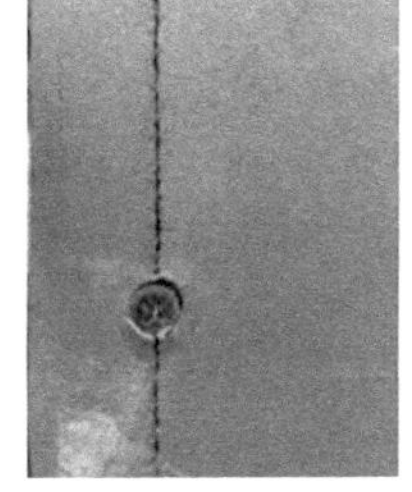

（f）石膏板挤压变形

（h）波纹钢板剪切屈曲变形

（g）平钢板剪切屈曲变形

图5-1　冷弯型钢剪力墙在屈服时的破坏现象

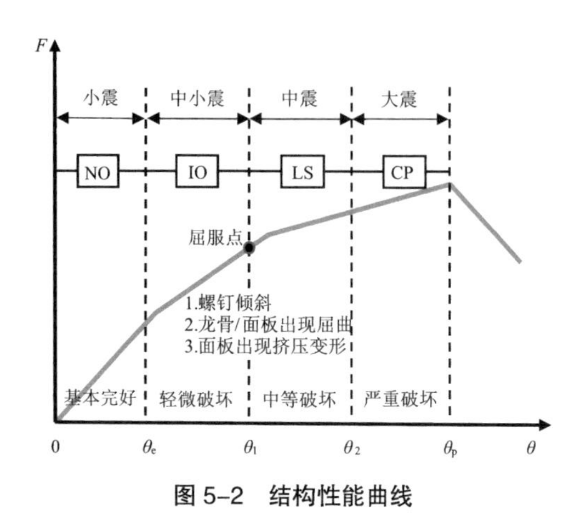

图 5-2　结构性能曲线

1. 轻微破坏下层间位移角的试验统计分析

在冷弯型钢龙骨式剪力墙的抗剪试验以及足尺结构模型的振动台试验中，试验前期试件基本没有明显的变形。随着位移进一步增大，试验现象出现明显变化，试件进入屈服阶段。由图 5-2 可知，结构出现轻微破坏时层间位移接近试件的屈服位移，为此汇总国内 141 个和国外 143 个试验屈服数据进行统计分析，详细的试验数据的统计结果如图 5-3 所示，其中包括不同屈服层间位移角对应的试验数据数量以及结构安全保证率。由图 5-3 可以看出，屈服层间位移角限值为 1/625 ~ 1/45，数据主要集中在 1/250 ~ 1/150。屈服层间位移角越小，结构安全保证率越高，结果更偏于保守，然而过高的结构安全保证率会造成结构能力和经济的浪费。因此没有必要要求过高的保证率，根据参考文献 [121] 的建议其结构安全保证率为 70% ~ 85%，则国内外试验中冷弯型钢剪力墙对应的屈服层间位移角限值分别可取 1/233 ~ 1/175 和 1/209 ~ 1/172。轻微破坏下层间位移角 θ_1 是在冷弯型钢结构达到屈服时确定的，并结合《建筑抗震设计标准》GB/T 50011—2010 规定了 θ_1 为（1.5 ~ 2）θ_e，故本书确定轻微破坏下的结构层间位移角限值取为 1/200（$1.5\theta_e$）。

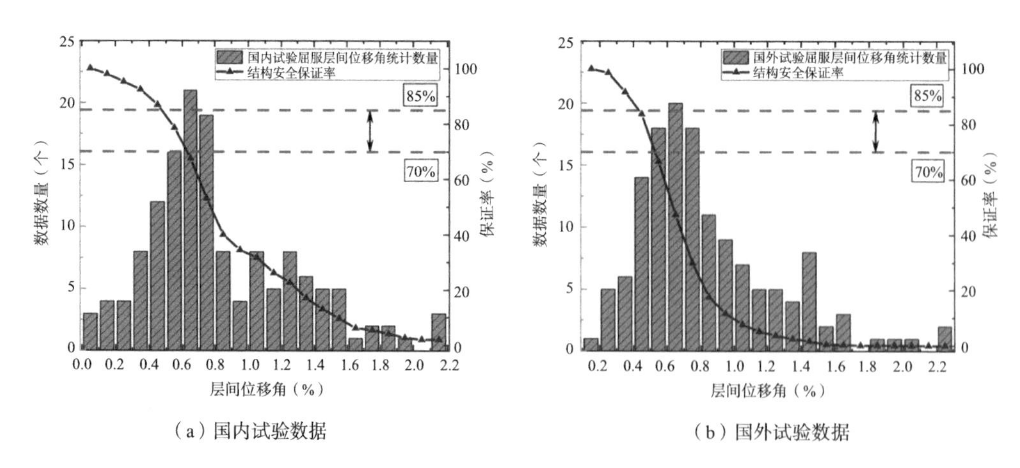

（a）国内试验数据　（b）国外试验数据

图 5-3　试验屈服层间位移角统计

2. 严重破坏下层间位移角的试验统计分析

在冷弯型钢剪力墙的试验中，当达到峰值荷载时，试件整体出现严重破坏。图 5-4 中列出了具有代表性的冷弯型钢剪力墙在峰值荷载时的破坏现象。由图 5-4 可知，此时龙骨、面板屈曲程度以及螺钉倾斜程度加重 [图 5-4（a）~ 5-4（e）]，在连接处的面板受到螺钉挤压出现不同程度的破坏：OSB 板和石膏板在角部出现断裂破坏 [图 5-4（f）、图 5-4（g）]，而平钢板和波纹钢板在连接处出现撕裂破坏 [图 5-4（h）、图 5-4（j）]。随着位移进一步增大，试件荷载迅速出现下降趋势。在图 5-2 中确定的冷弯型钢结构严重破坏下层间位移角限值对应试件达到峰值荷载的位移，为此汇总国内 141 个和国外 143 个试验峰值荷载数据进行统计分析，详细试验数据的统计结果如图 5-5 所示，其中包括不同峰值层间位移角对应的试验数据数量以及结构安全保证率。在统计文献中冷弯型钢剪力墙

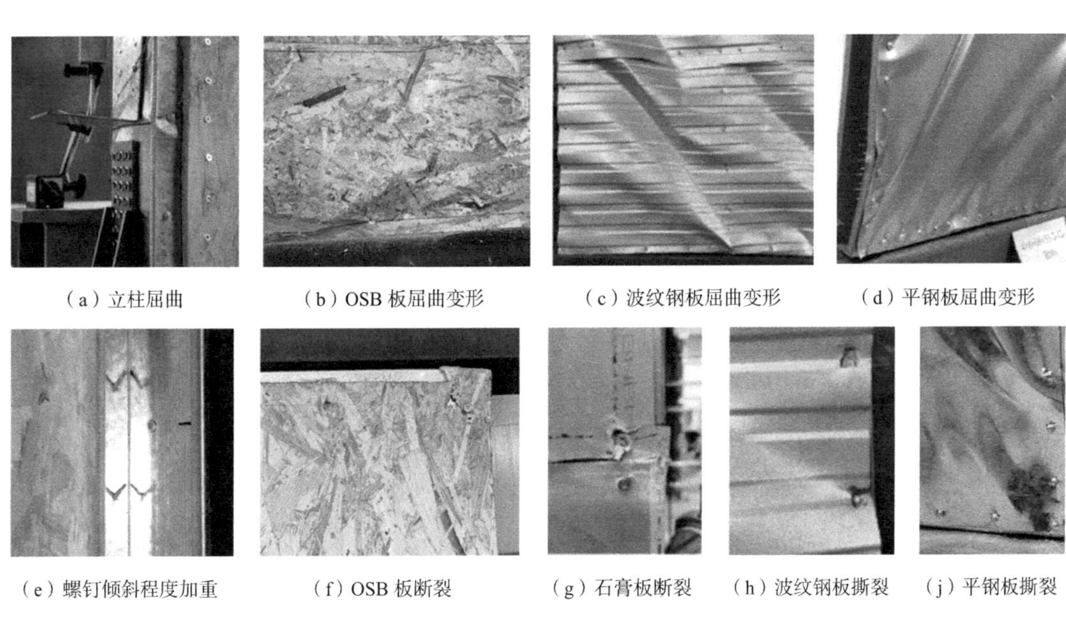

（a）立柱屈曲　（b）OSB 板屈曲变形　（c）波纹钢板屈曲变形　（d）平钢板屈曲变形

（e）螺钉倾斜程度加重　（f）OSB 板断裂　（g）石膏板断裂　（h）波纹钢板撕裂　（j）平钢板撕裂

图 5–4　冷弯型钢墙体峰值荷载时的破坏现象

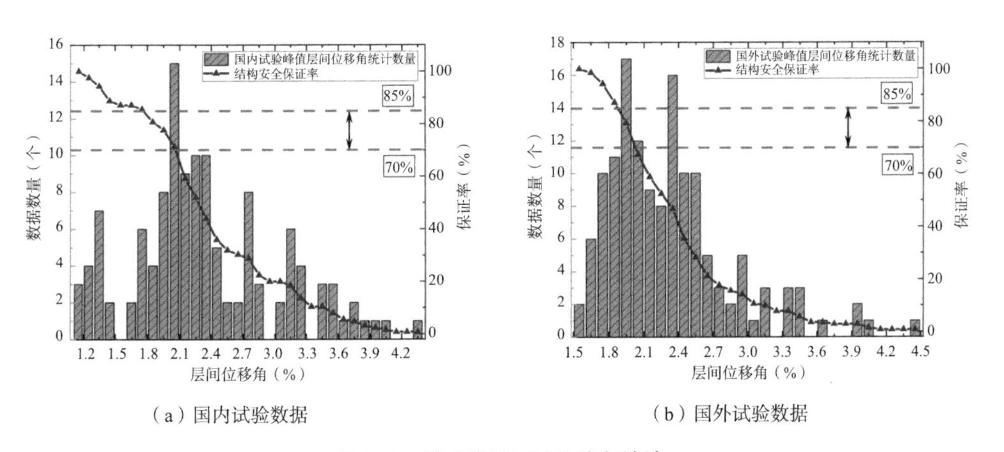

（a）国内试验数据　（b）国外试验数据

图 5–5　试验峰值层间位移角统计

的荷载—位移曲线可以发现，很多试件在早期便出现峰值荷载，随即荷载没有出现较大下降趋势，处于较长的平稳阶段。因此确定峰值荷载需考虑两种情况，情况 1：试件达到峰值荷载后出现迅速下降趋势直至峰值荷载的 80%，可直接确定峰值荷载；情况 2：试件的荷载达到峰值后出现平稳阶段且与峰值荷载差值保持在 10% 内，随着位移增大荷载再次出现下降趋势直至峰值荷载的 80%，需将平稳阶段中的最后数据作为峰值点。由图 5-5 可以看出，峰值层间位移角限值为 1/83 ~ 1/22，其数据主要集中在 1/58 ~ 1/38。同样确保结构安全保证率为 70% ~ 85% 时，其国内外试验中冷弯型钢剪力墙对应的峰值层间位移角限值分别可取 1/56 ~ 1/49 和 1/54 ~ 1/51。结合《建筑抗震设计标准》GB/T 50011—2010 关于多、高层钢结构的弹塑性层间位移角的规定，最终本节初步确定多层冷弯型钢结构在严重破坏下的层间位移角限值取为 1/50。

5.3 直接基于位移的抗震设计方法

5.3.1 多自由度体系向单自由度体系的等效转化

在基于位移的抗震设计理念内，将复杂的弹塑性多自由度体系简化为等效的弹性单自由度体系，以等效地模拟地震作用的效果。具体的转化流程可参考图 5-6，其中 M_{eff} 代表简化后体系的等效质量，K_{eff} 代表其等效刚度，u_{eff} 为对应的等效位移，而 V_b 代表基底所承受的剪力。结合结构在各水准地震作用下的层间位移角限值来确定弹塑性位移反应谱，再基于相关研究确定的阻尼比换算得到单自由度体系等效位移，然后根据换算公式计算建筑结构的等效周期和等效刚度。最后结构底层受到的剪力和各层的层间剪力分别根据 $V_b=K_{eff}\times u_{eff}$ 和 $F_i=(m_iu_i/\sum m_iu_i)\times V_b$ 计算得到。

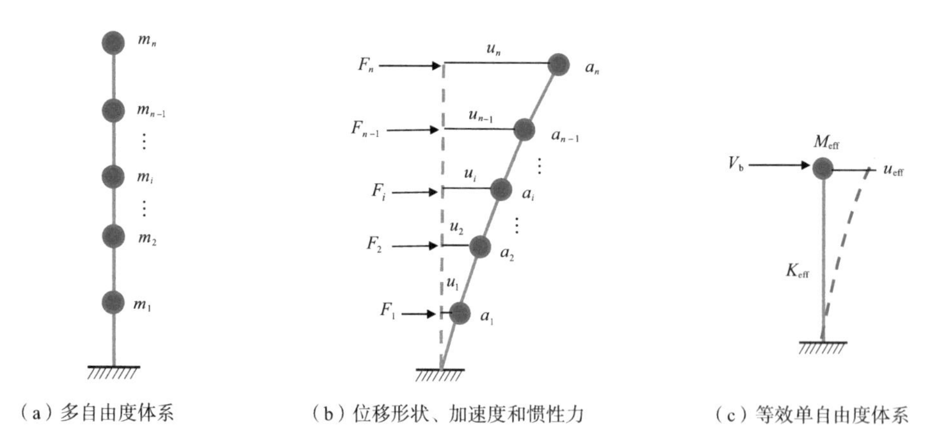

（a）多自由度体系　　（b）位移形状、加速度和惯性力　　（c）等效单自由度体系

图 5-6　结构体系等效转换示意图

5.3.2 水平位移模式

在地震作用下多层冷弯型钢结构的动力响应是复杂的，但由于高阶振型对于整体结

构响应的贡献并不显著。因此在进行动力分析时，国内外学者往往只需考虑前三阶的关键振型，便可确保计算结果的可靠性和准确性。文献 [41]、[123]、[124] 均表明采用第一振型作为结构的水平位移模式具有较好的准确性。除采用第一振型作为结构的简化水平侧移曲线外，Sullivan 使用 DDBD 法设计支撑结构时采用剪切型的侧移曲线，见公式（5-1）和式（5-2）。该方法中无需先确定薄弱层，可直接根据结构性能目标得到不同阶段下结构的层间位移。相对采用第一振型作为结构水平侧移曲线，由文献 [125] 中侧移曲线得到的层间位移相对较为保守，两者侧移形状类似，其差值相差 10% 左右。对于冷弯型钢结构的水平位移模式是通过假定给出的，最后在动力时程分析中确定所得到的侧移曲线是否合理，如若不合理再对其改进和调整，因此由 Sullivan 得到的剪切型的侧移曲线位移作为备用选择。在本书中首选第一振型为多层冷弯型钢结构的位移模型，再以冷弯型钢结构的薄弱层层间位移角达到性能水平限值为控制目标，便可计算出其他的层间位移值。

$$\Delta_i = \theta_c h_i \qquad \theta_c \leqslant \theta_y \tag{5-1}$$

$$\Delta_i = \theta_y h_i + (\theta_c - \theta_y) h_i \times \frac{2H - h_i}{2H - h_1} \qquad \theta_c > \theta_y \tag{5-2}$$

式中：Δ_i 为结构的 i 层的层间位移；θ_c 为本书确定的性能目标；θ_y 为结构的屈服层间位移角，取 1/200；H 为结构的总高度；h_i 为结构的 i 层的高度。

5.3.3　位移反应谱

位移反应谱是在直接基于位移的抗震设计中决定地震作用的最重要因素，通过位移反应谱可确定结构的等效周期 T_{eff}，从而求得等效刚度 K_{eff}。首先根据《建筑抗震设计标准》GB/T 50011—2010 采用的弹性加速度谱 $S_a(T)$，通过式（5-3）换算成弹性位移反应谱 S_{de}，而弹塑性位移反应谱是通过对弹性反应谱进行折减系数转化而成的。在弹塑性位移反应谱建立的过程中，结构动力参数需要引入不同的反应非线性参数。在本书中，通过 $R—\mu—T$（强度折减系数—延性系数—结构周期）关系，根据式（5-4）利用弹性加速度反应谱便可确定弹塑性位移反应谱 S_{dp}。

$$S_{de} = \left(\frac{T}{2\pi}\right)^2 S_a \tag{5-3}$$

$$S_{dp} = \frac{\mu}{R}\left(\frac{T}{2\pi}\right)^2 S_a = \frac{\mu}{R} S_{de} \tag{5-4}$$

上述公式中的强度折减系数 R 和结构延性系数 μ 可根据式（5-5）来确定，其公式是卓卫东和范立础结合 Clough 刚度退化滞回模型，在数学统计分析的基础上提出的平均强度折减系数计算方法。由于此方法是根据我国规范规定建立的平均强度折减系数函数，与其他方法相比，该方法可与《建筑抗震设计标准》GB/T 50011—2010 较好地衔接。

$$R_\mu = R_\mu\left(T,\mu\right)=1+\left(\mu-1\right)\left(1-\mathrm{e}^{-AT}\right)+\frac{\mu-1}{f\left(\mu\right)}T\mathrm{e}^{-BT} \tag{5-5}$$

式中：针对Ⅱ类场地，线性回归函数$f(\mu)=0.76+0.09\mu-0.003\mu^2$，非线性回归参数$A$、$B$分别取为3.95和0.65。

5.3.4 基于位移的抗震设计步骤

直接基于位移的抗震设计方法的核心理念在于确保结构在已知的地震作用下能够稳定地达到预期的极限性能状态。考虑到冷弯型钢结构的特点，给出直接基于位移的冷弯型钢结构体系的抗震设计步骤，具体设计流程如图5-7所示。

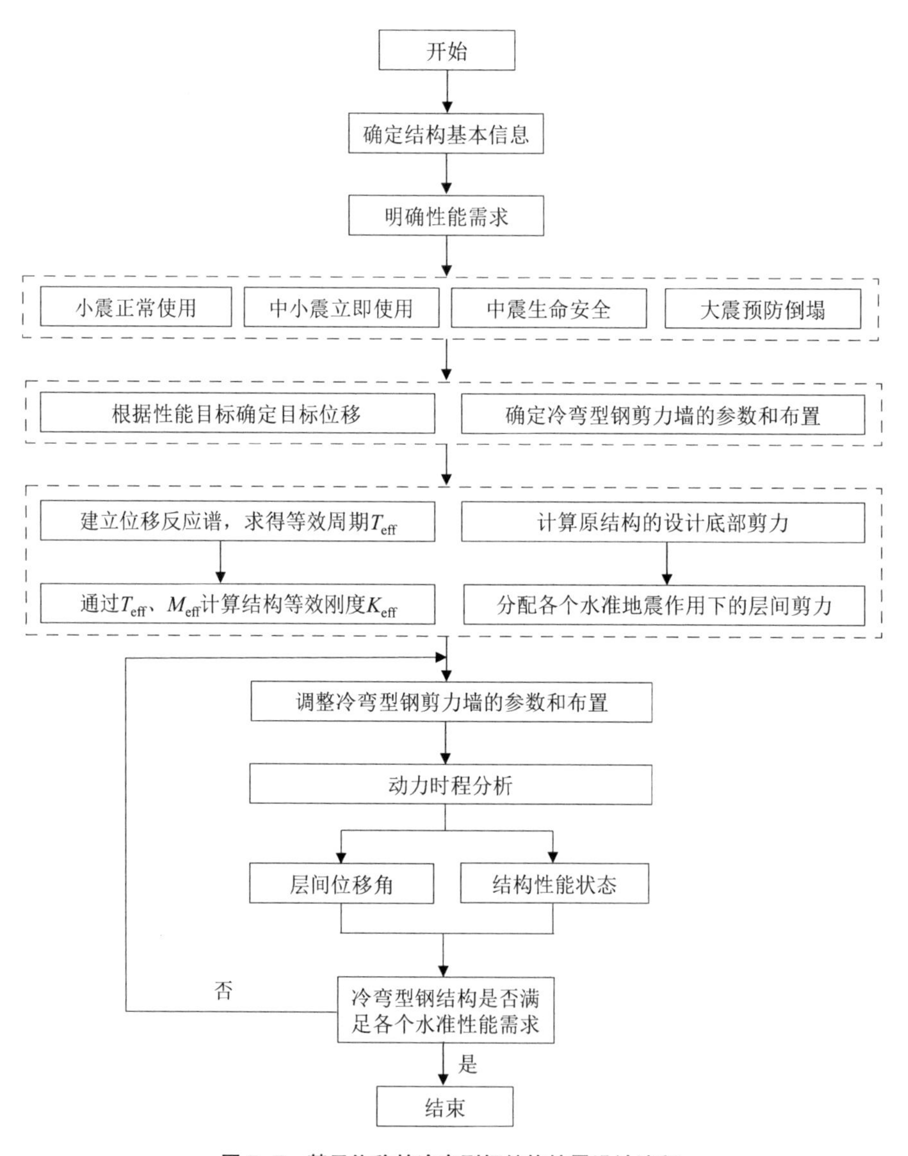

图5-7 基于位移的冷弯型钢结构抗震设计流程

（1）进行冷弯型钢结构的初步设计。首先确定结构基本设计信息，包括场地类别、地震动分布、荷载等。剪力墙作为冷弯型钢结构主要抗侧力构件，初步设计考虑剪力墙参数和布置方式，从而得到冷弯型钢结构每层的抗侧刚度。再根据剪力墙和承重墙需共同承担结构的竖向荷载，最后再确定承重墙的布置方式。

（2）确定冷弯型钢结构的性能水平目标。选取《建筑抗震设计标准》GB/T50011—2010 中规定的性能 4 水平作为性能设计目标，结合国内外冷弯型钢结构的试验数据以及相关规范规定，得到不同阶段的冷弯型钢结构抗震性能水平量化指标限值。本书建议冷弯型钢结构在四个性能水平下层间位移角限值分别为 1/300、1/200、1/100、1/50。

（3）确定多层冷弯型钢结构的水平位移模式。本书给出两种确定水平位移模式的方法：第一种方法是根据上述冷弯型钢结构初步设计，通过有限元软件建立整体结构的简化分析模型，并对模型进行模态分析，得到结构第一振型下的水平位移模式；第二种方法是根据 Sullivan 提出的剪切型的侧移曲线位移，即式（5-1）和式（5-2），再由结构性能目标得到不同阶段下结构的层间位移，从而确定结构水平位移模式。

（4）根据多自由度体系的等效转化以及水平位移模式，得到等效单自由度体系的等效位移和等效质量。

（5）确定冷弯型钢结构的弹塑性位移反应谱。根据规范规定弹性加速度反应谱确定弹性位移反应谱，再利用 R—μ—T 关系建立弹塑性位移反应谱。

（6）确定等效周期和等效刚度。在弹塑性反应谱中，根据等效目标位移可找到对应的等效周期，再由单自由度的振动周期方程得到等效刚度。

（7）计算设计基底剪力和水平地震作用。基于等效目标位移和转换公式可以计算出整体结构的总剪力值，再对整体框架进行层间剪力分配，并确定各个质点的水平地震作用。

（8）根据结构受到的水平地震作用以及重力荷载效应，调整冷弯型钢剪力墙和承重墙的参数以及布置，并再次验算直至冷弯型钢结构满足设计需求。

（9）完成多层冷弯型钢结构的基于位移抗震设计后，需通过非线性数值模拟检查结构在模态分析中水平位移模式与第（3）步选取的是否一致，并结合动力弹塑性时程分析对初步设计结果进行验证。

5.4　基于位移的抗震设计的算例分析

5.4.1　冷弯型钢结构设计

为验证本章提出的冷弯型钢结构基于性能的抗震设计方法的有效性，通过有限元软件 OpenSees 对 5 层冷弯型钢结构模型进行动力时程分析。模型类型考虑两种建筑类别，其与 4.4.1 节中建筑原型保持一致。办公楼和酒店建筑的设防地震烈度均为 8 度，设计地震第二组，Ⅱ类场地，楼面恒载取 1.37kN/m^2，楼面活荷载取 2.0kN/m^2。屋面恒载取 0.98kN/m^2，屋面活荷载取 0.5kN/m^2。墙体采用波纹钢板覆面冷弯型钢剪力墙，其自重取

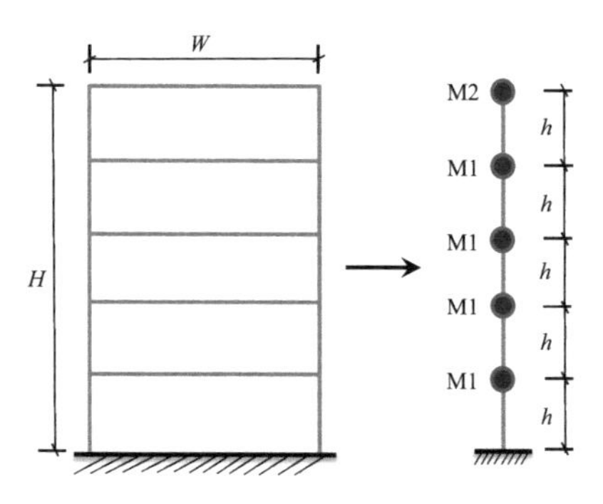

图 5-8　5 层冷弯型钢结构简化模型

0.49kN/m^2。因数值模型中楼板和屋盖认定为绝对刚体，将 5 层建筑结构简化成 5 个质点，其整体结构简化模型如图 5-8 所示。对于办公楼建筑，其 M1、M2 分别为 26.95t 和 15.94t；对于酒店建筑，其 M1、M2 分别为 39.28t 和 20.87t。

结构模型的数值建模方法详见 4.3 节，剪力墙和承重墙均采用交叉支撑加边缘竖向构件的简化模型，采用刚性楼板假定对楼板和屋盖进行模拟，其模型每层质量平均分布在楼层的四个角点上，且竖向荷载的施加是通过对整体结构施加重力加速度的方式实现的。墙体覆面板采用 Q915 型波纹钢板，其墙体简化模型的 Pinching4 材料参数见表 3-25。采用上述建模方法，对 5 层冷弯型钢结构进行模态分析，办公楼的第一振型的分析结果：$X_{15}=1$，$X_{14}=0.84$，$X_{13}=0.63$，$X_{12}=0.41$，$X_{11}=0.18$；酒店的第一振型的分析结果：$X_{15}=1$，$X_{14}=0.87$，$X_{13}=0.72$，$X_{12}=0.44$，$X_{11}=0.21$。

根据波纹钢板覆面墙体抗剪性能试验结果，其抗剪承载力设计值和峰值荷载分别为 8.937kN/m 和 21.417kN/m，延性系数为 4.1 ~ 5.2。冷弯型钢整体结构有限元结果分析表明，其模型的延性系数保守地取为 3.5。最后根据卓卫东和范立础提出的公式（5-5）得到强度折减系数为 3.745。根据 FEMA P695，计算得到 5 层结构建筑的基本周期 T 为 0.486s。通过对国内冷弯型钢结构振动台试验的总结和国内相关规范的规定，冷弯型钢结构的阻尼比在弹性阶段取 0.03，在弹塑性阶段取 0.05。结构的楼层剪力、剪力墙的有效宽度以及布置参数见表 5-3。在冷弯型钢结构简化分析模型中除剪力墙对称布置在结构外围，其余位置均布置在承重墙，承重墙的性能参数设置见文献 [79]。

结构楼层剪力、剪力墙的有效宽度及布置参数　　表 5-3

建筑类型	楼层	楼层剪力（kN）				剪力墙有效宽度（m）				剪力墙布置参数	
		小震	中小震	中震	大震	小震	中小震	中震	大震	数量（个）× 宽度（m）	有效宽度（m）
办公楼	1	55.21	77.68	125.46	196.58	6.54	6.75	7.17	7.31	14 × 0.61	8.54
	2	51.35	72.24	116.68	182.82	6.09	6.28	6.67	6.80		
	3	42.83	60.25	97.32	152.49	5.08	5.24	5.56	5.67	10 × 0.61	6.10
	4	29.58	41.62	67.22	105.33	3.51	3.62	3.84	3.92	8 × 0.61	4.88
	5	12.18	17.14	27.68	43.37	1.44	1.49	1.58	1.61		
酒店	1	80.01	112.57	181.81	284.69	9.48	9.79	10.39	10.58	8 × 1.5	12
	2	74.28	104.51	168.79	264.30	8.80	9.09	9.65	9.83		
	3	61.65	86.74	140.09	219.36	7.31	7.54	8.01	8.15	6 × 1.5	9
	4	42.02	59.12	95.48	149.51	4.98	5.14	5.46	5.56	4 × 1.5	6
	5	16.22	22.82	36.87	57.73	1.92	1.98	2.11	2.15		

5.4.2 地震波的选取

根据冷弯型钢结构的建筑场地类别和设计地震分组，确定地震目标加速度反应谱。从 PEER 地震动数据库中选取 4 条实测地震记录，再利用软件 SeismoArtif 生成 1 条人工波 RG1，其五条地震动详细信息见表 5-4，其信息主要包括地震事件、地震发生年份、监测站台、地震震级、峰值加速度（PGA）以及地震持时。所选地震动加速度反应谱与由建筑设计信息所确定标准设计加速度反应谱的比较关系如图 5-9 所示。

地震动详细信息　　表 5-4

地震记录	事件	年份	站台	震级	PGA（g）	持时（s）
RSN6	Imperial Valley	1940	El Centro Array	6.95	0.258	40
RSN15	Kern County	1952	Taft Lincoln School	7.36	0.159	54.33
RSN21	Northern Calif	1960	Ferndale City Hal	5.7	0.051	40
RSN55	San Fernando	1971	Buena Vista-Taft	6.61	0.012	26.64
RG1	人工波	—	—	—	0.07	20

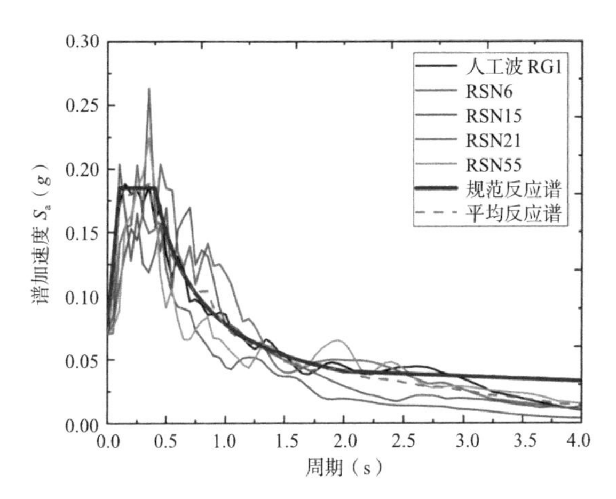

图 5-9 地震动加速度反应谱

5.4.3 冷弯型钢结构层间位移响应

从图 5-10 和图 5-11 中可以看出，所有地震作用工况下，结构的层间位移角的变化趋势基本一致。随着层数增加，层间位移角出现先增大后减小的变化趋势。冷弯型钢结构的第 3 层的层间位移响应最大，表明其层数为结构的薄弱层。这表明在多层的冷弯型钢结构的抗震分析中假定的第一振型的水平位移模式是合理的。当地震波的 PGA 为 0.07g 时，办公楼建筑和酒店建筑的最大平均层间位移角分别为 0.267% 和 0.284%，两者均低于《低层冷弯薄壁型钢房屋建筑技术规程》JGJ 227—2011 规定的小震下的层间位移角限值 1/300。随着 PGA 增大，冷弯型钢结构损伤加剧，其每层对应的层间位移响应显著地增大。

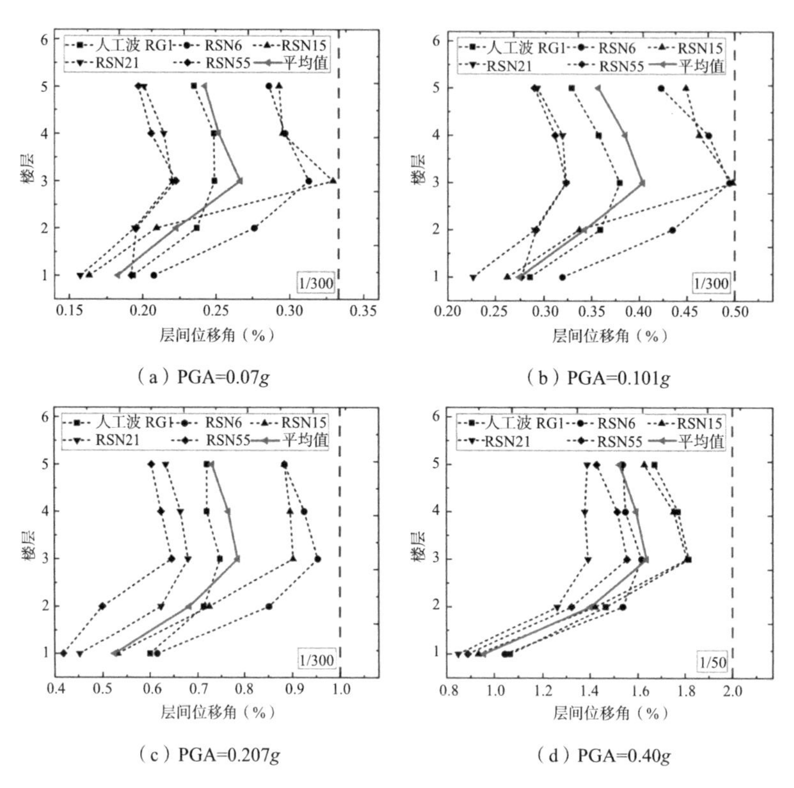

（a）PGA=0.07g　（b）PGA=0.101g

（c）PGA=0.207g　（d）PGA=0.40g

图 5-10　5 层办公楼建筑最大层间位移角

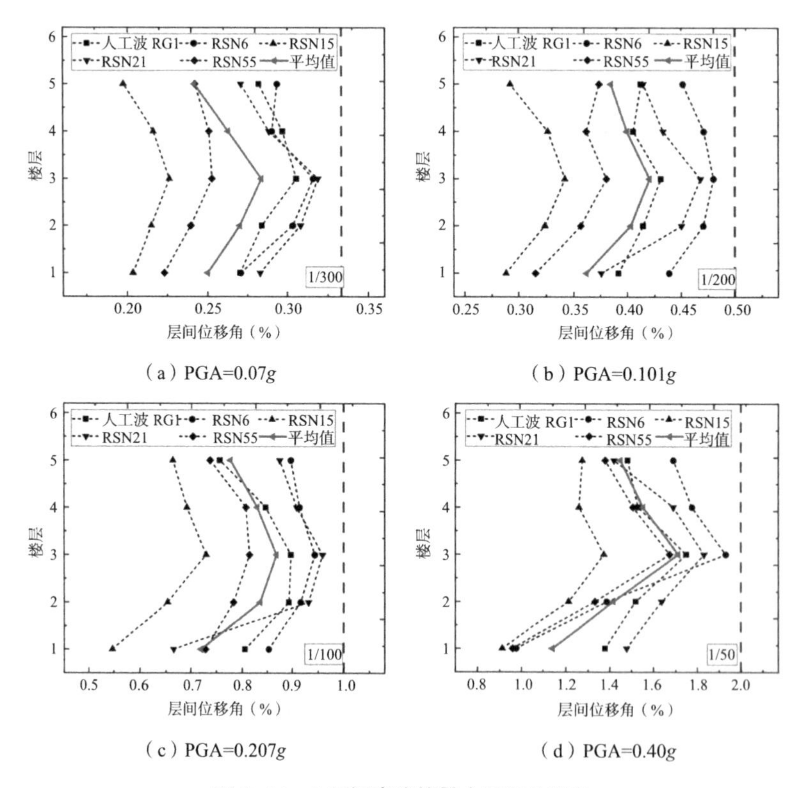

（a）PGA=0.07g　（b）PGA=0.101g

（c）PGA=0.207g　（d）PGA=0.40g

图 5-11　5 层酒店建筑最大层间位移角

当 PGA 达到中小震相应的 0.101g 时，办公楼建筑和酒店建筑的最大平均层间位移角分别为 0.399% 和 0.42%，分别为小震时的 1.49 倍和 1.47 倍，且两者均低于冷弯型钢结构处于轻微破坏状态下层间位移角限值 1/200。在 PGA 为 0.207g 的中震作用下，办公楼建筑和酒店建筑的最大平均层间位移角分别为 0.786% 和 0.868%，分别为小震时的 2.94 倍和 3.06 倍，且两者均低于冷弯型钢结构处于中等破坏状态下层间位移角限值 1/100。当输入地震波的 PGA 增大到 0.40g 时，办公楼建筑和酒店建筑的最大平均层间位移角分别为 1.638% 和 1.71%，分别为小震时的 6.14 倍和 6.02 倍，且两者均低于冷弯型钢结构处于严重破坏状态下层间位移角限值 1/50。综上所述，在小震、中小震、中震以及大震作用下结构的层间位移角均小于本书建议的层间位移角限值要求，而且也表明此冷弯型钢结构基于位移的抗震设计方法的有效性。

5.5　本章小结

目前我国冷弯型钢规范中仅涉及冷弯型钢结构的弹性阶段，对冷弯型钢结构的抗震设计方法没有明确的规定。为解决上述问题，本书将国内外的冷弯型钢墙体的试验数据进行统计分析，在此基础上建立适用于冷弯型钢结构在不同性能水平下的量化指标，并提出结构基于位移的抗震性能设计方法。

根据冷弯型钢结构的破坏机理，将其建筑体系的抗震性能划分为四个等级，并详细地描述其不同性能水准下构件和结构的破坏状态。在统计分析国内外冷弯型钢墙体试验数据的基础上，结合相关规范规定，给出不同性能水平作用下的层间位移角限值。选取第一振型作为水平位移模式，并结合等效弹塑性位移反应谱，最后提出适用于冷弯型钢结构直接基于位移的抗震性能设计方法和设计步骤。

对 5 层冷弯型钢结构进行动力时程分析，其结果表明在不同地震作用下多层冷弯型钢结构的最大层间位移角均满足本书建议的层间位移角限值，验证了基于位移的抗震设计方法的有效性。算例分析还表明冷弯型钢结构基于性能的抗震设计方法简单实用，为后续理论研究和工程应用提供参考。

第6章 展 望

冷弯型钢结构体系源于传统的木结构房屋，经过30余年的发展，目前在美国、英国、加拿大、澳大利亚和新西兰等国家被广泛应用在低层住宅、学校、商店、酒店等建筑结构。由于我国“人多地少”的国情，多层冷弯型钢结构体系的发展，势在必行。传统墙体的防火性能较差、抗剪强度和刚度均较低。然而多层冷弯型钢结构对剪力墙的刚度和强度需求更高。因此为了将冷弯型钢结构应用推广到主流的多层建筑领域，亟须开发一种抗侧刚度、抗剪强度均较大且延性较好的新型墙体。

波纹钢板覆面冷弯型钢剪力墙结构体系具有抗剪强度高、初始刚度大且不可燃的特性，为冷弯型钢结构在中高层建筑结构中的应用提供了可行方案。基于本书的试验研究、有限元研究和理论研究过程中的思考，笔者认为以下内容值得进一步研究：

（1）自攻螺钉连接对于冷弯型钢墙体的抗剪性能有着重要影响。由于试验条件限制，本书仅单独对抗拉和抗剪开展单调加载和循环往复加载试验，将来可对拉剪共同作用下波纹钢板与龙骨框架间自攻螺钉连接的滞回性能开展相关研究。

（2）本书限于工厂波纹钢板成品尺寸，选择了三种波形的波纹钢板进行试验研究。结果表明采用合适的自攻螺钉布置方案配合波纹钢板截面形式，使得剪力墙的破坏模式由波纹钢板剪切屈曲控制才能充分发挥面板性能。更多波形的波纹钢板和螺钉间距、板厚、龙骨壁厚的组合需要被进一步试验、有限元研究，得到可以充分发挥波纹钢板材料性能的设计组合，为实际工程应用提供参考。

（3）本书仅对2层冷弯型钢结构房屋进行振动台试验，然而为更加充分了解多层冷弯型钢结构的破坏机理和动力反应，需开展5~6层冷弯型钢龙骨房屋振动台试验研究。

（4）本书依据国内外文献，提出了冷弯型钢结构直接基于位移的抗震性能设计方法，为后续理论研究和工程应用提供参考。由于篇幅和精力有限，未能开展有关基于能量的结构抗震设计理论和基于损伤的结构抗震设计理论方面的相关研究。国内规范体系下此种房屋类型结构的设计尚未形成系统的方法理论，这也是本课题后续研究的一个重要方面。

随着国家政策对抗震建筑和装配式结构的重视，波纹钢板覆面冷弯结构在未来建筑业中将扮演更加重要的角色。与传统的砌体结构和混凝土结构相比，冷弯型钢结构体系具有轻质高强、工厂标准化生产、施工安装简便且施工周期短、绿色环保以及抗震性能好等优点，将使其在多层建筑、工业厂房和模块化建筑领域中得到广泛应用，并为提升城市建筑的韧性和安全性提供坚实保障。

参考文献

[1] 陶忠，何保康．发展我国新型轻钢结构建筑体系 [J]. 中国工程科学，2000，2（3）：77-81.

[2] 何保康，周天华．美国冷弯型钢结构的应用与研究情况 [J]. 建筑结构，2001，31（8）：58-59.

[3] 王元清，石永久，陈宏，等．现代轻钢结构建筑及其在我国的应用 [J]. 建筑结构学报，2002，23（1）:2-8.

[4] 周绪红，娄乃琳，刘永健，等．低层轻型钢结构装配式住宅及其产品标准 [J]. 住宅产业，2004，（11）：12-14.

[5] 周绪红，石宇，周天华，等．低层冷弯薄壁型钢结构住宅体系 [J]. 建筑科学与工程学报，2005，22（2）：5-18.

[6] 郝际平，刘斌，钟炜辉，等．低层冷弯薄壁型钢结构住宅体系的应用与发展 [C]. 第十三届全国现代结构工程学术研讨会，2013.

[7] 中华人民共和国建设部．冷弯薄壁型钢结构技术规范 GB 50018-2002[S]. 北京：中国标准出版社，2003.

[8] 中华人民共和国住房和城乡建设部．低层冷弯薄壁型钢房屋建筑技术规程 JGJ 227-2011[S]. 北京：中国建筑工业出版社，2011.

[9] 中华人民共和国住房和城乡建设部．冷弯薄壁型钢多层住宅技术标准 JGJ/T 421-2018[S]. 北京：中国建筑工业出版社，2018.

[10] 周绪红，石宇，周天华，等．冷弯薄壁型钢结构住宅组合墙体受剪性能研究 [J]. 建筑结构学报，2006，27（3）：42-47.

[11] 何保康，周天华．多层轻钢住宅课题研究分报告——多层薄板轻钢房屋体系可行性报告（结构部分）[J]. 住宅产业，2007，（8）：39-45.

[12] AISI.North American standard for cold-formed steel structural framing AISI S240[S].American Iron and Steel Institute，Washington，D.C.，2015.

[13] AISI.North American standard for seismic design of cold-formed steel structural systems AISI S400[S]. American Iron and Steel Institute，Washington，D.C.，2015.

[14] 李宏男，陈国兴，刘晶波，等．地震工程学 [M]. 北京：机械工业出版社，2013.

[15] AISI.North American specification for the design of cold-formed steel structural members AISI S100-16[S].American Iron and Steel Institute，Washington，D.C.，2016.

[16] Eurocode 3：Design of timber structures-Part 1-1：General-common rules and rules for buildings EN1993-1-3[S].Brussels：The European Committee for Standardization，2006.

[17] Council of Standards Australia.Cold-formed steel structures AS/NZS 4600：1996[S].Australian：New Zealand Standard，1996.

[18] 国家市场监督管理总局，国家标准化管理委员会 .GB/T 228.1-2010 金属材料拉伸试验　第 1 部分：室温试验方法 GB/T 228.1-2021[S]. 北京：中国标准出版社，2021.

[19] ASTM.Standard practice for static load test for shear resistance of framed walls for buildings ASTM

E564[S].American Society for Testing and Materials，West Conshohocken，PA，2012.

[20] ICC.Acceptance criteria for prefabricated wood shear panels：ICC-ES AC 130[S].ICC Evaluation Service，INC.Whittier，CA，2004.

[21] Foschi R O.Analysis of wood diaphragms and trusses.Part I：Diaphragms[J].Canadian Journal of Civil Engineering，1977，4（3）：345-352.

[22] Folz B，Filiatrault A.Cyclic analysis of wood shear walls[J].Journal of Structural Engineering，2001，127（4）：433-441.

[23] Dolan J D.The dynamic response of timber shear walls[D].Department of Civil Engineering，University of British Columbia，Vancouver，B.C，Canada，1989.

[24] Stewart W G.The seismic design of plywood sheathed shear walls[D].Department of Civil Engineering，University of Canterbury，Christchurch，New Zealand，1989.

[25] Johnn P J.Analysis modeling of wood-frame shear walls and diaphragms[D].Department of Civil and Environmental Engineering，Bringham Young University，Provo，USA，2005.

[26] Folz B，Filiatrault A.CASHEW：a computer program for the cyclic analysis of shear walls[M].Division of Structural Engineering，University of California，San Diego，La Jolla，California，USA，2000.

[27] 李杰，李国强 . 地震工程学导论 [M]. 北京：地震出版社，1992.

[28] Dowell R K，Seible F，Wilson E L.Pivot hysteresis model for reinforced concrete members[J].ACI Structural Journal，1998，95：607-617.

[29] Bouc R.Forced vibration of mechanical systems with hysteresis[C].4th Conference on Nonlinear Oscillations，Prague，1967.

[30] Baber T，Wen Y.Random vibration of hysteretic degrading systems[J].Journal of the Engineering Mechanics Division，1981，107（6）：1069-1087.

[31] Baber T T，Noori M N.Random vibration of degrading pinching systems[J].Journal of Engineering Mechanics，1985，111（8）：1010-1026.

[32] Baber T T，Noori M N.Modelling general hysteresis behaviour and random vibration application[J].Journal of Vibration and Acoustics，1986，108（4）：411-420.

[33] Foliente G C.Stochastic dynamic response of wood structural systems[D].Virginia Polytechnic Institute and State University，Blacksburg，Virginia，1993.

[34] Nithyadharan M，Kalyanaraman V.Modelling hysteretic behaviour of cold-formed steel wall panels[J].Engineering Structures，2013，46：643-652.

[35] Lowes L N，Altoontash A.Modeling reinforced-concrete beam-column joints subjected to cyclic loading[J].Journal of Structural Engineering，2003，129（12）：1686-1697.

[36] Tao F，Chatterjee A，Moen C D.Monotonic and cyclic response of single shear cold-formed steel-to-steel and sheathing-to-steel connections[R].Blacksburg，VA，USA：2016.

[37] Peterman K D，Nakata N，Schafer B W.Hysteretic characterization of cold-formed steel stud-to-sheathing connections[J].Journal of Constructional Steel Research，2014，101：254-264.

[38] 王曼 . 波纹钢板覆面冷弯薄壁型钢龙骨式复合墙体抗震性能研究 [D]. 北京：北京工业大学，2018.

[39] 田宇 . 带有延时保护支撑的冷弯薄壁型钢组合墙抗震性能研究 [D]. 北京：北京工业大学，2020.

[40] Kechidi S，Bourahla N.Deteriorating hysteresis model for cold-formed steel shear wall panel based on its physical and mechanical characteristics[J].Thin-Walled Structures，2016，98：421-430.

[41] 石宇 . 水平地震作用下多层冷弯薄壁型钢结构住宅的抗震性能研究 [D]. 西安：长安大学，2008.

[42] 刘飞 . 冷弯薄壁型钢低层住宅结构体系的抗震性能研究 [D]. 上海：同济大学，2010.

[43] Park Y J，Ang A H S.Mechanistic seismic damage model for reinforced concrete[J].Journal of Structural Engineering，1985，111（4）：722-739.

[44] Padilla-Llano D A，Moen C D，Eatherton M R.Energy dissipation of thin-walled cold-formed steel members[R].Virginia Polytechnic Institute and State University：2013.

[45] ASTM.Standard test methods and definitions for mechanical testing of steel products ASTM A370[S].American Society for Testing and Materials，West Conshohocken，PA，2014.

[46] FEMA.FEMA P695 quantification of building seismic performance factors[R].Federal Emergency Management Agency，Washington，D.C.，2009.

[47] ASCE.Minimum design loads for buildings and other structures ASCE 7[S].American Society of Civil Engineers，Reston，Virginia，2015.

[48] 中国建筑科学研究院 . 建筑抗震试验规程 JGJ/T 101-2015[S]. 北京：中国建筑工业出版社，2015.

[49] 中华人民共和国住房和城乡建设部，中华人民共和国国家质量监督检验检测总局 . 建筑抗震设计标准 GB/T 50011-2010[S]. 北京：中国建筑工业出版社，2010.

[50] Shimizu N，Kanno R，Ikarashi K，et al.Cyclic behavior of corrugated steel shear diaphragms with end failure[J].Journal of Structural Engineering，2013，139（5）：796-806.

[51] Ziemian R D.Guide to stability design criteria for metal structures（sixth edition）[M].NJ：John Wiley & Sons，2010.

[52] ASTM.Standard test methods for cyclic（reversed）load test for shear resistance of vertical elements of the lateral force resisting systems for buildings ASTM E2126[S].American Society for Testing and Materials，West Conshohocken，PA，2011.

[53] Wang X，Wang W，Ye J，Li Y.Synergistic shear behaviour of cold-formed steel shear walls and reinforced edge struts[J].Journal of Constructional Steel Research，2021，184：106779.

[54] ABAQUS.ABAQUS 2021 CAE User’s Manua[M].Pawtucket，RI，2021.

[55] Schafer B W，Li Z，Moen C D.Computational modeling of cold-formed steel[J].Thin-Walled Structures，2010，48（10）：752-762.

[56] Tao F.Monotonic and cyclic response of single shear cold-formed steel-to-steel and sheathing-to-steel connections[R].Virginia Polytechnic Institute and State University，2016.

[57] Leng J，Schafer B W，Buonopane S G.Modeling the seismic response of cold-formed steel framed buildings：model development for the CFS-NEES building[C].Proceedings of the Annual Stability Conference-Structural Stability Research Council，St.Louis，Missouri，2013.

[58] Atrek E.，Nilson A.H.Nonlinear analysis of cold-formed steel shear diaphragms[J].Journal of the Structural Division，1980，106（3）：693-710.

[59] Luttrell L D，Huang H.T.Steel deck diaphragm studies[M].West Virginia University，Morgantown，VA，1981.

[60] Luttrell L D.Steel deck institute diaphragm design manual[M].Steel Deck Institute，St Louis，Missouri，USA，1981.

[61] Serrette R，Chau K.Estimating the response of cold-formed steel-frame shear[R].American Iron and Steel Institute，Washington，D.C.，2003.

[62] Yu C，Huang Z，Vora H.D，et al.Cold-formed steel framed shear wall assemblies with corrugated sheet steel sheathing[C].Proceedings of the Annual Stability Conference，Structural Stability Research Council，Phoenix，AZ，USA，2009：257-276.

[63] Yu C，Yu G，Wang J.Optimization of cold-formed steel framed shear wall sheathed with corrugated steel sheets：experiments and dynamic analysis [C].Proceedings of the 2015 ASCE Structures Congress，Portland，OR，USA，2015：1008-1020.

[64] Yu C，Yu G.Experimental investigation of cold-formed steel framed shear wall using corrugated steel sheathing with circular holes[J].Journal of Structural Engineering，2016，142（0401612612）.

[65] Mahdavian M.Innovative cold-formed steel shear walls with corrugated steel sheathing[D].Denton，TX：University of North Texas，2016.

[66] Tong J Z，Guo Y L.Elastic buckling behavior of steel trapezoidal corrugated shear walls with vertical stiffeners[J].Thin-Walled Structures，2015，95：31-39.

[67] Bergmann S, Reissner H. Neuere Probleme aus der Flugzeugstatik. ber die Knickung von rechteckigen Platten bei Schubbeanspruchung. Mitt. I[J]. Flugtechn. Motorluftsch. Bd, 1926, 17: 137-146.

[68] Hlavacek V.Shear instability of orthotropic panels[J].Acta Tech，1968，CSAV.1：134-158.

[69] Easley J T，Mcfarland D E.Buckling of light-gage corrugated metal shear diaphragms[J].Journal of the Structural Division，1969，95：1497-1516.

[70] Easley J T.Buckling formulas for corrugated metal shear diaphragms[J].Journal of the Structural Division，1975，101（7）：1403-1417.

[71] Elgaaly M，Caccese V，Du C.Postbuckling behavior of steel-plate shear walls under cyclic loads[J].Journal of Structural Engineering，1993，119（2）：588-605.

[72] 聂建国，唐亮.基于弹性扭转约束边界的波形钢板整体剪切屈曲分析 [J]. 工程力学，2008，25（3）：1-7.

[73] Moon J，Yi J，Choi B H，et al.Shear strength and design of trapezoidally corrugated steel webs[J].Journal of Constructional Steel Research，2009，65（5）：1198-1205.

[74] Dou C，Jiang Z Q，Pi Y L，et al.Elastic shear buckling of sinusoidally corrugated steel plate shear wall[J].Engineering Structures，2016，121：136-146.

[75] Feng L，Sun T，Ou J.Elastic buckling analysis of steel-strip-stiffened trapezoidal corrugated steel plate shear walls[J].Journal of Constructional Steel Research，2021，184：106833.

[76] Wang S，Zhang Y，Luo T，et al.Elastic critical shear buckling stress of large-scale corrugated steel web used in bridge girders[J].Engineering Structures，2021，244：112757.

[77] Yi J，Gil H，Youm K，et al.Interactive shear buckling behavior of trapezoidally corrugated steel webs[J].Engineering Structures，2008，30（6）：1659-1666.

[78] Schafer，Peköz.Direct strength prediction of cold formed steel members using numerical elastic buckling solutions[C].Proc.，14th Int.Specialty Conf.on Cold-Formed Steel Structures，Dept.of Civil Engineering，Univ.of Missouri-Rolla，Rolla，MO，1998.

[79] 张文莹.波纹钢板覆面冷弯薄壁型钢龙骨式复合墙体抗震性能研究 [D]. 上海：同济大学，2018.

[80] Gattesco N，Boem I.Stress distribution among sheathing-to-frame nails of timber shear walls related to different base connections：experimental tests and numerical modelling[J].Construction and Building Materials，2016，122：149-162.

[81] 马荣奎.低层冷弯薄壁型钢龙骨体系房屋抗震性能精细化数值模拟研究 [D]. 上海：同济大学，2014.

[82] 中华人民共和国住房和城乡建设部．建筑结构荷载规范 GB 50009-2012[S]. 北京：中国建筑工业出版社，2012.

[83] 刘晶波，杜修力．结构动力学 [M]. 北京：机械工业出版社，2005.

[84] CEN.Eurocode 8：Design of structures for earthquake resistance.Part 1：General rules，seismic actions and rules for buildings European Standard EN1998-1[S].Brussels：The European Committee for Standardization，2004.

[85] Leng J.Simulation of cold-formed steel structures[D].Baltimore，MD，USA：Johns Hopkins University，2015.

[86] Zhang W，Mahdavian M，Li Y，et al.Experiments and simulations of cold-formed steel wall assemblies using corrugated steel sheathing subjected to shear and gravity loads[J].Journal of Structural Engineering，2017，143（3）：4016193.

[87] 周绪红，石宇，周天华，等．冷弯薄壁型钢组合墙体抗剪性能试验研究 [J]. 土木工程学报，2010，43（05）：38-44.

[88] 周天华，刘向斌，杨立，等．LQ550 高强冷弯薄壁型钢组合墙体受剪性能试验研究 [J]. 建筑结构学报，2013，34（12）：62-68.

[89] 刘朋，钱哲，王连广，等．双片 OSB 覆面冷弯薄壁型钢墙体滞回性能研究 [J]. 建筑钢结构进展，2022，24（03）：72-79.

[90] 梁丰菊．冷弯薄壁型钢结构组合墙体抗侧移刚度研究 [D]. 西安：长安大学，2009.

[91] 熊智刚．冷弯薄壁型钢结构住宅开洞组合墙体抗剪性能研究 [D]. 西安：长安大学，2009.

[92] 陈笃海．钢框架—冷弯薄壁型钢剪力墙结构滞回性能研究 [D]. 福州：福建工程学院，2022.

[93] 邓锐．带斜撑冷弯薄壁型钢墙体抗震性能研究 [D]. 重庆：重庆大学，2020.

[94] Nguyen H，Georgi H，Serrette R.Shear wall values for light weight steel framing[D].Missouri：Missouri University of Science and Technology，1996.

[95] Serrette R，Encalada J，Hall G，et al.Additional shear wall values for light weight steel framing[R]. American Iron and Steel Institute，2007.

[96] Shi Y，Ran X，Xiao W，et al.Experimental and numerical study of the seismic behavior of cold-formed steel walls with diagonal braces[J].Thin-Walled Structures，2021，159：107318.

[97] Pehlivan B M，Baran E，Topkaya C，et al.Investigation of CFS shear walls with two-sided sheathing and dense fastener layout[J].Thin-Walled Structures，2022，180：109832.

[98] Yan Z，Cheng Y，Shicai C，et al.Shear performance of cold-formed steel shear walls with high-aspect-ratios[J].Structures，2021，33：1193-1206.

[99] 郭丽峰．轻钢密立柱墙体的抗剪性能研究 [D]. 西安：西安建筑科技大学，2004.

[100] 秦中慧．超轻钢住宅墙体抗剪性能研究 [D]. 上海：同济大学，2008.

[101] 李元齐，刘飞，沈祖炎，等．S350 冷弯薄壁型钢龙骨式复合墙体抗震性能试验研究 [J]. 土木工程学报，2012，45（12）：83-90.

[102] 石宇．低层冷弯薄壁型钢结构住宅组合墙体抗剪承载力研究 [D]. 西安：长安大学，2006.

[103] 苏明周，黄智光，孙健，等．冷弯薄壁型钢组合墙体循环荷载下抗剪性能试验研究 [J]. 土木工程学报，2011，44（08）：42-51.

[104] Alliance S F.Monotonic tests of cold-formed steel shear walls with openings[R].American Iron and Steel Institute，1997.

[105] Salenikovich A J，Dolan D J，Easterling S W.Racking performance of long steel-frame shear walls[C].15th International Specialty Conference on Cold-formed Steel Structures.Missouri：Missouri University of Science and Technology，2000.

[106] 赵根田，张晓禹 . 冷弯薄壁型钢组合墙体抗震性能研究 [J]. 内蒙古科技大学学报，2014，33（1）：79-82+95.

[107] 熊刚，吴稼丰，杨秀红，等 . 带刚性斜撑的冷弯薄壁型钢剪力墙抗侧性能试验研究 [J]. 建筑钢结构进展，2021，23（07）：11-20.

[108] 马全涛，涂涛，姚欣梅，等 . 冷弯薄壁型钢—石膏板组合墙体抗侧性能研究 [J]. 长江大学学报（自然科学版），2018，15（17）：59-64+6.

[109] 黄智光 . 低层冷弯薄壁型钢房屋抗震性能研究 [D]. 西安：西安建筑科技大学，2012.

[110] 叶继红，江力强 . 装配式多层冷成型钢复合剪力墙结构分层次振动台试验研究 [J]. 建筑结构学报，2020，41（07）：63-73+181.

[111] Girard J D，Tarpy Jr T S.Shear resistance of steel-stud wall panels[C].6th International Specialty Conference on Cold-formed Steel Structures.Missouri：Missouri University of Science and Technology，1982.

[112] Wang C，Yang Z，Zhang Z，et al.Experimental study on shear behavior of cold-formed steel shear walls with bracket[J].Structures，2021，32：448-460.

[113] Zhao Y，Yu C，Zhang W，et al.Shake table tests of a corrugated steel sheathed cold-formed steel structure[J].Journal of Building Engineering，2022，60：105161.

[114] 徐祥智 . 平钢板覆面冷弯型钢剪力墙承载力研究 [D]. 北京：北京工业大学，2021.

[115] 贾蓬春 . 冷弯型钢组合墙体抗震性能的试验研究与有限元分析 [D]. 北京：北京工业大学，2016.

[116] Yu C.Shear resistance of cold-formed steel framed shear walls with 0.686 mm，0.762 mm，and 0.838 mm steel sheet sheathing[J].Engineering Structures，2010，32（6）：1522-1529.

[117] Yu C，Chen Y.Detailing recommendations for 1.83 m wide cold-formed steel shear walls with steel sheathing[J].Journal of Constructional Steel Research，2011，67（1）：93-101.

[118] 刘希宇 . 波纹钢板覆面冷弯型钢剪力墙抗剪性能研究 [D]. 北京：北京工业大学，2022.

[119] Fülöp L A，Dubina D.Performance of wall-stud cold-formed shear panels under monotonic and cyclic loading：Part I：Experimental research[J].Thin-Walled Structures，2004，42（2）：321-338.

[120] FEMA 273.NEHRP guidelines for the seismic rehabilitation of buildings[R].Washington D C：Federal Emergency Management Agency，1996.

[121] 门进杰 . 不规则钢筋混凝土框架结构基于性能的抗震设计理论和方法 [D]. 西安：西安建筑科技大学，2007.

[122] 日本鉄鋼連盟 . 薄板軽量形鋼造建築物設計マニュアル [S]. 日本：技報堂出版，2002.

[123] 张雪姣 . 轻钢龙骨体系住宅抗震性能研究 [D]. 南京：南京工业大学，2005.

[124] 刘蕾 . 冷弯薄壁型钢结构体系性能研究 [D]. 山东：山东大学，2011.

[125] Sullivan T J.Direct displacement-based seismic design of steel eccentrically braced frame structures[J].Bulletin of Earthquake Engineering，2013，11（6）：2197-2231.

[126] 卓卫东，范立础 . 结构抗震设计中的强度折减系数研究 [J]. 地震工程与工程振动，2001（1）：84-88.